凉山州林木种质资源普查成果汇总服务项目(5134202019000431)

及西昌学院攀登计划层次项目资助出版

凉山州林木资源图鉴

（下册）

罗 强　主编

袁 颖　陈 艳　马文宝　副主编

四川科学技术出版社

图书在版编目（CIP）数据

凉山州林木资源图鉴.下册/罗强主编；袁颖，陈艳，马文宝副主编.—成都：四川科学技术出版社，2024.5

ISBN 978-7-5727-1361-3

Ⅰ.①凉… Ⅱ.①罗… ②袁… ③陈… ④马… Ⅲ.①林木—种质资源—凉山彝族自治州—图集 Ⅳ.①S722-64

中国国家版本馆 CIP 数据核字（2024）第 108612 号

凉山州林木资源图鉴（下册）

LIANGSHAN ZHOU LINMU ZIYUAN TUJIAN (XIACE)

罗 强 主 编

袁 颖 陈 艳 马文宝 副主编

出 品 人 程佳月
责任编辑 文景茹
助理编辑 周梦玲
责任出版 欧晓春
出版发行 四川科学技术出版社
　　　　　成都市锦江区三色路 238 号　　邮政编码：610023
　　　　　官方微博：http://weibo.com/sckjcbs
　　　　　官方微信公众号：sckjcbs
　　　　　传真：028-86361756
成品尺寸　210 mm × 285 mm
印　　张　31.5
字　　数　630 千
印　　刷　成都市金雅迪彩色印刷有限公司
版　　次　2024 年 5 月第 1 版
印　　次　2024 年 7 月第 1 次印刷
定　　价　358.00 元

ISBN 978-7-5727-1361-3

邮　　购：成都市锦江区三色路 238 号新华之星 A 座 25 层　　邮政编码：610023
电　　话：028-86361770

内容简介

《凉山州林木资源图鉴（下册）》共收录了四川省凉山彝族自治州（简称凉山州）林木资源（含乔木、灌木、木质藤本及竹类）中的被子植物65科223属799种（含亚种、变种及变型）。本图鉴中的林木资源按照哈钦松系统排序，同时参考中国植物志（http://db.kib.ac.cn/）、植物智（http://www.iplant.cn/）中的部分修订内容编写而成。内容含每一物种所属科、属、种的中文名及拉丁学名、别名、主要形态特征、物候、特有性、生态习性，以及在凉山州各县市的分布、主要用途和濒危植物保护等级等。编者对每一物种配有彩色照片，同时还将每一物种重要的识别特征或与相近种的区别特征的文字描述进行了加粗处理，这有利于读者根据重要特征描述，结合特写图片快速而准确地识别相关物种。

本书为凉山州林木资源方面的著作，对凉山州林业工作者研究、保护和开发利用各类林木资源，维护长江中上游地区的生态平衡，促进地区经济可持续增长和乡村振兴均具有重要的意义。本书还可供从事植物学、生态学、园艺学、农学、制药业及植物资源开发利用等的科研、教学及企事业单位的工作者使用。

前　言

　　凉山州位于四川省西南部，横断山脉东北部，地理位置介于东经100°15′~103°53′和北纬26°03′~29°27′，有西昌、会理2市及普格、宁南、会东、德昌、盐源、木里藏族自治县(简称木里县)、冕宁、喜德、越西、甘洛、昭觉、美姑、雷波、布拖、金阳15县，共计17个县市。其东北分别与宜宾、乐山两市接壤，北连雅安市及甘孜藏族自治州(简称甘孜州)，南与攀枝花市毗邻，东、南、西与云南省相连接，全州面积约60 400 km²。地区位于大西南的腹心地带，是国家资源综合开发的重要区域。

　　凉山州地处青藏高原、云贵高原向四川盆地的过渡带，西跨横断山系，地形、地貌复杂多样，山高谷深，以山地地貌为主，为中山、高山地形。境内峰峦重叠，山川相间，河流纵横，切割强烈，谷深坡陡，山脉多系南北走向，形成了河谷、平原、台地、丘陵、山地、山原等十多种地貌类型。主要河流有雅砻江、金沙江、大渡河等，由北向南深嵌在山地之中，均系长江水系，支流众多，纵横交错，安宁河谷是境内唯一的宽大河谷。境内最低海拔仅305 m，位于雷波县金沙江谷底，最高海拔为5 958 m，位于木里县恰朗多季吉峰，相对高差达5 653 m。

　　凉山州是以亚热带气候为基带，南亚热带气候为主的区域，全年日照充足、雨量充沛、干湿季分明、年温差小、日温差大。特殊的地质构造和地理位置，复杂多变的地形和地貌，优越的气候和光热条件，使凉山州境内气候呈现出了显著的地域和垂直分布的多层次立体差异，从而赋予了其十分丰富的生物物种资源。据《四川攀西种子植物》记载，攀西地区(含凉山州和攀枝花市)具有种子植物近7 000种(含亚种、变种、变型)，是四川省植物资源最为集中和丰富的地区，凉山州是植物遗传多样性、物种多样性和生态系统多样性的天然宝库，因此，受到国内外植物学界的高度重视。

　　林木资源作为国家的战略性资源，对林业经济及生态建设具有直接的影响。然而由于其价值的潜在性与隐蔽性不容易引起人们的重视，在自然因素及人为因素的作用下，我国林木资源流失严重，并且优良基因种质占流失的绝大部分。因此，为了未来的发展，在全面清查林木种质资源的基础上，进一步对珍稀濒危、特色林木资源进行有效保护和合理开发，已是刻不容缓。四川省于2017年5月正式启动林木种质资源普查工作，以县级行政区域为单元，对野生、收集保存、栽培利用、古树名木四类林木种质资源进行全面调查，旨在掌握整个四川省的林木资源，并从其中筛选出可作为培育优良品种育种材料的林木种质资源。

2017年5月至2021年12月期间，凉山州17个县市先后开展了本区域的林木种质资源普查。西昌学院有幸承担了西昌、会理及盐源3个县市的普查项目，并承担了凉山州17个县市的林木资源普查成果汇总工作。编者对17个县市普查队伍提供的20余万幅树种照片及8 000余份凭证标本进行详细观察与鉴定，考证了国内重要标本馆的相关电子标本，同时查阅相关文献资料，并结合多年来积累的凉山州林木资源方面相关研究成果，编写了《凉山州林木资源图鉴(下册)》一书。本图鉴共收录了凉山州林木资源（含乔木、灌木、木质藤本及竹类）中的被子植物65科223属799种(含亚种、变种和变型，下同)。内容含每一物种的中文名及拉丁学名、别名、主要形态特征、特有性、生态习性，以及在凉山州各县市的分布、用途和濒危植物保护等级等内容。为便于读者快速而准确地识别物种，编者对每一物种均配有彩色图片，同时还将每一物种重要的识别特征或与相近种的区别特征的文字描述做了加粗处理。

在《凉山州林木资源图鉴（下册）》的编制中，书中的林木资源按哈钦松系统排序，同时参考中国植物志（http://db.kib.ac.cn/）、植物智（http://www.iplant.cn/）、云南植物志（http://db.kib.ac.cn/YNF LORA/SearchEngine.aspx）及Flora of Chian（https://www.iplant.cn/foc）中部分修订内容编写而成。

本图鉴记载的65科被子植物中，西昌学院袁颖撰写茄科、玄参科、紫葳科、爵床科、马鞭草科及唇形科等6科，凉山州林草局陈艳撰写了山柑科、菝葜科、天南星科、龙舌兰科、棕榈科及禾本科等6科，四川省林业科学研究院马文宝撰写了杜鹃花属，其他52科及除杜鹃属以外的杜鹃花科其他属由罗强撰写完成。本册全部文稿的补充、修改，图片的编辑，统稿及定稿由罗强完成。

《凉山州林木资源图鉴（上册）》和《凉山州林木资源图鉴（下册）》共收录记载了凉山州的林木资源130科（蕨类植物1科、裸子植物10科、被子植物119科），436属，1 510种。这两本图鉴记录有原生种1 279种，引进或栽培种231种。其中资源生活型：乔木494种、灌木891种、木质藤本118种、竹类7种；资源特有型：中国特有种872种。其中，四川特有种47种，德昌杉木、四川榧、扁果银木荷、凉山猕猴桃、大花丽江山荆子、木里海棠、长爪移校、冕宁鹅耳枥、枯鲁杜鹃、普格杜鹃、会东杜鹃、西昌杜鹃、暗叶杜鹃、冕宁杜鹃等14种为凉山地区特有种。四川新记录种有红河木姜子、滇结香、长叶猴欢喜、椭圆叶石楠、黄山花楸、云南刺桐、美叶油麻藤、茶条木、多脉鹅掌柴等46种，茶条木属为四川新记录属。这两本图鉴记录有国家一级保护野生植物珙桐、光叶珙桐（变种）、西藏红豆杉、红豆杉（变种）、南方红豆杉（变种）、云南红豆杉等，国家二级保护野生植物尾叶杜鹃、五小叶槭、桫椤、澜沧黄杉、黄杉、四川榧、西康天女花、水青树、连香树、丽江山荆子、红椿、香果树、软枣猕猴桃、中华猕猴桃等。在收录的林木资源中，有大量的用材类、观赏类、淀粉类、药材类、油脂类、树脂类、纤维类、鞣料类、野生果实类、野生蔬菜类及生态防护类林木资源。认识掌握各类林木资源，对凉山州林木资源的研究、保护及开发利用，维护长江中上游地区的生态平衡，促进乡村振兴，推进地区可持续发展，具有重要的意义。

图鉴上、下两册中共有彩色照片近3 800幅（含编辑过的特写图片），均由西昌学院、四川农业大学、四川省林业科学研究院及绵阳师范学院等4个承担凉山州17县市的调查单位提供。凉山州林草局相关领导在林木种质资源普查汇总项目的实施及此图鉴的写作过程中给予了极大的帮助，西昌学院"四川林业草原攀西林草火灾防控工程技术中心"也为图鉴的撰写提供了支持，在此对以上单位领导和林木种质资源普查队队员及其他工作人员表示由衷的谢意！

由于时间仓促，且编者水平有限，本图鉴难免有诸多不足和错误之处，敬请读者批评指正！

西昌学院　罗强

2024年1月25日于四川西昌

四川省地图

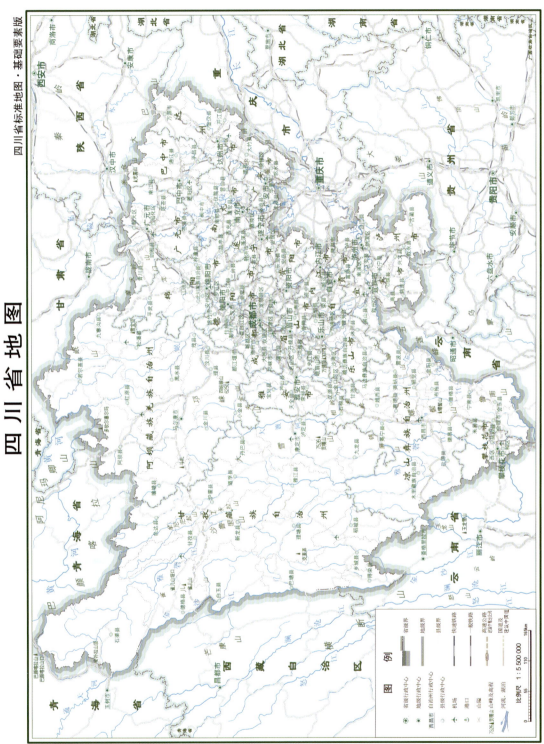

四川省标准地图·基础要素版

2021年7月 四川省测绘地理信息局制

审图号：川S【2021】00056号

图 例

- 省级行政中心
- 地级行政中心
- 自治州行政中心
- 县级行政中心
- 机场
- 港口
- 山隘

省级界
地级界
县级界

快速铁路
一般铁路

高速公路及
规划年建毫公路
国道及
建设中国道

河流、湖泊

比例尺 1：5 500 000

0   55   110   165km

凉山彝族自治州地图

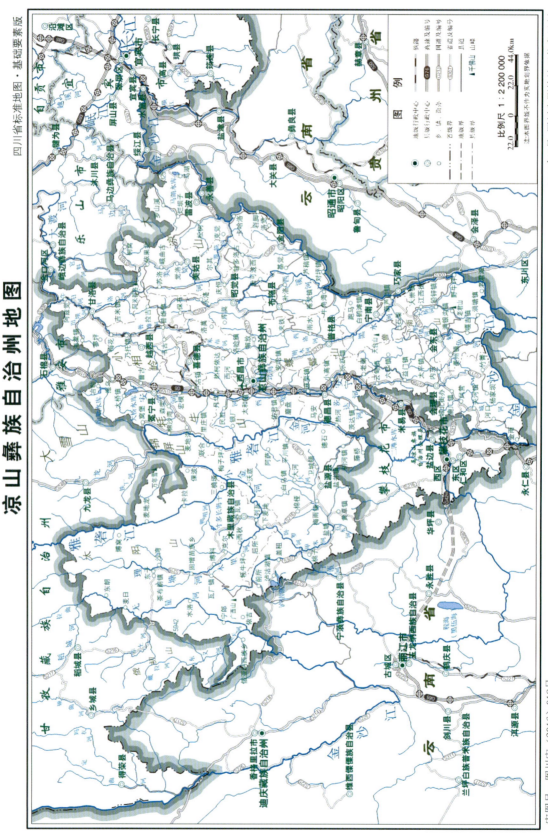

2016年5月　四川省测绘地理信息局制

❖ 目 录 ❖

被子植物

被子植物

杨 梅

Morella rubra Lour.

1 金缕梅科 Hamamelidaceae

1.1 蜡瓣花属 *Corylopsis* Sieb. et Zucc.

1.1.1 滇蜡瓣花 *Corylopsis yunnanensis* Diels

落叶灌木。**嫩枝有绒毛。叶倒卵状圆形，长5~8 cm，宽3~6 cm；**叶先端圆形，有1个三角状小尖头，基部不等侧心形；叶上面暗绿色，初时有柔毛，**叶下面有星状毛，或仅背脉上有长毛；**侧脉约8对，第一对侧脉很靠近基部，在上面显著下陷，在下面突起；边缘有锯齿；**叶柄长约1 cm，有毛。**总状花序长1.5~2.5 cm，**花序轴及花序梗被绒毛；**萼筒有星状毛，**萼齿有绒毛；**子房有星状毛，花柱长2~2.5 mm。果序长3.5~4.5 cm，有蒴果14~20个；**果序梗及果序轴均有绒毛；**蒴果长6~7 mm，有星状毛；**宿存花柱稍弯曲，长2 mm。**花期4—6月，果期6—8月。

中国特有，产于云南和四川，生于海拔2 100~2 700 m的山谷密林中。凉山州的西昌、会理、盐源、越西、甘洛、德昌等县市有分布。

1.1.2 绒毛蜡瓣花 *Corylopsis velutina* Hand.–Mazz.

落叶灌木。**嫩枝有绒毛。叶卵状圆形或椭圆形，长5~9 cm，宽3~5.5 cm；**叶先端略尖，基部不等侧心形；叶上面浅绿色，不发亮，**下面有星状绒毛，脉上常有长丝毛；**侧脉8~9对，在上面下陷，在下面突起，第一对侧脉第二次分支侧脉不强烈；边缘有锯齿，齿尖稍突出；**叶柄长1.5~2 cm，有毛。**总状花序长3~4 cm，基部有2~3片叶片，花序梗及花序轴均密生绒毛；**萼筒被毛，萼齿无毛；**子房有绒毛，花柱长1.5 mm。果序长4~6 cm；蒴果长6~8 mm，有绒毛；**宿存花柱极短，**宿存萼筒包着蒴果过半。花期4—6月，果期6—9月。

四川特有，生于海拔1 300~2 600 m的林缘、路边、向阳山坡等处。凉山州的西昌、盐源、雷波、宁南、德昌、金阳、普格等县市有分布。

1.1.3　四川蜡瓣花 *Corylopsis willmottiae* Rehd. & E. H. Wils.

落叶灌木或小乔木。**嫩枝纤细无毛。叶倒卵形或广倒卵形**，长4~9 cm，宽2~6 cm；叶先端急短尖，基部不等侧微心形或圆形；叶上面秃净无毛，**下面常无毛**；侧脉7~9对，第一对侧脉第二次分支侧脉不强烈；边缘上半部有不显著的小齿突；叶柄长1~1.5 cm，无毛。总状花序长4~6 cm，有花12~20朵；**花序梗及花序轴均有绒毛**；萼筒无毛，萼齿卵形、无毛；花瓣广倒卵形；**子房无毛**，花柱长3~4 mm。果序长4~5 cm；蒴果长7~8 mm，宿存花柱斜出稍平展，或稍向下弯曲；萼筒包着蒴果过半。花期4—6月，果期6—8月。

四川特有，生于海拔1 000~2 800 m的山坡林中、疏林中、灌丛中、路边或沟边。凉山州各县市多有分布。

1.1.4　桤叶蜡瓣花 *Corylopsis alnifolia* (Lévl.) Schneid.

灌木。嫩枝无毛。叶薄革质，倒卵状圆形、近圆形或倒卵形，长3.5~5.5 cm，宽3~5 cm；叶先端圆形，有1小尖头，基部心形，不等侧；叶上面无毛，**下面仅在脉上有毛**；侧脉7~8对，在上面下陷，在下面突起，第一对侧脉很靠近基部；叶柄长1~1.5 cm，无毛。总状花序长3~4 cm，**花序梗及花序轴**

均秃净无毛，总苞状鳞片及苞片早落，有花12朵；萼筒长1 mm，无毛；萼齿无毛；退化雄蕊较萼齿为短，先端钝或微凹入，简单不分裂；**子房无毛，花柱长3 mm**；蒴果卵状圆形，长6~7 mm，无毛。花期5—7月，果期7—9月。

中国特有，产于贵州，常生于海拔650~2 000 m的山林中。凉山州的雷波县有发现，四川新记录。

1.1.5 阔蜡瓣花 *Corylopsis platypetala* Rehd. et Wils.

别名：川西蜡瓣花

落叶灌木。**嫩枝无毛**。**叶卵形或广卵形，长7~10 cm，宽4~7 cm；先端短急尖**，基部不等侧心形或微心形；**嫩叶上、下两面均略有长毛，很快秃净**；侧脉6~10对，在上面下陷，在下面突起，第一对侧脉第二次分支侧脉稍强烈；边缘有波状齿，齿尖突出；叶柄长约1.5 cm，一般无毛，有时有腺毛。总状花序，有花8~20朵，**花序梗近于秃净**，长1.5~2 cm；**花序轴长2~3.5 cm，有稀疏长毛**；萼筒无毛，萼齿卵形，无毛；花瓣斧形，有短柄；**子房无毛**，下半部完全与萼筒合生。蒴果无毛，长7~9 mm。花期4—7月，果期7—9月。

中国特有，产于安徽、湖北及四川，生于海拔1 250~2 440 m的林中或灌丛中。凉山州的甘洛、雷波、美姑、昭觉、冕宁等县有分布。

1.1.6 小果蜡瓣花 *Corylopsis microcarpa* H. T. Chang

落叶灌木。**嫩枝纤细无毛**。叶膜质，倒卵形或倒卵状椭圆形，长3~7 cm，宽2~4 cm；先端略尖或急短尖，基部微心形或圆形，稍不等侧；上面干后暗绿色，初时有稀疏长毛，不久变秃，**下面有星状绒毛，脉上有长丝毛**；侧脉8~10对，在下面突起；叶柄长5~8 mm，纤细，有丝毛或变秃。总状花序长4~4.5 cm，**花序梗与花序轴均被毛**；花细小，近无梗；萼长2 mm，无毛，萼齿极短；花瓣倒卵形，长3 mm；子房无毛；**花柱极短，长不过1 mm**。果序生于具有1~2片叶子的枝顶，长4~5.5 cm；**蒴果细小，近圆球形，长约5 mm，无毛**。花期3—5月，果期6—8月。

中国特有，产于四川、甘肃及贵州，生于海拔1 100~2 400 m的河谷阔叶林中、灌丛中、箭竹林中及河沟边。凉山州的甘洛、雷波、德昌、越西等县有分布。

1.2 假蚊母属 *Distyliopsis* P. K. Endress

樟叶假蚊母 *Distyliopsis laurifolia* (Hemsley) P. K. Endress

别名：樟叶水丝梨、樟叶假蚊母树

常绿灌木。嫩枝被鳞垢皮和黄褐色星状绒毛。叶革质，卵形或长卵形，长5~12 cm，宽2~4 cm；先端尖锐或渐尖，基部常楔形或钝形，**离基三出脉；下面有灰白色蜡被及灰黄色星状绒毛**；侧脉5~6条；全缘或靠近先端有少数齿突；叶柄长8~10 mm，有鳞垢。**穗状花序腋生**，长1~2 cm。雄花或单独排成短穗状花序，或与两性花同在一个花序上（雄花位于花序上部，无梗；两性花位于花序下部，有梗）。雄花的萼筒极短，萼齿1~3个，花丝极短；两性花的萼筒壶形，长1.5 mm，萼齿披针形。蒴果卵状圆形，长1~1.2 cm，有长丝毛，宿存萼筒与蒴果等长。花期4—6月，果期6—9月。

中国特有，产于云南、贵州，生于海拔1 300~1 500 m的林中。凉山州的雷波县有发现，四川新记录。

1.3 檵木属 *Loropetalum* R. Br.

红花檵木 *Loropetalum chinense* var. *rubrum* Yieh

灌木，有时为小乔木。多分枝，小枝有星状毛。叶革质，卵形；先端尖锐，基部钝，不等侧；上面略有粗毛或秃净，**绿色、红色或紫红色，无光泽**，下面被星状毛，稍带灰白色；侧脉约5对，在上面明显，在下面突起；全缘。**花紫红色或红色，3~8朵簇生**，有短花梗；花序梗长约1 cm，被毛；苞片线形，长3 mm；萼筒杯状，被星状毛，萼齿卵形，长约2 mm，花后脱落；花瓣4片，带状，长1~2 cm；雄蕊4枚，花丝极短；退化雄蕊4枚；子房完全下位。花期3—5月。

中国特有，产于广西壮族自治区（以下简称广西）及湖南，常生于灌丛中。凉山州各县市多有栽培。本种为常见的园林彩色观赏树种。

2　杜仲科 Eucommiaceae

杜仲属 *Eucommia* Oliv.

杜仲 *Eucommia ulmoides* Oliv.

落叶乔木。树皮灰褐色、粗糙，内含橡胶，**折断拉开后有多数细丝**。叶椭圆形、卵形或矩圆形，薄革质，长6~15 cm，宽3.5~6.5 cm；基部圆形或阔楔形，先端渐尖；上面暗绿色，下面淡绿色；侧脉6~9对，侧脉和网脉在上面下陷，在下面稍突起；边缘有锯齿；叶柄长1~2 cm。花生于当年枝基部，雄花无花被；花梗长约3 mm，无毛；苞片倒卵状匙形；雄蕊长约1 cm。雌花单生，苞片倒卵形，花梗长8 mm。**翅果扁平，长椭圆形**，长3~3.5 cm，宽1~1.3 cm，先端2裂。早

春开花，秋后果实成熟。

中国特有，杜仲科下仅1属1种，产于陕西、河南、四川、云南、贵州及浙江等多省，现各地广泛栽种。在自然状态下，其常生长于海拔300~500 m的低山、谷地或低坡的疏林里。凉山州各县市多有栽培。本种树皮药用，可有强壮及降血压的功效，并能治疗腰、膝痛，风湿及习惯性流产等；其木材可供建筑及家具等用材。

3　黄杨科 Buxaceae

3.1　黄杨属 *Buxus* L.

3.1.1　黄杨 *Buxus sinica* (Rehder & E. H. Wilson) M. Cheng

常绿灌木或小乔木。小枝四棱形，**全面被短柔毛或外方相对两侧面无毛**。叶革质，**阔椭圆形、阔倒卵形、卵状椭圆形或长圆形**，大多数长1.5~3.5 cm，宽0.8~2 cm；先端圆或钝，常有小凹口，不尖锐，基部圆形、急尖或楔形，**叶腹面侧脉可见**，叶背面中脉平坦或稍突出，**中脉上常密被白色短线状钟乳体，全无侧脉**；叶柄长1~2 mm，上面被毛。花序腋生、头状，花密集，花序轴长3~4 mm，被毛，无花梗；雌花萼片长3 mm，子房较花柱稍长，无毛。蒴果近球形，长6~8（10）mm，宿存花柱长2~3 mm。花期3月，果期5—6月。

中国特有，产于四川、甘肃、贵州、广东、江苏、山东等多省，多生于海拔1 200~2 600 m的山谷中、溪边及林下。凉山州的会理、木里、盐源、喜德、德昌、冕宁、会东、美姑、布拖等县市有分布。本种在园林上常作盆景植物；根和叶入药，具祛风除湿、行气活血的功效。

3.1.2　皱叶黄杨 *Buxus rugulosa* Hatusima

3.1.2a　皱叶黄杨（原变种）*Buxus rugulosa* Hatusima var. *rugulosa*

常绿灌木。小枝四棱形，四面均被短柔毛或外方相对两侧面无毛。叶革质，**菱状长圆形、长圆形**

或狭长圆形，稀椭圆形，长1.5~2.5（3.5）cm，宽6~12 mm；先端钝、圆或具浅凹口，基部急尖或楔形；边缘下曲，**叶腹面无侧脉**，干后仅见皱纹，背面平坦；叶柄长2~3 mm，密被短柔毛。花序腋生兼顶生，头状，花序轴长3~4 mm；雄花：8~10朵，花梗长0.5~1 mm；雌花：萼片阔卵形，长2.5~3 mm，背被短柔毛。蒴果卵球形，长8~10 mm，无毛；宿存花柱斜出，长2~3 mm。花期3—5月，果期6—9月。

中国特有，产于四川、云南，生于海拔1 900~3 500 m的溪旁、山坡灌丛中。凉山州的会理、盐源、木里、德昌、昭觉、美姑等县市有分布。

3.1.2b 岩生黄杨（变种）*Buxus rugulosa* var. *rupicola* (W. W. Smith) P. Brückner & T. L. Ming

别名：石生黄杨

常绿灌木。**小枝密被疏软毛**。叶长圆形、椭圆形、倒卵形或狭倒卵形，长1~1.6 cm，宽6~8 mm，先端圆或有浅凹口，基部渐狭或急尖；**两面初时被长软毛，后渐变无毛，但至少叶背面和叶缘仍被长软毛，干后两面无光；叶腹面通常无侧脉，有明显的羽状皱纹，稀无皱纹；叶柄密被长软毛。雄花：花梗长0.8~1 mm，萼片长2 mm，不育雌蕊高0.6~1 mm；雌花：子房被稀疏或稍密的短小毛**。蒴果长8 mm，有少量短小毛，宿存花柱长约2 mm。花期4—5月，果期8—9月。

中国特有，产于四川、云南和西藏自治区（以下简称西藏），生于海拔2 800~3 400 m的悬崖上、石缝中或山坡灌丛中。凉山州的木里等县有分布。

3.1.3 雀舌黄杨 *Buxus bodinieri* Lévl.

常绿灌木。小枝四棱形，先被短柔毛，后变无毛。**叶薄革质，通常匙形，亦有狭卵形或倒卵形，**

长2~4 cm，宽8~18 mm；先端圆或钝，基部狭长楔形，有时急尖；叶腹面绿色、光亮，叶背面苍灰色，中脉在两面突出；叶柄长1~2 mm。头状花序腋生，花序轴长约2.5 mm；雄花：约10朵，萼片卵状圆形，雄蕊连花药长6 mm，不育雌蕊有柱状柄，末端膨大，高约2.5 mm，和萼片近等长或稍超出；雌花：外萼片长约2 mm，内萼片稍长。蒴果卵形，长5 mm，宿存花柱直立。花期2月，果期5—8月。

中国特有，产于云南、四川、贵州、广东、浙江、河南、甘肃等多省，生于海拔400~2 700 m的平地或山坡林下。凉山州各县市多有栽培。本种为优良的园林观赏植物；鲜叶、茎、根可供药用，具有清热解毒、化痰止咳、祛风、止血的功效。

3.2 野扇花属 *Sarcococca* Lindl.

3.2.1 野扇花 *Sarcococca ruscifolia* Stapf

常绿灌木。**小枝具棱，被短柔毛。**叶阔椭圆状卵形、椭圆状披针形或狭披针形，长2~7 cm，宽7~14 mm；**叶脉突起**；全缘；**基部侧脉略成离基三出脉**；叶柄短。花序短总状，花序轴被微毛；苞片披针形或卵状披针形；花白色，芳香；雄花2~7朵，生于花序轴上部，下方雄花花梗短，上方雄花近无梗，雌花2~5朵，生于花序轴下部。雄花：萼片常4片，雄蕊连花药长约7 mm；雌花：具较长梗，梗上有狭卵形小苞片。**果实球形，猩红色至暗红色，宿存花柱3或2。**花果期10月至次年2月。

中国特有，产于云南、四川、贵州、广西、湖南、湖北、陕西、甘肃，常生于海拔1 600~2 600 m

的混交林下或沟谷中。凉山州各县市多有分布。野扇花耐阴，宜盆栽观赏或作林下绿化植物，是具有开发价值的野生观赏植物资源。

3.2.2 双蕊野扇花 *Sarcococca hookeriana* var. *digyna* Franch.

常绿灌木。**小枝具棱，被短柔毛。**叶互生，或在枝梢上对生或近对生；叶长圆状披针形、椭圆状披针形、狭披针形或倒披针形，稀椭圆形或椭圆状长圆形，较长大的，长3~11 cm，宽1~3 cm，变化甚大；先端渐尖或急尖，基部渐狭；**叶面中脉常平坦或凹陷，**中脉被微细毛。雄花：无花梗或有短梗，无小苞片，或下部雄花具类似萼片的2小苞片，并有花梗，萼片通常4片，长3~3.5（4）mm，或外萼片较短；雌花：连柄长6~10 mm，小苞片疏生，萼片长约2 mm。果实球形，**黑色或蓝色，宿存花柱2，**长2 mm。花期1—2月，果期9月。

中国特有，产于云南、四川、湖北、陕西，生于海拔1 000~3 500 m的林下阴处。凉山州各县市有分布。本种可作林下绿化植物。

3.3 板凳果属 *Pachysandra* Michx.

板凳果 *Pachysandra axillaris* Franch.

常绿小灌木。**下部匍匐，上部直立。**叶坚纸质，形状不一，或为卵形、椭圆状卵形，较阔，基部浅心形、截形，或为长圆形、卵状长圆形，较狭，基部圆形，先端急尖；**边缘中部以上或大部分具粗齿牙；**叶柄长2~4 cm。花序腋生，长1~2 cm，直立，未开放前往往下垂，花轴及苞片均密被短柔毛；**花白色或淡粉紫色；**雄花5~10朵，无花梗，雌花1~3朵，生在花序轴基部；**花柱受粉后伸出花外，甚长，上端旋卷。**果熟时黄色或红色，球形，和宿存花柱均长1 cm。花期2—5月，果期9—10月。

中国特有，产于云南、四川及台湾，生于海拔1 800~2 900 m的林下或灌丛中的湿润土上。凉山州的会理、昭觉等县市有分布。

4　悬铃木科 Platanaceae

悬铃木属 *Platanus* L.

二球悬铃木 *Platanus acerifolia* (Aiton) Willd.

别名：法国梧桐、英国梧桐

落叶大乔木。**树皮光滑，大片块状脱落**。叶阔卵形，上、下两面嫩时有灰黄色毛，下面的毛更厚密，以后变秃净；基部截形或微心形，**上部掌状5裂，有时7裂或3裂**；中央裂片阔三角形，宽度与长度约相等，裂片全缘或有1~2个粗大锯齿；**掌状脉常3条**；叶柄长3~10 cm，密生黄褐色毛。花通常4个。雄花的萼片卵形，被毛；花瓣矩圆形。**果枝上有头状果序，常2个**，稀为1或3个，常下垂；头状果序直径约2.5 cm。

原产欧洲，凉山州的西昌、盐源、甘洛、冕宁、美姑、昭觉等县市有引种栽培。本种树干广阔，常作行道树，具有较强的滞积灰尘，以及吸收硫化氢、二氧化硫等有毒气体的作用。

5 杨柳科 Salicaceae

5.1 杨属 *Populus* L.

5.1.1 山杨 *Populus davidiana* Dode

别名：明杨、响杨

落叶乔木。**小枝紫褐色或赤褐色，发红，有光泽，**萌枝被柔毛。叶三角状卵状圆形或近圆形，长、宽近等，**先端钝圆、急尖或短渐尖**，基部圆形、截形或浅心形，边缘具密波状浅齿；萌枝叶大，三角状卵状圆形；叶柄长2~6 cm，侧扁。花序轴被疏毛或密毛；苞片掌状条裂，边缘被密长毛；雄花序较长，雄蕊5~12枚，花药紫红色；雌花序较短；子房圆锥形，柱头2深裂，带红色。**果序长达12 cm；**蒴果卵状圆锥形，长约5 mm，具短梗，2瓣裂。花期3—4月，果期4—5月。

国内分布广泛，自黑龙江至西南高山地区常有分布。凉山州各县市均有分布。本种木材可供纸张、火柴杆及民房建筑等用材；本种耐干旱、贫瘠，在火烧迹地和采伐迹地的更新能力很强，对绿化荒山、保水固土具有较大作用。

5.1.2 清溪杨 *Populus rotundifolia* var. *duclouxiana* (Dode) Gomb.

乔木。干皮灰白色，光滑；**幼枝暗褐色**，初时有毛，后光滑，老枝灰色。芽卵形或圆锥形，红褐色，鳞片具白柔毛，有黏质。短枝叶卵状圆形或三角状圆形，长5.5~8.5 cm，宽5~8 cm；**先端渐尖，基部微心形或截形；边缘具波状钝锯齿；**上面绿色，下面灰绿色，幼时两面均有白柔毛；叶柄侧扁，长3.5~6.5 cm；萌枝叶大，宽卵状圆形，基部楔形或近心形；叶柄较短。**果序长约10 cm，**果序轴有毛；蒴果长卵形，先端尖，2瓣裂。

中国特有，产于陕西、甘肃、四川、云南、贵州及西藏等地，生于海拔1 600~2 900 m的山林中。凉山州各县市多有分布。用途同山杨。

5.1.3　川杨 *Populus szechuanica* Schneid.

大乔木。树皮灰白色，树干上部的光滑，树干下部的粗糙，开裂；树冠卵状圆形。**幼枝有棱，粗壮，绿褐色或淡紫色**，无毛；老枝圆，先黄褐色，后变灰色。芽先端尖，淡紫色，无毛，有黏质。**叶下面苍白色**，中脉黄绿色；叶通常卵状长椭圆形、宽卵形、卵状圆形或卵状披针形；**先端短渐尖**，基部近心形、圆形或宽楔形；**边缘具圆腺齿**，初时有缘毛或无缘毛；叶柄长2~8 cm，无毛。果序长10~20 cm或更长，果序轴光滑。蒴果卵状球形，长7~9 mm，近无梗，光滑，3~4瓣裂。花期4—5月，果期5—6月。

中国特有，产于四川、云南、甘肃和陕西，多生于海拔1 100~4 600 m的山地处。凉山州的西昌、盐源、雷波、木里、越西、喜德、冕宁、美姑、布拖、普格、昭觉等县市有分布。本种木材可供板材、民用建筑或纤维原料等用材；本种可植为行道树。

5.1.4　滇杨 *Populus yunnanensis* Dode

别名：云南白杨

乔木。全株几无毛；小枝幼时有棱，黄褐色；**芽有黏质**。叶纸质，卵形、椭圆状卵形、广卵形或三角状卵形，长5~16 cm，宽2~7.5 cm；**先端长渐尖，基部宽楔形或圆形；边缘有细腺圆锯齿；上面绿色，**

有光泽，沿中脉上稍有柔毛，下面灰白色；叶柄长1~4 cm，粗壮，常带红色。短枝叶卵形，较大，长7.5~17 cm，宽4~12 cm，**先端长渐尖**或钝尖，基部常圆形或浅心形，叶柄长2~9 cm。雄花序长12~20 cm，雄蕊20~40枚；雌花序长10~15 cm；蒴果近无梗，3~4瓣裂。花期4月上旬，果期4月中下旬。

中国特有，产于四川、云南及贵州，生于海拔1 300~2 700 m的山地处。凉山州各县市多有分布。本种生长迅速，可作行道树种，也可作长江中上游山区的造林树种；其木材色白，出材率高，可作家具、房屋建筑、木质牙签等用材。

5.1.5 五瓣杨 *Populus yuana* C. Wang & S. L. Tung

高大乔木。树皮黑色，纵裂。枝粗壮，灰褐色至褐色；小枝赤褐色，有棱，光滑。叶卵形至椭圆状卵形，长16~23 cm，宽10~15 cm；先端渐尖至长渐尖，**基部心形**；边缘具密而浅的锯齿，齿端具腺点；上面暗绿色，平滑无毛，下面灰白色，**脉上具短柔毛**；叶柄圆柱形，与小枝同色，长5~10 cm，无毛。果序长达35 cm，果序轴无毛；蒴果小，卵球形，近无梗，**4~5瓣裂**，瓣长5 mm，无毛。果期5月。

中国特有，产于云南、西藏，生于海拔2 000~2 500 m的河流两岸及山林中。凉山州的木里县有发现，四川新记录。

5.1.6 大叶杨 *Populus lasiocarpa* Oliv.

乔木。枝粗壮，有棱脊，嫩时被绒毛或疏柔毛。芽大，微具黏质，基部鳞片具绒毛。**叶卵形，叶较大，长15~30 cm，宽10~15 cm**；先端渐尖，稀短渐尖，**基部深心形，常具2腺点**；边缘具反卷的圆腺锯齿；上面光滑，亮绿色，近基部密被柔毛，下面淡绿色，具柔毛，沿脉尤为显著；**叶柄与中脉通**

常同为红色。雄花序长9~12 cm；花序轴具柔毛；雄蕊30~40枚。果序长15~24 cm，果序轴具毛；蒴果卵形，长1~1.7 cm，密被绒毛，有梗或近无梗，3瓣裂。花期4—5月，果期5—6月。

中国特有，产于四川、湖北、陕西、贵州、云南，生于海拔高1 300~3 500 m的山坡上、沿溪林中或灌丛中。凉山州的雷波、木里、越西、甘洛、美姑等县有分布。本种材质疏松，可供家具、板料等用材。

5.1.7 响叶杨 *Populus adenopoda* Maxim.

落叶乔木。**小枝暗赤褐色，被柔毛。**叶卵状圆形或卵形，长5~15 cm，宽4~7 cm；先端渐尖至长渐尖，基部截形或心形，稀近圆形或楔形，**边缘有向内卷曲的圆锯齿，齿端有腺点；上面深绿色、光亮，下面灰绿色，幼时被密柔毛；叶柄侧扁，被绒毛或柔毛，长2~8（12）cm，顶端有2显著腺点。**雄花序长6~10 cm，苞片条裂，有长缘毛，花盘齿裂。果序长12~20（30）cm；蒴果卵状长椭圆形，长4~6 mm，无毛，有短梗，2瓣裂。花期3—4月，果期4—5月。

中国特有，分布广泛，生于海拔300~2 500 m的阳坡灌丛中、杂木林中或沿河两旁。凉山州的西昌、雷波、木里、甘洛、喜德、德昌、金阳、冕宁、美姑、普格等县市有分布或栽培。本种木材可供建筑、器具、造纸等用。

5.1.8 青杨 *Populus cathayana* Rehd.

乔木。**幼枝先橄榄绿色，后变为橙黄色至灰黄色，无毛。**短枝叶卵形、椭圆状卵形、椭圆形或狭卵形，长5~10 cm，宽3.5~7 cm，最宽处在中部以下；先端渐尖或突渐尖，基部圆形，稀近心形或阔楔形；**边缘具腺圆锯齿**；上面亮绿色，**下面绿白色**，脉两面隆起，尤以下面明显，具侧脉5~7条，无毛；叶柄无毛。长枝或萌枝的叶较大，卵状长圆形，基部常微心形，叶柄无毛。雄花序长5~6 cm，雄蕊30~35枚，苞片条裂；雌花序长4~5 cm。果序长10~15 cm；蒴果卵状圆形，（2）3~4瓣裂。花期3—5月，果期5—7月。

中国特有，国内分布广泛，生于海拔800~3 000 m的沟谷中、河岸边和阴坡山麓处。凉山州的西昌、盐源、雷波、木里、越西、甘洛、喜德、德昌、冕宁、美姑、昭觉等县市有分布或栽培。本种木材纹理直、结构细、质轻柔，易加工，可作家具、箱板及建筑等用材，还可作绿化及生态防护树种。

5.1.9　三脉青杨 *Populus trinervis* C. Wang & S. L. Tung

乔木。树皮灰色，沟裂。小枝细而圆，赤褐色或黄褐色，无毛。**短枝叶较小，阔卵形或卵形，长4~7 cm，宽2.5~5 cm；先端长尾尖或长渐尖，基部圆形**；边缘具浅圆齿，近基部全缘；上面绿色，叶脉隆起，具短柔毛，基部一对侧脉呈弧形，**为明显三出弧形脉，下面灰白色，光滑**；叶柄圆，长2~4 cm，初时有毛，后无毛。果序长达15 cm，果序轴光滑；蒴果长卵形，长达5 mm，2瓣裂。花期3月，果期4月。

四川特有，多生于海拔2 100~3 000 m处。凉山州的木里、冕宁等县有分布。本种木材材质疏松，可供家具、板料等用材。

5.2 柳属 *Salix* L.

5.2.1 光果乌柳 *Salix cyanolimnea* Hance

灌木或小乔木。枝初被绒毛或柔毛，后无毛，灰黑色或黑红色。**叶线形或线状倒披针形，长2.5~3.5（5）cm，宽3~5（7）mm**；先端渐尖或具短硬尖，基部渐尖；上面疏被柔毛，**下面灰白色，密被绢状柔毛**，中脉显著突起；**边缘外卷**，上部具腺锯齿；叶柄长1~3 mm，具柔毛。花序与叶同时开放，近无梗；腺体1，腹生，狭长圆形；雌花序长1.3~2 cm，径1~2 mm（果序可长达3.5 cm），密花，花序轴具柔毛；子房卵形或卵状长圆形，无毛，无柄；花柱短或无，柱头小；蒴果无毛。花期4—5月，果期5月。

中国特有，产于河北、宁夏回族自治区（以下简称宁夏）、青海、河南、四川、云南、西藏等多地，常生于海拔750~3 000 m的山谷里的河沟边。凉山州的盐源、木里、喜德、美姑、布拖、昭觉等县有分布。

5.2.2 中华柳 *Salix cathayana* Diels

灌木。小枝褐色或灰褐色，**当年生小枝具绒毛**。叶长椭圆形或椭圆状披针形，长1.5~5.2 cm，宽6~15 mm；两端钝或急尖；上面深绿色，有时被绒毛，**下面苍白色，无毛**，全缘；叶柄长2~5 mm，略有柔毛。**花序侧生枝上，直立**。雄花序2~3.5 cm，密花，花序梗有长柔毛，**通常具3片叶子**；雄蕊2枚，花丝下部有疏长柔毛，长为苞片的2~3倍；**苞片倒卵状长圆形，长于子房柄，具缘毛**；腺体1，腹生，卵状长圆形，略短于苞片；雌花序长2~5 cm，花序梗短，密花；**子房椭圆形，无柄，无毛**；花柱短，顶端2裂，柱头短，2裂。蒴果近球形，无梗或近无梗。**花期5月**，果期6—7月。

中国特有，产于河北、陕西、河南、湖北、四川、云南等省，生于海拔1 800~3 000 m的山谷处及山坡灌丛中。凉山州的西昌、雷波、木里、甘洛、德昌、美姑、普格等县市有分布。

5.2.3　草地柳 *Salix praticola* Hand.–Mazz. ex Enand.

灌木。**小枝初时密被细绒毛**，后无毛。叶革质，椭圆状披针形、椭圆形或倒卵状长圆形，长3.5~5.5 cm，宽1.5~2 cm，萌枝叶长8~9 cm；先端急尖或短渐尖，基部狭圆形；上面仅中脉的基部有短柔毛，**嫩叶下面密被绒毛**，成叶时逐渐脱落，浅灰色或微有白粉；叶缘有细齿或全缘；叶柄长4~6 mm，密被绒毛。雄花序圆柱形，长3~3.5 cm；雌花序长可达6 cm，具2~4片小叶；**苞片近圆形**，边缘和内面有长柔毛；**子房卵形，向先端渐狭，无柄，无毛**；花柱明显，2裂，柱头短，2裂；雌花的苞片与雄花的苞片相似，为子房长的1/3~1/2，边缘有疏柔毛，基部与轴连接处有白色长柔毛；雌花仅有1腹腺，长圆形或卵形。蒴果近圆锥形，长约4 mm。**花期7—8月，**果期8—9月初。

中国特有，生于海拔1 000~2 000 m的草坡处或山坡处。凉山州的会理、雷波、木里、布拖、昭觉等县市有分布。

5.2.4　腹毛柳 *Salix delavayana* Hand.–Mazz.

灌木或小乔木。嫩枝有短柔毛。叶长圆状椭圆形至宽椭圆形，长3~8 cm，宽1~3.5 cm；先端急尖或短渐尖，基部楔形至圆形；**上面亮绿色，下面苍白色或具白粉**，幼叶两面被淡黄色绒毛，上面更密，后来逐渐脱落；叶脉7~14对；全缘；叶柄长约1 cm。**花序不下垂，花与叶同时开放，花序轴有毛**；雄花序有短梗或无梗；苞片长圆状椭圆形，两面有毛或无毛，边缘略有缘毛；腺体2，腹生和背生。雌花序长2~3 cm，径4~6 mm，有花序梗，**具2~4片小叶**；子房卵形，无柄或有短柄，**无毛或腹面基部有短柔毛**，花柱明显；苞片同雄花的。蒴果长约5 mm。花期4月中下旬—5月，果期6月上中旬。

中国特有，产于四川、云南及西藏，生于海拔2 800~3 800 m的山坡处、林间隙地中及山谷溪流旁。凉山州的盐源、木里、冕宁等县有分布。

5.2.5　丝毛柳 *Salix luctuosa* Lévl.

灌木。小枝初有丝状绒毛。**叶椭圆形或狭椭圆形，长1~4 cm，宽5~15 mm；**上面绿色，无毛或仅中脉有毛，下面初有绢质柔毛，后近无毛，但中脉仍有毛；**两端钝；**全缘；叶柄长1~3 mm，有疏柔毛。**花序侧生枝上，不下垂。**雄花序长3~4.5 cm，径6~9 mm，有花序梗，基部有3~4片小叶，轴具疏长柔毛，花密生；雄蕊2枚，花丝中部以下有长柔毛；苞片宽卵形，具长缘毛，或外面近无毛。雌花序长3 cm，径约6 mm，具花序梗，基部有3片小叶；**子房卵形，无毛，无柄或近无柄；**苞片卵形，有长柔毛。果序长可达5 cm，蒴果长约3 mm。花期4月，果期4—5月。

中国特有，产于四川、云南、西藏及陕西，生于海拔1 500~3 200 m的河边、山沟及山坡等处。凉山州的会理、雷波、木里、越西、甘洛、喜德、金阳、冕宁、会东、美姑等县市有分布。

5.2.6　长花柳 *Salix longiflora* Anderss.

灌木。枝淡黑色，无毛。芽具短柔毛。叶披针形或椭圆状披针形，稀倒卵状披针形，长4~8 cm，宽0.7~1.5 cm；两端急尖或渐尖；两面仅叶脉具毛；全缘；叶柄长约5 mm，几无毛。雄花序圆柱形，长2~6 cm，粗3~6 mm，有花序梗，基部具2~3片小叶，轴上有长柔毛；雄蕊2枚，花丝长为苞片长的2倍，基部有柔毛，花药黄色，椭圆状球形；**苞片卵状椭圆形，边缘无毛或近无毛，**背、腹部各1腺体。**雌花序先开展，后下垂，长4~7 cm，**径5 mm，花序梗具2~4片小叶，轴有长柔毛，密花；子房近无柄，卵形，无毛；花柱先端2裂，柱头2深裂；苞片近圆形，无毛或微有缘毛。**蒴果卵形，无**

毛，**近无梗**。花期5月，果期6—7月。

国内产于西藏、四川、云南等地，生于海拔550~4 000 m的山坡处、山沟处及灌丛中，凉山州的会理、盐源、雷波、木里、宁南、昭觉等县市有分布。

5.2.7　毛轴小叶柳 Salix hypoleuca f. trichorachis C. F. Fang

别名：山杨柳、红梅蜡

灌木。当年生枝有毛。叶椭圆形、披针形或椭圆状长圆形，稀卵形，长2~4（5.5）cm，宽1.2~2.4 cm；先端急尖，基部宽楔形或渐狭；幼叶有毛，下面苍白色；全缘；叶柄有毛。**花序侧生于枝上**，花序梗在开花时长3~10 mm，**轴有毛**。雄花序长2.5~4.5 cm，径5~6 mm；花丝中下部有长柔毛；**苞片倒卵形，褐色，无毛**；腺体1，腹生，卵状圆形；先端缺刻，长为苞片的一半。**雌花序长2.5~5 cm，**径5~7 mm，密花，花序梗短；**子房长卵状圆形，无毛**，花柱2裂，**柱头短，不分裂**；苞片宽卵形，无毛，长为蒴果的1/4。**蒴果卵状圆形，长约2.5 mm，近无梗**。花期5月上旬，果期5月下旬至6月上旬。

四川特有，生于海拔1 700~2 800 m的山坡林缘处。凉山州的盐源等县有分布。

5.2.8　皂柳 Salix wallichiana Anderss.

5.2.8a　皂柳（原变种）Salix wallichiana Anderss. var. wallichiana

灌木或乔木。小枝红褐色、黑褐色或绿褐色。叶披针形、长圆状披针形、卵状长圆形或狭椭圆形，长4~8（10）cm，宽1~2.5（3）cm；先端急尖至渐尖，基部楔形至圆形；上面初有丝毛，**下面有平伏的绢质短柔毛**或无毛，浅绿色至有白霜，网脉不明显；全缘，萌枝叶常有细锯齿；叶柄长约1 cm。**花序先叶开放或近同时开放，不下垂**，并有2~3片小叶。**雄花序无梗**，长1.5~2.5（3）cm；雄蕊2枚，**花药大，黄色或带红色**；苞片长圆形或倒卵形，两面有白色长毛。雌花序圆柱形，长2.5~4 cm，径1~1.2 cm；果序可长至12 cm；**子房狭圆锥形，密被短柔毛，子房柄短；花柱明显短于子房**；苞片长圆形，有长毛。蒴果长可达9 mm。花期4月中下旬至5月初，果期5月。

国内分布广泛，生于山谷溪流旁、林缘或山坡。凉山州的雷波、木里、越西、甘洛、喜德、宁南、德昌、金阳、布拖、美姑、普格、昭觉等县有分布。本种的枝条可编筐篓，木材可制木箱，根入药，有治疗风湿性关节炎的功效。

5.2.8b 绒毛皂柳（变种）*Salix wallichiana* var. *pachyclada* (Lévl. et Vani.)C. Wang et C. F. Fang

与原变种的主要区别：花序较粗，叶下面密被绒毛，花丝下部有柔毛。

中国特有，产于贵州、云南、四川、湖南、湖北、浙江等地，生境同原变种。凉山州的雷波等县有分布。

5.2.9 云南柳 *Salix cavaleriei* H. Lévl.

乔木。**小枝红褐色，初有短绒毛。**叶宽披针形或椭圆状披针形、狭卵状椭圆形，长4~11 cm，宽2~4 cm；先端渐尖至长渐尖，稀急尖，基部楔形或圆形；**边缘有细腺锯齿；老叶两面无毛，幼叶常带红色；**叶柄长6~10 mm，密生柔毛，上部边缘有腺点。托叶三角状卵形，具细腺齿。花与叶同时开放，有长花序梗，着生2~3片叶。**雄花序长3~4.5 cm，**轴具粗糙柔毛；雄蕊6~8（12）枚；**苞片卵状圆形至三角形，两面有柔毛及缘毛；**腺体2。雌花序长2~3.5 cm；**子房具长柄；**其苞片同雄花的；腹腺宽，包子房柄，背腺常2~3裂。蒴果卵形，果梗比蒴果稍短。花期3—4月，果期4—5月上旬。

中国特有，产于云南、广西、贵州、四川等地，常生于海拔1 500~2 300 m的路旁、河边、林缘等的湿润处。凉山州的西昌、会理、盐源、雷波、木里、越西、甘洛、宁南、德昌、金阳、布拖、普格等县市有分布。云南柳可栽植作护堤树，其木材可制作器具。

5.2.10 南川柳 *Salix rosthornii* Seemen

别名：白溪柳

乔木或灌木。**叶披针形、椭圆状披针形或长圆形**，稀椭圆形，长4~7 cm，宽1.5~2.5 cm；先端渐尖，基部楔形；上面亮绿色，下面浅绿色，**两面无毛；边缘有整齐的腺锯齿**；叶柄长7~12 mm，有短柔毛，上端或有腺点。**托叶偏卵形**，有腺锯齿，早落。萌枝上的托叶发达，肾形或偏心形，长达**12 mm**。花与叶同时开放；**花序长3.5~6 cm**，疏花；花序梗长1~2 cm，有3（6）片小叶。雄花序轴有短柔毛；雄蕊基部有短柔毛；苞片卵形，基部有柔毛。**雌花序长3~4 cm；子房狭卵形，无毛，有长柄**；花柱短，2裂；具苞片同雄花的；腺体2，腹腺大，常包子房柄，背腺有时不发育。**蒴果卵形**，长5~6 mm。花期3月下旬—4月上旬，果期5月。

中国特有，产于陕西、四川、贵州、浙江等多省，生于平原、丘陵及低山地区的水边。凉山州的西昌、盐源等县市有分布。

5.2.11 垂柳 *Salix babylonica* Linn.

乔木。**枝细，下垂。叶狭披针形或线状披针形**，长9~16 cm，宽0.5~1.5 cm；先端长渐尖，基部楔形；两面无毛或微有毛；边缘有锯齿；叶柄长（3）5~10 mm，有短柔毛。托叶仅生在萌发枝上，斜披针形或卵状圆形，边缘有齿牙。花序先叶开放，或与叶同时开放；雄花序长1.5~2（3）cm，有短梗，花丝基部多少有长毛，花药红黄色。雌花序长2~3（5）cm，有梗，基部有3~4片小叶；**子房椭圆形，无毛或下部稍有毛，无柄或近无柄**；花柱短，柱头2~4深裂；**苞片披针形**。蒴果长3~4 mm，带绿黄褐色。花期3—4月，果期4—5月。

中国特有，产于长江流域与黄河流域，各地均栽培。凉山州各县市有分布或栽培。本种为绿化树种，可栽植在道路边、水边。其木材可供制家具；枝条可编筐；树皮含鞣质，可提制栲胶；叶可作羊饲料。

5.2.12　旱柳 *Salix matsudana* Koidz.

5.2.12a　旱柳（原变型）*Salix matsudana* Koidz. f. *matsudana*

乔木。**枝较为细长，直立或倾斜。叶披针形，长5~10 cm**；先端长渐尖，基部窄圆形或楔形；下面苍白色或带白色；边缘具细腺锯齿；幼叶被丝状柔毛；叶柄短，上面被长毛。托叶披针形或缺，边缘有细腺锯齿。花与叶同时开放。雄花序圆柱形，长1.5~3 cm，梗短，轴被长毛；雄蕊2枚，花丝基部被长毛；苞片卵形，基部略被短柔毛；腺体2。雌花序较雄花序短，长2 cm，有3~5片小叶生于短花序梗上；子房长椭圆形，无毛，近无柄；花柱极短；其苞片同雄花的。果序长达2 cm。花期4月，果期4—5月。

国内产于东北、华北、西北，西至甘肃、青海，南至淮河流域以及浙江、江苏，为平原地区常见树种。凉山州各县市多有栽培。旱柳的木材为白色，质轻软，可供建筑、器具、纸张、人造棉等用材；细枝可编筐；植株可作园林绿化树种和四旁绿化树种；叶为冬季羊饲料。

5.2.12b 龙爪柳（变型）*Salix matsudana* **f.** *tortuosa* **(Vilm.) Rehd.**

为旱柳的变型，该变型与原变型的主要区别为：枝叶卷曲。

本种为常见观赏植物，凉山州西昌市的公园、庭园或学校等处有栽培。

5.2.13 银背柳 *Salix ernesti* C. K. Schneid.

别名：圆齿迟花柳

灌木。小枝初被灰色皱曲的长柔毛。**叶椭圆形或倒卵状椭圆形，**长达11 cm，宽达4 cm；先端圆钝或急尖，基部圆形至楔形；上面特别是脉上被柔毛，下面被丝状绒毛；全缘或上部具不明显的腺细齿；叶柄长达1 cm，被丝状长柔毛。**花与叶同时开放；**花序长4~5 cm。雄花序径达1 cm，雌花序较细，有花序梗，梗长1~3.5 cm，具正常叶，和轴均被皱曲长柔毛；苞片倒卵形或倒卵状长圆形，先端圆形，长2.5 mm，外面被长柔毛；雄蕊2枚，花丝中下部被长柔毛；子房被柔毛，花柱长约1.5 mm，常为2全裂，**柱头丝状，2裂，常扭曲。**果序长达13 cm，蒴果长5 mm，被毛。花期5—6月，果期7—8月。

中国特有，产于云南、四川、西藏东部等地区，生于海拔2 700~4 400 m的山坡处。凉山州的西昌、木里、甘洛、喜德、美姑、布拖、普格等县市有分布。

5.2.14　白背柳 *Salix balfouriana* C. K. Schneid.

灌木或小乔木。当年生枝被绒毛。叶椭圆形、椭圆状长圆形或倒卵状长圆形，长6~8（12）cm，宽2~4 cm；先端钝或急尖，基部圆形或宽楔形；上面沿脉上有短柔毛，**下面密被绒毛**，成熟叶的毛逐渐脱落，**下面白色**；全缘。**花先叶开放或与叶同时开放**，长2~4 cm，**径6~10 mm，花序梗短或无，基部无叶或有1~2片小叶。雄蕊花药黄色，稀红色，花丝2/3有柔毛；苞片倒卵状长圆形，外面被柔毛。子房卵状圆锥形，无柄，密被柔毛；花柱长，2深裂，柱头2裂；**雌花苞片同雄花苞片。果序长可达8 cm；蒴果长5.5 mm，近无毛。花期4月下旬至5月上旬，果期6—7月。

中国特有，产于云南，生于海拔2 800~4 000 m的山坡处或灌丛中。凉山州的盐源、木里等县有分布，四川新记录。

5.2.15　大理柳 *Salix daliensis* C. F. Fang & S. D. Zhao

灌木。幼枝有毛，后变无毛。**叶披针形或长圆状披针形至狭椭圆形**，长（3）5~6（8）cm，宽6~15（20）mm；先端急尖，基部楔圆形；上面无毛，**下面密被白绢毛，有光泽；侧脉通常20对以上**；全缘或有不明显的疏腺齿尖；叶柄长3~5 mm，被密柔毛。**花与叶同时开放；花序圆柱形，长1.5~6 cm**，有花序梗，梗上着生2~5片小叶。雄蕊的花丝几乎全部被柔毛，花药黄色；**苞片倒三角形或三角状倒卵形，两面密被白柔毛，具缘毛，长约为花丝的1/2。子房无柄，密被白柔毛；花柱明显，长为子房的1/3~1/2，全裂或深裂，柱头短，2裂；雌花苞片同雄花苞片。蒴果，有密毛。花期4月中下旬，果期6月。

中国特有，产于云南、四川及湖北，生于海拔1 900~2 700 m的山谷溪流旁或山坡处。凉山州的西昌、雷波、喜德、美姑等县市有分布。

5.2.16　匙叶柳 *Salix spathulifolia* Seemen

灌木。枝褐色，无毛。**叶倒卵状长圆形、狭倒卵状椭圆形，稀宽倒披针形或椭圆形，长4~9 cm，**宽1.5~2.5（3.5）cm；先端急尖或钝尖，基部宽楔形或近圆形；上面幼时有毛，下面通常苍白色或有白粉，初有长柔毛；边缘常有不规则的细锯齿；叶柄长达1.5 cm。**花后叶开放，**花序梗明显，具有2~4片正常叶，花序长2~4 cm。雄蕊花丝中部、下部有柔毛；苞片宽椭圆形，长为花丝的2/3，先端圆形或圆截形，或有不规则的浅齿，外面下部有柔毛，具缘毛。子房卵形，无柄，被柔毛；**花柱细长，与子房等长，2深裂，常扭曲，**柱头2裂；雌花苞片同雄花苞片。果序长达6.5 cm；蒴果卵状长圆形，被灰白色柔毛，无梗或有短梗。花期6月上中旬，果期7月中旬。

中国特有，产于陕西、甘肃、青海、四川、云南等省，生于海拔1 800~2 900 m的山梁处或山坡林缘处。凉山州的盐源县有分布。

5.2.17　长穗柳 *Salix radinostachya* C. K. Schneid.

高大灌木。幼枝有毛，后无毛，紫褐色。**叶披针形、长圆状披针形，稀狭椭圆形或倒披针形（幼叶），长（10）15~20 cm，**宽3~4.5 cm；先端短渐尖，稀锐尖，基部宽楔形或圆形；幼叶两面有绢质柔毛或下面被绒毛，后毛逐渐脱落，**成叶除中脉外无毛或近无毛；**全缘或有不明显的腺锯齿；叶柄长1~1.5 cm。花与叶同时开放；**花序细长，长7~10（13）cm（果序长可达20 cm），**花序轴无毛，花序梗具有2~3（4）片叶；雄花苞片倒卵状椭圆形，长约1 mm，外面有柔毛；**子房狭卵形，无毛，有短柄；花柱明显，柱头2裂；**雌花苞片卵状长圆形，与子房几等长。蒴果长达5 mm。花期5月中旬，果期6月。

国内产于西藏、云南及四川，生于海拔2 650~3 200 m的山坡处。凉山州的盐源、雷波、木里、越西、冕宁等县有分布。

5.2.18　川滇柳 *Salix rehderiana* C. K. Schneid.

灌木或小乔木。**小枝褐色，无毛或有疏毛。**叶披针形至倒披针形，长5~11 cm，宽1.2~2.5 cm；先端钝、急尖或短渐尖，基部常楔形；上面被白柔毛，下面有白柔毛或无毛；边缘近全缘或有腺圆锯齿，稀全缘；叶柄长2~8 mm，具白柔毛。托叶半卵状椭圆形，长7~8 mm，先端长渐尖，边缘有腺齿。花先叶开放或近同时开放。雄花序椭圆形至短圆柱形，无梗，长达2.5 cm；**苞片长圆形，具长柔毛。雌花序圆柱形，长2~6 cm**，有短的花序梗，基部有2~3片小叶；**子房有柔毛或近无毛，近无柄**；花柱长约为子房的1/2，柱头常2裂；苞片长圆形，两面有长柔毛。蒴果淡褐色，有毛或无毛。花期4月，果期5—6月。

中国特有，产于云南、四川、西藏、青海、甘肃、宁夏、陕西等地，生于海拔1 400~4 000 m的山坡处、山脊处、林缘、灌丛中或山谷溪流旁。凉山州的盐源、雷波、木里、越西、甘洛、喜德、宁南、会东、昭觉等县有分布。

5.2.19　异色柳 *Salix dibapha* C. K. Schneid.

灌木。嫩枝被柔毛，后无毛；小枝黑褐色。叶椭圆形或椭圆状长圆形，长4~6（8）cm，宽1.4~2（2.4）cm；先端急尖或短渐尖，基部楔形或近圆形；幼叶上面浅绿色，稍带红色，**下面发白，两面无**

毛，或仅上面脉上稍有短柔毛；全缘；叶柄长4~7 mm。**花先叶开放或与叶近同时开放，有花序梗，较短，具2~3片小叶；子房狭卵形，长2 mm，密被白柔毛，无柄**；花柱明显，等于子房长的1/3~1/2，浅裂或中裂，柱头2裂；仅1腹腺，不裂或2裂；**苞片椭圆状长圆形，先端钝或稍尖，内面无毛，长约1.3 mm**。果长4 mm，无梗或有短梗。花期4月中下旬，果期5月中旬—6月。

中国特有，产于云南、西藏，生于海拔2 600~2 700 m的山坡处及河滩地上。凉山州的盐源有发现，四川新记录。

5.2.20　木里柳 *Salix muliensis* Gorz & Rehder & Kobuski

灌木。枝短而多节。当年生嫩枝红色，有毛。**叶革质，倒卵状长圆形、倒卵状椭圆形或椭圆形，长1.8~4.5 cm，宽1~2 cm**；先端圆形，或有小突尖，基部圆形；上面暗绿色，有时散生蛛丝状柔毛，下面灰绿色，初有白长毛，后渐脱落或仅中脉上有长柔毛；侧脉7~13对；全缘或有不明显的腺齿；叶柄长4~8 mm，密被暗灰色短柔毛。花先叶开放，花序椭圆形至短圆柱形，无花序梗，基部具1~2小鳞片；雄蕊2枚，苞片倒卵形或长圆形，先端圆截形，褐色，外面被黄色或白色长毛，内面无毛；子房卵形或长卵形，有白柔毛，无柄，花柱明显，中裂或浅裂。雌花苞片同雄花苞片，与子房近等长或稍短。蒴果圆锥状卵形，长4 mm，有毛。花期5月下旬至6月上旬，果期7月上中旬。

中国特有，产于四川、云南，生于海拔3 000 m以上的山坡灌丛中或林下。凉山州的木里等县有分布。

6 杨梅科 Myricaceae

6.1 杨梅属 *Morella* Lour.

6.1.1 云南杨梅 *Morella nana* (A. Chev.) J. Herb.

别名：矮杨梅

常绿灌木。小枝几乎无毛。叶革质或薄革质，长椭圆状倒卵形至短楔状倒卵形，**长2.5~8 cm，宽1~3 cm**；顶端急尖或钝圆，基部楔形，中部以上常有少数粗锯齿；成长后上面腺体脱落留下凹点，下面腺体常不脱落，无毛或有时上面中脉上有稀疏柔毛；叶柄长1~4 mm，无毛或有稀疏柔毛；叶脉在上面凹陷，在下面突起。雌雄异株。花序单生于叶腋，**分枝极短，呈单穗状。雄花无小苞片**；雌花具2枚小苞片，子房无毛。**核果球状**，熟时红色，直径1~1.5 cm。2—3月开花，6—7月果实成熟。

中国特有，产于四川、云南及贵州，生长在海拔1 500~3 500 m的山坡处、林缘及灌丛中。凉山州的西昌、会理、越西、德昌、冕宁、会东、美姑、普格等县市有分布。本种果可食用。

6.1.2 毛杨梅 *Morella esculenta* (Buch.–Ham. ex D. Don) I. M. Turner

常绿乔木或小乔木。小枝及芽密被毡毛。叶革质，长椭圆状倒卵形或披针状倒卵形到楔状倒卵形，**长5~18 cm，宽1.5~4 cm**，顶端钝圆至急尖，常全缘，基部楔形渐狭，**上面近叶基处中脉及叶柄密生毡毛**。雌雄异株。雄花序由许多小穗状花序复合成**圆锥状花序**，通常生于叶腋，密被短柔毛及稀疏的金黄色腺体。雌花序分枝极短，**仅有1~4花**，整个花序似成单穗状。**核果通常为椭圆状**，成熟时红色，外表面具乳头状突起，长1~2 cm。9—10月开花，次年3—4月果实成熟。

国内产于四川、贵州、广东、广西及云南，常生长在海拔280~2 500 m的稀疏杂木林内或干燥的山坡上。凉山州的会理、德昌等县市有分布。本种果可食；植株可作嫁接杨梅的砧木。

6.1.3 杨梅 *Morella rubra* Lour.

常绿乔木。**小枝及芽无毛**。叶革质，常密集生于小枝的上端部分；生于萌发条上者为长椭圆状或楔状披针形；生于孕性枝上者为楔状倒卵形或长椭圆状倒卵形，长5~14 cm，宽1~4 cm，顶端圆钝或具短尖至急尖，基部楔形，常全缘。雌雄异株。雄花序单独或数个丛生于叶腋，**通常不分枝，呈单穗状**，每苞片腋内生1朵雄花。**雄花具2~4枚卵形小苞片**及4~6枚雄蕊。雌花序常单生于叶腋，每苞片腋内生1朵雌花。**核果球状**，外表面具乳头状突起，径1~3 cm。4月开花，6—7月果实成熟。

国内产于江苏、浙江、台湾、福建、江西、湖南、贵州、四川、云南、广西和广东等地，生长在海拔125~1 500 m的山坡上或山谷林中，喜酸性土壤。凉山州的西昌、会理、德昌、会东等县市有栽培。杨梅是我国江南的著名水果；树皮富于鞣质，可用作赤褐色染料及医疗上的收敛剂。

7 桦木科 Betulaceae

7.1 桤木属 *Alnus* Mill.

7.1.1 尼泊尔桤木 *Alnus nepalensis* D. Don

别名：蒙自桤木、旱冬瓜

乔木。叶厚纸质，倒卵状披针形、倒卵形、椭圆形或倒卵状矩圆形，长4~16 cm，宽2.5~10 cm；先端骤尖或锐尖，较少渐尖，基部常楔形或宽楔形；边缘全缘或具疏细齿；上面无毛，下面粉绿色，密生腺点，幼时疏被长柔毛，以后沿脉被黄色短柔毛，脉腋间具簇生的髯毛，侧脉8~16对。**雄花序多数排成圆锥状，下垂。果序多数呈圆锥状排列**；果矩圆形，长约2 cm，直径7~8 mm。花期5—6月，果期7—9月。

　　国内产于西藏、云南、贵州、四川、广西，生于海拔700~3 600 m的山坡处的林中、河流阶地及村落中。尼泊尔桤木在凉山州各县市的山区广泛分布。尼泊尔桤木为重要的多用途乡土树种，是家具、模具、农具及建筑装修的用材。

7.1.2 川滇桤木 *Alnus ferdinandi-coburgii* C. K. Schneid.

别名：滇桤木

乔木。幼枝密被黄色短柔毛，后渐变至无毛。叶卵形、长卵形，有时矩圆状倒卵形，稀披针形，长5~16 cm，宽3~7 cm；顶端骤尖或锐尖，较少渐尖或圆，基部近圆形或近楔形；边缘具疏细齿或几乎不明显的疏锯齿；上面无毛，下面密生腺点，沿脉的两侧密被黄色短柔毛，脉腋间具簇生的髯毛；侧脉12~17对；叶柄长1~2 cm，密被黄色短柔毛或仅上面的槽内有毛。**雄花序单生。果序直立，很少下**

垂，**单生**，近球形至矩圆形，长1.5~3 cm，直径1~1.5 cm；**序梗粗壮，长1.5~3 cm**，密被黄色短柔毛。果苞木质，长3~4 mm，顶端具5枚半圆形的裂片。花期5—7月，果期8—9月。

中国特有，生于四川、贵州及云南，生于海拔1 500~3 000 m的山坡上、岸边的林中或潮湿地。凉山州的西昌、会理、盐源、雷波、木里、喜德、德昌、冕宁、美姑、布拖、普格、昭觉等县市有分布。本种为优良的薪炭材树种；嫩茎叶或树皮药用，具有凉血解毒的功效。

7.1.3 桤木 *Alnus cremastogyne* Burk.

乔木。枝条灰色或灰褐色，无毛。叶倒卵形、倒卵状矩圆形、倒披针形或矩圆形，长4~14 cm，宽2.5~8 cm；顶端骤尖或锐尖，基部楔形或微圆；边缘具几乎不明显且稀疏的钝齿；上面疏生腺点，下面密生腺点，几乎无毛，脉腋间有时有簇生的髯毛；侧脉8~10对；叶柄长1~2 cm，无毛，极少数于幼时具淡黄色短柔毛。**雄花序单生，长3~4 cm**。果序单生于叶腋，矩圆形，长1~3.5 cm，直径5~20 mm；**序梗细瘦、柔软，下垂，长4~8 cm**，无毛。花期5—7月，果期8—9月。

中国特有，产于四川、贵州、陕西及甘肃，生于海拔500~3 000 m的山坡上或岸边的林中。凉山州的西昌、盐源、雷波、越西、甘洛、喜德、德昌、冕宁、美姑、布拖、普格、昭觉等县市有分布。本种木材较松，宜做薪炭材及燃料，亦可用于制作箱子等用具。

7.2 桦木属 *Betula* L.

7.2.1 亮叶桦 *Betula luminifera* H. J. P. Winkl.

别名：光皮桦

乔木。**树皮红褐色或暗黄灰色**，平滑。小枝黄褐色，密被淡黄色短柔毛。叶矩圆形、宽矩圆形、矩圆披针形，有时为椭圆形或卵形，长4.5~15 cm；顶端骤尖或呈细尾状，基部常圆形；**边缘具不规则的刺毛状重锯齿**；侧脉12~14对；叶柄密被短柔毛及腺点。雄花序2~5枚簇生于小枝顶端或单生于小枝上部叶腋内。果序大部分单生，**长圆柱形，长3~9 cm，下垂**；序梗密被短柔毛及树脂腺体；果苞长2~3 mm，侧裂片小，卵形，有时不是很发育而呈耳状或齿状，长仅为中裂片的1/4~1/3。小坚果倒卵形，长约2 mm，**膜质翅的宽为果的1~2倍**。花期5—6月，果期6—8月。

中国特有，产于云南、四川、甘肃、浙江、广东等多省，生于海拔500~2 500 m的阳坡杂木林内。凉山州各县市有分布。本种木材的质地良好，可供制各种器具；树皮、叶、芽可提取芳香油和树脂。

7.2.2 白桦 *Betula platyphylla* Suk.

乔木。**树皮灰白色，呈层剥裂状**；小枝暗灰色或褐色。**叶三角状卵形、三角状菱形或三角形**，少有菱状卵形和宽卵形，长3~9 cm；顶端锐尖、渐尖至尾状渐尖，**基部常截形、宽楔形或楔形**；边缘具重锯齿，有时具缺刻状重锯齿或单齿；侧脉5~8对；叶柄细瘦无毛。果序单生，圆柱形或矩圆状圆柱形，通常下垂，长2~5 cm，直径6~14 mm；序梗初时密被短柔毛；果苞长5~7 mm，基部楔形或宽楔形，中裂片三角状卵形，**侧裂片卵形或近圆形，直立或斜展至向下弯**。小坚果狭矩圆形、矩圆形或卵形，长1.5~3 mm，**膜质翅较果长1/3，与果等宽或较果稍宽**。

国内东北、华北、西北及西南常有分布，适应性强，生于海拔400~4 100 m的山坡上或林中。凉山州的盐源、会理、木里、德昌、金阳、冕宁、会东、美姑、布拖等县市有分布。本种可作庭园树种；木材可供制一般建筑及器具；树皮除可提桦油外，在民间还常被用以编制日用器具。

7.2.3　红桦 *Betula albosinensis* Burkill

大乔木。**树皮淡红褐色或紫红色，常被白粉，呈层剥裂状。小枝紫红色，常无毛。**叶卵形或卵状矩圆形，长3~8 cm；顶端渐尖，基部常圆形或微心形；边缘具不规则的重锯齿；下面**沿脉疏被白色长柔毛，脉腋间通常无髯毛；**侧脉10~14对；叶柄长5~15 cm。雄花序圆柱形，长3~8 cm，无梗；苞鳞紫红色。果序圆柱形，单生或2~4枚排成总状，**直立或斜展**，长3~4 cm，直径约1 cm；**序梗纤细，长约1 cm；**果苞长4~7 cm，中裂片矩圆形或披针形，顶端圆，侧裂片近圆形，长为中裂片的1/3。小坚果膜质翅的宽为果的1/2。花期5—6月，果期7—8月。

中国特有，国内产于云南、四川、重庆、湖北、河北、山西、甘肃、青海等多地，常生于海拔1 000~3 400 m的山坡杂木林中。凉山州各县市多有分布。本种木材质地坚硬、结构细密、花纹美观，但较脆，可制作用具或胶合板。

7.2.4　糙皮桦 *Betula utilis* D. Don

大乔木。**树皮暗红褐色，呈层剥裂状。小枝褐色，常密被树脂腺体和短柔毛。**叶卵形、长卵形、椭圆形或矩圆形，长4~9 cm；顶端渐尖或长渐尖，有时呈短尾状，基部圆形或近心形；边缘具不规则的锐尖重锯齿；上面幼时密被白色长柔毛，下面**沿脉密被白色长柔毛，脉腋间具密髯毛；**侧脉8~14对；叶柄长8~20 mm。果序全部单生，或单生兼有2~4枚排成总状，**直立或斜展，**圆柱形或矩圆状圆柱形，长3~5 cm，径7~12 mm；**序梗细长，长8~15 mm；**果苞长5~8 mm，背面疏被短柔毛，中裂片披针形，**侧裂片近圆形或卵形，斜展，**长为中裂片的1/4~1/3。**小坚果膜质翅与果近等宽。**果期7—8月。

国内产于四川、西藏、云南、山西等多地，生于海拔1 700~4 000 m的山坡林中。凉山州各县市多有分布。本种木材坚韧，断面有光泽，可供建筑用。

7.2.5　华南桦 *Betula austrosinensis* Chun ex P. C. Li

乔木。**树皮灰褐色，呈块状开裂**；小枝初被淡黄色柔毛，后无毛。叶长卵形、椭圆形、矩圆形或矩圆状披针形，长5~14 cm；顶端渐尖至尾状渐尖，基部圆形或近心形，有时两侧不等；边缘具不规则的细而密的重锯齿；上面无毛或幼时疏被毛，下面沿脉密被长柔毛，脉腋间具细髯毛；侧脉12~14对；叶柄长1~2 cm，粗壮，幼时密被白色长柔毛，后渐变无毛。果序单生，直立，圆柱状，长2.5~6 cm，直径1.1~2.5 cm；**序梗短而粗，长2~5 mm**；果苞长8~13 mm，中裂片矩圆披针形，**侧裂片微开展或直立，长为中裂片的1/2**。小坚果膜质翅的宽为果的1/3~1/2。花期5—6月，果期6—8月。

中国特有，产于广东、广西、湖南、贵州、云南、江西及四川等地，生于海拔1 000~1 800 m的山顶上或山坡杂木林中。凉山州的雷波、美姑等县有分布。本种木材较坚硬，富有弹性，可用于制作胶合板、细木工家具及农具等。

7.2.6　香桦 *Betula insignis* Franch.

乔木。**树皮灰黑色，纵裂**。小枝初时密被黄色短柔毛。叶椭圆形或卵状披针形，长8~13 cm；顶端渐尖至尾状渐尖，基部圆形或近心形，有时两侧不等；边缘具不规则的细而密的尖锯齿；上面幼时疏被毛，下面沿脉密被白色长柔毛，脉腋间无或疏生髯毛；侧脉12~15对；叶柄长8~20 mm，初时疏被长柔毛，后渐无毛。果序单生，矩圆形，直立或下垂，长2.5~4 cm，直径1.5~2 cm；**序梗几乎不明显**；果苞长7~12 mm，背面密被短柔毛，基部楔形，上部具3枚披针形裂片，侧裂片直立，其长为中裂片的1/2或与之近等长。**小坚果膜质翅极狭**。花期5—6月，果期7—8月。

中国特有，产于四川、贵州、湖北、湖南、重庆、云南、江西等地，生于海拔1 400~3 400 m的山坡林中。凉山州的雷波、美姑等县有分布。本种木材坚硬，纹理细密，可用于制作胶合板、地板、家具等；树皮、木材、叶、芽均含芳香油，可提取香桦油。

7.2.7　高山桦 *Betula delavayi* Franch.

乔木。树皮暗灰色。**小枝褐色，密生黄色长柔毛**。叶椭圆形、宽椭圆形、矩圆形、卵形或宽卵形，**长3~7 cm，宽2~4 cm**；顶端渐尖或钝圆，基部圆形；边缘具细而密的齿牙状重锯齿；上面初时密被黄白色长柔毛，**下面沿脉密被白色长柔毛**，其余无毛；侧脉9~14对；叶柄长6~10 mm，疏被长柔毛。**果序单生，直立或下垂，矩圆状圆柱形，长1.5~2.5 cm**，直径7~10 mm；序梗长约5 mm，初时密被长柔毛；果苞长6~10 mm，背面无毛或疏被毛，上部具3裂片，中裂片披针形或矩圆形，侧裂片卵形或矩圆形，长为中裂片的1/4~1/2。**小坚果膜质翅极狭**。花期6月，果期7—8月。

中国特有，产于四川、云南及西藏，生于海拔2 400~4 000 m的山坡上、山谷中或小溪边的丛林中、山顶石上。凉山州的盐源、木里等县有分布。

7.2.8　岩桦 *Betula calcicola* (W. W. Sm.) P. C. Li

直立或匍匐灌木。树皮灰黑色。小枝灰褐色，密被灰色或黄色长柔毛。叶革质，**近圆形或宽卵**

形，有时矩圆形，**长2~3.2 cm，宽1~5~2.8 cm**；顶端圆或钝，间或渐尖或锐尖，基部圆形；**边缘具钝锯齿**；上面初时密被白色或黄色长柔毛，后仅沿脉有毛，**下面沿脉密被黄色长柔毛**，疏生腺点或无腺点；**脉在上面下陷，在下面明显隆起，侧脉9~16对**；叶柄几乎不明显。果序单生，矩圆状圆柱形，长1.5~2 cm，直径7~10 mm；序梗极短，密被黄色短柔毛；果苞长约5 mm，中裂片矩圆形，顶端钝，背部密生长柔毛，侧裂片长为中裂片的1/3~1/2。小坚果膜质翅极狭。花期6—7月，果期7—8月。

中国特有，产于四川及云南，生于海拔2 000~3 800 m的高山林下、杂灌丛中、石山坡上或岩壁上。凉山州的盐源、木里、会东等县有分布。

7.2.9 矮桦 *Betula potaninii* Batal.

灌木或小乔木。叶革质，较少为厚纸质，**卵状披针形、矩圆披针形，有时为椭圆形**，长2~5.2 cm，宽1~2.5 cm；顶端渐尖或锐尖，基部圆形；**边缘具钝齿或刺毛状重锯齿**；上面幼时密被长柔毛，下面淡绿色，沿脉密被黄白色或白色长柔毛，后毛渐变稀；叶脉在上面明显下陷，在下面明显隆起，密被黄褐色长柔毛；**侧脉12~24对；叶柄长2~5 mm**，密被黄色长柔毛。果序单生，直立或下垂，矩圆状圆柱形，长1~2 cm，直径约6 mm；序梗长约2 mm，密被黄褐色长柔毛；果苞长4~5 mm，上部具3裂片，中裂片矩圆形，侧裂片斜展，长为中裂片一半或与其近等长。小坚果具极狭的翅。花期5—6月，果期7—8月。

中国特有，产于四川、甘肃及陕西，生于海拔2 000~3 100 m的山坡上及潮湿石山坡上的丛林中至崖壁上。凉山州的木里等县有分布。

8 榛科 Corylaceae

8.1 榛属 *Corylus* L.

8.1.1 刺榛 *Corylus ferox* Wall.

8.1.1a 刺榛（原变种）*Corylus ferox* Wall. var. *ferox*

别名：滇刺榛

乔木。叶厚纸质，常矩圆形或倒卵状矩圆形，长5~15 cm，宽3~9 cm；顶端尾状，基部近心形或近圆形；边缘具刺毛状重锯齿；下面沿脉密被淡黄色长柔毛，脉腋间有时具簇生的髯毛；侧脉8~14对；叶柄长1~3.5 cm。雄花序1~5枚排成总状。果3~6枚簇生，极少单生。果苞钟状，成熟时褐色，**背面密被短柔毛**，偶有刺状腺体，**上部具分叉而锐利的针刺状裂片，刺轴竖直或外展，果苞壁完全外露或大部分外露**。坚果扁球形，上部裸露，顶端密被短柔毛，长1~1.5 cm。花期5—7月，果期7—8月。

国内产于西藏、云南、四川及贵州，生于海拔1 700~3 800 m的山坡林中。凉山州的西昌、会理、冕宁、德昌、木里、普格、金阳、美姑等县市有分布。本种种子可食。

8.1.1b 藏刺榛（变种）*Corylus ferox* var. *thibetica* (Batal.) Franch.

本变种的叶为宽椭圆形或宽倒卵形，很少矩圆形；**果苞背面具或疏或密的刺状腺体**，针刺状裂片疏被毛或几乎无毛，与原变种相区别。果期9—10月。

中国特有，产于甘肃、陕西、四川、湖北、贵州、宁夏、西藏及云南，生于海拔1 500~3 600 m的山地林中。凉山州的西昌、雷波、冕宁、木里、宁南、金阳、美姑、布拖、普格等县市有分布。本种种子可食用和榨油。

8.1.2　滇榛 *Corylus yunnanensis* (Franchet) A. Camus

灌木或小乔木。叶厚纸质，**近圆形或宽卵形，很少倒卵形**，长4~12 cm，宽3~9 cm；顶端骤尖或尾状，基部近心形；边缘具不规则的锯齿；上面疏被短柔毛，幼时具刺状腺体，下面密被绒毛；侧脉5~7对；叶柄长7~12 mm，密被绒毛，幼时密生刺状腺体。雄花序2~3枚排成总状，下垂，长2.5~3.5 cm，苞鳞背面密被短柔毛。果单生或2~3枚簇生成头状；**果苞钟状，外面密被黄色绒毛和刺状腺体**，通常与果等长或较果短，很少较果长，上部浅裂，裂片三角形，边缘具疏齿。坚果球形，长1.5~2 cm，密被绒毛。花期5—7月，果期7—8月。

中国特有，产于四川、云南及贵州，生于海拔1 600~3 700 m的山坡灌丛中。凉山州各县市有分布。滇榛种仁可供药用，具有补脾润肺、和中的功效；种子可供食用和榨油，其油味很香，为干性油，是种不易变色的染料原料，亦可用于制作肥皂、蜡烛、化妆品等，该种子还可提制淀粉作副食品；果壳和树皮均含有鞣质；木材可供建筑用。

8.1.3　川榛 *Corylus heterophylla* Fisch. var. *sutchuenensis* Franch.

灌木或小乔木。**叶椭圆形、宽卵形或近圆形**，长4~14 cm，宽2.5~6.5 cm；顶端尾尖，基部心形，边缘具不规则的重锯齿，中部以上具浅裂；上面无毛，下面于幼时疏被短柔毛；侧脉3~5对；叶柄纤细，长1~2 cm。雄花序单生，长约4 cm。果单生或2~6枚簇生成头状。**果苞钟状**，外面具细条棱，密被短柔毛，兼有疏生的长柔毛，密生刺状腺体；较果长但不超过1倍，很少较果短；上部浅裂，裂片三角形，边缘常疏锯齿。果序梗长约1.5 cm，密被短柔毛。坚果近球形，长7~15 mm，无毛或仅顶端疏被长柔毛。

中国特有，产于安徽、甘肃、贵州、河南、湖北、湖南、江苏、江西、陕西、山东、四川、重庆、浙江等地，生于海拔500~2 500 m的山地林间。凉山州的越西、美姑、甘洛、冕宁等县有分布。本种种子可食，并可榨油。

8.2 鹅耳枥属 *Carpinus* L.

8.2.1 雷公鹅耳枥 *Carpinus viminea* Wall.

乔木。**小枝无毛**。叶厚纸质，椭圆形或卵状长圆形，长6~11 cm，宽3~5 cm；顶端渐尖至尾状，基部圆楔形或圆形；边缘具重锯齿；背面沿脉疏被长柔毛及有时脉腋间具稀少的髯毛；侧脉12~14对；**叶柄长1~3 cm，无毛或疏被毛**。果序下垂，长5~15 cm；**序梗疏被短柔毛；序轴纤细，无毛；果苞内、外侧基部均具裂片**，中裂片半卵状披针形至矩圆形，内侧边缘常全缘，直立或微呈镰形弯曲，**外侧边缘具齿牙状粗齿**，较少具不明显的波状齿，内侧基部的裂片卵形，长约3 mm，外侧基部的裂片与内侧基部的裂片近相等或较小，呈齿裂状。小坚果宽卵状圆形，无毛，有时上部疏生小树脂腺体和细柔毛。花期3—6月，果期7—9月。

国内产于西藏、云南、四川、湖南、福建、浙江、安徽等多地，生于海拔700~2 700 m的山坡杂木林中或沟谷中。凉山州的西昌、雷波、喜德、德昌、冕宁、美姑、普格等县市有分布。本种木材坚硬、纹理细密，可制作农具、家具。

8.2.2 冕宁鹅耳枥 *Carpinus mianningensis* Yi

乔木。小枝**密被灰黄色长柔毛**。叶纸质或厚纸质，长椭圆形、长圆形或长卵形，长5~11 cm；先端渐尖，基部微心形；上面沿中脉被长柔毛，其余疏被长柔毛，下面沿脉被灰黄色长柔毛；脉腋被簇生毛；**侧脉9~14对**，边缘具重锯齿；**叶柄长8~14 mm，密被灰黄色长柔毛**。果序长3~7.5（13）cm，**序梗和序轴均密被灰黄色长柔毛**。**果苞卵状半圆锥形，长2.5~3.2 cm，外缘基部具粗齿状裂片，内缘基部具长2.5~4 mm的三角状小裂片**；中裂片镰形或近直，长约3 cm；内缘全缘，外缘具疏锯齿；腹面沿脉疏被长柔毛，背面中脉及果苞柄密被长柔毛。小坚果，被微毛，顶端被灰白色长柔毛，具5~7条纵肋。果期8月。

四川特有，生于海拔2 100~2 400 m的阔叶林中。凉山州的西昌、冕宁等县市有分布。本种木材坚硬、纹理细密，但易脆裂，可制作农具、家具及一般板材。

8.2.3 云南鹅耳枥 *Carpinus monbeigiana* Hand.–Mazz.

别名：滇鹅耳枥

乔木。小枝**初时密被短柔毛，后变无毛**。叶厚纸质，矩圆状披针形、长椭圆形或卵状披针形，长5~11 cm；顶端常锐尖、渐尖或长渐尖，基部常圆形、微心形；边缘具重锯齿，有时齿尖呈刺毛状；上面沿中脉密被长柔毛，下面初时密被短柔毛，沿脉尤密；**侧脉14~18对**；叶柄长约1 cm，**密被黄色短柔毛**。果序长5~8 cm，密被黄色长粗毛；序轴密被黄色长粗毛；果苞半卵形，长16~20 mm，**背面沿脉密被长粗毛，外侧基部无裂片，内侧基部具耳突或边缘微内折**，中裂片长10~15 mm，内侧边缘全缘，外侧边缘具细锯齿，顶端钝尖。小坚果宽卵状圆形，疏被短柔毛，顶部密被长柔毛，常**密生橙黄色或褐色树脂腺体**。花期5—6月，果期7—9月。

中国特有，产于西藏、云南及四川，生于海拔1 700~2 800 m的山林中。凉山州的西昌、会理、盐源、木里、甘洛、宁南、金阳、冕宁、昭觉等县市有分布。本种木材坚硬、纹理细密，但易脆裂，可制作农具、家具及一般板材。

8.2.4　昌化鹅耳枥 *Carpinus tschonoskii* Maxim.

别名：镰苞鹅耳枥

乔木。小枝疏被长柔毛，后渐变无毛。叶椭圆形、矩圆形或卵状披针形，少有倒卵形或卵形，长5~12 cm；顶端渐尖至尾状，基部圆楔形或近圆形；**边缘具刺毛状重锯齿**；两面初时均疏被长柔毛，以后除下面沿脉尚具疏毛、脉腋间具稀疏的髯毛外，其余无毛；侧脉14~16对；叶柄长8~12 mm，疏被短柔毛。果序长6~10 cm，序梗、序轴均疏被长柔毛；果苞长3~3.5 cm，宽8~12 mm，**外侧基部无裂片，内侧的基部仅边缘微内折，较少具耳突**，中裂片披针形，外侧边缘具疏锯齿，内侧边缘直或微呈镰状弯曲。小坚果宽卵状圆形，长4~5 mm，顶端疏被长柔毛，有时具树脂腺体。花期5—6月，果期7—9月。

国内产于安徽、浙江、江西、河南、湖北、四川、贵州及云南等省，生于海拔1 100~2 700 m的山坡上的林中。凉山州的盐源、雷波、金阳、冕宁、会东、美姑、布拖等县有分布。本种木材坚硬、纹理细密，但易脆裂，可制作农具、家具及一般板材。

8.2.5　川陕鹅耳枥 *Carpinus fargesiana* H. J. P. Winkl.

别名：干筋鹅耳枥

乔木。小枝疏被长柔毛。叶厚纸质，卵状披针形、卵状椭圆形、椭圆形或矩圆形，长2.5~6.5 cm，宽2~2.5 cm；基部近圆形或微心形，顶端渐尖；上面深绿色，幼时疏被长柔毛，后变无毛，下面淡绿色，沿脉疏被长柔毛，其余无毛，通常无疣状突起；侧脉12~16对，脉腋间具髯毛；**边缘具重锯齿**；叶柄细瘦，长6~10 mm，疏被长柔毛。果序长约4 cm，序梗、序轴均疏被长柔毛；**果苞半卵形或半宽卵形，长1.3~1.5 cm**，背面沿脉疏被长柔

毛，外侧的基部无裂片，内侧的基部具耳突或仅边缘微内折，中裂片半三角状披针形，内侧边缘直、全缘，外侧边缘具疏齿，顶端渐尖。**小坚果无毛，无树脂腺体。**花期5—6月，果期7—9月。

中国特有，产于四川、陕西及重庆，生于海拔1 000~2 600 m的林中。凉山州的越西、冕宁、会理、会东、雷波、越西、甘洛等县市有分布。本种木材坚硬、纹理细密，但易脆裂，可制作农具、家具及一般板材。

8.2.6　云贵鹅耳枥 *Carpinus pubescens* Burk.

乔木。小枝被短柔毛或渐变至无毛。叶厚纸质，长椭圆形、矩圆状披针形或卵状披针形，长5~8 cm；顶端渐尖或长渐尖，基部圆楔形、近圆形或微心形；**边缘具规则的细密重锯齿；**上面光滑，**下面沿脉疏被长柔毛，脉腋间具簇生的髯毛；**侧脉12~14对；叶柄长4~15 mm，疏被短柔毛或无毛。果序长5~7 cm，**序梗、序轴均疏被长柔毛**或几乎无毛；果苞厚纸质或纸质，常半卵形，长10~25 mm，两面沿脉疏被长柔毛，外侧的基部无裂片，内侧的基部边缘微内折或具耳突，中裂片内侧边缘直或微内弯，外侧边缘具锯齿或不甚明显的细齿，顶端锐尖或钝。小坚果密被短柔毛，上部被长柔毛，疏生或无树脂腺体。花期5—6月，果期7—9月。

国内产于云南、贵州、四川、陕西等省，生于海拔450~2 600 m的山谷中或山坡林中。凉山州的甘洛、冕宁等县有分布。

8.2.7　多脉鹅耳枥 *Carpinus polyneura* Franch.

乔木。小枝细瘦光滑或疏被白色短柔毛。叶厚纸质，长椭圆形、披针形、卵状披针形至狭披针形或狭矩圆形，较少椭圆形或矩圆形，长4~8 cm；顶端长渐尖至尾状，基部常圆楔形；**边缘具刺毛状重锯齿；**上面初时疏被长柔毛，沿脉密被短柔毛，后变无毛，下面除沿脉疏被长柔毛或短柔毛外，脉腋间具簇生的髯毛；**侧脉16~20对；**叶柄长5~10 mm。果序长3~6 cm；序梗、序轴疏被短柔毛；果苞半卵形或半卵状披针形，长8~15 mm，两面沿脉疏被长柔毛，**外侧基部无裂片，内侧基部的边缘微内折，**中裂片的外侧边缘常具疏锯齿，内侧边缘直，全缘。小坚果卵状圆形，被疏或密的短柔毛，顶端被长柔毛。花期5—6月，果期7—9月。

中国特有，产于陕西、四川、贵州、湖北、湖南、广东、福建、江西及浙江，生于海拔400~2 300 m的山坡林中。凉山州的普格、雷波等县有分布。

8.2.8 峨眉鹅耳枥 *Carpinus omeiensis* Hu et D. Fang

小乔木。小枝暗褐色，近无毛。叶厚纸质，椭圆形或卵状椭圆形，长6~8 cm，宽2.5~3.5 cm；顶端长渐尖至尾状，基部近圆形或宽楔形；边缘有刺毛状的单锯齿；上面无毛，下面疏被伏贴的长柔毛，有白粉而呈苍白色；侧脉14~16对；叶柄长5~8 mm，**密被淡黄色长柔毛。**果序长6~10 cm；**序梗长2~3 cm，序梗、序轴均密被白色长柔毛，有白粉；果苞半卵形，外侧基部无裂片，内侧基部微内折，中裂片的内缘直，外缘具疏细齿，两面沿脉疏被长柔毛。**小坚果宽卵状圆形，长约4 mm，密生白色短柔毛，具数肋。花期5—6月，果期7—8月。

中国特有，产于四川、贵州，生于海拔1 000~1 900 m的山坡林中或村旁。凉山州的甘洛等县有分布。

8.2.9　川黔千金榆 *Carpinus fangiana* Hu

别名：长穗千金榆

乔木。**小枝紫褐色，无毛。**叶厚纸质，长卵形、卵状披针形、矩圆形、椭圆形或长椭圆形，**长6~27 cm，宽2.5~8 cm**；顶端渐尖，基部心形、近圆形或阔楔形；**边缘具不规则的刺毛状重锯齿；**两面沿脉有长柔毛；侧脉24~34对；叶柄粗壮，长约1.5 cm，无毛。**果序长45~50 cm**；序梗、序轴均密被短柔毛或稀疏的长柔毛；**果苞覆瓦状排列**，椭圆形，长18~25 mm，外侧的基部无裂片，内侧的基部具内折的耳突，部分遮盖着小坚果，中裂片的外侧内折，其内、外侧边缘的上部均具疏细齿，具5条基出脉，背面的基部密被刺刚毛。小坚果矩圆形，无毛，具不明显的细肋。花期4月，果期8月。

中国特有，产于四川、广西、贵州及云南，生于海拔700~2 600 m的山坡上的林中。凉山州的雷波、美姑等县有分布。

8.3　虎榛子属 *Ostryopsis* Decne.

滇虎榛子 *Ostryopsis nobilis* Balfour f. et W. W. Smith

别名：云南虎榛子、大叶虎榛子

灌木。小枝密被灰色绒毛，间有疏生长柔毛。**叶宽卵形或卵形，少有圆形，长2~8 cm，宽1.5~6 cm**；顶端锐尖或钝，很少近圆形，基部近心形或斜心形，少有圆形；**边缘具不规则的锐锯齿；**上面幼时密被白色长柔毛，**下面被稠密的淡黄褐色绒毛**；侧脉5~9对，在上面显著凹陷，在下面隆起；叶柄短，长2~5 mm，密被绒毛。雄花序常单生，长1~2 cm，下垂；苞鳞密被褐色绒毛。**果多枚排成总状，生于小枝顶端，几乎无梗**；果苞长约1 cm，下部紧包小坚果，向上渐狭呈管状，外面具条棱，密被灰黄色柔毛，成熟后一侧开裂，**顶端通常2浅裂，裂片的长不及果苞的1/5。**小坚果卵状，长约1 mm。花期5—7月，果期7—9月。

中国特有，产于云南及四川，常见于海拔1 500~3 000 m的河谷内和岩坡上。凉山州的木里、盐源等县有分布。

9 壳斗科 Fagaceae

9.1 水青冈属 *Fagus* L.

水青冈 *Fagus longipetiolata* Seem.

乔木。叶长9~15 cm，宽4~6 cm，稀较小；顶部短尖至短渐尖，基部宽楔形或近圆形，有时一侧较短且偏斜；**叶缘波浪状**，有短的尖齿；**侧脉每边9~15条，直达齿端**，开花期的叶背面沿**中、侧脉被长伏毛**，其余被微柔毛；叶柄长1~3.5 cm。**果梗长1~10 cm**；壳斗（3）4瓣裂，裂瓣长20~35 mm，为稍增厚的木质；**小苞片线状，向上弯钩**，位于壳斗顶部的长达7 mm，壳壁的毛较长且密；通常有坚果2个；坚果比壳斗裂瓣稍短或等长，脊棱顶部有狭而略伸延的薄翅。花期4—5月，果期9—10月。

中国特有，产于秦岭以南、五岭南坡以北的各地，生于海拔300~2 400 m的山地杂木林中，多见于向阳坡地，与常绿或落叶树混生。凉山州的雷波、美姑等县有分布。本种木材纹理直或斜，为家具、车辆、船只等用材。

9.2 栗属 *Castanea* Mill.

9.2.1 栗 *Castanea mollissima* Bl.

别名：板栗

乔木。叶椭圆形至长圆形，长11~17 cm，宽可达7 cm；顶部短至渐尖，基部近截平或圆形，或两侧稍向内弯而呈耳垂状，常偏斜；新生叶的基部常狭楔尖，且两侧对称；**叶背面被星芒状伏贴绒毛，或因毛脱落变为几乎无毛**；叶柄长1~2 cm。雄花序长10~20 cm，花序轴被毛；花3~5朵聚生成簇，雌花1~3（5）朵发育结实。成熟壳斗的锐刺有长有短，有疏有密，密时完全遮蔽壳斗外壁，疏时则外壁可见，壳斗连刺径4.5~6.5 cm；坚果高1.5~3 cm，宽1.8~3.5 cm。花期4—6月，果期8—10月。

国内广布。凉山州各县市均有栽培。本种果为著名干果，味甜且营养丰富；其木材质地优良，为建筑、车船、枕木、坑木等用材；树皮和壳斗含鞣质，可提制栲胶；叶可作蚕饲料；为山区绿化造林树种和水土保持树种。

9.2.2 茅栗 *Castanea seguinii* Dode

小乔木或灌木。叶倒卵状椭圆形或兼有长圆形，长6~14 cm，宽4~5 cm；顶部渐尖，基部楔尖形（嫩叶）至圆形或耳垂状（成长叶），基部对称至一侧偏斜；**叶背面有黄色或灰白色鳞腺，幼嫩时叶背面沿脉两侧有疏单毛**；叶柄长5~15 mm。雄花序长5~12 cm，雄花簇有花3~5朵；**雌花生于混合花序的花序轴下部或单生**，每壳斗有雌花3~5朵，通常1~3朵发育结实；壳斗外壁密生锐刺，成熟壳斗连刺径3~5 cm，宽略过于高，刺长6~10 mm；坚果长15~20 mm，宽20~25 mm。花期5—7月，果期9—11月。

中国特有，广布于大别山以南、五岭南坡以北的地区，生于海拔400~2 000 m的丘陵山地或灌丛中，或与阔叶常绿或落叶树混生。凉山州的甘洛等县有分布。本种果较小，但味甜可食；树性矮，可试作栗树的砧木。

9.3 栎属 *Quercus* L.

9.3.1 栓皮栎 *Quercus variabilis* Bl.

别名：软木栎、粗皮青冈

落叶乔木。**木栓层发达；小枝无毛。**叶片卵状披针形或长椭圆形，长8~20 cm，宽2~8 cm；顶端渐尖，基部圆形或宽楔形；**叶缘具刺芒状锯齿；叶背密被灰白色星状绒毛；**侧脉每边13~18条，直达齿端；叶柄长1~5 cm。雄花序长达14 cm，花序轴密被褐色绒毛，花被4~6裂，雄蕊10枚或更多；雌花序生于新枝上端叶腋。壳斗杯形，包着坚果2/3，连小苞片直径2.5~4 cm；**小苞片钻形，向外反曲，**被短毛。坚果近球形或宽卵形，高、径约1.5 cm。花期3—4月，果期次年9—10月。

中国特有，分布广泛，在西南地区常生于海拔2 500 m以下的向阳坡地。凉山州各县市有分布。本种木材可供坑木、桥梁、地板等用材；树皮木栓层发达，是我国生产软木的主要原料；壳斗和树皮富含鞣质，可提制栲胶。

9.3.2 麻栎 *Quercus acutissima* Carruth.

别名：扁果麻栎、北方麻栎

落叶乔木。树皮深灰褐色，深纵裂；**幼枝被灰黄色柔毛。**叶片通常为长椭圆状披针形，长8~19 cm，宽2~6 cm；顶端长渐尖，基部圆形或宽楔形；**叶缘有刺芒状锯齿；叶片两面近同色，幼时被柔毛，老时无毛或叶背面脉上有柔毛；**侧脉每边13~18条；叶柄长1~3 cm。雄花序常数个集生于当年生枝下部叶腋，有花1~3朵。壳斗杯形，包着坚果约1/2，连小苞片直径2~4 cm；小苞片钻形或扁条形，向外反

曲，被灰白色绒毛。坚果卵形或椭圆形，直径
1.5~2 cm，高1.7~2.2 cm。花期3—4月，果期次
年9—10月。

国内除西北地区外，其他地区多有分布，
生于海拔60~2 200 m的山地阳坡处。凉山州西
昌、雷波、越西等县市有分布或栽培。本种木
材材质坚硬，纹理直或斜，耐腐朽，气干易翘
裂，可供枕木、坑木、桥梁、地板等用材；叶
可饲柞蚕；种子富含淀粉，可制作成饲料和工
业用淀粉；壳斗、树皮可提制栲胶。

9.3.3 槲树 *Quercus dentata* Thunb.

别名：柞栎、大叶波罗

落叶乔木。**小枝密被星状绒毛**。**叶片倒卵形或长倒卵形，长10~30 cm，宽6~20 cm**；顶端短钝
尖，叶面深绿色，基部耳形，**叶缘具波状裂片或粗锯齿**；幼时被毛，叶背面密被灰褐色星状绒毛；侧
脉每边4~10条；**叶柄长2~5 mm**，密被棕色绒毛。雄花序生于新枝叶腋，花数朵簇生于花序轴上；花
被7~8裂；雌花序生于新枝叶腋。壳斗杯形，包着坚果1/3~1/2，连小苞片直径2~5 cm；**小苞片窄披针
形，长约1 cm**，反曲或直立，红棕色，外面被褐色丝状毛，内面无毛。坚果卵形至宽卵形。花期4—5
月，果期9—10月。

国内分布广泛，黑龙江至云南多地有产，生于海拔200~2 700 m的杂木林中。凉山州各县市有分
布。本种木材可供坑木、地板等用材；种子可酿酒或作饲料；树皮、种子入药，有收敛的功效。

9.3.4 云南波罗栎 *Quercus yunnanensis* Franch.

别名：毛叶槲栎

落叶乔木。**小枝具沟槽，与幼叶均密被黄棕色星状绒毛**。叶片倒卵形或宽倒卵形，长12~25 cm，
宽6~20 cm；顶端短渐尖，基部楔形；叶缘具8~10对粗大锯齿，齿端尖或圆；幼时两面密被黄棕色星状
绒毛，侧脉每边8~13条；**叶柄长5~8 mm**，密被黄棕色绒毛。雄花序生于新枝下部叶腋；雌花序生于新
枝顶端，发育1~3朵雌花。壳斗钟形，包着坚果1/2~2/3，高1.5~1.8 cm，径约2.5 cm；**小苞片窄披针形，**

5~8 mm，直立或开展，背面被灰色丝状毛。坚果卵形，柱座长3 mm。花期3—4月，果期9—10月。

中国特有，产于湖北、广东、广西、四川、贵州、云南等地，生于海拔1 000~2 700 m的山坡混交林中。凉山州的西昌、会理、盐源、雷波、木里、越西、德昌、金阳、冕宁、会东、布拖、普格、昭觉等县市有分布。本种木材坚实，纹理直，但结构粗；果实富含淀粉。

9.3.5　大叶栎 *Quercus griffithii* Hook. f. et Thoms ex Miq.

落叶乔木。**小枝初被灰黄色疏毛或绒毛，后渐脱落**。叶片倒卵形或倒卵状椭圆形，长10~20（30）cm，宽4~10 cm；顶端短渐尖或渐尖，基部圆形或窄楔形；**叶缘具尖锯齿**；叶背面密生灰白色星状毛，有时脱落，沿中脉被长单毛；**侧脉每边12~18条，直达齿端**，叶背面支脉明显；叶柄长0.5~1 cm，被灰褐色长绒毛。壳斗杯形，包着坚果1/3~1/2，直径1.2~1.5 cm，**小苞片长卵状三角形**。坚果椭圆形或卵状椭圆形，直径0.8~1.2 cm，高1.5~2 cm，直径约6 mm。果期9—10月。

国内产于四川、贵州、云南、西藏等地，生于海拔700~2 800 m的山坡上。凉山州的西昌、会理、盐源、木里、布拖、普格、昭觉等县市有分布。本种木材坚硬，可供矿柱、地板等用材；树皮、壳斗可提制栲胶；可作为水源涵养林、水土保持林的优良树种。

9.3.6　槲栎 *Quercus aliena* Bl.

9.3.6a　槲栎（原变种）*Quercus aliena* Bl. var. *aliena*

别名：细皮青冈

落叶乔木。**小枝近无毛**。叶片长椭圆状倒卵形至倒卵形，长10~20（30）cm，宽5~14（16）cm；顶端微钝或短渐尖，基部楔形或圆形；**叶缘具波状钝齿**；叶背面被灰棕色细绒毛；侧脉每边10~15条，叶腹面中脉、侧脉不凹陷；叶柄长1~1.3 cm，无毛。雄花序长4~8 cm，雄花单生或数朵簇生；花被6裂，雄蕊10枚；雌花序单生或2~3朵簇生于新枝叶腋。壳斗杯形，包着坚果约1/2，高1~1.5 cm，直径1.2~2 cm；**小苞片卵状披针形，灰白色**。坚果椭圆形至卵形，高1.7~2.5 cm。花期3—5月，果期9—10月。

中国特有，产于陕西、山东、江苏、安徽、浙江、江西、河南、湖北、湖南、广东、广西、四川、贵州、云南等地，生于海拔100~2 000 m的向阳山坡处。凉山州各县市均有分布。本种木材可供建筑、家具及薪炭等用材；种子富含淀粉，可酿酒，亦可制成粉条、豆腐、凉皮等；壳斗、树皮富含鞣质。

9.3.6b 锐齿槲栎（变种）*Quercus aliena* var. *acutiserrata* Maximowicz ex Wenzig

本变种与原变种的不同处为：**叶缘具粗大锯齿，齿端尖锐，内弯**；叶背面密被灰色细绒毛；叶片形状变异较大。花期3—4月，果期10—11月。

国内分布广泛，生于海拔100~2 700 m的山地杂木林中。凉山州各县市有分布。用途同原变种。

9.3.7 白栎 *Quercus fabri* Hance

落叶乔木或灌木。**小枝密生灰色至灰褐色绒毛**。叶片倒卵形、椭圆状倒卵形，长7~15 cm，宽3~8 cm；顶端钝或短渐尖，基部楔形或窄圆形；**叶缘具波状锯齿或粗钝锯齿；幼时两面被灰黄色星状毛**；侧脉每边8~12条；**叶柄长3~5 mm，被棕黄色绒毛**。雄花序长6~9 cm，被绒毛，雌花序长1~4 cm，生

2~4朵花；壳斗杯形，包着坚果约1/3，直径0.8~1.1 cm，高4~8 mm；**小苞片卵状披针形，排列紧密**，在口缘处稍伸出。坚果长椭圆形或卵状长椭圆形，直径0.7~1.2 cm，高1.7~2 cm。花期4月，果期10月。

　　中国特有，产于陕西、江苏、安徽、浙江、江西、福建、河南、湖北、湖南、广东、广西、四川、贵州、云南等地，生于海拔100~2 800 m的丘陵中、山地杂木林中。凉山州的西昌、会理、木里、越西、甘洛、德昌、金阳、冕宁、会东、普格、昭觉等县市有分布。本种木材坚硬，可供建筑、农具等用材，为优良薪炭材；果实富含淀粉，可酿酒。

9.3.8　枹栎 *Quercus serrata* Thunb.

别名：绒毛枹栎、短柄枹栎

　　落叶乔木。**幼枝被柔毛，不久即脱落**。叶片薄革质，倒卵形或倒卵状椭圆形，长7~17 cm，宽3~9 cm；**顶端渐尖或急尖**，基部楔形或近圆形；叶缘有**腺状锯齿**，叶背面淡绿色或绿色，**疏被平伏单毛或无毛**；侧脉每边7~12条；叶柄长1~3 cm，无毛。雄花序长8~12 cm，花序轴密被白毛；雌花序长1.5~3 cm。壳斗杯状，包着坚果1/4~1/3，直径1~1.2 cm，高5~8 mm；**小苞片长三角形，贴生**，边缘具柔毛。坚果卵形至卵状圆形，直径0.8~1.2 cm，高1.7~2 cm。花期3—4月，果期9—10月。

　　国内分布广泛，辽宁至云南等多地有产，生于海拔100~2 200 m的山地上或沟谷林中。凉山州的会理、雷波、木里、越西、甘洛、冕宁等县市有分布。本种木材坚硬，可供建筑等用材；种子富含淀粉，可供酿酒和制作饮料；树皮可提制栲胶；叶可饲养柞蚕。

9.3.9　帽斗栎 *Quercus guyavaefolia* H. Lév.

　　常绿灌木或小乔木。小枝密被棕色绒毛。叶片长圆形、长椭圆形或倒卵形，长3~9 cm，宽

2~5 cm；顶端圆钝，基部圆形；全缘或有刺锯齿；**叶背面被棕色海绵状腺毛及白色星状毛，遮蔽侧脉**，侧脉每边7~12条；叶柄被棕色绒毛。雄花序长4~6 cm，花序轴及花被片被绒毛；**果序长5~6 cm**。**壳斗帽斗状**，直径2~3 cm，高0.6~1 cm，**顶端边缘扩展或呈波浪状皱褶**；小苞片披针形，长约2 mm，中下部被灰棕色绒毛。坚果卵形或近球形，高、径为1.5~2 cm，顶端圆。花期4—5月，果期10—11月。

中国特有，产于四川、云南、贵州，生于海拔2 500~4 000 m的山地中或云杉、冷杉林下，为西南高山地区硬叶常绿栎林的主要树种之一。凉山州的西昌、盐源、木里、喜德、德昌、金阳、冕宁、会东、美姑、布拖、普格等县市有分布。

9.3.10　黄背栎 *Quercus pannosa* Hand.–Mazz.

常绿灌木或小乔木。小枝被污褐色绒毛，后脱落。叶片常卵形、倒卵形或椭圆形，长2~6 cm，宽1.5~4 cm；顶端圆钝或有短尖，基部圆形或浅心形；全缘或有刺状锯齿；**叶背面密被多层棕色腺毛、星状毛及单毛，遮蔽侧脉**；中脉"之"字形曲折，侧脉每边5~9条；叶柄被毛。雄花序长3~10 cm，果序长2~3 cm。**壳斗浅杯形**，包着坚果1/3~1/2，直径1~2 cm，高0.6~1 cm；**壳斗小苞片窄卵形，长约1 mm**，覆瓦状排列，顶端与壳斗壁分离。坚果卵形或近球形，直径1~1.5 cm，高1.5~2 cm。花期5—6月，果期次年9—10月。

中国特有，产于四川、云南及贵州，为西南高山地区海拔2 500~3 900 m硬叶常绿栎林的主要树种之一。凉山州的西昌、会理、盐源、木里、越西、宁南、德昌、金阳、冕宁、美姑、普格、昭觉等县市有分布。

9.3.11 川滇高山栎 *Quercus aquifolioides* Rehd. & E. H. Wils.

别名：巴郎栎

常绿乔木。幼枝被黄棕色星状绒毛。叶片椭圆形或倒卵形，长2.5~7 cm，宽1.5~3.5 cm；老树的叶片顶端圆形，基部圆形或浅心形，全缘，幼树的叶片叶缘有刺锯齿。**幼叶两面被黄棕色腺毛**，尤以叶背面中脉上更密，**老叶背面被黄棕色薄星状毛和单毛或粉状鳞秕，不遮蔽侧脉**；侧脉每边6~8条，明显可见；叶柄长2~5 mm，有时近无柄。雄花序长5~9 cm，花序轴及花被均被疏毛；**果序长0.5~2.5 cm，有花1~4朵。壳斗浅杯形，包着坚果基部**，外壁被灰色短柔毛；小苞片卵状长椭圆形，钝头，顶端常与壳斗壁分离。坚果卵形或长卵形，无毛。花期5—6月，果期9—10月。

国内产于四川、贵州、云南、西藏等地，生于海拔2 000~4 500 m的山坡向阳处或高山松林下。凉山州的盐源、会理、雷波、木里、越西、喜德、德昌、金阳、冕宁、美姑、布拖、普格、昭觉等县市有分布。

9.3.12 长穗高山栎 *Quercus longispica* (Hand. –Mazz.) A. Camus

常绿乔木，高达20 m。幼枝被黄棕色绒毛，后渐脱落。叶片椭圆形或长椭圆形，长4~8（11）cm，宽2~5 cm；顶端圆钝，基部圆形或浅心形；全缘或有刺状锯齿；幼叶两面被棕色星状毛或单毛，**老时仅叶背面被棕色星状毛和粉状鳞秕，不遮蔽侧脉**；侧脉每边4~8条；叶柄长3~5 mm，被毛。雄花序长8~11 cm，花序轴及花被均被星状绒毛；雌花序长3.6~16 cm。**果序长6~16 cm**，果序轴被棕色绒毛。壳斗杯形，包着坚果1/2以下，直径1~1.5 cm，高0.5~0.7 cm；小苞片线状披针形，长约1.5 mm，

密被灰白色柔毛。坚果卵形，直径1~1.2 cm。花期5—6月，果期10—11月。

中国特有，产于四川、云南，生于海拔2 000~3 800 m的山地上、沟谷中或松栎林中，为组成西南高山地区硬叶常绿栎林的主要树种之一。凉山州的盐源、木里等县有分布。

9.3.13　灰背栎 *Quercus senescens* Hand.–Mazz.

9.3.13a　灰背栎（原变种）*Quercus senescens* Hand.–Mazz. var. *senescens*

别名：灰背高山栎

常绿乔木或灌木。幼枝密被星状绒毛，后脱落。叶片长圆形或倒卵状椭圆形，长3~8 cm，宽1.2~4.5 cm；顶端圆钝，基部圆形或浅心形；边缘全缘或具刺状锯齿；**边缘常下卷**；幼时两面密被束毛和短柄束毛，**老时仅叶背密被面灰黄色束毛。壳斗杯形，包着坚果1/3~1/2**，高5~8 mm，直径0.7~1.5 cm；**小苞片长三角形，覆瓦状排列，被绒毛。**坚果卵形，高1.2~1.8 cm，直径0.8~1.1 cm。花期3—5月，果期9—10月。

国内产于四川、贵州、云南及西藏等地，生于海拔1 600~3 300 m的向阳山坡处，是组成西南高山地区硬叶常绿栎林的重要树种之一。凉山州各县市均有分布。

9.3.13b　木里栎（变种）*Quercus senescens* var. *muliensis* (Hu) Y. C. Hsu et H. W. Jen

本变种与原变种的区别为：通常为灌木；小枝多毛；**叶片小，窄椭圆形，长1.5~2 cm，宽0.5~1 cm**；坚果较小。

中国西南特有，生于海拔2 800~3 500 m的高山地区中。凉山州的盐源、木里等县有分布。

9.3.14 矮高山栎 *Quercus monimotricha* Hand.–Mazz.

别名：矮山栎

常绿灌木，高0.5~2 m。小枝近轮生，被褐色簇生绒毛。叶片椭圆形或倒卵形，长2~3.5 cm，宽1.2~3 cm；顶端圆钝或具短尖，基部圆形或浅心形；**叶缘有长刺状锯齿，有时全缘；幼叶两面被灰黄色束毛和星状毛，有明显束毛柄，**成长叶腹叶面沿中脉有疏绒毛，**叶背面有污褐色束毛，**有时脱净；侧脉每边4~7条；叶柄短，密被毛。雄花序长3~4 cm，花序轴及萼片被绒毛。壳斗浅杯形，包着坚果基部，直径约1 cm，高3~4 mm；小苞片卵状披针形，长约1 mm。坚果卵形，直径0.8~1.3 cm，高1~1.4 cm，无毛或顶端有微毛。花期5—6月，果期次年9月。

国内四川、云南有产，生于海拔1 800~3 500 m的阳坡处或山脊处，为高山矮林的主要树种。凉山州各县市有分布。

9.3.15 毛脉高山栎 *Quercus rehderiana* Hand.–Mazz.

常绿乔木，或呈灌木状。小枝无毛或被疏毛。**叶片较平坦，**椭圆形或倒卵状椭圆形，长3~8 cm，宽2~4 cm；先端圆钝，基部圆形；全缘或有几个刺状齿；叶腹面无毛，**叶背面中脉基部密生灰黄色短星状毛；**中脉"之"字形曲折，侧脉每边6~8（12）条；**叶柄无毛。壳斗浅杯形，**高4~6 mm；小苞片三角状卵形，被黄色绒毛。坚果卵形或近球形，直径0.7~1.2 cm，高1~1.2 cm，无毛。花期5—6月，果期10—11月。

中国特有，产于四川、贵州、云南、西藏等地，生长于海拔2 000~3 500 m的山地森林中。凉山州的西昌、会理、盐源、雷波、越西、甘洛、喜德、德昌、金阳、冕宁、会东、美姑、布拖等县市有分布。本种是川西南地区常绿阔叶林中的常见树种之一。

9.3.16 光叶高山栎 *Quercus pseudosemecarpifolia* A. Camus

别名：光叶山栎

常绿灌木或小乔木。小枝无毛。**叶片近平坦**，椭圆形或倒卵状椭圆形，长3~7（13）cm，宽1.5~4（6）cm；顶端钝圆，基部圆形；全缘，或有数个刺状锯齿；幼时有星状毛，**老时无毛**；中脉呈"Z"字形弯曲，侧脉6~8对，在近边缘处分叉；叶柄长2~4（7）mm，有毛或无毛。果序长3~6 cm，序轴无毛。壳斗浅杯状，包着坚果1/2~3/4，直径0.6~1.2 cm，高4~7 mm；小苞片三角状卵形，长约1.5 mm，被绒毛。坚果近球形或卵形，直径0.7~1.2 cm，高约1.2 cm，无毛。花期4—5月，果期10—11月。

中国特有，产于云南、四川及西藏，生于海拔1 500~4 000 m的山地杂木林中，为西南高山地区硬叶常绿栎林的主要树种之一。凉山州的西昌、会理、盐源、木里、德昌、宁南、金阳、普格、昭觉等县市有分布。

9.3.17 刺叶高山栎 *Quercus spinosa* David ex Franchet

别名：川西栎、刺叶栎、铁橡树

常绿乔木或灌木。小枝幼时被黄色星状毛，后渐脱落。**叶面皱褶不平**，叶片倒卵形、椭圆形，长2.5~7 cm，宽1.5~4 cm；顶端圆钝，基部圆形或心形；叶缘有刺状锯齿或全缘；**幼叶两面被腺状单毛和束毛**，老叶仅叶背面中脉下段被灰黄色星状毛；中脉、侧脉在叶腹面均凹陷，中脉"之"字形曲折，侧脉每边4~8条；叶柄长2~3 mm。雄花序长4~6 cm；雌花序长1~3 cm。壳斗杯形，**包着坚果1/4~1/3**，直径1~1.5 cm，高6~9 mm；**小苞片三角形，长1~1.5 mm，排列紧密**。坚果卵形至椭圆形，直径1~1.3 cm，高1.6~2 cm。花期5—6月，果期次年9—10月。

国内产于陕西、甘肃、江西、福建、台湾、湖北、四川、贵州、云南等地，生于海拔900~3 200 m的山地乔、灌杂木林中。凉山州各县市均有分布。本种种子可供食用或酿酒；树皮和壳斗可提制栲胶。

9.3.18　匙叶栎 *Quercus dolicholepis* A. Camus

别名：丽江栎

常绿乔木。小枝幼时被灰黄色星状柔毛。叶革质，**叶片倒卵状匙形或倒卵状长椭圆形**，长2~8 cm，宽1.5~4 cm；顶端圆形或钝尖，基部宽楔形、圆形或心形；叶缘上部有锯齿或全缘；**幼叶两面有黄色单毛或束毛，老叶叶背面有毛或脱落**；侧脉每边7~8条；叶柄长4~5 mm，有绒毛。雄花序长3~8 cm，花序轴被苍黄色绒毛。壳斗杯形，包着坚果2/3~3/4，连小苞片直径约2 cm，高约1 cm；**小苞片线状披针形，长约5 mm**，先端向外反曲。坚果卵形至近球形，直径1.3~1.5 cm，高1.2~1.7 cm，顶端有绒毛。花期3—5月，果期次年10月。

中国特有，产于山西、陕西、甘肃、河南、湖北、四川、贵州、云南等省，生于海拔500~2 800 m

的山地森林中。凉山州的盐源、木里、雷波、甘洛、金阳、布拖、冕宁等县有分布。本种木材坚硬，耐久性佳，可供制家具；种子含淀粉；树皮、壳斗含鞣质，可提制栲胶。

9.3.19 铁橡栎 *Quercus cocciferoides* Hand.–Mazz.

别名：大理栎

常绿或半常绿乔木。小枝幼时被绒毛。叶片纸质，长椭圆形、卵状长椭圆形，长3~8 cm，宽1.5~3 cm；顶端渐尖或短渐尖，基部圆形或楔形，常偏斜；**叶缘有锯齿；成长叶无毛；**侧脉每边6~8条，叶片两面的支脉均明显；**叶柄长5~8 mm**，被绒毛。雄花序长2~3 cm，花序轴被苍黄色短绒毛；雌花序长约2.5 cm，着生4~5朵花。**壳斗杯形或壶形，包着坚果约3/4**，直径11.5 cm，高1~1.2 cm；**小苞片三角形**，长约1 mm，不紧贴壳斗壁，被星状毛。坚果近球形，直径约1 cm，高1~1.2 cm，顶端短尖，有短毛。花期4—6月，果期9—11月。

中国特有，产于四川及云南，生于海拔1 000~2 600 m的山地阳坡处或干旱河谷地带上。凉山州的西昌、会理、盐源、雷波、木里、冕宁、会东、布拖等县市有分布。

9.3.20 锥连栎 *Quercus franchetii* Skan

常绿乔木。小枝密被灰黄色单毛和束毛。**叶片厚革质**，叶面平坦，倒卵形或椭圆形，长5~12 cm，高2.5~6 cm；顶端渐尖或钝尖，基部楔形或圆形，**叶缘中部以上有腺锯齿；**幼叶两面密被灰黄色腺质束毛或单毛，**老叶背面密被灰黄色腺毛；**侧脉每边8~12条，直达齿端；**叶柄长1~2 cm，密被灰黄色绒毛**。雄花序长4~5 cm。果序长1~2 cm，果序轴密被灰黄色绒毛。**壳斗杯形**，包着坚果约1/2，直径1~1.4 cm，高0.7~1.2 cm，有时盘形，高约4 mm；小苞片三角形，长约2 mm，被灰色绒毛。坚果矩圆形，直径0.9~1.3 cm，高1.1~1.3 cm，被灰色细绒毛，顶端平截或凹陷。花期2—3月，果期9月。

国内产于云南及四川，生于海拔800~2 600 m的山地上，是干热河谷的主要原生树种。凉山州的西昌、会理、木里、宁南、德昌、金阳、冕宁、会东、布拖、普格、昭觉等县市有分布。

9.3.21 巴东栎 *Quercus engleriana* Seem.

别名：贡山栎、青树栎

常绿或半常绿乔木。小枝幼时被灰黄色绒毛。叶片椭圆形、卵形或卵状披针形，长6~16 cm，宽2.5~5.5 cm；**顶端渐尖**，基部圆形或宽楔形，稀为浅心形；叶缘中部以上有锯齿，有时全缘；叶片幼时两面密被棕黄色短绒毛，侧脉每边10~13条，**叶片两面同色；叶柄长1~2 cm**，幼时被绒毛，后渐无毛。雄花序长约7 cm；雌花序长1~3 cm。壳斗碗形，包着坚果1/3~1/2，直径0.8~1.2 cm，高4~7 mm；**小苞片卵状披针形，长约1 mm，顶端紫红色**，无毛。坚果长卵形，直径0.6~1 cm，高1~2 cm，**柱座长2~3 mm**。花期4—5月，果期11月。

中国特有，产于陕西、江西、福建、河南、湖北、湖南、广西、四川、贵州、云南、西藏等地，生于海拔700~2 700 m的山坡处、山谷疏林中。凉山州的西昌、雷波、木里、金阳、越西、甘洛、布拖、美姑、普格、昭觉、冕宁等县市有分布。本种木材坚硬，可供作桩木、农具、木滑轮等用材；树皮及壳斗可制栲胶。

9.4 青冈属 *Cyclobalanopsis* Oerst.

9.4.1 黄毛青冈 *Cyclobalanopsis delavayi* (Franch.)

别名：黄椆、黄栎

常绿乔木。**小枝密被黄褐色绒毛**。叶革质，长椭圆形或卵状长椭圆形，长8~12 cm，宽2~4.5 cm，边缘中部以上具锯齿，侧脉10~14对，叶腹面中脉凹陷，**叶背面与叶柄密被黄色星状绒毛**；叶柄长1~2.5 cm。雄花序簇生或分枝；雌花序腋生，着生2~3朵花，花柱3~5裂。**壳斗浅碗形，包着坚果约1/2**，直径1~1.5 cm，内壁被绒毛；小苞片合生成6~7条边缘具浅齿

的同心环带，密被黄色绒毛。坚果椭圆形或卵形，直径1~1.5 cm。花期4—5月，果期次年9—10月。

中国特有，产于广西、四川、贵州、云南等地，生于海拔1 000~2 800 m的阔叶林中或云南松林下。凉山州的西昌、会理、盐源、木里、宁南、德昌、金阳、冕宁、会东、布拖、普格等县市有分布。本种木材可供桩木、桥梁、地板、农具柄、水车轴等用材；种子含淀粉。

9.4.2 福建青冈 *Cyclobalanopsis chungii* (Metc.) Y. C. Hsu et H. W. Jen ex Q. F. Zhang

常绿乔木。**幼枝密被褐色短绒毛。**叶片薄革质，椭圆形，稀为倒卵状椭圆形，长6~12 cm，宽1.5~4 cm；顶端突尖或短尾状，基部宽楔形或近圆形；叶缘不反曲，顶端有数对不明显的浅锯齿，稀全缘；中脉、侧脉在叶腹面均平坦，在叶背面显著突起，侧脉每边10~15条，**叶背面密生灰褐色星状短绒毛；**叶柄长1~2 cm，被灰褐色短绒毛。雌花序长1.5~2 cm，花序轴及苞片均密被褐色绒毛。果序长1.5~3 cm。**壳斗盘形，包着坚果基部，**直径1.5~2.3 cm，高5~8 cm，被灰褐色绒毛；**小苞片合生成6~7条同心环带，**除下部2环具裂齿外，其余均全缘。**坚果扁球形，**直径1.4~1.7 cm，高约1.5 cm，**顶端平圆，**微有细绒毛。

中国特有，生于海拔300~2 500 m的阔叶林中。凉山州的西昌、会理、盐源等县市有分布。福建青冈木材坚实、耐腐，可供船只、建筑、桥梁、枕木等用材；果实富含淀粉。

9.4.3 毛枝青冈 *Cyclobalanopsis helferiana* (A. DC.) Oerst.

常绿乔木。**幼枝密被黄色绒毛。**叶片长椭圆形、卵状或椭圆状披针形，**长12~15（22）cm，宽4~8（9.5）cm；**先端渐尖或圆钝，基部宽楔形或圆形；叶缘基部以上有圆钝锯齿；幼时叶面两面密被黄色绒毛，老时仅中脉基部被黄色绒毛，**叶背面密被灰黄色绒毛，**中脉在叶腹面凹陷；侧脉每边9~14条。**壳斗盘形，包着坚果1/3~1/2或近基部；小苞片合生成8~10条同心环带，**环带边缘细齿状或近全缘，内、外壁均被黄色绒毛。坚果扁球形或近球形，直径1.3~2.2 cm，高1.1~1.9 cm，被灰色柔毛，顶端略凹陷。花期3—4月，果期10—11月。

国内产于广东、广西、贵州及云南，生于海拔900~2 000 m的地方。凉山州盐源县树河镇有分布，四川新记录。

9.4.4 青冈 *Cyclobalanopsis glauca* (Thunb.) Oerst.

常绿乔木。小枝无毛。叶片革质，**倒卵状椭圆形或长椭圆形**，长6~13 cm，宽2~5.5 cm；顶端渐尖或短尾状，基部圆形、宽楔形或楔形；**叶缘中部以上有疏锯齿**；侧脉每边9~13条；**叶背面有整齐平伏的白色单毛，老时渐脱落，常有白色鳞秕**；叶柄长1~3 cm。雄花序长5~6 cm，花序轴被绒毛。果序长1.5~3 cm，着生2~3个果。**壳斗碗形，包着坚果1/3~1/2**，直径0.9~1.4 cm，被薄毛；**小苞片合生成5~6条同心环带**，环带全缘或有细缺刻。坚果卵形、长卵形或椭圆形，直径0.9~1.4 cm。花期4—5月，果期10月。

国内陕西、甘肃、广西、四川、云南等多地有产，生于海拔60~2 600 m的山坡处或沟谷中，常见于常绿阔叶林或常绿与落叶阔叶混交林。凉山州各县市多有分布。本种木材坚韧，可供桩木、船只、工具柄等用材；种子富含淀粉，可作饲料，也可用于酿酒；树皮及壳斗可提制栲胶。

9.4.5 滇青冈 *Cyclobalanopsis glaucoides* Schottky

别名：滇楣

常绿乔木。小枝幼时有绒毛。叶片革质，长椭圆形或倒卵状披针形，**长5~12 cm，宽2~5 cm**；顶端渐尖或尾尖，基部楔形或近圆形；**叶缘1/3以上有锯齿**；侧脉每边8~12条；叶背面支脉明显，**灰绿色，幼时被弯曲绒毛，后渐脱落**；叶柄长0.5~2 cm。雄花序长4~8 cm，雌花序长1.5~2 cm，花序轴被绒毛。

壳斗碗形，包着坚果1/3~1/2，外壁被灰黄色绒毛；**小苞片合生成6~8条同心环带，环带近全缘。坚果椭圆形至卵形**，直径0.7~1 cm，高1~1.4 cm，初时被柔毛。花期5月，果期10月。

　　中国特有，产于四川、贵州、云南，生于海拔1 500~2 700 m的山地森林中或山坡上。凉山州各县市多有分布。本种木材性质用途同青冈；种子富含淀粉，可供食用或酿酒。

9.4.6　小叶青冈 *Cyclobalanopsis myrsinifolia* (Bl.) Oerst.

别名：青栲、青椆、细叶青冈

常绿乔木。小枝无毛。**叶卵状披针形或椭圆状披针形，长6~11 cm，宽1.8~4 cm**；顶端长渐尖或短尾状，基部楔形或近圆形；**叶缘中部以上有细锯齿；侧脉每边9~14条，叶背面支脉不明显；叶腹面绿色，叶背面粉白色，无毛**；叶柄长1~2.5 cm。雄花序长4~6 cm；雌花序长1.5~3 cm。壳斗杯形，包着坚果1/3~1/2，直径1~1.8 cm，高5~8 mm，壁薄而脆，外壁被灰白色细柔毛；**小苞片合生成6~9条同心环带，环带全缘。坚果卵形或椭圆形**，直径1~1.5 cm，几乎无毛，顶端柱座明显，有5~6条环纹。花期6月，果期10月。

　　国内分布广泛，北至陕西、河南南部，东至福建、台湾，南至广东、广西，西南至四川、贵州、云南都有产，生于海拔200~2 600 m的杂木林中。凉山州的西昌、会理、盐源、雷波、木里、甘洛、德昌、冕宁、美姑、布拖等县市有分布。本种木材为制作枕木、车轴良好的材料；种子含淀粉，可酿酒。

9.4.7　窄叶青冈 *Cyclobalanopsis augustinii* (Skan) Schottky

别名：扫把椆

常绿乔木。小枝无毛。**叶片卵状披针形至长椭圆状披针形，长6~12 cm，宽1~4 cm；**顶端长渐尖，基部楔形，常偏斜；**全缘或上部有明显锯齿；叶背面略带粉白色，无毛，中脉在叶腹面突起，侧脉每边10~15条，不整齐也不甚明显；**叶柄长0.5~2 cm，无毛。雄花序长3~6 cm；雌花序生于新枝叶腋，长3~4 cm。壳斗杯形，包着坚果约1/2，内壁有灰褐色丝状毛，**外壁几乎无毛；**小苞片合生成5~7条同心环带，**上部的环带紧贴或愈合。**坚果卵形至长卵形，直径0.8~1.2 cm，无毛，顶端圆或近平截。果期次年10月。

中国特有，产于广西、贵州、云南等地，生于海拔1 200~2 700 m的阳坡处或半阴坡处。凉山州会理市有发现，四川新记录。

9.4.8　曼青冈 *Cyclobalanopsis oxyodon* (Miq.) Oerst.

别名：曼椆、短星毛青冈

常绿乔木。幼枝被绒毛。叶长椭圆形至长椭圆状披针形，**长13~22 cm，宽3~8 cm；**顶端渐尖或尾尖，基部圆或宽楔形，常略偏斜；叶缘有锯齿；中脉在叶腹面凹陷，在叶背面显著突起，**侧脉每边16~24条；**叶腹面绿色，**叶背面被灰白色粉或黄白色粉及平伏单毛和分叉毛，后脱落；**叶柄长2.5~4 cm。雄花序长6~10 cm；雌花序长2~5 cm。壳斗杯形，包着坚果1/2以上，被灰褐色绒毛；**小苞片合生成6~8条同心环带，环带边缘呈粗齿状。**坚果卵形至近球形，直径1.4~1.7 cm，几乎无毛。花期5—6月，果期9—10月。

国内产于陕西、浙江、江西、湖北、湖南、广东、广西、四川、贵州、云南、西藏等地，生于海拔1 200~2 700 m的山坡处或沟谷杂木林中。凉山州的西昌、会理、盐源、雷波、木里、甘洛、德昌、冕宁、美姑、布拖等县市有分布。

9.4.9　龙迈青冈 *Quercus lungmaiensis*（Hu）C. C. Huang & Y.T. chang

别名：长叶青冈

常绿乔木。小枝紫褐色。叶片长方状披针形或卵状长披针形，**长9~15 cm，宽3~4 cm**；顶端长渐尖，基部宽楔形；**叶缘具尖细锯齿；侧脉每边14~17条，直达齿端，酷似麻栎的叶**；叶腹面绿色，干后褐色，**叶背面粉白色，被白色短柔毛**；叶柄长2.5~4 cm。果单生于小枝上部叶腋。**壳斗碗形，包着坚果1/2**，直径1.5 cm，高0.7 cm；小苞片合生成6~7条同心环带，环带边缘有圆形裂齿，被灰色绒毛。坚果宽卵形，高、径约1.2 cm。花期3—4月，果期10月。

中国特有，产于云南。凉山州盐源县有发现，四川新记录。

9.4.10　多脉青冈 *Cyclobalanopsis multinervis* W. C. Cheng et T. Hong

常绿乔木。树皮黑褐色。叶片长椭圆形或椭圆状披针形，长7.5~15.5 cm，宽2.5~5.5 cm；顶端突尖或渐尖，基部楔形或近圆形；叶缘1/3以上有尖锯齿，侧脉每边10~15条，**叶背被伏贴单毛及易脱落的蜡粉层**，脱落后带灰绿色；叶柄长1~2.7 cm。果序长1~2 cm，着生2~6个果。壳斗杯形，包着坚果1/2以下，直径1~1.5 cm，高约8 mm；小苞片合生成6~7条同心环带，环带近全缘。坚果长卵形，直径约1 cm，高1.8 cm，无毛；果脐平坦，直径3~5 mm。果期次年10—11月。

中国特有，产于安徽、江西、福建、湖北、湖南、广西及四川，生于海拔1 000~2 300 m的山林中。凉山州的盐源、雷波、越西、甘洛、布拖、普格等县有分布。

9.4.11 细叶青冈 *Cyclobalanopsis gracilis* (Rehd. & E. H. Wils.) W. C. Cheng & T. Hong

别名：小叶青冈栎

常绿乔木。小枝幼时被绒毛。叶片长卵形至卵状披针形，长4.5~9 cm，宽1.5~3 cm；顶端渐尖至尾尖，基部楔形或近圆形；叶缘1/3以上有细尖锯齿；**侧脉每边7~13条，纤细，不甚明显，叶背面支脉极不明显；**叶腹面亮绿色，**叶背面灰白色，有伏贴单毛；**叶柄长1~1.5 cm。雌花序长1~1.5 cm，顶端着生2~3朵花。壳斗碗形，包着坚果1/3~1/2，直径1~1.3 cm，高6~8 mm，外壁被伏贴灰黄色绒毛；小苞片合生成6~9条同心环带，环带边缘通常有裂齿。坚果椭圆形，直径约1 cm，高1.5~2 cm。花期3—4月，果期10—11月。

中国特有，产于河南、陕西、甘肃、江苏、安徽、浙江、江西、福建、湖北、湖南、广东、广西、四川、贵州等地，生于海拔500~2 600 m的山地杂木林中。凉山州的雷波、木里、越西、宁南、金阳、美姑等县有分布。本种木材坚韧，可供桩木、船只、工具柄等用材；种子富含淀粉，可作饲料和用于酿酒。

9.4.12 环青冈 *Cyclobalanopsis annulata* (Smith) Oerst.

常绿乔木。叶片长椭圆形、椭圆状披针形或倒卵状披针形，长9~13 cm，宽3.5~5 cm；先端渐尖或尾尖，基部宽楔形或近圆形；**侧脉每边15~20条，常达锯齿尖端；叶缘锯齿细尖或呈芒状；叶腹面光滑，**中脉、侧脉在叶腹面略凹陷，**叶背面灰白色，支脉突起，被稀疏毛，**成长叶仅沿叶脉被灰棕色伏贴的单毛；叶柄长1~2 cm。果序长1~2 cm，着生3~5个果。壳斗浅碗形，直径1.2~1.5 cm，高6~8 mm；小苞片合

生成7~8条同心环带，密被棕色短柔毛。坚果卵状圆形，直径1.1~1.4 cm，高1.2~1.5 cm，被灰色薄毛，柱头3~4，常分离，**柱座基部常有4条环纹。**花期3—4月，果期10—11月。

国内产于四川、云南及西藏，在石灰岩山地常长成小乔木。凉山州的西昌、德昌等县市有分布。

9.5　柯属 *Lithocarpus* Bl.

9.5.1　白穗柯 *Lithocarpus craibianus* Barn.

别名：白穗石栎

常绿乔木。当年生枝、叶背面及雌花序轴均有棕黄色或灰白色的蜡鳞层。叶革质，卵形或卵状椭圆形，长12~19 cm；顶部长尖，基部短尖至宽楔形；全缘；侧脉每边8~12条，在叶腹面常呈裂槽状凹陷；叶柄长1~2.5 cm。雄穗状花序腋生，稀为圆锥花序；雌花序的上部常着生少数雄花，雌花3~7朵集生成簇。**壳斗圆球形或略扁，顶端常呈乳头状短突起，径15~20 mm，全包坚果，偶有顶部边缘开裂并反卷；小苞片三角形，钻尖状，贴伏于壳壁，呈覆瓦状排列**；壳斗顶部略狭长且向壳斗口部下弯。坚果近圆球形，径13~18 mm；果脐突起，占坚果面积的1/3。花期8—9月，果次年同期成熟。

国内产于云南及四川，生于1 500~3 000 m的山地杂木林中，多见于较干燥坡地。凉山州的西昌、会理、雷波、德昌、冕宁、普格等县市有分布。

9.5.2　麻子壳柯 *Lithocarpus variolosus* (Franch.) Chun

别名：多变柯、多变石砾

乔木。全株无毛。叶革质或厚纸质，宽卵形、卵状椭圆形或披针形，长6~24 cm，宽3~7 cm；顶部常呈镰刀状弯斜的长渐尖，基部近圆形或宽楔形；全缘；侧脉6~10对；叶腹面暗淡无光，**叶背面有较厚的紧实的蜡鳞层**；叶柄长约1 cm。雄穗状花序单穗腋生或多穗排成圆锥花序；雌花序通常多穗聚生于枝顶部，花序轴粗壮，被黄棕色鳞秕，雌花每3朵一簇。**壳斗碗状，包着坚果一半至绝大部分，顶端口部边缘甚薄，紧贴坚果**；壳斗上部的小苞片三角形细小，**稍下部的多连生成不连接的圆环**，或为宽卵形或多边形；坚果扁圆形，高10~20 mm，宽12~26 mm。花期5—7月，果次年7—9月成熟。

中国特有，产于四川及云南，生于海拔2 200~3 500 m的山地杂木林中，常与云杉、冷杉或云南松和高山栎类植物混生组成松栎林。凉山州各县市有分布。

9.5.3　白柯 *Lithocarpus dealbatus* (Hook. f. &Thoms. ex Miq.) Rehd.

别名：白皮柯、砚山石栎、白栎

乔木。芽鳞、当年生枝、叶背面、叶柄、花序轴及壳斗的鳞片被棕黄色或黄灰色毡状短柔毛。叶厚纸质或革质，卵形、卵状椭圆形或披针形，长7~14 cm，宽2~5 cm；顶部长或短尖，基部楔尖；全缘或极少上部叶缘呈浅波浪状；侧脉9~15对，在叶腹面常稍凹陷，**叶背面有蜡鳞层**；叶柄长1~2 cm。雄穗状花序多穗聚生于枝的顶部；雌花序上雌花每3朵一簇，很少5朵一簇。果序通常长5~8 cm。**壳斗碗状，包着坚果一半至大部分（壳斗发育至中期时仍全包坚果），高8~14 mm，宽10~18 mm**；小苞片三角形，贴生或有很少部分稍扩展，呈覆瓦状排列。坚果扁圆形或近圆球形，比壳斗略小。花期8—10月，果次年同期成熟。

国内产于云南、四川及贵州，生于海拔1 100~2 900 m的山地杂木林中。凉山州的西昌、会理、盐

源、雷波、喜德、宁南、德昌、金阳、冕宁、会东、布拖、普格等县市有分布。本种木材坚实，可供家具、农具及薪炭等用材。

9.5.4　包果柯 *Lithocarpus cleistocarpus* (Seem.) Rehd. et E. H. Wils.

别名：包果石栎

乔木。全株无毛。叶革质，卵状椭圆形或长椭圆形，长9~16 cm，宽3~5 cm；顶部渐尖，基部渐狭；全缘；侧脉每边8~12条，至叶缘附近急弯向上而隐没；**叶背面有紧实的蜡鳞层**；叶柄长1.5~2.5 cm。雄穗状花序单穗或数穗集生成圆锥花序，花序轴被细片状蜡鳞；雌花3朵或5朵一簇，散生于花序轴上，花序轴的顶部有时有少数雄花。**壳斗近圆球形，顶部平坦，宽20~25 mm，包着坚果绝大部分；小苞片近顶部的为三角形，紧贴壳壁，稍下至基部的则与壳壁融合而仅有痕迹，被淡黄灰色细片状蜡鳞；壳壁上薄下厚**。坚果顶部被稀疏微伏毛，果脐占坚果面积的1/2~3/4。花期6—10月，果次年秋冬成熟。

中国特有，产于陕西、四川、湖北、安徽、浙江、江西、福建、湖南、贵州、云南等地，生于海拔1 000~2 800 m的山地乔木林中或灌木林中。凉山州各县市有分布。本种树皮、壳斗及根均含鞣质，可提制栲胶；木材可用于建筑、枕木及家具和农具等；种子富含淀粉。

9.5.5　硬壳柯 *Lithocarpus hancei* (Benth.) Rehd.

别名：硬斗石栎、硬斗柯

乔木。叶薄纸质至硬革质，卵形、椭圆形、长圆形、披针形等，长与宽的变异很大；顶部圆钝、急尖或长渐尖，**基部通常沿叶柄下延**；全缘；**两面常同色**；侧脉12~18对；叶柄长0.5~4 cm。雄穗状花序通常多穗排成圆锥花序，雌花序2至多穗聚生于枝顶部。**壳斗浅碗状至近于平展的浅碟状，高3~7 mm，包着坚果不到1/3**；小苞片鳞片状三角形，紧贴，常稍微增厚，呈覆瓦状排列或连生成数个圆环；**壳斗通常3~5个1簇**。坚果无毛，圆锥形、扁圆形或近

圆球形，高8~20 mm，宽6~25 mm，顶端圆至尖，**果脐深1~2.5 mm**。花期4—6月，果次年9—12月成熟。

中国特有，产于秦岭南坡以南各地，生于海拔750~2 600 m的较干燥山区。凉山州的西昌、会理、盐源、雷波、甘洛、德昌、会东、布拖、普格、冕宁等县市有分布。本种木材可用于制作农具柄、扁担等；亦可用于养殖香菇。

9.5.6 灰背叶柯 *Lithocarpus hypoglaucus* (Hu) C. C. Huang ex Y. C. Hsu et H. W. Jen

别名：灰背石栎

乔木。叶厚纸质，**卵形、披针形**，有时兼有中部稍上处最宽的叶，长7~15 cm，宽2~6 cm；顶部渐尖或短突尖，基部狭楔尖，下延；全缘；侧脉每边8~11条；**叶背面苍灰色**，有油润的糠秕状的紧实蜡鳞层；叶柄长0.8~2 cm。雄花序单生或多个排成圆锥花序；**雌花常3朵簇生。壳斗初时碗状，成熟后浅碟状，高1.5~5 mm，宽12~18 mm，壁薄；小苞片细小、三角形，紧贴。坚果扁圆形或宽圆锥形，高8~15 mm，宽1~20 mm，顶部微凹陷或圆；果壁薄，淡褐色，无白粉。花期7—9月，果次年8—10月成熟。

中国特有，产于四川及云南，生于海拔1 700~3 000 m的山地杂木林中。凉山州的西昌、会理、盐源、德昌、冕宁、布拖、普格、金阳等县市有分布。

9.5.7 木姜叶柯 *Lithocarpus litseifolius* (Hance) Chun

别名：甜茶、甜叶子树

乔木。叶纸质至近革质，椭圆形、倒卵状椭圆形或卵形，长8~18 cm，宽3~8 cm；顶部渐尖或短

14.1.6 滇西冬青 *Ilex forrestii* Comber

14.1.6a 滇西冬青（原变种）*Ilex forrestii* Comber var. *forrestii*

别名：怒江冬青

常绿灌木或小乔木。幼枝具纵棱槽，被微柔毛。叶片革质，**长圆状倒披针形、椭圆形或倒卵状椭圆形，长7~9 cm，宽2~3 cm**；先端渐尖，基部圆形；**近全缘或上部1/2~2/3具细圆锯齿；腹面具光泽**，主脉在腹面凹陷，被微柔毛；侧脉10~12对，在腹面不明显，在背面明显。雄花序具3花，花梗被微柔毛；花基数4~5，花白色、淡绿色或淡黄色；花萼4~5深裂；花瓣卵状长圆形。雌花序为具1~3花的聚伞花序排成的假圆锥花序，总花梗及单花花梗均被微柔毛；花萼5深裂；花瓣卵状长圆形。**果序近总状，**轴长5~8 mm，果梗被微柔毛。果球形，**成熟时红色**，宿存花萼平展，宿存柱头厚盘状或几乎头状；分核5~7枚。花期6—7月，果期9—11月。

中国特有，产于四川及云南，生于海拔1 900~3 500 m的山坡疏林中或沟谷内。凉山州的西昌、冕宁、普格等县市有分布。

14.1.6b 无毛滇西冬青（变种）*Ilex forrestii* H. F. Comber var. *glabra* S. Y. Hu

别名：无毛怒江冬青

本变种与原变种的主要区别在于：小枝及叶片的主脉上面无毛；假总状果序由具单果的分枝组成，稀具3果。花期6—7月，果期9—11月。

中国特有，产于云南及四川，生于海拔2 500~2 900 m的山坡上的落叶、常绿阔叶混交林中或杂木林中。凉山州的西昌、会理、盐源等县市有分布。

14.1.7　云南冬青 *Ilex yunnanensis* Franch.

别名：万年青、滇冬青、椒子树、青檀树

常绿灌木或乔木。**幼枝密被金黄色柔毛。**叶片革质至薄革质，卵形或卵状披针形，稀椭圆形，**长2~4 cm，宽1~2.5 cm；**先端急尖，具短尖头，基部圆形或钝；**边缘具细圆齿状锯齿，齿尖常为芒状小尖头；**腹面绿色，背面淡绿色，两面无毛；**主脉在腹面突起，密被短柔毛，侧脉在两面不明显；**叶柄长2~6 mm，密被短柔毛。雄花为具1~3花的聚伞花序，被短柔毛或近无毛，总花梗长8~14 mm，花梗长2~4 mm；花基数4。**雌花单花常生于当年生枝的叶腋内，**花梗长3~14 mm。果球形，直径5~6 mm，成熟后红色；果梗长5~15 mm，无毛；宿存柱头隆起，盘状；分核4枚；内果皮革质。花期5—6月，果期8—10月。

国内产于陕西、甘肃、湖北、广西、四川、贵州、云南和西藏，生于海拔1 500~3 500 m的山地上，河谷常绿阔叶林、杂木林、铁杉林中或林缘，灌丛中及杜鹃林中。凉山州各县市均有分布。

14.1.8　刺叶冬青 *Ilex bioritsensis* Hayata

别名：壮刺冬青、双子冬青、耗子刺、苗栗冬青

常绿灌木或小乔木。小枝疏被微柔毛或无毛。**叶片革质，卵形至菱形，长2.5~5 cm，宽1.5~2.5 cm；先端渐尖，且具1根长3 mm的刺，基部圆形或截形；边缘波状，具3或4对硬刺齿；**腹面具光泽；主脉在腹面凹陷，被微柔毛，在背面隆起，侧脉4~6对，在腹面明显凹入，在背面不明显或稍突起，细网脉在两面不明显；叶柄长约3 mm，被短柔毛。花簇生于二年生枝的叶腋内，花梗长约2 mm；花基数2~4，花淡黄绿色。果椭圆形，长8~10 mm，直径约7 mm，成熟时红色，宿存花萼平展，宿存柱头盘状；**分核2枚，**内果皮木质。花期4—5月，果期8—10月。

中国特有，产于台湾、湖北、四川、贵州及云南，生于海拔1 800~3 200 m的山地常绿阔叶林或杂木林中。凉山州各县市有分布。本种四季常绿，可作为园林绿化和观赏植物。

14.1.9　长叶枸骨 *Ilex georgei* Comber

别名：单核冬青

常绿灌木至小乔木。小枝具浅的纵棱槽，密被短柔毛。**叶片厚革质，披针形、卵状披针形，长1.8~4.5 cm，宽0.7~1.5 cm**；先端渐尖，具1根长3 mm的、黄色的刺，基部圆形或心形；边缘增厚，稍反卷，近全缘或每边具2~3枚刺齿；腹面具光泽；主脉在腹面稍凹陷，被短柔毛，在背面隆起，侧脉5~7对，在腹面不明显，在背面明显，网状脉两面均不明显；叶柄长1~2 mm，上面具槽。花序簇生于二年生的小枝叶腋内；雄花序的单个分枝具1~3花；花基数4。果（1）2~3枚簇生于二年生枝叶腋内；果倒卵状椭圆形，长4~7 mm，成熟时红色；果梗长约2 mm；宿存柱头盘状；**分核1~2枚，**内果皮木质。花期4—5月，果期10月。

国内产于云南及四川，生于海拔1 650~2 900 m的山地疏林中和路旁灌丛中。凉山州的冕宁、普格等县有分布。本种树皮可作黄连制剂的代用品。

14.1.10　猫儿刺 *Ilex pernyi* Franch.

别名：老鼠刺、裴氏冬青、八角刺

常绿灌木或乔木。幼枝被短柔毛，二至三年生小枝密被污灰色短柔毛。**叶片革质，卵形或卵状披针形，**长1.5~3 cm，宽5~14 mm；先端三角形渐尖，渐尖头长12~14 mm，具1根长3 mm的粗刺，基部截形或近圆形；**边缘具深波状刺齿1~3对；**腹面深绿色，具光泽，背面淡绿色，两面均无毛；中脉在腹面凹陷，在背面隆起，侧脉1~3对，不明显；叶柄长2 mm，被短柔毛。花序簇生于二年生枝的叶腋内，多为2~3花聚生成簇，每分枝仅具1花；花淡黄色，全部4基数。果球形或扁球形，直径7~8 mm，成熟时红色，宿存柱头厚盘状，4裂；**分核4枚**。花期4—5月，果期10—11月。

中国特有，产于陕西、甘肃、安徽、浙江、江西、河南、湖北、四川及贵州等地，生于海拔1 000~2 500 m的山谷林中或山坡上、路旁灌丛中。凉山州各县市有分布。本种的树皮含小檗碱，可作黄连制剂的代用品；叶和果入药，有补肝肾、清风热之功效；根入药，用于治疗肺热咳嗽、咯血、咽喉肿痛等症。

14.1.11　双核枸骨 *Ilex dipyrena* Wall.

别名：二核冬青、刺叶冬青

常绿乔木。**叶片厚革质，椭圆状长圆形、椭圆形或卵状椭圆形**，稀卵形，长4~10 cm，宽2~4 cm；先端短渐尖至渐尖，渐尖头具锐尖的刺，基部阔楔形至近圆形；**边缘全缘或近全缘且具刺齿3~14枚；腹面绿色、光亮，背面淡绿色；侧脉6~9对，网状脉不明显；**叶柄长3~6 mm。花序簇生于二年生枝的叶腋内，每个分枝具单花；花淡绿色，花基数4。果实球形，幼时绿色，成熟后红色；**分核1~4枚，通常2粒，内果皮木质。**花期4—7月，果期10—12月。

国内分布于湖北、四川、云南及西藏等地，生于海拔2 000~3 400 m的山谷中，常绿阔叶林、混交林及灌丛中。凉山州的盐源、木里等县有分布。

14.1.12　纤齿枸骨 *Ilex ciliospinosa* Loes.

别名：睫刺冬青、毛刺冬青、纤刺枸骨

常绿灌木或小乔木。幼枝密被短柔毛。**叶片革质，椭圆形或卵状椭圆形，长2.5~4.5 cm，宽1~2.5 cm；先端短渐尖或急尖，具1处弱刺尖，基部圆形；**边缘具4~6对锯齿，齿尖具细刺；腹面光泽；主脉在腹面凹入，被短柔毛，在背面隆起，侧脉4~6对，在腹面不明显，于边缘附近网结；叶柄长2~3 mm。聚伞花序具2~5花，簇生于当年生枝的叶腋内；花梗长2~3 mm，被短柔毛或无毛。花淡黄色，花基数4。**果椭圆形，单生或成对生，稀3个簇生**，长7~8 mm，宽5~6 mm，成熟时红色；宿存柱头薄盘状；果梗长2~4 mm，被短柔毛或变无毛；**分核1~3枚，通常2粒，内果皮木质。**花期4—5月，果期9—10月。

中国特有，产于四川、云南、西藏及湖北，生于海拔1 500~3 100 m的山坡杂木林中、云杉林下、冷杉林下或路旁。凉山州的木里、雷波、越西、会东、金阳、美姑、冕宁等县有分布。

14.1.13　珊瑚冬青 *Ilex corallina* Franch.

别名：毛枝珊瑚冬青、大果珊瑚冬青

常绿灌木或乔木。叶片革质，卵形、卵状椭圆形或卵状披针形，长4~13 cm；先端渐尖或急尖，基部圆形或钝；**边缘波状，具圆齿状锯齿**；两面无毛；侧脉每边7~10条；叶柄4~10 mm。花序簇生于二年生枝的叶腋内，总花梗几乎无；花黄绿色，花基数4。雄花：单个聚伞花序具1~3花。雌花：单花簇生于二年生枝叶腋内，几乎无总梗。**果近球形，成熟时紫红色；宿存柱头薄盘状，4裂**，宿存花萼平展；分核4枚。花期4—5月，果期9—10月。

中国特有，产于甘肃、湖北、湖南、四川、重庆、贵州及云南，生于海拔400~3 000 m的阴坡沟谷内或山坡混交林中。凉山州的西昌、盐源、雷波、会东、木里、甘洛、喜德、金阳、冕宁、美姑、布拖、普格等县市有分布。

14.1.14　昆明冬青 *Ilex kunmingensis* H. W. Li ex Y. R. Li

常绿灌木。小枝具纵棱沟。**叶薄革质或坚纸质，倒卵状长圆形或倒卵状披针形**，稀椭圆形，长4.5~7.5 cm，宽1.4~2.7 cm；**先端骤然渐尖或渐尖**，基部阔楔形；**边缘具疏细锯齿**；两面无毛；主脉在腹面凹陷，在背面隆起，侧脉7~9对，在腹面平而明显，在背面突起，于近叶缘附近分叉且网结，网状脉在腹面略显，在背面明显；叶柄长5~9 mm，具沟槽，无毛。果球形，簇生于当年生枝的叶腋内，单个分枝具单果，果梗长2~3 mm；宿存花萼4裂，裂片卵形，具缘毛；宿存柱头厚盘状，稍4裂；分核4枚，内果皮革质。果期8月。

中国特有，产于云南，生于海拔2 300~2 700 m的山坡灌木林中。凉山州西昌市有发现，四川新记录。

14.1.15 陷脉冬青 *Ilex delavayi* Franch.

14.1.15a 陷脉冬青（原变种）*Ilex delavayi* Franch. var. *delavayi*

别名：瘤枝冬青

常绿灌木或乔木。**叶片近革质，椭圆状披针形或倒卵状椭圆形，长3~7 cm，宽1~2.2 cm；**先端钝或急尖，基部楔形或急尖；边缘具细圆齿状锯齿；腹面绿色，背面淡绿色，两面无毛；主脉在腹面凹陷，在背面突起，**侧脉5~7对，与网状脉在腹面凹陷，在背面突起，**于叶缘附近网结；叶柄长10~15 mm。花序簇生于二年生枝叶腋内；花淡绿色，花基数4。雄花通常呈现为假伞形花序，总花梗长3.5 mm；单个分枝具1~3花，聚伞状。果实球形，直径约5 mm，成熟时红色，宿存柱头厚盘状，4浅裂。花期5—6月，果期8—11月。

中国特有，产于四川、云南及西藏，生于海拔2 600~3 700 m的山林中或灌丛中。凉山州的会理、盐源、木里、金阳、普格、昭觉等县市有分布。

14.1.15b 高山陷脉冬青（变种）*Ilex delavayi* var. *exalata* H. F. Comber

本变种与原变种的主要区别在于小枝具浅褶状沟，无瘤；叶片较大，长3~8 cm，宽1.5~2.5 cm；花梗长4~6 mm。

国内产于云南、四川，生于海拔2 700~3 600 m的山坡杂木林中、杜鹃林中或灌丛中。凉山州普格、金阳、冕宁等县有分布。

14.1.16 康定冬青 *Ilex franchetiana* Loes.

别名：山枇杷

常绿灌木或小乔木。小枝无毛。叶片近革质，**倒披针形或长圆状披针形，稀椭圆形，长6~12.5 cm，宽2~4.2 cm**；先端渐尖或急尖，基部楔形或钝；**边缘窄、反卷，具细锯齿，齿具硬尖头**；叶腹面深绿色，稍具光泽，背面淡绿色；主脉在叶腹面凹陷，在背面隆起，侧脉每边8~15条，在两面明显，网状脉在背面明显；叶柄长1~2 cm。聚伞花序或单花，簇生于二年生枝叶腋内；花淡绿色，花基数4。雄花：每个聚伞花序具3花。雌花：单花簇生于二年在枝叶腋内。果梗长4~5 mm；果球形，直径6~7 mm，成熟时红色；宿存柱头薄盘状；分核4枚，长圆形，内果皮木质。花期5—6月，果期9—11月。

国内产于湖北西南部、四川、贵州、云南及西藏，生于海拔1 850~2 850 m的山地阔叶林中或杂木林中。凉山州的西昌、越西、雷波、木里、甘洛、冕宁、美姑、普格等县市有分布。

14.1.17　狭叶冬青 *Ilex fargesii* Franch.

别名：法氏冬青、城口冬青

常绿乔木，全株无毛。叶片近革质，**倒披针形或线状倒披针形，长5~16 cm，宽1.5~3.5 cm**；先端渐尖，基部楔形或钝，**边缘中部以上具疏细锯齿，中下部全缘**；侧脉每边8~10条，在叶腹面明显，在背面突起，网状脉在腹面不明显，在背面明显；叶柄长8~16 mm，上面具槽。花序簇生于二年生枝叶腋内；花白色，芳香。雄花：每束的单个分枝为具3花的聚伞花序。雌花：单个分枝具1花。果序簇生，单个分枝具1果；果梗长5~7 mm；果球形，直径5~7 mm，成熟时红色，具纵条纹；宿存柱头薄盘状，4浅裂，宿存花萼平展；分核4枚，长圆形，内果皮木质。花期5月，果期9—10月。

中国特有，产于陕西、甘肃、湖北、四川及重庆，生于海拔1 600~3 000 m的山地林中或山坡灌丛中。凉山州的雷波、越西、美姑、甘洛、冕宁等县有分布。

14.1.18　榕叶冬青 *Ilex ficoidea* Hemsl.

别名：台湾糊樗、仿腊树、野香雪

常绿乔木。幼枝具纵棱沟，无毛。叶片革质，长圆状椭圆形或卵状，稀倒卵状椭圆形，长4.5~10 cm，宽1.5~3.5 cm；**先端骤然尾状渐尖，渐尖头长可达15 mm**，基部钝、楔形或近圆形；边缘具不规则的细圆齿状锯齿，齿尖黑色；叶腹面深绿色，具光泽，背面淡绿色；侧脉8~10对，在腹面不明显，在背面稍突起，于边缘网结，小脉不明显；叶柄长6~10 mm。聚伞花序或单花生于当年生枝的叶腋内；花基数4，花白色或淡黄绿色，芳香。果球形或近球形，直径5~7 mm。成熟后红色；宿存花萼平展，四边形，直径约2 mm，宿存柱头薄盘状或脐状；分核4枚，内果皮石质。花期3—4月，果期8—11月。

中国特有，产于安徽、浙江、江西、福建、台湾、湖北、湖南、广东、广西、海南、香港特别行政区（以下简称香港）、四川、重庆、贵州及云南等地，生于海拔300~1 880 m的山地常绿阔叶林中、杂木林中和疏林中或林缘。凉山州的越西、甘洛等县有分布。

14.1.19　红河冬青 *Ilex manneiensis* S. Y. Hu

常绿灌木或小乔木。叶生于1到2年生枝上。叶片薄革质，椭圆形，长8~12 cm，宽2.5~4 cm；先端渐尖，基部圆形至楔形；全缘；**主脉在叶腹面平或稍凸，被柔毛，在背面突起，密被脱落性黄色绒毛**，侧脉15~17对，近平行，在两面突起，在近边缘网结，网状脉在叶腹面不明显，在背面明显；叶柄长1.5~2 cm。**雄花：聚伞花序单生于叶腋，具花3朵，稀4~5朵；总花梗长5~12 mm，极扁；花梗长2~4 mm**。雌花：花序、花总梗、花梗、花萼及花瓣同雄花的。成熟果球形，直径6~8 mm，黑褐色，宿存花萼平展，宿存柱头盘状；分核4~6枚，长圆形，内果皮木质。

中国特有，产于云南、四川，生于海拔2 400~2 700 m的森林中。凉山州的普格、冕宁等县有分布。

14.1.20　四川冬青 *Ilex szechwanensis* Loes

灌木或小乔木。**幼枝近四棱形，具纵棱及沟槽，常被微柔毛**。叶片革质，卵状椭圆形、卵状长圆形或椭圆形，稀近披针形，长3~8 cm，宽2~4 cm；先端渐尖、短渐尖至急尖，基部楔形至钝；**边缘具锯齿**；叶腹面深绿色，**背面具不透明腺点**；**主脉在腹面密被短柔毛**，侧脉6~7对，网状脉不明显；叶柄长4~6 mm。花基数4~7。雄花1~7朵排成聚伞花序，总花梗长2~3 mm，单花花梗长3~5 mm。雌花单生于当年生枝的叶腋内，花梗长8~10 mm。果球形，或为顶基扁的球形，长约6 mm，直径7~8 mm，**成熟后黑色**；果梗长8~10 mm；宿存柱头厚盘状，明显4裂。分核4枚，内果皮革质。花期5—6月，果期8—10月。

中国特有，分布广泛，产于四川、西藏、贵州、江西、广东等多地，生于海拔450~2 500 m的丘陵处，山地常绿阔叶林、杂木林、疏林或灌丛中及溪边，路旁。凉山州的会理、木里、宁南、德昌、金阳、冕宁、会东、布拖、普格、昭觉等县市有分布。

14.1.21 异齿冬青 *Ilex subrugosa* Loes.

别名：次糙冬青、突脉冬青

常绿乔木。小枝被短柔毛。**叶片革质，长圆状椭圆形或披针形，长4~10 cm，宽1.5~3 cm；**先端渐尖，基部楔形或钝；**边缘具大小与距离不等的锯齿，齿尖斜直生长而尖；**叶面稍具光泽；侧脉每边5~8条，网状脉在背面稍明显；叶柄长4~10 mm，被短柔毛。假总状花序或聚伞花序簇生于二年生枝的叶腋内；花序轴被微柔毛或近无毛。花淡黄色，芳香。雄花：花序的每一分枝具单花，稀为具1~3花的聚伞花序；花冠直径6~7 mm，花瓣4片。雌花：排成假总状花序，花瓣倒卵形。果实为近球状椭圆形，长5~6 mm，直径4~5 mm，成熟时红色，表面具小瘤状突起，宿存柱头厚盘状。分核4枚，内果皮木质。花期4—5月，果期9—10月。

中国特有，产于四川和云南，生于海拔1 200~2 300 m的山地上、沟边林中。凉山州的雷波等县有分布。

15 卫矛科 Celastraceae

15.1 南蛇藤属 *Celastrus* L.

15.1.1 苦皮藤 *Celastrus angulatus* Maxim.

别名：苦树皮、马断肠、老虎麻、棱枝南蛇藤、苦皮树

藤状灌木。**小枝常具4~6条纵棱，皮孔密生。叶大，近革质，长方状阔椭圆形、阔卵形或圆形，长7~17 cm，宽5~15 cm；**先端圆阔，中央具尖头；侧脉5~7对，在叶腹面明显突起；叶柄长1.5~3 cm。托叶丝状，早落。**聚伞圆锥花序顶生，**略呈塔锥形，长10~20 cm；花序轴及小花轴光滑或被锈色短毛，小花梗较短，关节在顶部；花萼镊合状排列；花瓣长方形，长约2 mm，边缘不整齐；花盘肉质，浅盘状或盘状，5浅裂；雄蕊着生于花盘之下。蒴果近球状，直径8~10 mm。花期5—6月。

中国特有，产于河北、山东、陕西、甘肃、江苏、湖北、四川、云南及广西等多地，生于海拔1 000~3 000 m的山地丛林中及山坡灌丛中。凉山州的雷波、越西、甘洛、宁南、德昌、金阳、会东等县有分布。本种树皮纤维可供造纸及人造棉的原料；果皮及种子含油脂，可供工业用；根皮及茎皮可提制杀虫剂和灭菌剂。

15.1.2　青江藤 *Celastrus hindsii* Benth.

别名：夜茶藤、黄果藤

常绿藤本。叶纸质或革质，长方状窄椭圆形或卵状窄椭圆形至椭圆状倒披针形，长7~14 cm，宽3~6 cm；先端渐尖或急尖，基部楔形或圆形；边缘具疏锯齿；侧脉5~7对；叶柄长6~10 mm。**顶生聚伞圆锥花序，长5~14 cm；腋生花序具1~3花**，稀呈短小聚伞圆锥状。花淡绿色，小花梗长4~5 mm，关节在中部偏上；花萼裂片近半圆形；花瓣长方形；雌蕊子房近球状。果实近球状或稍窄，长7~9 mm，幼果顶端具明显宿存花柱；**种子1粒**，阔椭圆状到近球状，长5~8 mm，假种皮橙红色。花期5—7月，果期7—10月。

国内主产于长江流域及以南地区，生于海拔300~2 500 m以下的灌丛中或山地林中。凉山州的会理、雷波、昭觉等县市有分布。

15.1.3　灰叶南蛇藤 *Celastrus glaucophyllus* Rehd. et E. H. Wils.

别名：过山枫藤、麻麻藤、藤木

落叶或常绿木质藤本。叶在果期常半革质，长方状椭圆形、近倒卵状椭圆形或椭圆形，长

5~10 cm，宽2.5~6.5 cm；先端短渐尖，基部圆形或阔楔形；边缘具稀疏细锯齿；侧脉4~6对；**叶背面灰白色或苍白色；叶柄长8~12 mm**。花序顶生及腋生，顶生成总状圆锥花序，长3~6 cm，腋生者多仅3~5花；花序梗通常长1~2 mm，小花梗长2.5~3.5 mm，关节在中部或偏上；花萼裂片椭圆形或卵形；花瓣倒卵状长方形或窄倒卵形，长4~5 mm；花盘浅杯状，稍肉质，裂片近半圆形。果实近球状，**3室**，果梗长5~9 mm，近黑色。果实具3~6粒种子，**种子椭圆形**。花期3—6月，果期9—10月。

　　中国特有，产于陕西南部、湖北、湖南、贵州、四川、云南等地，生于海拔700~3 700 m的混交林中或林缘。凉山州的西昌、盐源、雷波、木里、越西、甘洛、喜德、德昌、会东、美姑、布拖、普格、昭觉等县市有分布。本种的根药用，可治跌打损伤、刀伤出血及肠风便血。

15.1.4　粉背南蛇藤 *Celastrus hypoleucus* (Oliv.) Warb. ex Loes.

别名：博根藤、落霜红、绵藤

　　落叶木质藤本。**叶通常纸质**，椭圆形或长方状椭圆形，长6~9.5 cm；先端短渐尖，基部钝楔形；边缘具锯齿；侧脉5~7对；叶腹面绿色，光滑，**叶背面粉灰色**；主脉及侧脉被短毛或光滑无毛；**叶柄长12~20 mm**。顶生聚伞圆锥花序，长7~10 cm，多花，腋生者短小，具3~7花；花序梗较短，小花梗长3~8 mm，花后明显伸长，关节在中部以上；花萼近三角形；花瓣长方形或椭圆形；花盘杯状，顶端平截。果序顶生，长而下垂，腋生花多不结实。蒴果疏生，球状，有细长小果梗，长10~25 mm；果瓣内侧有棕红色细点；**种子平凸到稍新月状**。花期6—8月，果期10月。

　　中国特有，产于河南、陕西、甘肃东部、湖北、四川及贵州，多生于海拔400~2 500 m的丛林中。凉山州的越西、甘洛、冕宁等县有分布。

15.1.5　长序南蛇藤 Celastrus vaniotii (Lévl.) Rehd.

落叶木质藤本。叶卵形、长方状卵形或长方状椭圆形，长6~12 cm，宽3.5~7 cm；先端短渐尖，稀窄急尖，基部圆形，稀阔楔形；边缘具内弯锯齿，齿端具腺状短尖；侧脉6~7对；**叶背面浅绿色**；叶柄长1~1.7 cm。**顶生花序长6~18 cm，单歧分枝，**每一分枝顶端有一小聚伞花序，小聚伞花序的梗短，长约2 mm，小花梗长4~6 mm，关节通常位于中部之下，**腋生花序较短，长3~4 cm**；花萼裂片较浅；花瓣倒卵长方形或近倒卵状形；花盘浅杯状；雌花子房近球状。蒴果近球状，**3室，具3~6粒种子**，种子椭圆形。花期5—7月，果期9月。

中国特有，产于湖北、湖南、贵州、四川、广西、云南，生于海拔500~2 000 m的混交林中。凉山州的西昌、盐源、金阳、雷波、木里等县市有分布。

15.1.6　大芽南蛇藤 Celastrus gemmatus Loes.

别名：哥兰叶、米汤叶、绵条子、霜红藤

落叶木质藤本。**冬芽长可达12 mm，**基部直径近5 mm。叶长方形、卵状椭圆形或椭圆形，长6~12 cm，宽3.5~7 cm；先端渐尖，基部圆阔，近叶柄处变窄；边缘具浅锯齿；**叶背面浅绿色，光滑或脉上具棕色短柔毛**；侧脉5~7对，小脉呈较密网状，在两面均突起；叶柄长10~23 mm。聚伞花序顶生及腋生，**顶生花序长约3 cm，侧生花序短而少花；花序梗长5~10 mm**；小花梗长2.5~5 mm，关节在中部以下；萼片卵状圆形；花瓣长方状倒卵形；花盘浅杯状，裂片近三角形；雌蕊瓶状。蒴果球状，**3室，具3~6粒种子**，种子阔椭圆形到长方椭圆形。花期4—9月，果期8—10月。

中国特有，产于河南、安徽、浙江、四川、台湾、广西、云南等多地，是我国分布最广泛的南蛇

藤属植物之一，生于海拔100~2 500 m的密林中或灌丛中。凉山州的西昌、盐源、雷波、木里、越西、甘洛、喜德、德昌、冕宁、会东、美姑、布拖、昭觉等县市有分布。本种韧皮纤维可造纸或作为人造棉的原料。

15.1.7 短梗南蛇藤 *Celastrus rosthornianus* Loes.

别名：黄绳儿、丛花南蛇藤

落叶藤状灌木。小枝具较稀皮孔。**叶纸质，果期常稍革质**，长方状椭圆形、长方状窄椭圆形，稀倒卵状椭圆形，长3.5~9 cm，宽1.5~4.5 cm；先端急尖或短渐尖，基部楔形或阔楔形；边缘是疏浅锯齿，或基部近全缘；侧脉4~6对；**两面近同色**；叶柄长5~8 mm。**花序顶生及腋生，顶生者为总状聚伞花序，长2~4 cm，腋生者短小，具1至数花，花序梗短**；小花梗长2~6 mm，关节在中部或稍下；萼片长圆形；花瓣近长方形；花盘浅裂；雄蕊较花冠稍短；雌蕊长3~3.5 mm，柱头3裂。蒴果近球状，3室，具3~6粒种子，种子阔椭圆形。花期4—5月，果期8—10月。

中国特有，生于海拔500~3 100 m的山坡林缘和丛林下。凉山州的西昌、会理、盐源、雷波、木里、越西、甘洛、德昌、金阳、冕宁、布拖、普格、昭觉、会东等县市有分布。本种的韧皮纤维质量较好；根皮入药，可治毒蛇咬伤及消肿；树皮及叶可制作农药。

15.1.8 小果南蛇藤 *Celastru shomaliifolius* Hsu

别名：多花南蛇藤

常绿藤本。小枝被短毛。叶纸质至厚纸质，椭圆形、窄椭圆形、长方状椭圆形或倒卵状圆形，长7~14 cm，宽3~8 cm；先端短渐尖，基部楔形或阔楔形；边缘有粗钝锯齿；侧脉5~7对；叶腹面光滑无毛，叶背面脉上具稀疏硬毛；叶柄长1.5~2.5 cm。**聚伞花序通常明显腋生；花序梗长3~6 mm**，小花梗长2~4 mm，均被锈色短毛，关节位于小花梗中部以上；花萼窄三角形；花瓣长方形或长方状椭圆形，长约

2.5 mm；花盘浅杯状，上端5裂，裂片圆阔；雄蕊在雌花中退化。果序常多数聚生于小枝下部。**蒴果小球状，直径4~5 mm**；种子平凸到新月形。花期4—5月，果期8—9月。

中国特有，产于四川、云南，生于海拔1 400~2 300 m的灌丛中或沟旁。凉山州的西昌等县市有分布。

15.1.9　皱叶南蛇藤 *Celastrus rugosus* **Rehd. et E. H. Wils.**

落叶藤状灌木。叶纸质、坚纸质，椭圆形、倒卵形或长方状椭圆形，长6~13 cm，宽3~9 cm，先端渐尖或顶端圆阔，具短尖，基部楔形、阔楔形或近圆形；边缘锯齿状；侧脉4~6对；叶腹面光滑，**叶背面白绿色；脉上被黄白色短柔毛，果期常变稀或近无毛，侧脉间的小脉平行展开，常形成不规则的稍突起的长方形脉网；**叶柄长10~17 mm。花序顶生及腋生，顶生花序长3~6 cm，腋生花序多具3~5花；花序梗长2~5 mm，小花梗长2~6 mm，关节通常在中部偏下；萼片卵形；花瓣稍倒卵长方形；花盘浅杯状，稍肉质；雌蕊子房球状。蒴果球状，直径8~10 mm；种子椭圆形。花期5—6月，果期8—10月。

中国特有，产于湖北、贵州、四川、云南、西藏、陕西及广西，生长于海拔1 400~3 600 m的山坡路旁或灌丛中。凉山州的越西、雷波、木里、甘洛、冕宁、会东、美姑等县有分布。

15.1.10　显柱南蛇藤 *Celastrus stylosus* **Wall.**

落叶藤状灌木。小枝通常光滑，稀具短硬毛。叶在花期常为膜质，至果期常为近革质，长方椭圆形，稀近长方倒卵形，长6.5~12.5 cm，宽3~6.5 cm；先端短渐尖或急尖，基部楔形、阔楔形或近钝圆；边缘具钝齿；侧脉5~7对；两面光滑无毛，**叶背面脉上在幼时被短毛；**叶柄长10~18 mm。聚伞花**序腋生及侧生，**花3~7朵，花序梗长7~20 mm，小花梗长5~7 mm，**被极短黄白色短硬毛，关节位于中部**

之下；萼片近卵形或近椭圆形；花瓣长方状倒卵形；花盘浅杯状。蒴果近球状，3室，具3~6粒种子；种子一侧突起，或稍新月状。花期3—5月，果期8—10月。

国内产于四川、安徽、湖南、贵州等多地，生于海拔1 000~2 500 m的山坡林地上。凉山州的会理、盐源、雷波、木里、德昌、金阳、冕宁、普格、昭觉等县市有分布。

15.2　卫矛属 *Euonymus* L.

15.2.1　角翅卫矛 *Euonymus cornutus* Hemsl.

别名：窄叶冷地卫矛

常绿灌木。叶厚纸质或薄革质，披针形、窄披针形，偶近线形，长6~11 cm，宽8~15 mm；先端窄长渐尖，基部楔形或阔楔形；边缘有细密浅锯齿；侧脉7~11对；叶柄长3~6 mm。聚伞花序常只一次分枝，3花，少为2次分枝，具5~7花；花序梗细长，长3~5 cm；小花梗长1~1.6 cm；花紫红色或暗紫带绿，直径约1 cm，花基数4~5；萼片肾圆形；花瓣倒卵形或近圆形；花盘近圆形；雄蕊着生于花盘边缘，无花丝；子房无花柱，柱头小，盘状。**蒴果具4或5翅，近球状，直径连翅2.5~3.5 cm；翅长5~10 mm，向尖端渐窄，常微呈钩状；**果序梗长3.5~8 cm；种子阔椭圆形，长约6 mm，包于橙色假种皮中。花期5—7月，果期8—10月。

中国特有，产于湖北、四川、陕西、甘肃、西藏、重庆、云南、福建等地，常生于海拔1 200~2 800 m的山地灌丛中或疏林中。凉山州的会理、盐源、雷波、美姑、布拖、普格、昭觉等县市有分布。

15.2.2 短翅卫矛 *Euonymus rehderianus* Loes.

常绿灌木。叶革质，**长方状椭圆形、窄长圆形**，长4~10 cm，宽1.7~4 cm；先端渐尖或短渐尖，基部楔形至圆楔形；近全缘或叶片上半部有细小锯齿，**叶脉不显**；叶柄长5~10 mm。聚伞花序通常在小枝上侧生；花序梗细长，长3~6 cm，1~2次3出分枝；小花梗长1~1.5 cm；花紫色或紫绿色，直径5~6 mm，花基数5；花盘5浅裂；雄蕊无花丝；子房扁阔，稍呈五角状，柱头圆头状，无花柱。**蒴果近扁球状，紫红色，直径10~13 mm，5翅，翅宽短，翅长3~5 mm**。花期4—5月，果期9—10月。

中国特有，产于四川、贵州、云南、广西、重庆地，生于海拔1 000~3 000 m的山坡沟边或林中。凉山州的雷波、甘洛、美姑等县有分布。

15.2.3 岩坡卫矛 *Euonymus clivicola* W. W. Smith

别名：细翅卫矛

落叶灌木。叶纸质或近膜质，**披针形或阔披针形**，长4~12 cm，宽1~2.2 cm，先端窄缩成长渐尖，基部阔楔形或近圆形；叶柄长2~5 mm。**聚伞花序通常3花**；花序梗细长，长3~7 cm；小花梗长3~5 mm；**花5数，紫红色**，直径10~12 mm；花萼半圆形或肾形；花瓣圆形，边缘5浅裂；雄蕊着生于裂片处；子房扁平，柱头圆扁，无花柱。蒴果直径8~10 mm；翅长5~8 mm，细窄，平直或先端上曲。花期5—6月，果期8—9月。

国内产于四川、陕西、西藏、云南、贵州、甘肃、湖北、湖南等地，生于2 000~3 900 m的山坡杂木林中。凉山州的雷波等县有分布。

15.2.4　四川卫矛 *Euonymus szechuanensis* C. H. Wang

落叶灌木。**叶薄膜质，矩圆形或椭圆状矩圆形，稀倒卵状矩圆形**，长4~11 cm，宽1.5~5 cm，顶端骤渐尖或短尾状渐尖，基部宽楔形或窄圆形；边缘通常具浅波状钝锯齿；中脉在两面显著突起，侧脉4~6对；叶柄纤细，长3~5 mm。聚伞花序通常腋生，1~3次分枝，具3~7花；**总花梗极纤细，下垂，伸长，长4.5~8 cm**；花梗纤细，长8~12 mm；花紫红色，直径8~9 mm，5数；花萼近圆形或卵状圆形；花瓣卵状圆形；花盘肉质，具5浅圆裂。蒴果近圆球形，未充分成熟时淡绿色，高1 cm，直径1.4 cm，具5翅，翅狭长，长可达11 mm。种子具红色假种皮。花期5—6月，果期9—10月。

中国特有，产于四川、云南及陕西，生于海拔700~2 600 m的沟边林中，凉山州的雷波、美姑等县有分布。

15.2.5　冷地卫矛 *Euonymus frigidus* Wall.

别名：紫花卫矛、大理卫矛、藏南卫矛

落叶灌木。叶膜质，卵形至椭圆形，**长3~8 cm，宽1.2~3.5 cm**；顶端为明显的尾状渐尖或急渐尖，尖尾长可达1.8 cm，基部近圆形或钝形至楔形；边缘具细密近纤毛状锯齿；侧脉4~5对，在下面隆起，小脉和网状脉两面可见；叶柄纤细，长3~7 mm。聚伞花序单生于新枝下部或叶腋，常具3~7花，少数为多花；**总花梗极纤细，通常长2~3（4.5）cm，花梗长1.5~5 mm；花小，紫红色，直径5~7 mm，花基数4；**花萼裂片近圆形或半圆形至卵形；**花瓣卵状矩圆形，长3~3.5 mm。**蒴果近圆球形，稍扁，紫红色，悬垂于细长果梗上，直径约1.2 cm，高约6 mm，**具4窄长翅**，翅长5~10 mm。花期6月，果期8—9月。

国内产于陕西、甘肃、青海、湖北、四川、贵州、云南和西藏等地，生于海拔2 000~3 600 m的林中或林缘。凉山州的雷波、木里、越西、甘洛、喜德、冕宁、美姑、布拖、普格等县有分布。

15.2.6　纤齿卫矛 *Euonymus giraldii* Loes.

别名：巴山卫矛、美丽卫矛

匍匐灌木。叶纸质，卵形、阔卵形或长卵形，偶为长方状倒卵形或椭圆形，长3~7 cm，宽2~3 cm；**先端渐尖或稍钝**，基部阔楔形至近圆形；**边缘具细密浅锯齿或明显的纤毛状深锯齿**，脉网细密而明显；叶柄长3~5 mm。**聚伞花序梗长3~5 cm**，顶端有**3~5次分枝**，分枝长1.5~3 cm，最外一对较短；小花梗长1~2 cm；**花淡绿色，有时稍带紫色**，直径6~10 mm，**花基数4**；花瓣近圆形或椭圆形；花丝长在1 mm以下；花盘扁厚；子房有短花柱。蒴果长方扁圆状，直径8~12 mm；有4翅，翅基与果体等高，近先端稍窄，长5~10 mm；果序梗细长，可达9 cm。花期5—6月，果期8—11月。

中国特有，产于河北、河南、陕西、甘肃、四川、安徽、重庆、辽宁、云南、西藏等多地，生长于海拔1 000~3 700 m的山坡林中或路旁。凉山州的盐源、雷波、木里、金阳、美姑、普格等县有分布。

15.2.7　石枣子 *Euonymus sanguineus* Loes.

别名：细梗卫矛、披针叶石枣子

落叶灌木。**叶厚纸质至近革质，**卵形、卵状椭圆形或长方状椭圆形，长4~9 cm，宽2.5~4.5 cm；先端短渐尖、渐尖或尾尖，基部阔楔形或近圆形，常稍平截；叶缘具细密锯齿；**侧脉和网状脉两面可见；**叶柄长5~10 mm。聚伞花序具长梗，梗长4~6 cm，顶端有3~5处细长分枝，除中央枝单生花外，其余常具一对3花小聚伞；小花梗长8~10 mm；**花白绿色，花基数4**，直径6~7 mm。**蒴果有翅**，扁球状，直径约1 cm，**4翅略呈三角形，长4~6 mm**，先端略窄而钝。花期5—6月，果期8—11月。

中国特有，产于甘肃、陕西、山西、河南、湖北、四川、贵州、云南、西藏、湖南、重庆等地，生长于山地林缘或灌丛中。凉山州的西昌、会理、盐源、雷波、木里、宁南、美姑、昭觉等县市有分布。

15.2.8　刺果卫矛 *Euonymus acanthocarpus* **Franch.**

别名：腾冲卫矛、长梗刺果卫矛

灌木。叶革质，长方状椭圆形、长方状卵形或窄卵形，少为阔披针形，长7~12 cm，宽3~5.5 cm；先端急尖或短渐尖，基部楔形、阔楔形或近圆形；边缘疏浅齿不明显；侧脉5~8对，在叶缘处结网，小脉网通常不显；叶柄长1~2 cm。聚伞花序较疏大，多为2~3次分枝；花序梗扁宽或具4棱，长（1.5）2~6（8）cm，第一次分枝较长，通常1~2 cm，第二次稍短；小花梗长4~6 mm；花黄绿色，直径6~8 mm；萼片近圆形；花瓣近倒卵形，基部窄缩成短爪；花盘近圆形。**蒴果成熟时为棕褐色带红色，近球状；果直径连刺1~1.2 cm，刺密集，基部稍宽**；种子外被橙黄色假种皮。花期5—6月，果期9—11月。

中国特有，产于云南、贵州、广西、广东、四川、湖北、湖南、西藏、重庆、福建等地，生于海拔600~2 500 m的丛林中、山谷中、溪边等阴湿处。凉山州的西昌、盐源、雷波、德昌、美姑、普格、布拖、喜德、金阳、宁南、木里等县市有分布。

15.2.9　棘刺卫矛 *Euonymus echinatus* **Wall. ex Roxb.**

别名：宝兴卫矛、无柄卫矛

小灌木，直立或稍藤状。**小枝明显四棱形**。叶纸质，果期增厚成半革质，卵形、窄长椭圆形或卵状披针形，**长2.5~7（10）cm，宽1~4.5 cm**；先端渐窄渐尖或急尖，基部楔形、阔楔形或近圆形；边缘有波状圆齿或细锯齿；叶脉细，侧脉5~8对，**叶无柄或稀有短柄，有柄时，长2~5 mm**。花序1~3次分枝；**花序梗和分枝一般全具4棱**；花4数，黄绿色，直径约5 mm。**蒴果近球状，密被棕红色三角状短尖刺，果直径连刺1~1.2 cm**；果序梗具4棱，较粗壮；假种皮红色。花期5—6月，果期8月以后。

国内主产于长江流域及以南地区，生长于阴湿山谷、水边及岩石山林中。凉山州的西昌、盐源、雷波、德昌、美姑、普格、喜德、甘洛等县市有分布。

15.2.10　扶芳藤 *Euonymus fortunei* (Turcz.) Hand.–Mazz.

别名：爬行卫矛、胶东卫矛、文县卫矛、胶州卫矛、常春卫矛

常绿藤本灌木。**小枝方棱不明显。叶薄革质，**椭圆形、长方状椭圆形或长倒卵形，宽窄变异较大，可窄至近披针形，长3.5~8 cm，宽1.5~4 cm；先端钝或急尖，基部楔形；**边缘具不明显齿浅；叶柄长3~6 mm**。聚伞花序3~4次分枝；花序梗长1.5~3 cm；**聚伞花密集，有花4~7朵，分枝中央有单花，**小花梗长约5 mm；花白绿色，4数；花盘方形。成熟蒴果粉红色，**果皮光滑，近球状；**果序梗长2~3.5 cm；小果梗长5~8 mm；种子长方状椭圆形，棕褐色；假种皮鲜红色，全包种子。花期6月，果期10月。

国内分布广泛，产于安徽、福建、河北、甘肃、广东、广西、贵州、海南、河南、湖北、湖南、江苏、江西、辽宁、青海、陕西、山东、山西、四川、台湾、新疆维吾尔自治区（以下简称新疆）、云南、浙江等地，生于海拔3 400 m以下的林地上、灌丛中。凉山州的西昌、盐源、雷波、木里、甘洛、会东、布拖、普格等县市有分布。

15.2.11　金阳卫矛 *Euonymus jinyangensis* C. Y. Chang

常绿藤本状灌木。幼枝具4棱。**叶纸质，窄披针形，长2.3~9 cm，宽0.7~1.7 cm；**两端渐尖或基部钝；边缘具疏钝圆锯齿；侧脉6~8对，**不对称，**在叶背面常不明显；叶柄纤细。果序聚伞状，腋生或生于新枝下部；**总果梗纤细，弯曲，长7~10 mm，圆柱形；果梗长达7 mm。蒴果近圆球形，**直径约6 mm，红褐色，顶端圆，有时稍下陷；宿存萼片4枚，卵形，增厚。蒴果具4室，每室具1粒种子；种子棕红色，阔椭圆形；假种皮栗色或栗黄色，全包种子。花期5—6月，果期8—9月。

中国特有，产于四川、云南及西藏，生于海拔1 600~2 900 m的山坡杂木林中。凉山州的西昌、金阳、美姑等县市有分布。

15.2.12　茶叶卫矛 *Euonymus theifolius* Wall. ex M. A. Lawson

别名：滇西卫矛

常绿直立或藤状灌木。当年生枝具明显4棱。**叶革质或近革质**，披针形或椭圆状披针形至长方状椭圆形，长5~9 cm，宽1.5~4 cm；先端钝渐尖或钝圆，基部钝形至近圆，稀楔形；边缘常稍反卷，具稀疏的圆齿状锯齿；侧脉5~6对，在叶腹面显著，在叶背面不明显；**叶柄长5~10 mm**。聚伞花序通常2~3次分枝，具7~15花；花序梗长1.5~2.2 cm，具4棱，**小花梗长1~2 mm**；花淡黄白色，直径约9 mm；萼片卵形或半圆形；花瓣卵形。**蒴果近球形**，径达10 mm，具4棱脊或不甚明显，顶端圆形或微下陷，4室，每室具1粒种子；假种皮橙黄色，全包种子。花期5月，果期8—10月。

国内产于贵州、四川、云南及西藏，生于海拔600~3 400 m的山坡岩石上或石旁。凉山州的会理、盐源、美姑等县市有分布。

15.2.13　荚蒾卫矛 *Euonymus viburnoides* Prain

别名：灵兰卫矛

常绿藤本状灌木。枝具气生根。叶窄卵形或卵形，长4~10 cm；先端急尖、钝或渐尖，基部圆形；**边缘具波状钝圆锯齿或重锯齿；侧脉4~7对在两面明显隆起**，近基部呈3出脉；叶柄较长。聚伞花序**2~4次分枝，多花**；花序梗长2~4 cm；小花梗短，中央花近无梗或具极短小花梗；苞片、小苞片锥状线形或锥形；花紫棕色或外棕内白；花萼裂片具3条脉；花瓣长方状阔卵形或近圆形；花盘4浅裂，裂片中央肥厚突起，**雄蕊着生于其突起处，无花丝**；子房大部生于花盘内，无花柱，柱头盘状。**蒴果近球状**，直径1~1.2 cm，黄色；小果梗较长；种子紫褐色，假种皮包围背部。

国内产于广西、云南及四川，生长于海拔2 000~2 900 m的山地林中或溪边、沟内。凉山州的会理、雷波、会东、昭觉、越西、美姑、布拖等县市有分布。

15.2.14　冬青卫矛 *Euonymus japonicus* Thunb.

别名：大叶黄杨

常绿灌木。小枝具4棱。**叶革质，有光泽，倒卵形或椭圆形**，长3~5 cm，宽2~3 cm；**先端圆阔或急尖**，基部楔形；**边缘具有浅细钝齿**；叶柄长约1 cm。聚伞花序具5~12花；花序梗长2~5 cm，2~3次分枝，**分枝及花序梗均扁壮**，第三次分枝常与小花梗等长或较短；小花梗长3~5 mm；**花白绿色**，直径5~7 mm；花瓣近卵状圆形。蒴果近球状，直径约8 mm，淡红色；种子每室1粒，顶生，椭圆形，长约6 mm；假种皮橘红色，全包种子。花期6—7月，果期9—10月。

原产日本，现我国南北地区均有栽培观赏。凉山州各县市多有栽培。本种为优良的园林绿化树种，可栽植作绿篱用，也可单株栽植在花境内。

15.2.15　大花卫矛 *Euonymus grandiflorus* Wall.

别名：柳叶大花卫矛

半常绿灌木或乔木。**叶近革质，窄长椭圆形或窄倒卵形**，长4~10 cm，宽1~5 cm；先端圆形或急尖，基部常渐窄成楔形，边缘具细密极浅锯齿；侧脉细密；叶柄长达1 cm。疏松聚伞花序具3~9花，**花序梗长3~6 cm**；小花梗长约1 cm；小苞片窄线形；花黄白色，较大，花基数4；花萼大部分合生；萼片极短；花瓣近圆形，中央有嚼蚀状皱纹。**蒴果近球状，常具窄翅棱**；宿存花萼圆盘状，直径达7 mm；种子长圆形，长约5 mm。花期6—7月，果期9—10月。

国内产于甘肃、湖南、四川、云南、湖北、陕西、广西等地，生于海拔1 400~3 300 m的山坡沟谷中及林中。凉山州的西昌、会理、盐源、木里、越西、德昌、冕宁、会东、美姑、布拖、普格等县市有分布。

15.2.16　西南卫矛 *Euonymus hamiltonianus* Wall.

别名：毛脉西南卫矛

落叶直立灌木。叶通常为纸质，**椭圆形至阔椭圆形或矩圆状卵形至矩圆状披针形，长6~14 cm，**宽2.5~6.5 cm；顶端急尖或短渐尖至钝形，基部楔形或钝形至圆形；边缘具浅波状钝圆锯齿；上面无光泽，下面淡绿色，沿叶脉有毛或无毛，**侧脉7~9对，在下面显著突起，网状脉在两面微隆起；**叶柄有时有柔毛，长4~14 mm。聚伞花序生于新枝下部无叶处或叶腋处，有5花至多花；总花梗粗壮，长1~2.5 cm，花梗长4~7 mm；花白绿色，直径10~12 mm，花基数4；花萼裂片半圆形或钝三角状半圆形；花瓣矩圆形或倒卵状矩圆形。**蒴果粉红色带黄色，倒三角形或倒卵形，上部稍下陷，直径8~14 mm，每室具1~2粒种子。花期5—6月，果期9—10月。**

国内分布广泛，产于甘肃、陕西、四川、广西、安徽、福建、广东、河南、贵州、云南、西藏等多地，生于海拔3 000 m以下的山地林中。凉山州的甘洛、雷波等县有分布。

15.2.17　大果卫矛 *Euonymus myrianthus* Hemsl.

常绿灌木。**叶薄革质，倒卵形、窄倒卵形或窄椭圆形，有时阔披针形，长5~13 cm，宽3~4.5 cm；**先端渐尖，基部楔形；边缘常呈波状或具明显钝锯齿；侧脉5~7对，与三生脉形成明显网状；叶柄长5~10 mm。聚伞花序多聚生于小枝上部，常数序着生于新枝顶端，**2~4次分枝；**花序梗长2~4 cm，分枝渐短，小花梗长约**7 mm，均具4棱；花黄色；**萼片近圆形；**雄蕊花丝极短或无，**花瓣近倒卵形；花盘四角有圆

形裂片。**蒴果4浅裂，黄色，多呈倒卵状，长1.5 cm，直径约1 cm；**果序梗及小果梗等较花时稍增长；种子2~4粒成熟，假种皮橘黄色。花期4—5月，果期8—9月。

中国特有，分布广阔，产于长江流域以南各地，生长于海拔600~2 500 m的山坡溪边、沟谷较湿润处或山地林边。凉山州的西昌、盐源、雷波、木里、美姑、布拖、普格、昭觉等县市有分布。

15.2.18　染用卫矛 *Euonymus tingens* Wall.

乔木。小枝紫黑色，近圆形。**叶对生**，叶片长方状窄椭圆形，长2~7 cm，宽1~3 cm；先端急尖或渐尖，基部阔楔形；边缘浅疏齿；叶柄短。聚伞花序1~5花集生于小枝顶端，花序梗较小，花梗短；**花基数5**；花萼长圆形；**花瓣白绿色带紫色脉纹**；花盘极肥厚；**花丝细长**；子房长锥状，每室胚珠3~6对。**蒴果倒锥形或近球形**，具5棱，**上部宽圆平截**，**宿存柱头**，基部狭窄，**具5深裂宿存花萼**及花丝；果梗细长；种子长圆卵形；假种皮橘黄色，冠状覆盖种子的1/2。

国内产于四川、云南、西藏、广西及贵州，生于海拔1 300~3 700 m的山间林中及沟边。凉山州的西昌、会理、盐源、木里、越西、冕宁、会东、美姑、布拖、普格、昭觉等县市有分布。染用卫矛作为重要的乡土绿化树种，具有较好的园林景观效果，可在庭园、公园、街道等城市园林绿化中种植。本种为我国特有近危物种。

15.2.19　云南卫矛 *Euonymus yunnanensis* Franch.

别名：线叶卫矛

常绿或半常绿乔木。叶对生，间互生，为3叶轮生。**叶片窄长倒卵形、窄椭圆形、椭圆形或倒卵**

形，长2.5~5 cm，宽1~2 cm；先端急尖，基部窄楔形；边缘具短刺状小尖；叶柄长3~8 mm。聚伞花序具1~3（5）花；**花基数常为5，花黄绿色**；花萼基部短管，萼片阔三角形；花瓣近圆形，长、宽各8 mm；**花盘呈略五角圆形**；雄蕊基部与花盘相连处肥厚突起，花丝短；子房五角形，5室，花柱极短。**蒴果倒锥状，5浅裂，熟时红色**，花盘及花萼宿存；成熟种子椭圆形，种脊略凹。花期4月，果期6—7月。

我国特有，濒危物种，产于四川及云南，生于海拔1 700~2 500 m的山地上、沟谷林中。凉山州的西昌、会理、盐源、木里、甘洛、会东、美姑、布拖、普格、宁南等县市有分布。本种的干燥根皮可药用，具有舒筋活血、止痛、祛风除湿、消肿散瘀的功效。

15.3 裸实属 *Gymnosporia* (Wight & Arn.) Benth. & Hook. f.

15.3.1 小檗裸实 *Gymnosporia berberoides* W. W. Sm.

别名：小檗美登木

多刺灌木。小枝粗壮，刺状，长1~5 cm，或有时为假顶生的侧生刺代替，节上多有粗短刺；**幼枝及叶柄均被极短密毛。叶厚纸质或革质，阔倒卵形或椭圆形，长1.2~5 cm，最宽处1.5~3 cm**；先端圆阔，有时浅内凹，基部楔形；边缘具极浅锐锯齿或近全缘；中脉在近叶柄处被毛，侧脉4~7对；叶柄长3~8 mm。聚伞花序，花疏散，**花序1至数个生于刺状枝的短刺腋部**，2~4次分枝，单歧，或第一次二歧、以后单歧分枝；花序梗细长，长1~2 cm，小花梗细长；**花白绿色**，直径5~8 mm；花萼具5片；花瓣长方形或窄长卵形。**蒴果倒锥形，长1~1.2 cm；3裂**；果序梗细长，长1~3 cm，小果梗长5~10 mm。

中国特有，产于四川及云南，生于海拔300~2 400 m的沟谷中及溪边，凉山州的木里等县有分布。

15.3.2　金阳裸实 *Gymnosporia jinyangensis* (C. Y. Cheng) Q. R. Liu & Funston

别名：金阳美登木

多刺灌木。刺长直，长1~1.2 cm，生于二年以上枝上者常呈小枝状，可生叶着花，先端有刺。**叶近革质，阔倒卵形、倒卵形或椭圆形，长1~2 cm，宽0.8~2.4 cm**；先端圆阔，偶有极浅内凹或急尖，基部近圆形、阔楔形或楔形；边缘有明显圆齿或钝锯齿；侧脉3~5对，多为4对，细而不甚明显；叶柄极短，长1~2 mm。聚伞花序1至数花，多为2~4次单歧分枝；花序梗细短，长约5 mm，分枝及小苞片均细小，小苞片三角披针形，长不及1 mm；花白色，小，直径仅2 mm；花萼三角卵形；花瓣长方卵形。蒴果熟时粉红色，3裂，长1~1.5 cm，小果梗长约3 mm；种子长方状椭圆形。花期6—8月，果期8—10月。

中国特有，产于云南及四川，生于海拔500~1 300 m的山坡处、灌丛中及林缘，凉山州的金阳、布拖、雷波、美姑等县有分布。

15.4　雷公藤属 *Tripterygium* Hook. f.

雷公藤 *Tripterygium wilfordii* Hook. f.

别名：昆明山海棠

藤本灌木。小枝常具4~5棱，密被棕红色毡毛状毛。叶薄革质，长方状卵形、阔椭圆形或窄卵形，长6~12 cm，宽3~7 cm；先端长渐尖、短渐尖，偶为急尖而钝，基部圆形、平截或微心形；边缘具极浅疏锯齿；侧脉5~7对；叶柄常密被棕红色短毛。圆锥聚伞花序生于小枝上部，呈蝎尾状，多次分枝；花绿白色，直径4~5 mm。**翅果多为长方形或近圆形，果翅宽大，红色，**长1.2~1.8 cm，宽1~1.5 cm，先端平截、内凹或近圆形，基部心形；果体长仅为总长的1/2，宽占翅的1/4或1/6。花期6—7月，果期7—9月。

国内分布广泛，辽宁、台湾、湖北、福建、江苏、四川、云南等多地有产，生于海拔100~3 500 m的林边或灌丛中。凉山州的西昌、会理、盐源、喜德、德昌、冕宁、会东、布拖、普格、宁南、金阳、昭觉等县市有分布。本种全株有毒；根入药，可治风湿性顽痹、麻风等症；韧皮纤维可造纸。

16　茶茱萸科 Icacinaceae

16.1　假柴龙树属 *Nothapodytes* Blume

16.1.1　毛假柴龙树 *Nothapodytes tomentosa* C. Y. Wu

灌木。枝条具纵棱，当年生枝被长柔毛，老渐脱落。**叶片椭圆形至长圆状椭圆形，长3~17 cm，宽2~8 cm**；先端渐尖，**基部钝或圆形，偏斜**；叶腹面幼时被稀疏长柔毛，**背面密被长柔毛及短硬伏毛，老渐脱落**；侧脉4~7对；叶柄长1~3 cm，被柔毛。聚伞花序顶生或近顶生，长3.5~4.5 cm，具总梗，密被黄色柔毛。花两性，黄色，花梗长1~3 mm，被黄色长硬毛；花萼杯状，5裂，裂片三角形；花瓣条形，顶端略内折，长4~6 mm，外面被长硬毛，里面除顶端及基部外被长柔毛。核果椭圆形，压扁，由黄绿色至成熟变为深紫色，长约2 cm，宽约1 cm，基部具5片宿存萼片。花期3—5月，果期5—12。

中国云南特有，生于海拔1 400~2 500 m的山坡处、溪旁、路旁灌丛中。凉山州的会理、金阳有发现，四川新记录。

16.1.2　马比木 *Nothapodytes pittosporoides* (Oliv.) Sleum.

矮灌木，很少为乔木。嫩枝被糙伏毛，后变无毛。**叶片长圆形或倒披针形，长（7）10~15（24）cm，宽2~4.5（6）cm**；先端长渐尖，**基部楔形**；腹面暗绿色，**背面幼时被金黄色糙伏毛**，老时无毛；侧脉6~8对；叶柄长1~3 cm。聚伞花序顶生，花序轴通常平扁，被长硬毛。花萼绿色，钟形，长约2 mm，膜质，5裂齿，裂齿三角形，外面疏被糙伏毛，边缘具缘毛，果时略增大；花瓣黄色，条形，长6.3~7.4 mm，宽1~2 mm，先端反折，肉质，长1 mm，外面被糙伏毛，里面被长柔毛。核果椭圆形至长圆状卵形，稍扁；幼果绿色，后变为黄色，熟时为红色，长1~2 cm，径0.6~0.8 cm。花期4—6月，果期6—8月。

中国特有，产于甘肃、广东、广西、贵州、湖北、湖南、四川、重庆、海南，生于海拔100~2 500 m的林中。凉山州的会理、雷波、甘洛、德昌、金阳、美姑等县市有分布。

17　铁青树科Olacaceae

青皮木属 *Schoepfia* Schreb.

青皮木 *Schoepfia jasminodora* Sieb. et Zucc.

落叶小乔木或灌木。叶纸质，**卵形或长卵形**，长3.5~10 cm，宽2~5 cm；顶端近尾状或长尖，基部圆形，稀微凹或宽楔形；侧脉每边4~5条；叶柄长2~3 mm，红色。**花无梗，3~9朵排成螺旋状聚伞花序**；花序长2~6 cm，总花梗长1~2.5 cm，果时可增长到4~5 cm；花萼筒杯状；花冠钟形或宽钟形，白色或浅黄色，长5~7 mm。**果椭圆形或长圆形，长1~1.2 cm，直径5~8 mm**，成熟时几乎全部被增大成壶状的花萼筒所包围，增大的花萼筒外部紫红色。花叶同放。花期3—5月，果期4—6月。

国内分布广泛，产于秦岭以南多地，生于海拔500~2 600 m的山谷、沟边、山坡、路旁的密林或疏林中。凉山州的西昌、会理、盐源、雷波、木里、越西、甘洛、金阳、冕宁、普格等县市有分布。本种全株入药，具有活血止痛的功效，主治风湿痹痛、跌打肿痛。

18 桑寄生科 Loranthaceae

18.1 钝果寄生属 *Taxillus* Van Tiegh.

18.1.1 柳叶寄生 *Taxillus delavayi* Tiegh.

别名：柳叶钝果寄生

寄生性灌木，高0.5~1 m，全株无毛。**叶互生，有时近对生或数枚簇生于短枝上。叶革质，卵形、长卵形、长椭圆形或披针形，长3~5 cm，宽1.5~2 cm**；顶端圆钝，基部楔形，稍下延；侧脉3~4对；叶柄长2~4 mm。伞形花序，1~2个腋生或生于小枝已落叶腋部，具花2~4朵，总花梗长1~2 mm或几乎无，花梗长4~6 mm；**花冠红色，花蕾时管状，长2~3 cm，稍弯**，顶部椭圆状，裂片4枚，披针形，长6~9 mm，反折。果椭圆形，长8~10 mm，直径4 mm，黄色或橙色。花期2—7月，果期5—9月。

国内主产于西南地区，产于海拔1 500~3 500 m的高原上或山地阔叶林中或针叶、阔叶混交林中，寄生于花楸、山楂、樱桃、桃、马桑或柳属、桦属、栎属、槭属、杜鹃属等植物上。凉山州各县市均有分布。本种全株可入药，四川民间用其治孕妇腰痛，安胎等。

18.1.2 松柏钝果寄生 *Taxillus caloreas* (Diels) Danser

寄生性灌木。嫩枝、叶密被褐色星状毛，后毛全脱落。小枝黑褐色，具瘤体。**叶互生或簇生于短枝上。叶革质，近匙形或线形，长2~3 cm，宽3~7 mm**；先端圆钝，基部楔形；干后暗褐色，中脉明显；叶柄长1~2.5 mm。伞形花序，1~2个腋生，具2~3花；花序梗长1~2（3）mm或几乎无；花梗长1~2 mm。花鲜红色，花托被褐色绒毛；花冠花蕾时筒状，长2~2.7 cm，稍弯，下部稍膨胀，顶部椭圆状，**裂片4片，披针形，长7~8 mm，反折**。果近球

形，长4~5 mm，紫红色，果皮上具颗粒状体。花期7—8月，果期次年4—5月。

国内主产于西南及华南地区，产于海拔900~3 100 m的山地针叶、林或针叶阔叶混交林中，寄生于松属、油杉属、铁杉属、云杉属或雪松属的植物上。凉山州的西昌、会理、木里、美姑等县市有分布。民间用本种的枝叶治疗风湿性关节炎、胃痛等。

18.1.3　川桑寄生 *Taxillus sutchuenensis* (Lecomte) Danser

别名：桑寄生、四川桑寄生

灌木。嫩枝、叶密被褐色或红褐色星状毛。叶近对生或互生。叶革质，卵形、长卵形或椭圆形，长5~8 cm，宽3~4.5 cm；顶端圆钝，基部近圆形；**下面被褐色或红褐色绒毛**；侧脉4~5对，在叶上面明显；叶柄长6~12 mm。**总状花序，1~3个生于小枝已落叶腋部或叶腋，具花（2）3~4（5）朵，密集呈伞形**；花序和花均密被褐色星状毛；总花梗和花序轴共长1~2（3）mm；花梗长2~3 mm；花红色；花冠花蕾时管状，长2.2~2.8 cm，稍弯，下半部膨胀，顶部椭圆状，**裂片4片，披针形，长6~9 mm，反折**。果椭圆形，长6~7 mm，直径3~4 mm，两端均圆钝，黄绿色；**果皮上具颗粒状体，被疏毛**。花期6—8月。

我国特有，分布广泛，生于海拔500~2 400 m的山地阔叶林中，寄生于桑、李、厚皮香或栎属、柯属等植物上。凉山州的盐源、木里、雷波、甘洛、德昌、冕宁、美姑、布拖、普格等县有分布。本种全株可入药，有治疗风湿痹痛、腰痛、胎动、胎漏等功效。

18.1.4　毛叶钝果寄生 *Taxillus nigrans* (Hance) Danser

灌木。嫩枝、叶、花序和花均密被灰黄色、黄褐色或褐色的叠生星状毛和星状毛。叶对生或互生。叶革质，长椭圆形、长圆形或长卵形，长6~11 cm，宽3~5 cm；顶端圆钝或急尖，基部楔形至圆形；下面被绒毛；侧脉4~5对；叶柄长5~8 mm，被绒毛。总状花序，1~5个簇生于叶腋或小枝已落叶腋部，花2~5朵排列成伞形；总花梗和花序轴共长2~4 mm；花梗长1~1.5 mm；花红黄色；花冠花蕾时管状，长1.2~1.8 cm，微弯或近直立，冠管稍膨胀，顶部卵球形，**裂片4枚，匙形，长4~6 mm，稍开展或反折**。**果椭圆形，长约7 mm，直径约4 mm，两端圆钝，淡黄色**；果皮粗糙，**具疏生星状毛**。花期8—11月，果期次年4—5月。

中国特有，分布广泛，生于海拔300~1 300 m的山地、丘陵或河谷盆地的阔叶林中，寄生于樟属、桑属、栎属、柳属等植物上。凉山州的西昌、木里、甘洛、冕宁、布拖、金阳等县市有分布。本种全株可药用，是中药材"桑寄生"中的一种，有祛风湿、安胎的功效。

18.2　梨果寄生属 *Scurrula* L.

小红花寄生 *Scurrula parasitica* var. *graciliflora* (Wall. ex DC.) H. S. Kiu

灌木。嫩枝、叶、花序和花均密被黄褐色星状毛。叶纸质，长卵形或长圆形，长5~6 cm，宽2~4 cm。总状花序，1~2（3）个腋生或生于小枝已落叶腋部，各部分均被褐色毛；花序梗和花序轴共长2~3 mm，每个花序具花3~7朵，密集；花托陀螺状，长约2 mm；副萼环状；**花冠黄绿色，长1~1.2 cm**，开花时顶部4裂，裂片披针形，反折，长约3 mm。**果梨形**，红黄色，长约8 mm，直径3 mm；**下半部骤狭，呈长柄状**，被疏毛。花果期4—12月。

国内产于四川、云南、西藏、贵州、广西、广东及海南，生于海拔100~2 100 m山谷中或山地阔叶林中，寄生于桃、杏、石榴、普洱茶、锥栗或松属等植物上。凉山州的德昌、金阳、木里、美姑、普格等县有分布。

19 檀香科 Santalaceae

19.1 沙针属 *Osyris* L.

沙针 *Osyris lanceolata* Hochst. et Steudel

灌木或小乔木。**叶薄革质，灰绿色，椭圆状披针形或椭圆状倒卵形**，长2.5~6 cm，宽0.6~2 cm；顶端尖，有短尖头，**基部渐狭，下延而成短柄**。花小。雄花：2~4朵集成小聚伞花序；花梗长4~8 mm；花被直径约4 mm，裂片3片；花盘肉质；雄蕊3枚。雌花：单生，偶4或3朵聚生；苞片2枚；花梗顶部膨大。两性花：外形似雌花，但具发育的雄蕊；胚珠通常3枚，柱头3裂。**核果近球形，顶端有圆形花盘残痕，成熟时橙黄色至红色**，直径8~10 mm。花期4—6月，果期10月。

国内产于四川、云南、西藏及广西，生长于海拔600~2 700 m的灌丛中。凉山州的西昌、盐源、会理、雷波、木里、喜德、宁南、德昌、金阳、冕宁、会东、布拖、普格等县市有分布。本种根部含有类似檀香的芳香油，药用可消肿止痛，还可治疗跌打刀伤；心材可作檀香的代用品。

19.2 槲寄生属 *Viscum* L.

绿茎槲寄生 *Viscum nudum* Danser

灌木，高0.3~0.8 m。茎圆柱状，绿色或黄绿色；二歧分枝或三歧分枝，枝的节间长4~8 cm，粗2~5 mm，干后具皱纹。**叶退化成鳞片状**，长0.5~1 mm。雌雄异株；雌、雄花序均为聚伞式穗状，顶生或腋生于茎叉状分枝处，总花梗长2~5 mm，通常具花3~5朵；苞片三角形。雄花：花蕾时卵球形，长约3 mm，黄色，萼片4枚，卵状三角形；雌花：花蕾时长卵球形，长2~2.5 mm，萼片4枚，三角形。果卵

毛。**顶生或腋生总状花序，1至数个花序生于枝顶或近枝顶叶腋处，稀圆锥花序**，长3~17 cm，无毛；花白色或黄白色，**具1~3 mm长的梗**，单生或数朵簇生，疏散排列于花序轴上；萼齿卵状三角形；花瓣白色，匙形。核果椭圆形或倒卵球形，长5~6 mm，宽4~5 mm，成熟时紫红色，**果梗长1~4 mm**。花期7—11月，果期次年3—6月。

中国特有，产于湖南、湖北、四川、贵州、云南、广西、陕西、甘肃及浙江，生于海拔400~2 500 m的山地沟谷林中或灌丛中。凉山州德昌县有分布。本种果实可入药，有清火热和清胃热之功效。

20.4.2　纤细雀梅藤 *Sageretia gracilis* Drumm. et Sprague

别名：铁藤、筛子簸箕果

直立或藤状灌木，具刺。**叶纸质或近革质**，互生或近对生，卵形、卵状椭圆形或披针形，长4~11 cm，宽1.5~4 cm；顶端渐尖或锐尖，稀钝，常有小尖头，**基部近圆形或楔形**；边缘具细锯齿；上面稍有光泽，干时暗绿色或浅褐色，下面浅绿色，两面常无毛，**或幼叶初时被疏绒毛，后脱落**；侧脉**每边5~7条**，在上面稍下陷，在下面突起；叶柄长5~14 mm，无毛或被疏短柔毛。**花无梗，无毛，通常1~5朵簇生**；穗状圆锥花序顶生或兼腋生；**花序轴无毛或被疏短柔毛**；萼片三角形或三角状卵形；花瓣白色，匙形。核果倒卵状球形，长6~7 mm，成熟时红色。**花期7—10月，果期次年2—5月。**

中国特有，产于云南、广西、西藏，生于海拔1 200~3 400 m的山地上和山谷密林中。凉山州的西昌市有发现，木里县也有10余份采集的标本，四川新记录。

20.4.3　疏花雀梅藤 *Sageretia laxiflora* Hand.–Mazz.

藤状或直立灌木。**叶革质**，近对生或互生，**披针形、卵状披针形或卵状椭圆形**，长5~8 cm，宽2~3 cm；顶端钝、短渐尖或渐尖，**基部近心形**；边缘具细锯齿或近全缘；上面绿色，有光泽，干时变栗褐色，无毛或被蛛丝状棉毛，**下面被锈色绒毛**，后部分或全部脱落；**侧脉每边5~6（8）条**，在上面下陷，在下面明显突起；叶柄长6~10 mm，上面具小沟，被短柔毛或变无毛。托叶小，钻形，早落。**花无梗，无毛，1至数朵簇生排成疏散的穗状圆锥花序；花序轴长8~15 cm，被黄白色或锈色短柔毛**；苞片狭三角形或丝状；萼片三角形；花瓣倒卵形，短于萼片。核果倒卵状球形，成熟时红色。花期9—12月，果期次年3—4月。

中国特有，产于广西、贵州、云南、江西、湖南、安徽、重庆等地，生于海拔2 100 m以下的山坡灌丛中或草地上。凉山州盐源县有发现，四川新记录。

20.4.4 雀梅藤 *Sageretia thea* (Osbeck) Johnst.

藤状或直立灌木。小枝具刺。叶纸质，近对生或互生，**通常椭圆形、矩圆形或卵状椭圆形，长1~4.5 cm，宽0.7~2.5 cm**；顶端锐尖、钝或圆形，基部圆形或近心形；边缘具细锯齿；上面无毛，下面无毛或沿脉被柔毛；**侧脉每边3~4（5）条**，在下面明显突起；叶柄长2~7 mm，被短柔毛。花无梗，通常2至数朵簇生排成顶生或腋生的疏散穗状或圆锥穗状花序；**花序轴长2~5 cm，被绒毛或密短柔毛**；花黄色，芳香；花萼萼片三角形或三角状卵形。核果近圆球形，直径约5 mm，成熟时黑色或紫黑色。花期7—11月，果期次年3—5月。

国内主产于华中、华东及西南地区，常生于海拔3 200 m以下的山坡上、丘陵处、山地林下或灌丛中。凉山州的木里、甘洛、德昌、布拖等县有分布。本种的叶可代茶，也可供药用，可治疮疡肿毒；根可治咳嗽，可降气、化痰；果酸味可食；由于此植物的枝密集且具刺，在南方常栽培作绿篱。

20.5 鼠李属 *Rhamnus* L.

20.5.1 异叶鼠李 *Rhamnus heterophylla* Oliv.

矮小灌木。枝无刺。叶纸质，大小异形，在同侧交替互生。小叶近圆形或卵状圆形，长0.5~1.5 cm，顶端圆形或钝。大叶矩圆形、卵状椭圆形或卵状矩圆形，长1.5~4.5 cm；顶端锐尖或短渐尖，常具小尖头，基部楔形或圆形；边缘具细锯齿或细圆齿；**侧脉每边2~4条**；叶柄长2~7 mm，有短柔毛。花单性，雌雄异株，单生或2~3朵簇生于侧枝上的叶腋，**花基数5**；花梗长1~2 mm；雄花的花瓣匙形；雌花花瓣小，子房3室，每室有1胚珠。核果球形，基部有宿存的萼筒，成熟时黑色，具3枚分核；果梗长1~2 mm。花期5—8月，果期9—12月。

中国特有，产于甘肃、四川、湖北、陕西及云南，生于海拔300~1 500 m的山坡灌丛中或林缘。凉山州的甘洛、雷波等县有分布。本种果实可提制黄色染料；嫩叶可代茶；全株入药，可清热利尿。

20.5.2　亮叶鼠李 *Rhamnus hemsleyana* Schneid.

20.5.2a　亮叶鼠李（原变种）*Rhamnus hemsleyana* Schneid. var. *hemsleyana*

常绿乔木。**枝无刺**。**叶革质**，长椭圆形，稀长矩圆形或倒披针状长椭圆形，长6~20 cm，宽2.5~6 cm；顶端渐尖至长渐尖，稀钝圆，基部楔形或圆形；边缘具锯齿；**上面亮绿色**，无毛，下面仅脉腋具髯毛；侧脉每边9~15条；**叶柄长3~8 mm**。**花杂性**，**2~8朵簇生于叶腋处**，无毛，**花基数4**；萼片三角形，具3条脉，中肋和小喙不明显；**无花瓣**；子房4室，每室有1枚胚珠。核果球形，初时绿色，成熟时红色，后变黑色，长4~5 mm，直径4~5 mm；具4枚分核，各有1粒种子。花期4—5月，果期6—11月。

中国特有，产于四川、陕西、贵州及云南，生于海拔700~2 600 m的山谷林缘或林中。凉山州的西昌、盐源、雷波、木里、越西、甘洛、布拖、昭觉等县市有分布。本种未熟果实可提制黄色染料。

20.5.2b 高山亮叶鼠李（变种） *Rhamnus hemsleyana* Schneid. var. *yunnanensis* C. Y. Wu ex Y. L. Chen

高山亮叶鼠李为亮叶鼠李的变种，主要区别在于：**高山亮叶鼠李叶较小，脉腋无髯毛，叶柄长8~15 mm。**

中国特有，产于四川及云南，主要生于海拔2 200~2 800 m的亚高山混交林中或沟谷密林中。凉山州的西昌、会理、盐源、木里、冕宁等县市有分布。

20.5.3 多脉鼠李 *Rhamnus sargentiana* Schneid.

落叶乔木或灌木。**枝无刺，幼枝紫色，老枝紫褐色。**叶纸质，椭圆形或矩圆状椭圆形，长5~17 cm，稀达22 cm，宽2.5~7 cm；顶端渐尖至长渐尖，稀短尖至圆形，基部楔形或近圆形；边缘具密圆齿或钝锯齿；侧脉每边10~17条，**在上面下陷，在下面突起；**叶柄长3~5 mm。**花通常2~6朵簇生于叶腋，**杂性，雌雄异株，花基数4（5）；无花瓣；萼片三角形；两性花的子房4室或3室，每室有1枚胚珠；花梗长2~4 mm。核果倒卵状球形，直径约5 mm，初时红色，成熟后变黑色，果梗长4~10 mm。花期5—6月，果期6—8月。

中国特有，产于四川、湖北、云南、甘肃及西藏，常生于海拔1 700~3 800 m的山谷林中。凉山州的美姑、金阳、雷波等县有分布。

20.5.4 帚枝鼠李 *Rhamnus virgate* Roxb.

别名：小叶冻绿

灌木或乔木。枝有刺，小枝对生或近对生，帚状。叶纸质或薄纸质，对生或近对生，或在短枝上簇生。**叶倒卵状披针形、倒卵状椭圆形或椭圆形，长2.5~8 cm，宽1.5~3 cm**，顶端渐尖或短渐尖，稀锐尖，基部楔形；边缘具钝细锯齿；上面或沿脉被疏短柔毛，或近无毛，下面沿脉被疏短毛或仅脉腋有疏毛，或近无毛；侧脉每边通常4~5条，具明显的网脉；**叶柄长4~10 mm**。花单性，雌雄异株，**花基数4，有花瓣**；花梗长3~4 mm，有疏微毛或无毛；**雌花数朵簇生于短枝端**。核果近球形，黑色，基部有宿存的萼筒，长5 mm，直径约4 mm，具2枚分核；果梗长2~5 mm。花期4—5月，果期6—10月。

国内产于四川、云南、西藏及贵州，生于海拔1 200~3 800 m的山坡灌丛中或林中。凉山州的西昌、会理、盐源、雷波、木里、甘洛、喜德、德昌、冕宁、会东、美姑、布拖、昭觉等县市有分布。

20.5.5　淡黄鼠李 *Rhamnus flavescens* Y. L. Chen et P. K. Chou

灌木。**枝端具针刺**。**叶小，纸质**，在长枝上对生或近对生，在短枝上簇生。叶矩圆形或卵状椭圆形，**长1~2.5 cm，宽0.4~1.3 cm**；顶端钝或圆形，微凹，基部宽楔形或近圆形；边缘常具不明显的细圆齿；侧脉每边3~4条；叶柄长1~3 mm。花单性，雌雄异株，花基数4。**雌花单生于短枝叶腋处，黄绿色**，钟状；萼片卵状三角形；花瓣极小，早落；子房2~3室，每室有1枚胚珠。核果近球形，直径3~4 mm，基部有浅盆状的宿存萼筒，红褐色；果梗长2~3 mm；**种子淡黄色**，长3~3.5 mm。花期6—7月，果期7—9月。

中国特有，产于四川、西藏、云南及青海，生于海拔2 500~3 400 m的亚高山山坡灌丛中。凉山州的西昌、会理、盐源、布拖、昭觉等县市有分布。

20.5.6　刺鼠李 *Rhamnus dumetorum* Schneid.

别名：李子

灌木。小枝对生或近对生，**枝端和分叉处有细针刺**。叶纸质，对生或近对生，或在短枝上簇生。叶椭圆形，稀倒卵状、倒披针状椭圆形或矩圆形，**长2.5~9 cm，宽1~3.5 cm**，顶端锐尖或渐尖，稀近圆形，基部楔形；边缘具不明显的波状齿或细圆齿；上面被疏短柔毛，下面沿脉有疏短毛，或腋脉上有簇毛；侧脉每边4~5条，在上面稍下陷，**在下面突起**；脉腋常有浅窝孔；**叶柄长2~7 mm，有短微毛**。花单性，雌雄异株，花基数4；花梗长2~4 mm；雄花数朵；**雌花数朵至10余朵，簇生于短枝顶端**。核果球形，直径约5 mm，基部有宿存的萼筒，具1枚或2枚分核；果梗长3~6 mm；种子黑色或紫黑色。花期4—5月，果期6—10月。

中国特有，产于安徽、甘肃、贵州、湖北、江西，山西、四川、西藏，云南及浙江，生于海拔900~3 300 m的山坡灌丛中或林下。凉山州的西昌、盐源、雷波、木里、越西、甘洛、喜德、德昌、金阳、布拖、美姑、普格、昭觉等县市有分布。本种果实被当地民间用作泻药。

20.5.7　薄叶鼠李 *Rhamnus leptophylla* Schneid.

灌木，稀小乔木。有枝刺。叶纸质，对生或近对生，或在短枝上簇生。**叶倒卵形至倒卵状椭圆形**，长3~8 cm，宽2~5 cm；顶端短突尖或锐尖，稀近圆形，基部楔形；边缘具圆齿或钝锯齿；上面无毛或沿中脉被疏毛，下面仅脉腋有簇毛；侧脉每边3~5条，具不明显的网脉，在上面下陷，在下面突起；叶柄长0.8~2 cm，上面有小沟，无毛或被疏短毛。花单性，雌雄异株，4基数，有花瓣，花梗长4~5 mm，无毛；雄花10~20朵簇生于短枝端；雌花数朵至10余朵簇生于短枝端或长枝下部叶腋。核果球形，直径4~6 mm，长5~6 mm，基部有宿存的萼筒，有2~3枚分核，**成熟时黑色；果梗长6~7 mm**。花期3—5月，果期5—10月。

中国特有，产于安徽、福建、广东、广西、贵州、河南、湖北、湖南、江西、陕西、山东、四川、云南、浙江，生于海拔1 700~2 400 m的山谷中、路旁灌丛中或林缘。凉山州各县市多有分布。本种全株可药用，有清热、解毒、活血之功效；在广西用薄叶鼠李的根、果及叶利水行气、消积通便、清热止咳。

20.5.8　甘青鼠李 *Rhamnus tangutica* J. Vass.

别名：冻绿

灌木。小枝平滑有光泽，对生或近对生，**枝端和分叉处有针刺**；短枝较长，幼枝绿色。叶纸质或厚纸质，对生、近对生或在短枝上簇生，**椭圆形、倒卵状椭圆形或倒卵形，长2.5~6 cm，宽1~3.5 cm**；顶端短渐尖或锐尖，稀近圆形，基部楔形；边缘具钝或细圆齿；上面深绿色，下面浅绿色，无毛或仅脉腋窝孔内有疏短毛；侧脉每边4~5条，在下面突起；脉腋常有小窝孔；叶柄长5~10 mm，有疏短柔毛。**花单性，雌雄异株，花基数4，有花瓣**；花梗长4~6 mm；雄花多至10余朵；雌花3~9朵簇生于短枝端。核果倒卵状球形，长5~6 mm，径4~5 mm，成熟时黑色，基部有宿存的萼筒，具2枚分核；果梗长6~8 mm，无毛；种子红褐色。花期5—6月，果期6—9月。

中国特有，生于海拔1 200~3 700 m的山谷灌丛中或林下。凉山州的木里、越西、甘洛、金阳、冕宁、布拖等县有分布。本种木材坚硬，可制车轴和辐条；果实和树皮可提制黄色染料；根皮和叶含有毒物质，是制土农药的原料。

20.5.9　小冻绿树 *Rhamnus rosthornii* Pritz.

灌木或小乔木。小枝互生和近对生，顶端具钝刺。叶革质或薄革质，互生或在短枝上簇生。叶匙形、菱状椭圆形或倒卵状椭圆形，长1~2.5 cm，宽0.5~1.2 cm；顶端截形或圆形，基部楔形；边缘具圆齿或钝锯齿；上面暗绿色，无毛或沿中脉被短柔毛，下面淡绿色，仅脉腋有簇毛；**侧脉每边2~4条**；叶柄被短柔毛。花单性，雌雄异株，花基数4，有花瓣；雌花数朵簇生于短枝端或当年生枝下部叶腋内。核果球形，成熟时黑色，具2枚分核，基部有宿存的萼筒；果梗长2~4 mm；种子倒卵状圆形。花期4—5月，果期6—9月。

中国特有，产于甘肃、广西、贵州、湖北、陕西、四川、云南、重庆、陕西及湖南，生于海拔600~2 700 m的山坡阳处、灌丛中或沟边林中。凉山州的西昌、盐源、木里、越西、甘洛、宁南、金阳、冕宁、布拖、美姑、普格、昭觉等县市有分布。

20.6　枣属 *Ziziphus* Mill.

枣 *Ziziphus jujuba* Mill.

落叶小乔木。有长枝、短枝和无芽小枝。叶纸质，卵形、卵状椭圆形或卵状矩圆形，长3~7 cm，宽1.5~4 cm；顶端钝或圆形，具小尖头，基部稍不对称，近圆形；边缘具圆齿状锯齿；下面无毛或仅沿脉略被疏微毛；**基生3出脉**。托叶刺纤细，后期常脱落。花黄绿色，两性，花基数5，具短总花梗，单生或2~8朵密集腋生成聚伞花序；花梗长2~3 mm；萼片卵状三角形；花瓣倒卵状圆形，基部有爪。**核果矩圆形或长卵状圆形，长2~3.5 cm，直径1.5~2 cm**，成熟时红色，后变红紫色；中果皮肉质厚，味甜；核顶端锐尖，基部锐尖或钝。花期5—7月，果期8—9月。

原产中国，现国内广泛栽培，生长于海拔1 700 m以下的山区、丘陵或平原。凉山州的西昌、会理、盐源、雷波、木里、德昌、布拖等县市有栽培。本种果实除供鲜食外，常可以制成蜜饯和果脯，还可供药用，有养胃、健脾、益血、滋补、强身之效；枣仁和根均可入药，枣仁可以安神，为重要的药材之一；本种为良好的蜜源植物。

21　胡颓子科 Elaeagnaceae

21.1　胡颓子属 *Elaeagnus* Linn.

21.1.1　牛奶子 *Elaeagnus umbellata* Thunb.

落叶灌木，常具长刺。幼枝与果实均密被银白色和黄褐色鳞片或全被深褐色或锈色鳞片。**叶纸质或膜质**，椭圆形至卵状椭圆形，长3~8 cm，宽1~3.2 cm，边缘皱卷至波状；上面初被银白色鳞片或星状毛，下面密被银白色鳞片和散生褐色鳞片。**花较叶先开放**；花黄白色，芳香，密被银白色盾形鳞片，常1~7朵簇生于新枝基部；**花被筒圆筒状漏斗形，上部4裂，筒部较裂片长。果实近球形或卵状圆**

形，长5~7 mm，幼时绿色，被银白色鳞片，有时全被褐色鳞片，成熟时红色；果梗直立，粗壮，长4~10 mm。花期4—5月，果期7—8月。

国内分布广泛，生于海拔3 000 m以下的山坡上、灌丛中、林缘等的向阳环境中。凉山州各县市均有分布。本种果实可生食，也可制果酒、果酱等；植株可作园林栽培，供绿化和观赏；果实、根、茎及叶均可入药。

21.1.2　窄叶木半夏 *Elaeagnus angustata* (Rehd.) C. Y. Chang

落叶直立灌木。幼枝密被锈色或深褐色鳞片，老枝鳞片脱落；枝无刺或老枝上有刺。叶纸质或膜质。初生叶椭圆形，两端圆形或钝形。后生叶披针形或矩圆状披针形，长3~9 cm，宽1.2~2.2 cm；顶端渐尖，基部圆形或微钝形；边缘全缘，呈微波状；上面幼时具白色星状柔毛，成熟后无毛，下面银白色，被圆形鳞片；侧脉7~10对；叶柄锈色。花淡白色，下垂，密被银白色鳞片和被少数褐色鳞片，单花腋生；花梗纤细，长5~13 mm；萼筒阔钟形。**果实椭圆形，长14 mm，直径5 mm，**成熟时红色，被白色和少数褐色鳞片；**果梗长15~25 mm，纤细而弯曲。**花期4—5月，果期7—8月。

中国特有，产于四川及云南，生于海拔2 100~3 100 m的向阳而潮湿的灌丛中或沟谷中。凉山州的西昌、会理、盐源、木里、金阳、冕宁、会东、普格等县市有分布。本种为我国特有近危物种。

21.1.3　长叶胡颓子 *Elaeagnus bockii* Diels

21.1.3a　长叶胡颓子（原变种）*Elaeagnus bockii* Diels var. *bockii*

别名：牛奶子、马鹊树

常绿直立灌木，具粗壮刺。幼枝密被锈色或褐色鳞片。**叶纸质或近革质，窄椭圆形或窄矩圆形，**

长4~9 cm，宽1~3.5 cm；两端短渐尖或微钝形；上面幼时被褐色鳞片，后脱落，下面密被银白色鳞片和散生褐色鳞片，密被星状柔毛。花白色，密被鳞片；常5~7花簇生于短小枝叶腋，形成伞形总状花序；**花梗短**；**萼筒在花蕾时四棱形，在花开放后圆筒形或漏斗状圆筒形**，裂片内疏被星状短毛；雄蕊4枚；**花柱密被星状毛**。果实短矩圆形，长9~10 mm，幼时密被银白色鳞片和被少数褐色鳞片，成熟时红色；**果梗长4~6 mm**。花期10—11月，果期次年4月。

中国特有，产于四川、陕西、甘肃、贵州、湖北、湖南、广西、重庆及云南，生于海拔600~2 100 m的向阳山坡上、路旁灌丛中。凉山州各县市均有分布。本种可作园林树种；果实可食及酿酒；根可治哮喘及牙痛，枝、叶可顺气、化痰、治痔疮。

21.1.3b 木里胡颓子（变种）*Elaeagnus bockii* Diels var. *muliensis* C. Y. Chang

与原变种长叶胡颓子的区别在于：本变种幼枝几乎无刺；**叶片较小，窄矩圆状椭圆形，长3~5 cm，宽0.8~1.5 cm**，顶端圆形或两端钝形；花柱近无毛；果实椭圆形，被银白色鳞片，长12 mm，直径5 mm；果梗长10~13 mm。

中国特有，产于四川及云南，生于海拔1 800~2 900 m的向阳河边或灌丛中。凉山州的木里、盐源、西昌等县市有分布。

21.1.4 披针叶胡颓子 *Elaeaguns lancelata* Warb. apud Diels

别名：大披针叶胡颓子、红枝胡颓子

常绿直立或蔓状灌木，无刺或老枝上、叶腋处具短刺。**叶革质，披针形或椭圆状披针形至长椭圆形，长5~14 cm，宽1.5~3.6 cm**；顶端渐尖，基部圆形，稀阔楔形；**边缘全缘，呈反卷或波状**；上面幼时被褐色鳞片，成熟后脱落，具光泽，**下面银白色，密被银白色鳞片和鳞毛，散生少数褐色鳞片**；侧脉8~12对；叶柄长5~7 mm。花淡黄白色，下垂，密被银白色鳞片和鳞毛和散生少数褐色鳞片和鳞毛；常3~5朵花簇生于叶腋短小枝上，形成伞形总状花序；花梗纤细，长3~5 mm；**萼筒圆筒形，长5~6 mm**。**果实椭圆形**，长12~15 mm，直径5~6 mm，密被褐色或银白色鳞片；果实成熟时红黄色；**果梗长3~6 mm**。花期8—10月，果期次年4—5月。

中国特有，产于陕西、甘肃、湖北、四川、贵州、云南、广西等地，生于海拔300~2 900 m的山地林中或林缘。凉山州的西昌、会理、盐源、雷波、越西、甘洛、宁南、德昌、金阳、会东、美姑、布拖、普格等县市有分布。本种果实药用，可治痢疾；可引种栽培作观赏树种。

21.1.5　蔓胡颓子 *Elaeagnus glabra* Thunb.

别名：藤胡颓子

常绿蔓生或攀缘灌木。枝无刺，稀具刺；幼枝密被锈色鳞片，老枝鳞片脱落，灰棕色。**叶革质或薄革质，卵形或卵状椭圆形**，稀长椭圆形，长4~12 cm，宽2.5~5 cm；**顶端渐尖或长渐尖，基部圆形**，稀阔楔形；边缘全缘，微反卷；上面幼时具褐色鳞片，成熟后脱落，深绿色，具光泽，**下面灰绿色或铜绿色，被褐色鳞片**；侧脉6~8对；叶柄棕褐色，长5~8 mm。花淡白色，下垂，密被银白色鳞片和散生少数褐色鳞片；常3~7朵花密生于叶腋短小枝上，形成伞形总状花序；花梗锈色，长2~4 mm；萼筒漏斗形，长4.5~5.5 mm。果实矩圆形，稍有汁，长14~19 mm，被锈色鳞片，成熟时红色；果梗长3~6 mm。花期9—11月，果期次年4—5月。

国内主产于华中、华南、华东及西南地区，常生于海拔1 000 m以下的向阳林中或林缘，凉山州的雷波等县有分布。本种果可生食或酿酒；韧皮纤维可代麻，可为纸、人造纤维板的原料。

21.1.6　巴东胡颓子 *Elaeagnus difficilis* Serv.

别名：铜色叶胡颓子

常绿直立或蔓状灌木。无刺或有时具短刺；幼枝褐锈色，密被鳞片，老枝鳞片脱落，灰黑色或深灰褐色。**叶纸质，椭圆形或椭圆状披针形，长7~13.5 cm，宽3~6 cm；顶端渐尖**，基部圆形或楔形；边缘全缘，稀微波状；上面幼时散生锈色鳞片，成熟后脱落，绿色，**下面灰褐色或淡绿褐色，密被锈色和淡黄色鳞片**；侧脉6~9对，在两面明显；**叶柄粗壮，红褐色**，长8~12 mm。花深褐色，密被鳞片；数花生于叶腋短小枝上，形成伞形总状花序；花枝锈色，长2~4 mm；花梗长2~3 mm；萼筒钟形或圆筒状钟形。果实长椭圆形，长14~17 mm，直径7~9 mm，被锈色鳞片，成熟时橘红色；果梗长2~3 mm。花期11月至次年3月，果期4—5月。

中国特有，产于浙江、江西、湖北、湖南、广东、广西、四川及贵州，生于海拔600~1 800 m的向阳山坡灌丛中或林中。凉山州的雷波等县有分布。

21.2　沙棘属 *Hippophae* L.

云南沙棘 *Hippophae rhamnoides* subsp. *yunnanensis* Rousi

落叶灌木或乔木，高1~5 m，在高山沟谷生长的高可达18 m。棘刺较多且粗壮，顶生或侧生；嫩枝褐绿色，密被银白色带褐色的鳞片，有时具白色星状柔毛，老枝灰黑色，粗糙；芽大，金黄色或锈色。**单叶互生，纸质，狭披针形或矩圆状披针形，长30~80 mm，宽4~10（13）mm**；基部常为圆形；上面绿色，下面灰褐色，具较多且较大的锈色鳞片。**叶柄极短，几乎无或长1~1.5 mm。果实圆球形，橙黄色或橘红色；直径5~7 mm；果梗长1~2 mm**；种子阔椭圆形至卵形，稍扁，通常长3~4 mm。花期4月，果期8—9月。

中国特有，产于四川、云南及西藏，常见于海拔2 200~3 700 m的干涸河谷沙地上、石砾地上或山坡密林中、高山草地上。凉山州的木里、盐源等县有分布。本种果实多汁、微酸、甜香，当地群众喜欢生食，可提取维生素A和维生素C；幼嫩枝、叶和果实可作为马和羊的饲料。

22　葡萄科 Vitaceae

22.1　葡萄属 *Vitis* L.

22.1.1　毛葡萄 *Vitis heyneana* Roem. et Schult.

别名：五角叶葡萄、野葡萄

木质藤本。**小枝被灰色或褐色蛛丝状绒毛。**卷须2叉分枝，密被绒毛。**叶卵状圆形、长卵状椭圆形或卵状五角形，长4~12 cm，宽3~8 cm；**顶端急尖或渐尖，基部心形或微心形，基缺顶端凹成钝角，稀凹成锐角；**边缘每侧有9~19个尖锐锯齿；**上面绿色，初时疏被蛛丝状绒毛，后脱落无毛，**下面密被灰色或褐色绒毛；**基出脉3~5条，中脉有侧脉4~6对，下面脉上密被绒毛；**叶柄长2.5~6 cm，密被蛛丝状绒毛。**花杂性异株；圆锥花序疏散，与叶对生，分枝发达，长4~14 cm；花序梗长1~2 cm，被灰色或褐色蛛丝状绒毛；花梗长1~3 mm。**果实圆球形，成熟时紫黑色，直径1~1.3 cm。**花期4—6月，果期6—10月。

国内广泛分布，产于陕西、山西等地，生于海拔1 000~3 200 m的山坡上、灌丛中或林缘。凉山州各县市均有分布。本种果实可食。

22.1.2　美丽葡萄 *Vitis bellula* (Rehd.) W. T. Wang

别名：小叶毛葡萄

木质藤本。**小枝疏被白色蛛丝状绒毛。**卷须不分枝或混生有2叉分枝。**叶卵状圆形或卵状椭圆形，长3~7 cm，宽2~4 cm；**顶端急尖或渐尖，基部浅心形、近截形或近圆形；**边缘每侧有7~10个细锐锯齿；**上面几乎无毛，**下面密被灰白色或灰褐色蛛丝状绒毛；**基出脉3条，中脉有侧脉4~5对，网脉在上面不突出，**在下面突出，为绒毛所覆盖；**叶柄长1~3 cm，被稀疏蛛丝状绒毛。**圆锥花序狭窄，圆柱形，基部侧枝不发达；花序梗长0.5~1.2 cm，被稀疏蛛丝状绒毛；花梗纤细，长2~3 mm。**果实球形，直径6~7 mm，紫黑色。**花期5—6月，果期7—8月。

中国特有，产于湖北、四川、云南、湖南、广西、广东、重庆及贵州，生于海拔1 300~2 500 m的林缘或灌丛中。凉山州的西昌、盐源、越西、木里、德昌等县市有分布。

22.1.3　葛藟葡萄 *Vitis flexuosa* Thunb.

别名：葛藟、光叶葡萄、野葡萄

木质藤本。嫩枝疏被蛛丝状绒毛，后脱落无毛。卷须2叉分枝。叶卵形、三角状卵形、卵状圆形或卵状椭圆形，长2.5~12 cm，宽2.3~10 cm；顶端急尖或渐尖，基部浅心形或近截形；边缘每侧有微不整齐的5~12个锯齿；上面绿色，无毛，**下面初时疏被蛛丝状绒毛，后脱落；基出脉5条**，中脉有侧脉4~5对，**网脉不明显；**叶柄长1.5~7 cm，**被稀疏蛛丝状绒毛或几乎无毛**。圆锥花序疏散，与叶对生；基部分枝发达或细长，长4~12 cm；花序梗长2~5 cm，被蛛丝状绒毛或几乎无毛；花梗长1.1~2.5 mm，无毛。果实球形，直径0.8~1 cm。花期3—5月，果期7—11月。

中国特有，分布广泛，生于海拔100~2 300 m的山坡上、沟谷田边、草地上、灌丛中或林中。凉山州的会理、盐源、雷波、木里、甘洛、宁南、德昌、金阳、普格、昭觉等县市有分布。本种根、茎和果实供药用，可治骨节酸痛；种子可榨油。

22.1.4　湖北葡萄 *Vitis silvestrii* Pamp.

木质藤本。小枝密被短柔毛，或以后脱落无毛。卷须2叉分枝。叶卵状圆形，长3~5 cm，宽2~3.5 cm，**规则或不规则3~5浅裂或深裂**，裂缺凹成钝角，稀锐角，或凹成圆形，顶端急尖或渐尖，基部浅心形或近截形，每侧边缘有5~9个粗锯齿，**上面绿色，初时疏被短柔毛，以后脱落，下面浅绿色，被短柔毛，基出脉5条，中脉有侧脉3~4对**；叶柄长1~3 cm，被短柔毛。花杂性异株；圆锥花序狭窄，长2~4.5 cm，与叶对生，下部分枝不发达，花序梗长1~1.5 cm，被短柔毛或脱落近无毛；花梗长2~3 mm，无毛。果实球形，蓝黑色，直径0.6~0.9 cm。花期5月。

中国特有，产于陕西、湖北、河南、江西及贵州，生于海拔300~1 200 m的山坡林中或林缘。凉山州的木里、雷波等县有发现，乐山的峨边彝族自治县（以下简称峨边）也有标本，四川新记录。

22.1.5 桦叶葡萄 *Vitis betulifolia* Diels et Gilg

木质藤本。嫩枝疏被蛛丝状绒毛，后脱落无毛。卷须2叉分枝。叶卵状圆形或卵状椭圆形，长4~12 cm，宽3.5~9 cm，不分裂或具3浅裂；顶端急尖或渐尖，基部心形或近截形；每侧边缘具锯齿15~25个；上面绿色，初时疏被蛛丝状绒毛和短柔毛，后脱落无毛，**下面灰绿色或绿色，初时密被绒毛，后脱落至仅脉上被短柔毛或几乎无毛**；基出脉5条，中脉有侧脉4~6对，网脉在下面微突出；叶柄长2~6.5 cm。圆锥花序疏散，与叶对生，下部分枝发达，长4~15 cm，初时被蛛丝状绒毛，后脱落至几乎无毛；花梗长1.5~3 mm，无毛。果实圆球形，成熟时紫黑色，直径0.8~1 cm。花期3—6月，果期6—11月。

中国特有，产于甘肃、河南、湖北、湖南、陕西、四川、云南、广西、重庆、贵州等地，生于海拔600~3 600 m山坡上、灌丛中或林中。凉山州的雷波、木里、甘洛、金阳、普格、越西等县有分布。

22.1.6 网脉葡萄 *Vitis wilsoniae* H. J. Veitch

木质藤本。小枝被稀疏褐色蛛丝状绒毛。卷须2叉分枝。叶心形或卵状椭圆形，长7~16 cm，宽5~12 cm；顶端急尖或渐尖，基部心形，基缺顶端凹成钝角；**每侧边缘有16~20个牙齿**，或基部呈锯齿状；上面绿色，无毛或近无毛，**下面沿脉被褐色蛛丝状绒毛**；基出脉5条，中脉有侧脉4~5对，网脉在成熟叶片上突出；**叶柄长4~8 cm**，几乎无毛。圆锥花序疏散，与叶对生，基部分枝发达，长4~16 cm；花序梗长1.5~3.5 cm，被稀疏蛛丝状绒毛；花梗长2~3 mm，无毛。果实圆球形，直径0.7~1.5 cm。花期5—7月，果期6月至次年1月。

中国特有，产于安徽、重庆、福建、广东、甘肃、贵州、河南、湖北、湖南、陕西、四川、云南及浙江，生于海拔400~2 000 m的山坡灌丛中、林下或溪边林中。凉山州的雷波、越西、甘洛、宁南、金阳、美姑等县有分布。

22.1.7 葡萄 *Vitis vinifera* L.

木质藤本。卷须2叉分枝。叶卵状圆形，具显著3~5浅裂或中裂，长7~18 cm，宽6~16 cm，中裂片顶端急尖，裂片常靠合，基部常缢缩，裂缺狭窄或宽阔，基部深心形，基缺凹成圆形，两侧常靠合；**边缘有深而大的粗齿**；基出脉5条，中脉有侧脉4~5对，网脉不明显突出；叶柄长4~9 cm。圆锥花序密集或疏散，多花，与叶对生，长10~20 cm；花梗长1.5~2.5 mm，无毛。**果实球形或椭圆形，直径1.5~4 cm**。花期4—5月，果期8—9月。

本种为常见果树，凉山州各县市均有栽培。本种品种众多，果可生食、制成葡萄干或酿酒，酿酒后的酒脚可提取酒食酸；根和藤可药用，能止呕、安胎。

22.2　牛果藤属 *Nekemias* Raf.

大叶牛果藤 *Nekemias megalophylla* (Diels & Gilg) J. Wen & Z. L. Nie

别名：大叶蛇葡萄

木质藤本。**卷须3叉分枝，相隔2节间断与叶对生。叶为二回羽状复叶，基部一对小叶常为3小叶，稀为羽状复叶。**小叶长椭圆形或卵状椭圆形，长4~12 cm，宽2~6 cm；顶端渐尖，基部微心形、圆形或近截形；边缘每侧有3~15个粗锯齿；两面均无毛；侧脉4~7对；叶柄长3~8 cm，顶生小叶柄长1~3 cm，侧生小叶柄长不超1 cm，无毛。**花序为伞房状多歧聚伞花序或复二歧聚伞花序，顶生或与叶对生；**花序梗长3.5~6 cm，无毛；花梗长2~3 mm，顶端较粗，无毛。果实微呈倒卵状圆形，直径0.6~1 cm，有种子1~4粒。花期6—8月，果期7—10月。

中国特有，产于甘肃、陕西、湖北、四川、贵州、云南、重庆、江西、浙江等地，生于海拔1 000~2 000 m的山谷中或山坡林中。凉山州的雷波、甘洛等县有分布。

22.3　蛇葡萄属 *Ampelopsis* Michx.

22.3.1　三裂蛇葡萄 *Ampelopsis delavayana* Planch.

22.3.1a　三裂蛇葡萄（原变种）*Ampelopsis delavayana* Planch. var. *delavayana*

木质藤本。卷须2~3叉分枝，相隔2节间断与叶对生。**叶为3小叶。中央小叶披针形或椭圆状披针形，**长5~13 cm，宽2~4 cm，顶端渐尖，基部近圆形。侧生小叶卵状椭圆形或卵状披针形，长4.5~11.5 cm，宽2~4 cm；基部不对称，近截形；边缘有粗锯齿，齿端通常尖细；上面嫩时被稀疏柔毛；侧脉5~7对，网脉在两面均不明显；叶柄长3~10 cm。中央小叶有柄或无柄，侧生小叶无柄。**多歧聚伞花序与叶对生，**花序梗长2~4 cm；花梗长1~2.5 mm，伏生短柔毛；萼碟形；花瓣5片，卵状椭圆形，高1.3~2.3 mm。果实近球形，直径0.8 cm，有种子2~3粒。花期6—8月，果期9—11月。

中国特有，产于福建、广东、广西、海南、四川、贵州、云南，生于海拔50~2 200 m的山谷林中、灌丛中或林中。凉山州的会理、雷波、木里、甘洛、德昌、冕宁、美姑、布拖、普格、昭觉等县市有分布。

22.3.1b 狭叶蛇葡萄（变种）*Ampelopsis delavayana* var. *tomentella* (Diels & Gilg)C. L. Li

本变种与原变种的区别在于：小枝、叶柄和小叶密被或疏生柔毛；**叶掌状，具3~7片小叶，小叶狭窄，呈条形**；花期5—6月，果期7—10月。

中国特有，产四川、湖北及贵州，生于海拔700~2 700 m的山坡林缘或灌丛中。凉山州的雷波等县有分布。

22.4 地锦属 *Parthenocissus* Planch.

22.4.1 地锦 *Parthenocissus tricuspidata* (Sieb. & Zucc.) Planch.

别名：爬山虎、爬墙虎、铺地锦、地锦草

木质落叶大藤本。卷须5~9叉分枝，顶端嫩时膨大成圆球形，遇附着物时扩大成吸盘。**单叶，倒卵状圆形，通常3裂**，幼苗或下部枝上叶较小。叶长4.5~20 cm，基部心形，边缘有粗锯齿，两面无毛或下面脉上有短柔毛；叶柄长4~20 cm，无毛或疏生短柔毛。花序生于短枝上，基部分枝，形成多歧聚伞花序，序轴不明显，花序梗长1~3.5 cm；花萼碟形，边缘全缘或呈波状，无毛；花瓣长椭圆形。**果球形，成熟时蓝色**，径1~1.5 cm，有种子1~3粒。花期5—8月，果期9—10月。

国内产于安徽、福建、河北、河南、江苏、吉林、辽宁、山东、台湾、浙江等地，生于海拔150~1 200 m的山坡崖石壁上或灌丛中。凉山州各县市多有栽培。本种为著名的垂直绿化植物。根入药，能祛风止痛。

22.4.2　三叶地锦 *Parthenocissus semicordata* (Wall.) Planch.

别名：三叶爬山虎

灌木。小枝细弱。卷须总状，4~6叉分枝，嫩时顶端尖细而微卷曲，遇附着物时扩大成吸盘。**叶多为3小叶，稀混有3裂单叶**，幼时绿色。中央小叶倒卵状椭圆形或倒卵状圆形，长6~13 cm，先端骤尾尖，基部楔形；侧生小叶卵状椭圆形或长椭圆形，长5~10 cm，先端短尾尖，基部不对称，下面中脉及侧脉被短柔毛；叶柄长3.5~15 cm，被疏短柔毛。伞房状多歧聚伞花序着生在短枝上，长4~9 cm，基部常有3~5叶；花瓣卵状椭圆形。果实近球形，径6~8 mm，成熟时黑褐色，有种子1~2粒。花期5—7月，果期9—10月。

国内产于甘肃、陕西、湖北、四川、贵州、云南、西藏等地，生于海拔500~3 800 m的山坡灌丛中、沟谷疏林中或林缘。凉山州各县市多有分布或栽培。本种可作攀缘垂直绿化植物。

22.4.3　绿叶地锦 *Parthenocissus laetevirens* Rehd.

别名：绿爬山虎、亮绿爬山虎

木质藤本。卷须总状，5~10叉分枝，顶端嫩时膨大成块状，后遇附着物扩大成吸盘。嫩芽绿色或绿褐色。**叶为掌状5小叶**，小叶倒卵状长椭圆形或倒卵状披针形，长2~12 cm，宽1~5 cm，最宽处近中部或在中部以上；顶端急尖或渐尖，基部楔形；边缘上半部有5~12个锯齿；**上面显著呈泡状隆起**；侧脉4~9对，网脉在上面不明显，在下面微突起；叶柄长2~6 cm，小叶有短柄或几乎无柄。多歧聚伞花序圆锥状，长6~15 cm，中轴明显，假顶生，花序中常有退化小叶；花序梗长0.5~4 cm，被短柔毛；花梗长2~3 mm，无毛。果实球形，直径0.6~0.8 cm，有种子1~4粒。花期7—8月，果期9—11月。

中国特有，产于四川、河南、安徽、江西、江苏、浙江、湖北、湖南、福建、广东、广西、重庆等地，生于海拔100~1 100 m的山谷林中或山坡灌丛中，攀缘在树上或崖石壁上。凉山州的雷波、越西、甘洛、会东等县有分布。本种可作攀缘垂直绿化植物。

22.4.4 长柄地锦 *Parthenocissus feddei* (Lévl.) C. L. Li

木质藤本。卷须总状，6~11叉分枝，顶端嫩时微膨大成拳头形状，后遇附着物扩大成吸盘。**叶为3小叶**，稀在细小长枝上有小型单叶3裂者，中央小叶倒卵状椭圆形，**侧生小叶卵状椭圆形，长6~17 cm，宽3~7 cm**，顶端渐尖或骤尾尖，基部圆钝，侧生小叶基部倾斜不对称；中央小叶上半部边缘有6~9个粗钝锯齿，侧生小叶外侧有11~15个钝锯齿，内侧上半部有5~7个钝锯齿；侧脉6~7对，网脉在两面微突出；**叶柄长7.5~15 cm，小叶柄明显，长0.5~2.5 cm**。花序顶生或假顶生，主轴明显，形成多歧聚伞花序；花序梗长2~3 cm；花梗长2~3 mm。果实近球形，直径0.8~1 cm。花期6—7月，果期8—10月。

中国特有，产于湖北、湖南、广东、贵州、重庆、浙江、西藏、广西等地，常生于海拔600~1 100 m的山谷岩石上。凉山州雷波县有发现，泸州市叙永县也有标本。

22.5　崖爬藤属 *Tetrastigma* (Miq.) Planch.

叉须崖爬藤 *Tetrastigma hypoglaucum* Planch. ex Franch.

木质藤本。**小枝纤细**，圆柱形，有纵棱纹。**卷须2叉分枝**，相隔2节间断与叶对生。**叶为掌状5小叶，中央小叶披针形，外侧小叶椭圆形**，长1.5~5 cm，宽0.5~1.5 cm；顶端渐尖或急尖，中央小叶基部楔形，外侧小叶基部不对称，近圆形；边缘每侧有3~6个锯齿，齿尖锐，**两面均无毛**；侧脉4~5对，网脉在两面均不明显；叶柄长1.5~3.5 cm，小叶柄极短或几乎无柄，无毛。**花序腋生或在侧枝上与叶对生，单伞形**；花序梗长1.5~3 cm，无毛；花梗在果期长3~5 mm。果实圆球形，直径0.6~0.8 cm，有种子1~3粒。花期6月，果期8—9月。

中国特有，产于四川、云南、贵州、广西及西藏，生于海拔2 300~2 500 m的山谷林中或灌丛中。凉山州的西昌、会理、盐源、木里、德昌、布拖、普格等县市有分布。

23　芸香科 Rutaceae

23.1　花椒属 *Zanthoxylum* L.

23.1.1　刺花椒 *Zanthoxylum acanthopodium* DC.

别名：狗花椒、姐色果、毛刺花椒

落叶小乔木。枝有锐刺，刺基部扁而宽，当年生枝被柔毛。叶有小叶3~9片，偶有单小叶，翼叶明显。**小叶对生**，无柄，纸质，卵状椭圆形或披针形，长6~10 cm，宽2~4 cm；叶缘有疏离细裂齿，齿缝处有1油腺点，油腺点不显。**花序自去年生枝或老枝的叶腋间抽出**，雄花序稀长达3 cm，雌花序更短；**花被片6~8片，1轮排列，淡黄绿色**，狭披针形，长约1.5 mm。果序围生于枝干上；果紫红色，表面油腺点大，突起；单个分果瓣径约4 mm。花期4—5月，果期9—10月，也有花、果同挂于枝上的。

国内产于四川、云南、贵州、广西及西藏等地，生于海拔1 400~3 200 m的山地灌丛中或沟谷中。凉山州的西昌、会理、盐源、木里、冕宁、宁南、德昌、会东等县市有分布。本种耐干旱瘠薄，适宜在山坡、荒地栽植；根皮及树皮均可供药用，具有祛风湿、通经络的功效；果也可代替花椒调味。

23.1.2 贵州花椒 *Zanthoxylum esquirolii* Lévl.

小乔木或灌木。**小枝披垂，枝及叶轴上有小钩刺，各部无毛。叶有小叶5~13片；小叶互生，卵形或披针形**，稀阔卵形，长3~10 cm，宽1.5~4.5 cm；**顶部常为弯斜的尾状长尖、凹头**，基部近圆形或宽楔形，油腺点不显或仅在扩大镜下可见少数；叶缘有小裂齿或下半段为全缘；中脉在叶腹面凹陷，无毛；小叶柄长3~6 mm。伞房状聚伞花序顶生，花常在30朵以内；花梗在果期可长达4.5 cm；**萼片及花瓣均4片；**雌花有心皮4（3）枚。分果瓣紫红色，径约5 mm，**顶端的芒尖长1~2 mm**，油腺点常凹陷。花期5—6月，果期9—11月。

中国特有，产于贵州、四川、云南、湖南、湖北、广西及重庆等地，生于海拔700~3 200 m的山地疏林中或林缘灌丛中。凉山州的西昌、会理、盐源、雷波、木里、越西、甘洛、德昌、会东、美姑、布拖、普格等县市有分布。

23.1.3 尖叶花椒 *Zanthoxylum oxyphyllum* Edgew.

小乔木或灌木。**小枝披垂，散生劲直或弯钩的刺，叶轴背面的刺较多，叶轴腹面及小叶叶面凹陷的中脉有灰色短柔毛**，老叶几乎无毛。**叶常有小叶11~19片；**小叶互生或部分对生，略厚而硬，披针形，稀卵形，长2.5~12 cm，宽1~3.5 cm，顶部渐狭长尖，基部楔尖，稍偏斜，**叶缘从基部至顶部有锯齿状锐齿**，侧脉在叶缘附近联结，**油腺点多且大**，肉眼可见；小叶柄的长不超过2 mm。**伞房状聚伞花**

序顶生，花通常不超过30朵；**萼片紫绿色，4片**；花瓣长约3 mm。**果梗长1~1.5 cm，**粗1~1.5 mm；分果瓣紫红色，长6~7 mm，顶端有短芒尖，油腺点大，干后微凹陷。花期5—6月，果期9—10月。

国内产于云南和西藏，生于海拔1 800~2 900 m的疏林中或针叶、阔叶混交林的林缘，凉山州的西昌、盐源、冕宁等县市有发现，米易、康定及峨眉山也见标本，四川新记录。

23.1.4　狭叶花椒 *Zanthoxylum stenophyllum* Hemsl.

别名：巴山花椒

小乔木或灌木。小枝多刺，刺劲直且长，或具短小的弯钩，小叶背面中脉上常有锐刺。叶有小叶9~23片，稀较少。小叶互生，披针形、狭披针形或卵形，长0.8~11 cm，宽0.6~4 cm；顶部长渐尖或短尖，基部楔尖至近圆形，**油腺点不显；叶缘有锯齿状裂齿，**齿缝处有油腺点；中脉在叶腹面微突起或平坦，**叶轴腹面微凹陷，呈纵沟状，被毛；小叶柄长1~3 mm，**腹面被挺直的短柔毛。伞房状聚伞花序顶生，花稀超过30朵；雄花花梗长2~5 mm，雌花花梗长6~15 mm。**果梗长1.5~4.5 cm，**与分果瓣同色；分果瓣淡紫红色或鲜红色，径4.5~5 mm，顶端的芒尖长达2.5 mm，油腺点干后常凹陷。花期5—6月，果期8—9月。

中国特有，产于甘肃、河南、湖北、湖南、陕西、四川、重庆、贵州及云南等地，生于海拔1 000~2 400 m的山地灌丛中。凉山州的西昌、越西、甘洛、雷波、普格、德昌等县市有分布。湖北民间用本种根皮作跌打损伤药。

23.1.5　雷波花椒 *Zanthoxylum leiboicum* Huang

灌木。小枝及叶轴多具劲直的锐刺，刺长为小叶片长的1/6~1/2。叶轴有时有狭窄的叶质边缘，腹面有凹陷的纵沟，稀近于圆柱状。叶有小叶17~31片。小叶不整齐地对生或互生，厚纸质，宽卵形或倒卵形；顶部圆、钝或突急尖，为倒卵状三角形时顶端截平；长2~4 cm，宽1.5~2.5 cm；叶缘上半段有细裂齿，油腺点不显或在叶背面可见到零星少数；中脉微凹陷或上半段平坦，中脉的下半段及小叶柄处有粉末状微柔毛，侧脉纤细；小叶柄长1~3 mm。聚伞果序近于总状，腋生，长4~10 cm；果梗长1~3 mm；分果瓣干后暗黑褐色，有细皱纹，具不明显的油腺点，顶端有长不超过0.5 mm的芒尖，径5.5~6 mm。花期5月，果期7月。

　　四川特有，生于海拔410~1 500 m的山坡上或沿河谷两岸较干燥的坡地上。凉山州的雷波、金阳等县有分布。

23.1.6　蚬壳花椒 *Zanthoxylum dissitum* Hemsl.

别名：钻山虎、蚌壳花椒、蚌壳椒

　　攀缘藤本。枝干上的刺多劲直，叶轴及小叶中脉上的刺向下弯钩。**叶有小叶5~9片，稀3片。小叶互生或近对生，形状多样，长达20 cm，宽1~8 cm或更宽**；全缘；顶部渐尖至长尾状；厚纸质或近革质；中脉在叶腹面凹陷；小叶柄长3~10 mm。花序腋生，长通常不超过10 cm；花序轴有短细毛；萼片及花瓣均4片；萼片紫绿色；花瓣淡黄绿色。**果密集生于果序上，果梗短；果棕色，外果皮比内果皮宽大；外果皮平滑，边缘较薄**，干后显出弧形环圈，长10~15 mm。花期4—5月，果期9—10月。

　　中国特有，产于甘肃、广东、广西、贵州、海南、河南、湖北、湖南、陕西、四川及云南，生于海拔300~2 600 m的坡地杂木林中或灌丛中。凉山州的雷波、木里、甘洛、美姑、布拖、普格等县有分布。本种根、茎可用作草药，具祛风止痛、理气化痰、活血散瘀的功效，能治多类痛症及跌打扭伤。

23.1.7 微柔毛花椒 *Zanthoxylum Pilosulum* Rehd. et E. H. Wils.

灌木。**嫩枝有微柔毛**，小枝纤细，节间多，刺劲直，基部扁。**叶有小叶7~11片，稀5片**。小叶无柄，薄纸质，卵形或卵状椭圆形，长0.5~3 cm，宽0.4~1.5 cm，中央一片稀长达5 cm，宽达2.5 cm，顶部短至渐尖，叶背带灰绿色，基部两侧对称；**叶缘有细裂齿，裂齿间有1油腺点，油腺点不显**；侧脉在叶背面隐约可见。**花序顶生**，花序轴被短粗毛；花被片5~8片；雄花的花被片披针形，长为其宽的2~3倍，长1.2~1.5 mm；雄蕊5~6枚。雌花的心皮常4枚，偶有3枚，稀2枚。果紫红色，单个分果瓣径4~5 mm，油腺点疏小，微突起。花期4—5月，果期7—8月。

中国特有，产于四川、云南、甘肃及陕西，生于海拔2 500~3 100 m的山地干旱处。凉山州的木里等县有分布。

23.1.8 花椒簕 *Zanthoxylum scandens* Bl.

别名：乌口簕、花椒藤、藤花椒

攀缘状灌木。**枝干有短钩刺，叶轴上的刺较多**。叶有小叶5~25片。**小叶革质**，互生或对生于叶轴上部；**卵形、卵状椭圆形或斜长圆形，长4~10 cm，宽1.5~4 cm**；顶部短尖至长尾状，顶端常钝头且微凹缺，基部短尖或宽楔形；全缘或叶缘的上半段有细裂齿；**小叶叶面平滑，有光泽**；老叶暗淡无光，**油腺点不显**。花序腋生或兼有顶生；萼片及花瓣均4片；萼片淡紫绿色，宽卵形。分果瓣紫红色，径4.5~5.5 mm，顶端有短芒尖；油腺点通常不甚明显，平或稍突起，有时凹陷。花期3—5月，果期7—8月。

国内产于长江以南，常见于沿海低地至海拔1 800 m的山坡灌丛中或疏林下。凉山州的雷波、越西、甘洛、宁南、德昌、布拖、普格等县有分布。

23.1.9　异叶花椒 *Zanthoxylum dimorphophyllum* Hemsl.

别名：三叶花椒、羊山刺、刺三加、苍椒

落叶乔木。嫩枝及芽常有锈红色短柔毛，枝很少有刺。**叶为单小叶、指状3小叶或2~5片小叶。**小叶卵形、椭圆形，有时倒卵形，通常长4~9 cm，宽2~3.5 cm，大的长20 cm，宽7 cm，小的长约2 cm，宽1 cm；顶部钝圆、短尖或渐尖，常有浅凹缺，两侧对称；**叶缘有明显的钝裂齿，**或有针状小刺，油腺点多。花序顶生；**花被片1轮，**6~8片，稀5片，**形状略不相同，**上宽下窄，顶端圆。分果瓣紫红色，幼嫩时常被疏短毛，径6~8 mm；基侧有甚短的狭柄，油腺点稀少，顶侧有短芒尖。花期4—6月，果期9—11月。

　　国内产于秦岭南坡以南，生于海拔300~2 400 m的山地林中，异味花椒喜湿润地方，石灰岩山地上也常见。凉山州的雷波、甘洛、美姑、布拖、昭觉、金阳等县有分布。本种根皮可用作草药，具舒筋活血、消肿、镇痛功效；果可健胃及作驱虫剂。

23.1.10　大花花椒 *Zanthoxylum macranthum* (Hand.–Mazz.) Huang

　　攀缘藤本。小枝暗灰色，多具细纵皱纹，刺通常仅见于叶轴背面，或无刺。**叶有小叶3~7片，稀9片，**位于叶轴下部的常呈不整齐对生。小叶厚革质，卵形、椭圆形或倒披针形，**长5~10 cm，**宽1.5~4 cm；两面同色；叶缘有细裂齿或近全缘，成长叶的叶缘略向背卷，具肉眼可见的油腺点。**聚伞圆锥花序腋生；**雌花几乎无花梗，或梗长约1 mm；雄花花梗较长；**萼片及花瓣均4片。**果序长3~5 cm，果梗长2~3 mm；分果瓣红褐色，径5.5~6 mm，**顶端有短芒尖，油腺点略明显。**花期4—5月，果期8—9月。

　　中国特有，产于重庆、贵州、河南、湖北、湖南、四川、云南及西藏，生于海拔500~3 100 m的山地疏林中或灌丛中。凉山州的雷波等县有分布。

23.1.11　花椒 *Zanthoxylum bungeanum* Maxim.

别名：蜀椒、秦椒、大椒、椒、胡椒木

落叶小乔木。茎枝具刺，小枝上刺基部为宽扁的长三角形，当年生枝被短柔毛。**叶有小叶5~13片；叶轴具狭窄叶翼；**小叶对生，卵形或椭圆形，位于叶轴顶部的较大，近基部的有时为圆形，叶缘具细裂齿，**齿缝有油腺点，**两面被柔毛，叶背面基部中脉两侧具丛毛。花序顶生；花被片6~8片，黄绿色；雄花的雄蕊5（8）枚；退化雌蕊顶端叉裂；雌花少具雄蕊，心皮3枚或2枚，间有4枚，花柱斜向背弯。果紫红色，单个分果瓣径4~5 mm，散生微突油腺点，顶端具短芒尖或无。花期4—5月，果期8—9月或10月。

国内分布以秦岭以南为中心。凉山州各县市广泛栽培，冕宁县有野生。花椒为我国传统佐料，并可提取芳香油。其木材为典型的淡黄色，木质部结构紧密均匀，纵切面有绢质光泽，有美术工艺价值。花椒可供药用，有温中行气、逐寒、止痛、杀虫等功效，可治呕吐、虫积腹痛等症，又作表皮麻醉剂。

23.1.12　竹叶花椒 *Zanthoxylum armatum* DC.

别名：青花椒、蜀椒、秦椒、崖椒、野花椒、狗椒

灌木或小乔木。茎枝多锐刺，刺基部宽而扁，红褐色；小枝上的刺劲直，水平抽出；小叶背面中脉上常有小刺，仅叶背面基部中脉两侧有丛状柔毛，或嫩枝梢及花序轴被褐锈色短柔毛。**叶有小叶3~9（11）片，翼叶明显。**小叶对生，通常披针形，长3~12 cm，宽1~3 cm，两端尖，有时基部宽楔形，或为椭圆形，有时为卵形；叶缘有甚小且疏离的裂齿，或近于全缘，**仅在齿缝处或沿小叶边缘有油腺点；**小叶柄甚短或无柄。花序近腋生或同时生于侧枝顶端，长2~5 cm，有花约30朵。**未成熟果绿色，熟后紫红色，**有微突且少数油腺点；单个分果瓣径4~5 mm。花期4—5月，果期8—10月。

山东以南，南至海南，东南至台湾，西南至西藏东南部有产。凉山州各县市均有栽培。本种果可作花椒代品，名为青椒，为食品调味料，也可作防腐剂；根、茎、叶、果及种子均入药，有发汗、散寒、止咳、除胀、消食的功效。

23.2 柑橘属 *Citrus* L.

23.2.1 柠檬 *Citrus* × *limon* (L.) Osbeck.

常绿小乔木。具直刺。叶片厚纸质，密被油腺点，卵形或椭圆形，**长8~14 cm，宽4~6 cm**；顶部通常短尖；边缘有明显钝裂齿。**单花腋生或少花簇生**；花萼杯状，具4~5浅齿裂；花瓣长1.5~2 cm，外面淡紫红色，内面白色；常有单性花，即雄蕊发育，雌蕊退化；雄蕊20~25枚或更多；子房近筒状或桶状，顶部略狭，柱头头状。果椭圆形或卵形，两端狭，**顶部通常较狭长并有乳头状突尖；果皮厚，通常粗糙，柠檬黄色，难剥离**，富含具柠檬香气的油腺点；瓤囊8~11瓣，汁胞淡黄色；果汁酸至甚酸。花期4—5月，果期9—11月。

原产亚洲，凉山州的西昌、会理、德昌、木里、美姑等县市有栽培。柠檬富含维生素C、糖类、钙、磷、铁等，对人体十分有益，有预防感冒等作用。

23.2.2 柚 *Citrus maxima* (Burm.) Merr.

别名：文旦、抛、大麦柑、橙子、文旦柚

常绿乔木。嫩枝、叶背面、花梗、花萼及子房均被柔毛。叶质颇厚，色浓绿，阔卵形或椭圆形，连翼叶长9~16 cm，宽4~8 cm，或更大；顶端钝或圆，有时短尖，基部圆；翼叶长2~4 cm，宽0.5~3 cm。**总状花序，有时兼有腋生单花**；花萼具不规则的3~5浅裂；花瓣长1.5~2 cm。**果圆球形、扁圆形、梨形或阔圆锥状，横径通常在10 cm以上，淡黄或黄绿色，杂交种中有朱红色的**；果皮甚厚或薄，海绵质，油胞大且突起；果心实但松软，瓤囊10~15瓣，

多至19瓣，汁胞为白色、粉红色或鲜红色。花期4—5月，果期9—12月。

我国长江以南多有栽培。凉山州各县市多有栽培。本种为常见水果，含有丰富的营养元素，具有健胃、润肺、补血、清肠、利便等功效，可促进伤口愈合，对败血症等有良好的辅助疗效。

23.2.3 佛手 *Citrus medica* ´Fingered´

别名：十指柑、五指柑、五指香橼、蜜罗柑、飞穰、佛手柑

灌木或小乔木。茎枝多刺，刺长达4 cm。单叶，稀兼有单身复叶，单身复叶有关节，但无翼叶；叶柄短，叶片椭圆形或卵状椭圆形，长6~12 cm，宽3~6 cm，或有更大；顶部圆或钝，稀短尖；叶缘有浅钝裂齿。总状花序有花达12朵，有时兼有腋生单花；花两性，有单性花趋向（雌蕊退化）。**果在发育过程中成为手指状肉条，果皮甚厚，通常无种子**；果皮淡黄色，粗糙，甚厚或颇薄，难剥离，内皮白色或略淡黄色，棉质，松软；瓤囊10~15瓣，果肉无色，近于透明或为淡乳黄色。花期4—5月，果期10—11月。

国内长江以南常有栽培。凉山州的西昌、盐源、宁南、德昌等县市有栽培。成熟的佛手颜色金黄，并能时时溢出芳香，能消除异味，净化室内空气，抑制细菌。本种挂果时间长，可供长期观赏；可制成多种中药材，久服有保健益寿的作用。

23.2.4 柑橘 *Citrus reticulata* Blanco

别名：橘柑、桔子

小乔木。枝上刺较少。单身复叶，**翼叶通常狭窄，或仅有痕迹**。叶片披针形、椭圆形或阔卵形，

全缘；两面无毛或背面被毛；侧脉每边12~15条。圆锥花序顶生或腋生，略短于叶；有短而互生的分枝，被短硬毛；花梗长1~3 mm；萼片圆形，外面被短硬毛并有睫毛；花瓣白色，椭圆状倒卵形；**雄蕊5枚；花盘与子房同被短硬毛**。蒴果椭圆形，**长1.8~2 cm，果瓣薄**；种子两端均具膜质的翅。花期3—5月，果期8—10月。

国内产于贵州、海南、福建、广东、广西、四川、云南、西藏等地，生于海拔850~2 200 m的常绿阔叶林中或山坡疏林中。凉山州的雷波、会东等县有分布。本种根皮用于治疗胃、肠道出血，血崩，风湿痛，痢疾，皮肤瘙痒，痈疖等；嫩叶用于治疗痔疮；果实用于治疗消化道溃疡。

26.2　楝属 *Melia* Linn.

楝 *Melia azedarach* Linn.

别名：川楝、川楝子、金铃子

落叶乔木。**叶为2~3回奇数羽状复叶**，长20~40 cm。小叶对生，卵形、椭圆形至披针形，顶生一片通常略大，长3~7 cm，宽2~3 cm；先端短渐尖，基部楔形或宽楔形，略偏斜；边缘有钝锯齿；叶面幼时被星状毛；侧脉每边12~16条。**圆锥花序**无毛或幼时被鳞片状短柔毛；花芳香；花萼5深裂，裂片卵形或长圆状卵形；**花瓣淡紫色，倒卵状匙形，长约1 cm**；雄蕊管紫色。**核果球形至椭圆形**，长1~2 cm，宽8~15 mm，内果皮木质。花期4—5月，果期10—12月。

国内产于黄河流域以南各地，生于低海拔的旷野中、路旁或疏林中，目前已广泛引种栽培。凉山州各县市均有分布。本种适应性强，是平原及低海拔丘陵区的良好造林树种；木材质轻软，是家具、建筑、乐器等良好的用材；叶具有止痛、杀虫的功效。

26.3 印棟属 *Azadirachta* A. Juss.

印棟 *Azadirachta indica* A. Juss

乔木。**叶为偶数或奇数羽状复叶，长18~30 cm，小叶4~6对**。小叶斜椭圆形或镰刀形，长2~10.5 cm，宽0.3~2.5 cm；小叶边缘有不规则锯齿，顶部尖锐；上、下表面光滑；有13~20对侧脉。腋生圆锥花序或光滑的聚伞花序，长17.5~25 cm，宽4.5~9 cm；花白色，长5 mm；萼片5片，绿色，呈不规则椭圆形；花瓣5片，倒披针形，长5~6 mm；雄蕊10枚，雄蕊管白色，顶端具齿。**成熟果实黄绿色，椭圆形**，长1.5 cm，径1 cm，光滑无毛。种子1粒，椭圆形。

原产南亚和东南亚，凉山州的会理、会东等县市有引种栽培。本种种核和叶子中提取的印棟素是目前世界公认的广谱、高效、低毒、易降解、无残留的杀虫成分，且没有抗药性，对室内臭虫、跳蚤具有驱杀效果。

26.4 浆果棟属 *Cipadessa* Blume

浆果棟 *Cipadessa baccifera* (Roth.) Miq.

别名：灰毛浆果棟

灌木或小乔木。小枝初时有细柔毛。**羽状复叶，叶互生**，连柄长8~30 cm，叶轴和叶柄无毛或被柔毛，有小叶4~6对。小叶对生，纸质，长卵形、长椭圆形至披针形，先端短渐尖，基部楔形或宽楔形；叶腹面无毛，背面仅沿中脉和侧脉上被稀疏、紧贴的长柔毛；侧脉每边8~10条；边缘全缘或仅上半部有锯齿；叶柄极短。圆锥花序长8~13 cm，有短的分枝，有毛或无毛；花具短梗；花萼5齿裂，裂齿宽三角形，外面被微柔毛；花瓣白色或淡黄色。**核果小，球形，直径约5 mm，熟后紫黑色**。花期4—10月，果期8—12月。

国内产于四川、云南、贵州及广西，分布于海拔200~2 100 m的林中或林缘。凉山州的西昌、盐源、雷波、宁南、德昌、金阳、美姑、布拖、普格等县市有分布。本种根、叶入药，有祛风化湿、行气止痛之功效；种子榨的油可制肥皂。

26.5 米仔兰属 *Aglaia* Lour.

米仔兰 *Aglaia odorata* Lour.

别名：米兰

灌木或小乔木。茎多小枝。**羽状复叶，叶长5~12 cm，叶轴和叶柄具狭翅，有小叶3~5片。**小叶对生，厚纸质，长2~7（11）cm，宽1~3.5（5）cm；先端钝，基部楔形；两面均无毛；侧脉每边约8条。**圆锥花序腋生，**稍疏散无毛；**花芳香**；雄花的花梗纤细，两性花的花梗稍短且粗；花萼5裂，裂片圆形；**花瓣5片，黄色**，长圆形或近圆形，顶端圆而截平；雄蕊管略短于花瓣，倒卵形或近钟形，顶端全缘或有圆齿；子房密被黄色粗毛。果为浆果，卵形或近球形，长10~12 mm。花期5—12月，果期7月至次年3月。

国内产于广东、广西，为常见观赏植物。凉山州各县市常有栽培。米仔兰可被盆栽，既可观叶又可赏花；枝、叶入药，可用于治疗跌打损伤、痈痛肿毒等。

27　七叶树科 Hippocastanaceae

七叶树属 *Aesculus* L.

天师栗 *Aesculus chinensis* var. *wilsonii* (Rehder) Turland & N. H. Xia

别名：娑罗果、猴板栗

落叶乔木。**掌状复叶对生，小叶5~7（9）枚**，有长10~15 cm的叶柄。小叶长圆倒卵形、长圆形或长圆倒披针形；先端锐尖或短锐尖，基部阔楔形或近于圆形；边缘有很密的微内弯的骨质硬头的小锯齿；长10~25 cm，宽4~8 cm；上面主脉基部微有长柔毛，下面有绒毛或长柔毛；**侧脉20~25对**，在下面很显著地突起；小叶柄长1.5~3 cm。**圆锥花序圆筒形**，长20~30 cm，**基部直径10~14 cm**，基部的小花序长3~6 cm。花有很浓的香味，杂性同株，雄花多生于花序上段，两性花生于其下段，不整齐；花萼管状；花瓣4片，倒卵形，白色。**蒴果黄褐色，卵状圆形或近于梨形，长3~4 cm**，顶端有短尖头，有斑点。花期4—5月，果期9—10月。

中国特有，生于海拔1 000~1 800 m的阔叶林中。凉山州的雷波、越西、会东、美姑、布拖、普格等县有分布或栽培。本种的树冠圆形且宽大，可以用作行道树和庭园树；木材坚硬细密，可制造器具；果实为药可治胃痛和心脏方面的疾病。

28　无患子科 Sapindaceae

28.1　茶条木属 *Delavaya* Franch.

茶条木 *Delavaya toxocarpa* Franch.

灌木或小乔木。**掌状复叶，互生，具小叶3片**；叶柄长3~4.5 cm。小叶薄革质，中间一片椭圆形或卵状椭圆形，有时披针状卵形，长8~15 cm，顶端长渐尖，基部楔形，具长约1 cm的柄；侧生的较小，卵形或披针状卵形，近无柄；全部小叶边缘均有稍粗的锯齿，侧脉纤细。**聚伞圆锥花序顶生或腋生，单生或2~3个簇生**；花梗长5~10 mm；花单性，雌雄异株，萼片5片，近圆形；花瓣5片，白色或粉红色，长椭圆形或倒卵形。**蒴果倒心形，深紫色，2或3裂，裂片倒卵形或近球形，果皮革质或近木质。**花期4月，果期8月。

国内产于云南、广西，生于海拔500~2 000 m的密林中，有时亦见于灌丛中。凉山会理市有发现，四川新记录。茶条木属也是四川发现的新记录属。本种种子含油率很高，可供制肥皂、润滑油和合成洗涤剂等，还可用于生产生物柴油。

28.2 车桑子属 *Dodonaea* Miller

车桑子 *Dodonaea viscosa* (Linn.) Jacq.

别名：坡柳、明油子

灌木或小乔木。小枝扁，有狭翅或棱角，覆有胶状黏液。单叶，纸质，形状和大小变异很大，线形、线状匙形、线状披针形、倒披针形或长圆形，长5~12 cm，宽0.5~4 cm；顶端短尖、钝或圆；边缘全缘或为不明显的浅波状，两面有黏液；侧脉多而密；叶柄短或近无柄。花序顶生或在小枝上部腋生，比叶短，密花，主轴和分枝均有棱角；花梗纤细，长2~10 mm；萼片4片，披针形或长椭圆形，长约3 mm；雄蕊7枚或8枚。**蒴果倒心形或扁球形，2或3翅**，高1.5~2.2 cm，连翅宽1.8~2.5 cm。花期秋末，果期冬末春初。

国内产于西南部、南部至东南部，常生于干旱山坡、旷地或海边的沙土上。凉山州各县市均有分布。本种耐干旱，萌发力强，根系发达，有丛生习性，是一种良好的固沙保土树种；种子油可供照明和做肥皂；全株含微量氢氰酸，叶尚含生物碱和皂苷，食之可引起腹泻等症状。

28.3 无患子属 *Sapindus* Linn.

28.3.1 无患子 *Sapindus saponaria* Linn.

别名：木患子、油患子

落叶大乔木。**嫩枝无毛。**叶连柄长25~45 cm，或更长，叶轴无毛或被微柔毛；小叶5~8对，通常近对生。小叶片薄纸质，长椭圆状披针形或稍呈镰形，长7~15 cm，或更长，宽2~5 cm；顶端短尖或短渐尖，基部楔形，稍不对称；**两面无毛或背面被微柔毛；**侧脉15~17对；小叶柄长约5 mm。花序顶生，圆锥形；花小，辐射对称；萼片卵形或长圆状卵形，大的长约2 mm，外面基部被疏柔毛；**花瓣5片，披针形，有长爪，长约2.5 mm。**果的发育分果爿近球形，直径2~2.5 cm，橙黄色，干时变黑。花期春季，果期夏秋季。

国内分布广泛，产于东部、南部至西南部。凉山州的西昌、会理、盐源、木里、宁南、德昌、金阳、布拖、普格等县市有原生或栽培。本种为观叶、观果的优良绿化树种；种仁含油量高，可用来提取油脂，制造天然滑润油，亦可用来制造生物柴油；木材质软，可做木梳等。

28.3.2 川滇无患子 *Sapindus delavayi* (Franch.) Radlk.

别名：皮哨子、打冷冷、菩提子

落叶乔木。**嫩枝被短柔毛。**叶连柄长25~35 cm，或更长，叶轴有疏柔毛，小叶4~6（7）对，对生，有时近互生。小叶纸质，卵形或卵状长圆形，两侧常不对称，长6~14 cm，宽2.5~5 cm；顶端短尖，基部钝；**腹面中脉和侧脉上有柔毛，**背面被疏柔毛或近无毛；侧脉多达18对；小叶柄通常短于1 cm。花序顶生，直立，常三回分枝，主轴和分枝均较粗壮，被柔毛；**花两侧对称；**萼片5片，长圆形，长2~3.5 mm；**花瓣通常4片，狭披针形，长约5.5 mm。**果的发育果爿近球形，直径约2.2 cm，黄色。花期夏初，秋末。

我国特有，产于云南、四川、贵州、陕西及湖北，生于海拔1 200~2 600 m的密林中，是我国西南各地较常见的栽培植物。凉山州的西昌、雷波、木里、喜德、金阳、会东、美姑、布拖、普格等县市有原生或栽培。本种根、果可入药，味苦微甘，有小毒，功效为清热解毒、化痰止咳；果皮含有皂苷，可代肥皂；木材质软，可做木梳等。

28.4 栾树属 *Koelreuteria* Laxm.

28.4.1 栾 *Koelreuteria paniculata* Laxm.

别名：灯笼树、摇钱树、栾树

落叶乔木或灌木。**通常一回羽状复叶，**长可达50 cm，小叶通常11~18片，近无柄。小叶纸质，卵形、阔卵形至卵状披针形，长5~10 cm，宽3~6 cm；顶端短尖或短渐尖，基部钝至近截形；**边缘有不规则的钝锯齿，齿端具小尖头，有时近基部的齿疏离呈缺刻状。有时羽状深裂达中肋而形成二回羽状复叶。**聚伞圆锥花序长25~40 cm，密被微柔毛，分枝长而广展，在末次分枝上的聚伞花序具花3~6朵，密集，呈头状；花淡黄色；萼裂片卵形，边缘呈啮蚀状；花瓣4片，开花时向外反折，线状长圆形，长5~9 mm。**蒴果圆锥形，具3棱，长4~6 cm，**顶端渐尖。花期6—8月，果期9—10月。

我国特有，国内自辽宁起经中部至西南部的云南有产，现世界各地均有栽培。凉山州的西昌、木里、喜德、德昌、冕宁、美姑、布拖等县市有分布或栽培。本种耐寒耐旱，常栽培作庭园观赏树；木材黄白色，易加工，可制家具；叶可提制蓝色染料；花不仅可供药用，还可提制黄色染料。

28.4.2 复羽叶栾 *Koelreuteria bipinnata* Franch.

乔木。叶平展，**二回羽状复叶，长45~70 cm，**小叶9~17片。小叶纸质或近革质，斜卵形，长3.5~7 cm，宽2~3.5 cm；顶端短尖至短渐尖，基部阔楔形或圆形；**边缘有内弯的小锯齿；**两面无毛或上面中脉上被微柔毛，下面密被短柔毛，有时混有皱曲的毛；小叶柄长约3 mm或近无柄。圆锥花序大型，长35~70 cm，分枝广展，与花梗同被短柔毛；萼5裂达中部，裂片阔卵状三角形或长圆形，边缘呈啮蚀状；花瓣4片，长圆状披针形，瓣片长6~9 mm，宽1.5~3 mm，顶端钝或短尖。**蒴果椭圆形或近球**

形，具3棱，淡紫红色，老熟时褐色，长4~7 cm，宽3.5~5 cm，顶端钝或圆；有小凸尖。花期7—9月，果期8—10月。

　　中国特有，产于广东、广西、湖南、湖北、四川及云南，生于海拔400~2 500 m的山地疏林中。凉山州的西昌、雷波、木里、甘洛、宁南、德昌、会东、普格等县市有分布或栽培。本种为速生观赏树种；木材可制家具；根入药，有消肿、止痛、活血、驱蛔之功效，亦可治风热咳嗽；花不仅能清肝明目、清热止咳，还能提制黄色染料。

28.5　龙眼属 *Dimocarpus* Lour.

龙眼 *Dimocarpus longan* Lour.

别名：桂圆

常绿乔木。**偶数羽状复叶，小叶常4~5对。**小叶薄革质，长圆状椭圆形至长圆状披针形，两侧常不对称，长6~15 cm，宽2.5~5 cm；顶端短尖，基部极不对称；腹面有光泽，背面粉绿色；侧脉12~15对；小叶柄长通常不超过5 mm。花序大型，多分枝，顶生和近枝顶腋生，密被星状毛；花梗短；萼片近革质，三角状卵形，两面均被褐黄色绒毛和成束的星状毛；花瓣乳白色，披针形，与萼片近等长。**果近球形，直径1.2~2.5 cm，通常黄褐色，有时灰黄色，外面稍粗糙，少有微凸的小瘤体。**花期春夏间，果期夏季。

　　中国特有，现亚洲的南部和东南部广为栽培。凉山州的西昌、会理、宁南、德昌、金阳、会东等

县市有栽培。龙眼是我国南部和东南部的著名果树之一；假种皮富含维生素和磷脂，有益脾、健脑的作用，亦可入药；种子含淀粉，经处理后，可酿酒；木材坚实，耐水湿，是船只、家具、细木工用具等的优良用材。

29　槭树科 Aceraceae

29.1　槭属 Acer L.

29.1.1　五裂黄毛槭 Acer fulvescens Rehd. subsp. pentalobum (Fang et Soong) Fang et Soong

落叶乔木。叶纸质，基部心脏形或近于心脏形，长7~10 cm，宽5~11 cm；**5裂**，裂片三角形，先端有长锐尾，裂片中间的凹缺钝形，**边缘全缘**，上面绿色无毛，**下面淡绿色，密被短柔毛，柔毛初为浅灰色，后变为淡黄色**；主脉5条；叶柄长3~9 cm。伞房花序，长8~10 cm。花杂性，很小，雄花与两性花同株；萼片5片，长3 mm；花瓣5片，倒卵形，长3 mm。翅果嫩时紫色，成熟后变黄色或紫褐色；小坚果压扁状；翅宽1.5 cm，连同小坚果长2.5~2.7 cm，张开成钝角或锐角。花期4月，果期8月。

中国特有，产于四川、云南及西藏，生于海拔2 000~2 500 m的疏林中。凉山州的西昌、盐源等县市有分布。

29.1.2　色木槭 Acer pictum Thunb.

别名：色木枫

落叶乔木。小枝细瘦，当年生枝绿色或紫绿色。**叶纸质，近椭圆形，长6~8 cm，宽9~11 cm；基部截形或心形；掌状5裂，有时3或7裂，裂片卵形、全缘，主脉5条**。花多数，杂性，雄花与两性花同株；多数常顶生成无毛的**圆锥状伞房花序**，长与宽均约4 cm，生于有叶的枝上；**花序的总花梗长1~2 cm**，花叶同时开放；萼片5片，黄绿色，长圆形；花瓣5片，淡白色；花梗长1 cm。翅果嫩时紫绿色，成熟时淡黄色；小坚果压扁状，长1~1.3 cm，宽5~8 mm；翅长圆形，宽5~10 mm，连同小坚果长2~2.5 cm，**张开成锐角或近于钝角**。花期5月，果期9月。

国内产于东北、华北和长江流域的各地，生于海拔3 300 m以下的山坡上或山谷疏林中。凉山州的盐源、雷波、木里、德昌、普格、昭觉等县有分布。树皮可作人造棉及纸张的原料；种子所榨的油，可供工业用，也可食用；木材细密，可供建筑、乐器和胶合板等用材。

29.1.3　青皮槭 *Acer cappadocicum* Gled.

29.1.3a　青皮槭（原亚种）*Acer cappadocicum* Gled. subsp. *cappadocicum*

别名：青皮枫

落叶乔木。小枝紫绿色，无毛。叶纸质，宽14~20 cm，长14~17 cm；基部心形，稀近于截形，常5~7裂；裂片三角卵形，先端锐尖或狭长锐尖，边缘全缘，上面深绿色、无毛，下面淡绿色，除脉腋被丛毛外其余部分无毛；主脉5条，在上面显著，在下面突起，侧脉仅在下面微显著；叶柄长10~20 cm。花序伞房状，无毛。花杂性，雄花与两性花同株，黄绿色。小坚果压扁状，翅宽1.5~1.8 cm，连同小坚果长4.5~5 cm；翅果张开近于水平或呈钝角，常略反卷。花期4月，果期8月。

国内产于西藏、云南、四川、贵州、湖北、陕西等地，生于海拔1 500~3 000 m的疏林中。凉山州的西昌、会理、盐源、会东、昭觉等县市有分布。

29.1.3b　小叶青皮槭（亚种）*Acer cappadocicum* subsp. *sinicum* Rehder

别名：短翅青皮槭、小叶青皮枫

本亚种与原亚种的区别在于本亚种的**叶较小**，常宽6~10 cm，长5~8 cm；基部近于心脏形或截形；常5裂，裂片短而宽，先端锐尖至尾状锐尖；叶柄细瘦，淡紫色；**翅果较小，连同小坚果长2.5~3 cm**，稀达3.5 cm，张开成锐角，稀近于钝角。

中国特有，产于西藏、云南、四川、贵州、湖北、陕西等地，生于海拔1 500~2 500 m的疏林中。凉山州的西昌、会理、盐源、木里、宁南、德昌、金阳、布拖、喜德、冕宁、美姑等县市有分布。

29.1.4 陕甘槭 *Acer shenkanense* W. P. Fang ex C. C. Fu

别名：三尾青皮槭、裂叶青皮槭、褐脉黄毛槭、陕甘黄毛槭、陕甘枫

落叶乔木。小枝带红色，无毛。叶柄长7~12 cm，纤细，被短柔毛，后或脱落。叶片纸质，长5~10 cm，4~12 cm；通常3或5裂，基部截形或圆形；叶腹面深绿色，背面苍绿色，被短柔毛或无毛；主脉5条或3条；边缘全缘，先端锐尖或尾状锐尖。花序顶生，伞房状。雄花与两性花同株；花黄绿色，萼片5片，倒卵形，长2~2.5 mm；花瓣5片，长圆状倒卵形，长约5 mm；雄蕊6~8枚。翅果长圆形，包括翅长1.2~3 cm；翅宽0.4~1 cm，张开呈锐角到钝角。花期4—5月，果期7—9月。

中国特有，产于陕西、甘肃、湖北、四川及云南等省，生于海拔7 000~3 000 m的林边或疏林中。凉山州的盐源等县有分布。

29.1.5 深灰槭 *Acer caesium* Wall. ex Brandis

别名：太白深灰槭、粉白槭

落叶乔木。**小枝、叶柄及花序梗有时略有白粉**。叶纸质，基部心脏形，宽11~21 cm，长11~14 cm；**常5裂，裂片三角形，边缘牙齿状**，尖头长1~1.5 cm，**裂片间的凹缺钝形**；上面绿色，**下面被白粉，深灰色**；主脉5条，侧脉7~9对均在下面显著；叶柄长10~15 cm。伞房花序着生于小枝顶端，总花梗长2~3 cm。花杂性，雄花与两性花同株；萼片5片，淡黄绿色；花瓣5片，白色。**翅果长4~5 cm，张开时近于直立**；小坚果突起，深褐色；翅倒卵形，嫩时淡紫绿色，成熟后淡黄色。花期5月，果期9月。

国内产于西藏、陕西、四川、云南、宁夏及湖北等地，生于海拔2 000~3 700 m的疏林中。凉山州的盐源、木里、雷波、越西、甘洛等县有分布。本种木材可制作家具。

29.1.6　扇叶槭 *Acer flabellatum* Rehd.

别名：七裂槭、云南槭树、上思槭、马边槭、安福槭、云南扇叶槭

落叶乔木。叶薄纸质或膜质，**基部深心脏形**，直径8~12 cm，**常7裂**，稀5裂；裂片卵状长圆形，稀卵形或三角状卵形，先端锐尖，稀尾状锐尖，**边缘具不整齐的紧贴的钝尖锯齿**，裂片间的凹缺成很狭窄的锐尖；叶柄长达7 cm。花杂性，雄花与两性花同株，常生成无毛的圆锥花序，长约3~5 cm，总花梗长约3 cm；萼片淡绿色；花瓣淡黄色；花梗长约1 cm。翅果淡黄褐色，常生成下垂的圆锥果序；小坚果突起；翅宽1~1.2 cm，**连小坚果长2~3.5 cm，张开时近于水平或呈钝角**。花期6月，果期10月。

国内产于广西、贵州、湖北、江西、四川、云南、西藏、江西及重庆等地，生于海拔800~3 500 m的疏林中。凉山州的西昌、会理、盐源、雷波、木里、越西、甘洛、美姑、布拖、普格、昭觉、冕宁等县市有分布。

29.1.7　三角槭 *Acer buergerianum* Miq.

别名：三角枫、君范槭、福州槭、宁波三角槭

落叶乔木。叶纸质，基部近圆形或楔形，长6~10 cm，**通常浅3裂，裂片向前延伸**，稀全缘，中央裂片三角状卵形，急尖、锐尖或短渐尖，侧裂片短钝尖或甚小，有时不发育，裂片边缘通常全缘，裂片间的凹缺钝尖；上面深绿色，**下面黄绿色或淡绿色，被白粉，略被毛**；初生脉3（5）条；叶柄长2.5~5 cm。花多数，常顶生成被短柔毛的伞房花序，直径约3 cm；总花梗长1.5~2 cm；开花时间在叶长大以后；萼片5片，黄绿色；花瓣5片，淡黄色；花梗长5~10 mm。翅果黄褐色；小坚果显著突起，直径6 mm；翅连同小坚果长2~3 cm，宽9~10 mm，张开呈锐角或近于直立。花期4月，果期8月。

国内主产于华东、华中及华北等地，生于海拔1 500 m以下的阔叶林中。凉山州的西昌、会理、越西、甘洛、德昌、布拖、会东等县市有栽培。三角槭为优良的观赏树木。

29.1.8　长尾槭 *Acer caudatum* Wall.

别名：川滇长尾槭、川康长尾槭、康藏长尾槭、陕甘长尾槭、多齿长尾槭、齿裂枫

落叶乔木。小枝粗壮。叶纸质，基部心脏形或深心脏形，长8~12 cm，宽8~15 cm；**常5裂，稀7裂**；裂片三角状卵形，先端尾状锐尖，边缘有锐尖的重锯齿，裂片间的凹缺锐尖，深达叶片长度的1/3；上面深绿色，**下面密被短柔毛，或仅叶脉上有短柔毛**；主脉、侧脉、小叶脉在下面显著；叶柄长5~9 cm。花杂性，常形成密被黄色长柔毛的顶生总状圆锥花序，花序长8~10 cm，总花梗长3~5 cm，叶长大后花才开始开放；萼片5片，黄绿色；花瓣5片，淡黄色。翅果淡黄褐色，常形成直立总状果序；翅果长2.5~2.8 cm，宽7~9 mm，张开呈锐角或近于直立。花期5月，果期9月。

国内产西藏、云南、四川、陕西、甘肃、河南、宁夏等地，生于海拔1 700~4 000 m的林边或疏林中。凉山州的西昌、盐源、雷波、木里、越西、冕宁、美姑、布拖、甘洛、普格等县市有分布。

29.1.9　青榨槭 *Acer davidii* Franch.

别名：青榨枫、大卫槭、青虾蟆、青蛙腿、

落叶乔木。叶纸质，**长圆卵形或近于长圆形**，长6~14 cm，宽4~9 cm；先端锐尖或渐尖，常有尖尾，基部近于心脏形或圆形；**边缘具不整齐的钝圆齿**；上面深绿色，无毛，下面幼时沿叶脉被短柔毛；侧脉11~12对，呈羽状；叶柄长2~8 cm。花黄绿色，杂性，雄花与两性花同株，形成下垂的总状花序，顶生于着叶的嫩枝上；雄花通常9~12朵，常形成长4~7 cm的总状花序，两性花通常15~30朵，常形成长7~12 cm的总状花序；萼片5片，椭圆形；花瓣5片，倒卵形。**翅果嫩时淡绿色，成熟后黄褐色；翅宽1~1.5 cm，连同小坚果长2.5~3 cm，展开呈钝角或几乎水平**。花期4月，果期9月。

国内分布广泛，产于甘肃、河北、湖南、江苏、安徽、福建、广东、广西、贵州、河南、湖北、江西、宁夏、陕西、山西、四川、云南、浙江等地，常生于海拔500~2 500 m的疏林中。凉山州各县市均有分布。本种生长迅速，树冠整齐，可作为绿化和造林树种；树皮纤维较长，又含鞣质，可作工业原料。

29.1.10　丽江槭 *Acer forrestii* Diels

别名：和氏槭、丽江枫

落叶乔木。叶纸质，长圆卵形，长7~13 cm，宽5~9 cm，基部心脏形或近心脏形，边缘具钝尖的重锯齿，3裂；中裂片三角卵形，先端尾状锐尖，侧裂片三角状卵形，锐尖，稀短钝尖；上面深绿色或紫绿色，无毛，下面淡绿色，被白粉，下面除脉腋处稀被髯毛外其余部分无毛；叶柄长2.5~5 cm，细瘦，无毛，紫绿色。花黄绿色，单性，雌雄异株，常形成无毛的总状花序，花序顶生于着叶的小枝上；叶长大后才开始开花；萼片5片，长圆卵形；花瓣5

片，倒卵形。翅果幼嫩时紫红色，成熟以后则变为黄褐色；翅连同小坚果长2.3~2.5 cm，宽6~8 mm，**张开呈钝角**。果梗长6~8 mm。花期5月，果期9月。

中国特有，为易危物种，产于云南、四川、贵州、陕西、西藏等地，生于海拔3 000~3 800 m的疏林中。凉山州各县市均有分布。

29.1.11 疏花槭 Acer laxiflorum Pax

别名：川康槭、长叶疏花槭、疏花枫

落叶乔木。叶纸质，长圆状卵形，长7~12 cm，宽5~8 cm，边缘具紧贴的细锯齿，基部心脏形或近心脏形，常3裂，稀5裂；中央裂片细长、三角状卵形，先端尾状锐尖，**两侧的裂片较小，钝尖**；基部的裂片更小或不发育；上面深绿色，无毛，**下面黄绿色或淡绿色**，嫩时下面叶脉上有红褐色短柔毛；侧脉9~11对，在下面显著；叶柄长4~7 cm。花淡黄绿色，杂性，雄花与两性花同株，常形成长4 cm的下垂的总状花序，总花梗长2 cm，花序生于着叶的小枝顶端，叶长大后花才开始开放；萼片5片，绿色或淡紫色；花瓣5片，倒卵形。翅果嫩时紫色，成熟时黄绿色或黄褐色，长2.5~2.7 cm；**翅张开呈钝角或近水平**。花期4月，果期9月。

中国特有，产于云南、四川、西藏、陕西、甘肃、湖南、湖北、重庆等省地，生于海拔1 800~2 500 m的林边或疏林中，凉山州各县市有分布。

29.1.12 四蕊槭 Acer stachyophyllum subsp. betulifolium(Maxim.) P. C. DeJong

别名：四蕊枫、红色木、红色槭、菱叶红色木、大齿槭、桦叶四蕊槭、蒿苹四蕊槭

落叶乔木。叶纸质，卵形或长圆卵形，长6~8 cm，宽4~5 cm；基部圆形或近截形，先端锐尖至渐尖，具尖尾；边缘上有大小不等的锐尖锯齿；上面嫩时被稀疏的短柔毛，下面脉腋被白色丛毛；侧脉4~6对；叶柄长2.5~5 cm。花黄绿色，单性，雌雄异株，形成细瘦的总状花序；雄花的总状花序很短，几乎无总花梗，具3~5花；雌花的总状花序长4~5 cm，总花梗长8~15 mm，生于仅具2叶的短枝的顶端，有5~8花，花梗长8~20 mm；**萼片4片；花瓣4片；雄花中有雄蕊4枚**，稀5~6枚。翅果成熟时黄褐色，生于细瘦而下垂的总状果序上；小坚果长卵状圆形，有显著的脉纹；翅长圆形，基部微狭窄，宽1~1.2 cm，连同小坚果长3~3.5 cm，**张开呈直角至近于直立**。

中国特有，产于甘肃、河南、湖北、宁夏、陕西、四川、云南等地，生于海拔1 400~3 300 m的疏林中。凉山州的西昌、盐源、雷波、木里、越西、甘洛、喜德、冕宁、金阳、美姑、布拖、普格、昭觉等县市有分布。

29.1.13　雷波槭 *Acer leipoense* Fang et Soong

别名：白毛雷波槭、雷波枫

落叶乔木。叶纸质，近圆形，长9~10 cm，宽7~9 cm，基部近心脏形或近圆形；**上段3裂，裂片三角状卵形**，先端钝尖，边缘有稀疏的钝齿或稍呈浅波状，中裂片约较略向侧面伸展的侧裂片长3倍，上面无毛，绿色，下面灰色，被白粉及短柔毛；主脉和15~17对侧脉均在下面显著；叶柄细瘦，长7~8 cm。果序总状，长25 cm，淡紫绿色，近于无毛；果梗无毛，长2.5~4 cm。翅果黄褐色；小坚果显著突起，直径1 cm，被短柔毛；翅镰刀形，宽1.5 cm，连同小坚果常长4~4.5 cm，**张开呈锐角**。果期9月。

四川特有，生于海拔2 000~2 700 m的混交林中。凉山州的雷波、美姑等县有分布。

29.1.14　五尖槭 *Acer maximowiczii* Pax

别名：马氏槭、马斯槭、紫叶五尖槭、五尖枫

落叶乔木。叶纸质，**卵形或三角卵形**，长8~11 cm，宽6~9 cm；边缘微裂并有紧贴的双重锯齿，锯齿粗壮，齿端有小尖头；基部近于心脏形；**叶片5裂，中央裂片三角状卵形，先端尾状锐尖，侧裂片卵形，先端锐尖，基部两个小裂片卵形，先端钝尖，裂片之间的凹缺锐尖**；上面深绿色，无毛，下面在侧脉的脉腋和主脉的基部有红褐色的短柔毛；叶柄细瘦无毛，长5~7（10）cm。花黄绿色，单性，雌雄异株，常形成长4~5 cm的无毛且下垂的总状花序。雄花有萼片5片，长圆卵形；花瓣5片，倒卵形；雄蕊8枚。翅果紫色，成熟后黄褐色，长2.3~2.5 cm，张开呈钝角。花期5月，果期9月。

中国特有，产于甘肃、广西、贵州、河南、湖北、湖南、青海、陕西、山西及四川等地，生于海拔1 800~2 500 m的林边或疏林中。凉山州的雷波、越西、木里、金阳、美姑等县有分布。

29.1.15　飞蛾槭 *Acer oblongum* Wall. ex DC.

别名：飞蛾树、鄂西飞蛾槭、异色槭、桉状槭、宽翅飞蛾槭、三裂飞蛾槭、绿叶飞蛾槭

常绿乔木。**叶革质，长圆卵形，长5~7 cm，宽3~4 cm；全缘；**基部钝形或近圆形，先端渐尖或钝尖；**下面有白粉；**主脉在上面显著，在下面突起，侧脉6~7对，小叶脉显著，呈网状；叶柄长2~3 cm，无毛。花杂性，绿色或黄绿色，雄花与两性花同株，常形成被短毛的伞房花序，花序顶生于具叶的小枝上；萼片5片，长圆形；花瓣5片，倒卵形；雄蕊8枚；花梗长1~2 cm，细瘦。翅果嫩时绿色，成熟时淡黄褐色，长1.8~2.5 cm，宽8 mm，张开时近直角；果梗长1~2 cm，细瘦，无毛。花期4月，果期9月。

国内产于福建、甘肃、广东、贵州、河南、湖北、江西、陕西、四川、西藏、云南等地，生于海拔1 000~2 000 m的阔叶林中。凉山州的西昌、盐源、德昌等县市有分布。

29.1.16　金沙槭 *Acer paxii* Franch.

别名：金沙枫、金江槭、川滇三角槭、川滇三角枫、金河槭、半圆叶金沙槭

常绿乔木。**叶厚革质，近长圆状卵形、倒卵形或圆形，基部阔楔形，稀圆形，长7~11 cm，宽4~6 cm；全缘或3裂；**中裂片三角形，先端钝尖或短渐尖，侧裂片短渐尖或钝尖，通常向前直伸，比中央裂片略微短些，裂片边缘多系全缘；上面深绿色，有光泽，下面淡绿色，密被白粉；基出脉3条，侧脉

5~7对；叶柄长3~5 cm。花绿色，杂性，雄花与两性花同株，多数常形成长3~4 cm的伞房花序，总花梗长2~3 cm；萼片5片，黄绿色；花瓣5片，白色；雄蕊8枚；花梗长2 cm。翅果嫩时黄绿色或绿褐色；小坚果特别突起；翅长圆形，连同小坚果长3 cm，宽1.2~1.4 cm，**张开呈钝角，稀呈水平**。花期3月，果期8月。

中国特有，产于四川、云南、广西及贵州，生于海拔500~2 500 m的林中。凉山州的西昌、会理、盐源、雷波、木里、越西、喜德、德昌、金阳、冕宁、美姑、布拖、普格等县市有分布。本种木材纹理直，可作板材、家具等用材；树姿美观，可供观赏用。

29.1.17 五裂槭 *Acer oliverianum* Pax

别名：五裂枫、宁远槭、盐源槭、兰坪槭、柔毛盐源槭

落叶小乔木。叶纸质，长4~8 cm，宽5~9 cm，基部近心脏形或近截形，**5裂；裂片三角状卵形或长圆状卵形，先端锐尖，边缘有紧密的细锯齿，裂片间的凹缺锐尖，深达叶片的1/3或1/2**，上面无毛，下面仅脉腋上有丛毛；叶柄细瘦，长2.5~5 cm。花杂性，雄花与两性花同株，常生成无毛的伞房花序，开花与叶的生长同时；萼片5片，紫绿色；花瓣5片，淡白色；雄蕊8枚。翅果常生于下垂的伞房果序上，小坚果突起；翅嫩时淡紫色，成熟时黄褐色，镰刀形，连同小坚果长3~3.5 cm，宽1 cm，**张开近水平**。花期5月，果期9月。

中国特有，产于安徽、福建、甘肃、贵州、河南、湖北、湖南、江西、陕西、四川、台湾、云南、广西、西藏、浙江等地，生于海拔1 000~2 700 m的林边或疏林中。凉山州各县市均有分布。

29.1.18 中华槭 *Acer sinense* Pax

别名：中华枫、两色槭、小果中华槭、波缘中华槭、绿叶中华槭、深裂中华槭

落叶乔木。叶近于革质，基部心脏形或近心脏形，稀截形，长10~14 cm，宽12~15 cm，**常5裂；**

裂片长圆卵形或三角状卵形，先端锐尖，除靠近基部的部分外，其余的边缘有紧贴的圆齿状细锯齿；裂片间的凹缺锐尖，深达叶片长度的1/2，上面深绿色，无毛，**下面淡绿色，有白粉**，仅脉腋处有黄色丛毛；叶柄粗壮，无毛，长3~5 cm。花杂性，雄花与两性花同株，**多花组成下垂的顶生圆锥花序**，花序长5~9 cm，总花梗长3~5 cm；萼片5片，淡绿色；花瓣5片，白色；雄蕊5~8枚；花梗细瘦，长约5 mm。翅果淡黄色，小坚果椭圆形，特别突起；翅宽1 cm，连同小坚果长3~3.5 cm，**张开呈钝角或锐角**。花期5月，果期9月。

中国特有，产于福建、广东、广西、贵州、河南、湖北、四川等地，生于海拔500~2 500 m的混交林中。凉山州的西昌、甘洛、越西、雷波等县市有分布。

29.1.19　毛花槭 *Acer erianthum* Schwer.

别名：阔翅槭、毛花枫

落叶乔木。叶纸质，基部近圆形或截形，稀心脏形，长9~10 cm，宽8~12 cm，**常5裂**，稀7裂；裂片卵形或三角卵形，先端锐尖，**边缘有尖锐而紧贴的锯齿**；裂片间的凹缺钝尖，深达叶片宽度的1/3~1/2，上面绿色，无毛，下面亮绿色，嫩时常被短柔毛；叶柄长5~9 cm。花单性，同株，**多数组成直立而被柔毛或无毛的圆锥花序**，长6~9 cm，直径1~1.8 cm，总花梗长2~3 cm；萼片4片或5片，黄绿色，卵形或阔卵形，内侧被长柔毛；花瓣4或5，白色微带淡黄色，倒卵形。翅果嫩时紫绿色，成熟时黄褐色；小坚果突起，近于球形，翅和小坚果长2.5~3 cm，宽1 cm，张开时近于水平或微向外侧反卷。花期5月，果期9月。

中国特有，产于甘肃、广西、湖北、陕西、四川、云南等地，生于海拔1 000~2 300 m的混交林中。凉山州的美姑、雷波、盐源、木里、越西、甘洛、金阳、昭觉等县有分布。

29.1.20　房县械 *Acer sterculiaceum* subsp. *franchetii* (Pax) A. E. Murray

别名：大果房县械、房县枫

落叶乔木。叶纸质，长10~20 cm，宽11~23 cm，基部心脏形或近心脏形，稀圆形，**通常3裂，稀5裂；边缘有很稀疏且不规则的锯齿**；中裂片卵形，先端渐尖，**侧生的裂片较小，先端钝尖，向前直伸**；嫩时两面都有很稀疏的短柔毛，下面的毛较多，叶脉上的短柔毛更密；主脉5条或3条，在下面明显突起；叶柄长3~10 cm。总状花序或圆锥总状花序，自小枝旁无叶处生出；花黄绿色，单性，雌雄异株；萼片5片；花瓣5片；雄蕊8（10）枚；花梗长1~2 cm，有短柔毛。果序长6~8 cm。小坚果特别突起，近于球形；翅镰刀形，宽1.5 cm，连同小坚果长4~6.5 cm，**张呈呈锐角**，稀近于直立。花期5月，果期9月。

中国特有，产于贵州、河南、湖北、陕西、四川、云南及广西，生于海拔1 800~2 500 m的混交林中。凉山州各县市均有分布。

29.1.21　建始械 *Acer henryi* Pax

别名：三叶械、亨氏械、亨利械树、亨利械、三叶枫

落叶乔木。叶纸质，**为3小叶组成的复叶**；小叶椭圆形或长圆椭圆形，长6~12 cm，宽3~5 cm，先端渐尖，基部楔形至近圆形，全缘或近先端部分有稀疏的3~5个钝锯齿；嫩时两面无毛或有短柔毛，下面沿叶脉处被毛更密，渐老时无毛；叶柄及小叶柄有短柔毛。**穗状花序，下垂**，长7~9 cm，有短柔毛；花淡绿色，单性，雄花与雌花异株；萼片5片，卵形；花瓣5片，短小或不发育。翅果嫩时淡紫色，成熟后黄褐色；小坚果突起，脊纹显著；翅宽5 mm，连同小坚果长2~2.5 cm，张开呈锐角或近于直立；果梗长约2 mm。花期4月，果期9月。

中国特有，产于安徽、福建、甘肃、贵州、河南、湖北、湖南、江苏、陕西、山西、四川、浙江，生于海拔500~2 100 m的疏林中。凉山州的雷波、越西、甘洛、金阳、美姑、布拖、普格等县有分布。

29.1.22 四川槭 *Acer sutchuenense* Franch.

别名：四川枫、川槭、天全槭

乔木。**叶是3小叶组成的复叶**。小叶纸质，长圆状披针形，稀披针形或长圆状椭圆形，长7~15 cm，宽2~6 cm，先端锐尖，边缘具牙齿状钝锯齿；小叶柄长6~8 mm；顶生小叶的基部呈钝形，稀阔楔形或近圆形，两侧小叶微倾斜；上面绿色，无毛，**下面被白粉，灰白色**；沿叶脉被疏柔毛，脉腋被**丛毛**。侧脉9~10对，叶柄长6~10 cm，淡紫色。**花序伞房状**；花梗细瘦，长1~1.5 cm。花杂性，雄花与两性花异株；萼片5片，卵形；花瓣5片，淡黄色。小坚果紫褐色，特别突起，长6~7 mm，宽5~6 mm；翅黄色，宽7 mm，连同小坚果长2~5 cm，微向内弯曲，张开近于直立或直角。花期5月，果期9月。

中国特有，产于四川、湖北及湖南，生于海拔1 000~2 600 m的疏林中。凉山州的雷波、越西、甘洛、美姑、布拖等县有分布。

29.1.23　五小叶槭 *Acer pentaphyllum* Diels

别名：五小叶枫

落叶乔木。**掌状复叶，有小叶4~7片，通常5片；小叶纸质，阔窄状披针形，长5~9 cm，宽1.4~1.7 cm，先端锐尖，基部楔形或阔楔形，全缘**，小叶柄长5~8 mm，无毛；上面深绿色，无毛，下面灰白色，略被白粉，侧脉17~19对；叶柄长6~7 cm，无毛。伞房花序，由着叶的小枝顶端生出；总花梗长1~1.5 cm；花淡绿色，杂性，雄花与两性花同株；萼片5片；花瓣5片；雄蕊8枚。小坚果淡紫色，突起，直径5 mm，略被疏柔毛，**翅淡黄绿色，宽1 cm，连同小坚果长2.5~2.8 cm，张开近于锐角或钝角**；果梗细瘦，长2~3 cm，无毛；总果梗长1.5~2 cm。花期4月，果期9月。

四川特有，国家二级保护野生植物，生于海拔2 300~2 900 m的疏林中。凉山州的木里、盐源等县有分布。

29.1.24　鸡爪槭 *Acer palmatum* Thunb.

落叶小乔木。小枝细瘦。叶纸质，圆形，直径7~10 cm，基部心脏形或近心脏形，稀截形，**掌状，5~9裂，通常7裂，裂片长圆状卵形或披针形**，先端锐尖或长锐尖，边缘具紧贴的尖锐锯齿，裂片间的凹缺钝尖或锐尖，**深达叶片直径的1/2或1/3**；叶背面的脉腋处被有白色丛毛；叶柄长4~6 cm，细瘦，无毛。花紫色，杂性，雄花与两性花同株，生成无毛的伞房花序，总花梗长2~3 cm；萼片5片，卵状披针形；花瓣5片，椭圆形或倒卵形。翅果嫩时紫红色，成熟时淡棕黄色；小坚果球形，直径7 mm，脉纹显著；翅连同小坚果长2~2.5 cm，宽1 cm，**张开近于水平或呈钝角**。花期5月，果期9月。

国内产于山东、河南、浙江、安徽、江西、贵州等多地，生于海拔200~1 200 m的林边或疏林中。凉山州各县市多有栽培。本种常作园林观赏植物。

29.2 金钱槭属 *Dipteronia* Oliv.

金钱槭 *Dipteronia sinensis* Oliv.

别名：双轮果

落叶小乔木。**叶为对生的奇数羽状复叶**，长20~40 cm；小叶纸质，通常7~13片，长圆状卵形或长圆状披针形，长7~10 cm，宽2~4 cm，先端锐尖或长锐尖，基部圆形，边缘具稀疏的钝形锯齿，下面仅沿叶脉及脉腋处具短的白色丛毛；侧脉10~12对；叶柄长5~7 cm。圆锥花序顶生或腋生，直立，无毛，长15~30 cm，花梗长3~5 mm；花白色，杂性，雄花与两性花同株；萼片卵形或椭圆形，花瓣5片，阔卵形。**果实为翅果，常有两个扁形的果实生于一个果梗上，果实的周围围着圆形或卵形的翅，长2~2.8 cm，宽1.7~2.3 cm，嫩时紫红色，成熟时淡黄色；总果梗长1~2 cm。花期4月，果期9月。**

中国特有，产于甘肃、贵州、河南、湖北、湖南、陕西、山西、四川，生于海拔1 000~2 400 m的林边或疏林中。凉山州的越西、甘洛等县有分布。

30　清风藤科 Sabiaceae

30.1　泡花树属 *Meliosma* Bl.

30.1.1　云南泡花树 *Meliosma yunnanensis* Franch.

乔木。幼枝、叶背中脉疏被平伏柔毛。单叶，**革质，窄倒卵状椭圆形、倒卵状披针形或倒披针形**，长4~15 cm；先端尾尖，2/3以下渐窄，**中部以上疏生刺齿**；下面疏被平伏柔毛，脉腋有髯毛；侧脉6~10对，稍弯拱至叶缘；叶柄长0.6~1 cm，密被绒毛。圆锥花序窄，2（3）次分枝，被黄色绒毛。花白色，径3~4 mm；萼片5片，近圆形，具1~2枚小苞片，边缘有腺毛；外面3片花瓣近圆形，内面2片花瓣2浅裂，裂片卵形，顶端有缘毛。核果近球形，稍扁，径3.5~5 mm；核扁球形，具稀疏网纹。花期夏季，果期8—10月。

国内产于西藏、云南、四川、贵州，生于海拔1 000~3 000 m的沟谷混交林中。凉山州的西昌、盐源、木里、普格等县市有分布。

30.1.2　泡花树 *Meliosma cuneifolia* Franch.

30.1.2a　泡花树（原变种）*Meliosma cuneifolia* Franch. var. *cuneifolia*

落叶灌木或乔木。单叶，纸质，倒卵状楔形或狭倒卵状楔形，长8~16 cm，宽2.5~4.5 cm；先端短渐尖，中部以下渐狭，约3/4以上具侧脉伸出的锐尖齿；叶腹面初被短粗毛，叶背面被白色平伏毛；**侧脉每边16~20条，径直达齿尖**，脉腋具明显髯毛；**叶柄长10~20 mm**。圆锥花序顶生，**直立**，长和宽均为15~20 cm，被短柔毛，**具3（4）次分枝**；花梗长1~2 mm；萼片、花瓣均5片，内侧2片花瓣2裂。核果近球形，熟时黑色，直径4~6 mm。花期6—7月，果期9—11月。

中国特有，产于甘肃、贵州、河南、湖北、陕西、四川、西藏、云南等地，生于海拔500~3 300 m的落叶阔叶树种或针叶树种的疏林或密林中。凉山州各县市均有分布。本种木材红褐色，纹理略斜，结构细，质轻，为良材之一；叶可提制鞣质，树皮可剥取纤维；根皮可药用，能治痈疖肿毒、毒蛇咬伤、腹水。

30.1.2b　光叶泡花树（变种）*Meliosma cuneifolia* Franch. var. *glabriuscula* Cufod.

本变种与原变种的区别在于：**叶更大，**长10~24 cm，宽4~10 cm，基部下延至叶柄，形成狭翅；叶面近于无毛；**侧脉每边20~30条；**叶柄长2~15 mm，无毛或被稀疏细柔毛；圆锥花序较大，长16~30 cm。

中国特有，产于安徽、甘肃、贵州、河南、湖北、湖南、山西、四川、西藏、云南等地，生于海拔600~2 600 m的混交林中。凉山州的西昌、盐源、雷波、木里、德昌、金阳、美姑等县市有分布。

30.2　清风藤属 *Sabia* Colebr.

30.2.1　四川清风藤 *Sabia schumanniana* Diels

30.2.1a　四川清风藤（原亚种）*Sabia schumanniana* Diels subsp. *schumanniana*

别名：青木香、女儿藤

落叶攀缘木质藤本。叶长圆状卵形，长3~13 cm，宽1.5~3.5 cm；先端急尖或渐尖，基部圆形或阔楔形；叶腹面深绿色，叶背面淡绿色，**两面无毛；**侧脉3~5对；叶柄短。**聚伞花序有花1~3朵；**总花梗比小花梗长约两倍；花淡绿色；萼片5片，三角状卵形；花瓣5片，长圆形或阔倒卵形，具7~9条脉纹；雄蕊5枚，花丝扁平，花药卵形；花盘圆柱状，边缘呈波状；**子房无毛，**花柱短。分果爿倒卵形或近圆形，长约6 mm，无毛，核中肋呈狭翅状，中肋两边各有2行蜂窝状凹穴，侧面有块状凹穴，腹部平。花期3—4月，果期6—8月。

中国特有，产于四川、重庆、河南、贵州及陕西，生于海拔600~2 600 m的山谷中、山坡上、溪旁和阔叶林中。凉山州各县市多有分布。本种茎皮可提取鞣质；茎供药用，可治腰痛。

30.2.1b　多花清风藤（亚种）*Sabia schumanniana* Diels subsp. *pluriflora* (Rehd. &Wils.) Y. F. Wu

本亚种与原亚种四川清风藤的主要区别在于：**叶狭椭圆形或线状披针形，长3~8 cm，宽0.8~1.5（2）cm；聚伞花序有花（4）5~20朵；**萼片、花瓣、花丝及花盘中部均有红色腺点。本亚种花期3—4月，果期6—8月。

中国特有，产于贵州、湖北、云南及四川，生于海拔600~2 000 m的山坡上、沟谷林中。凉山州的会理、甘洛等县市有分布。

30.2.2　云南清风藤 *Sabia yunnanensis* Franch.

30.2.2a　云南清风藤（原亚种）*Sabia yunnanensis* Franch. subsp. *yunnanensis*

攀缘木质藤本。叶膜质或近纸质，**卵状披针形、长圆状卵形或倒卵状长圆形，**长3~7 cm，宽1~3.5 cm；先端急尖、渐尖至短尾状渐尖，基部圆钝至阔楔形；**两面均有短柔毛，**或叶背仅脉上有毛；侧脉每边3~6条，纤细，向上弯拱网结；叶柄有柔毛。聚伞花序有花2~4朵，总花梗长1.5~3 cm，花梗短；花绿色或黄绿色；萼片5片，阔卵形或近圆形，有紫红色斑点；花瓣5片，阔倒卵形或倒卵状长圆形，基部有紫红色斑点，边缘有时具缘毛；雄蕊5枚；**子房有柔毛或微柔毛。**分果爿近肾形。花期4—5月，果期5月。

国内产于河南、湖北、四川、西藏及云南，生于海拔1 400~3 600 m的山谷中、溪旁或疏林中。凉山州各县市有分布。

30.2.2b 阔叶清风藤（亚种）*Sabia yunnanensis* Franch. subsp. *latifolia* (Rehd. et Wils.) Y. F. Wu

别名：毛清风藤

本亚种与原亚种相似，主要区别是本亚种的**叶片椭圆状长圆形、椭圆状倒卵形或倒卵状圆形**，长5~14 cm，宽2~7 cm；花瓣通常有缘毛，基部无紫红色斑点；花盘中部无突起的褐色腺点。后者叶片卵状披针形、长圆状卵形或倒卵状长圆形，长3~7 cm，宽1~3.5 cm；花瓣基部有紫红色斑点，无缘毛；花盘中部有褐色突起的腺点。

中国特有，产于安徽、贵州、河南、江西、四川、云南，生于海拔1 200~3 200 m的密林中。凉山州的会理、盐源、雷波、木里、越西、喜德、德昌、美姑、布拖、普格、昭觉等县市有分布。本种茎皮可作纤维。

31　省沽油科 Staphyleaceae

31.1　野鸦椿属 *Euscaphis* Sieb. et Zucc.

野鸦椿 *Euscaphis japonica* (Thunb.) Dippel

落叶小乔木或灌木。枝叶揉碎后发出恶臭气味。**叶对生，奇数羽状复叶**，长（8）12~32 cm，小叶（3）5~9（11）片。小叶厚纸质，长卵形或椭圆形，稀为圆形，长4~6（9）cm，宽2~3（4）cm；先端渐尖，基部钝圆；边缘具疏短锯齿；两面除背面沿脉有白色小柔毛外，其余无毛，主脉在上面明显，在背面突出；侧脉8~11条；小叶柄长1~2 mm。**圆锥花序顶生**，花梗长达21 cm；**花多，较密集，黄白色**，径4~5 mm；萼片与花瓣均5片。菁葖果长

1~2 cm，每一花发育为1~3个蓇葖；**果皮软革质，紫红色，有纵脉纹**；种子近圆形，黑色，有光泽。花期5—6月，果期8—9月。

国内主产于江南各地。凉山州的会理、雷波、木里、德昌、金阳等县市有分布。本种木材可为器具用材；根及干果入药，可祛风除湿等；本种也栽培作观赏植物。

31.2　省沽油属 *Staphylea* L.

31.2.1　膀胱果 *Staphylea holocarpa* Hemsl.

别名：大果省沽油

落叶灌木或小乔木。幼枝平滑。**叶具3小叶**。**小叶近革质**，无毛，长圆状披针形至狭卵形，长5~10 cm；基部钝，先端突渐尖；上面淡白色；边缘有硬细锯齿；侧脉常10对，有网脉；侧生小叶近无柄，顶生小叶具长柄，柄长2~4 cm。**花序为广展的伞房花序**，长5 cm，或更长；花白色或粉红色，在叶后开放。果为3裂、梨形、膨大的蒴果，长4~5 cm，宽2.5~3 cm，基部狭，顶平截。种子近椭圆形，灰色，有光泽。

中国特有，产于安徽、甘肃、广东、广西、贵州、湖北、湖南、陕西、四川、西藏、浙江等地，生于海拔900~2 300 m的林缘、疏林及灌丛中。凉山州的盐源、木里、布拖等县有分布。本种可作观赏植物。

31.2.2 嵩明省沽油 *Staphylea forrestii* Balf. f.

别名：枫树

乔木。叶对生，**小叶3片，稀为5片**，纸质，长圆状椭圆形或长卵形，长（6）8~10 cm，宽（2.5）3.5~4.5 cm，先端长渐尖，基部宽楔形，边缘微反折，具锯齿，中脉基部两侧疏生白色微柔毛，侧脉6~7对，顶生小叶柄长2.5~3.5 cm。**总状花序腋生**，花多数，小花梗长9~5（8）mm；有小托叶，托叶线形；花长9~12 mm，花萼5片，线状三角形，花瓣5片，匙形。**蒴果倒钟状椭圆形**，长4.5~7.5 cm，宽2~3.5 cm，基部浑圆。花期5月，果期8月。

中国特有，产于广东、贵州、四川及云南，生于海拔2 300~2 700 m的干燥山坡上。凉山州的盐源、木里、会东等县有分布。

31.3 瘿椒树属 *Tapiscia* Oliv.

瘿椒树 *Tapiscia sinensis* Oliv.

别名：银鹊树、丹树、瘿漆树、银雀树、皮巴风、泡花、大果瘿椒树

落叶乔木。**奇数羽状复叶，长达30 cm，小叶5~9片**。小叶狭卵形或卵形，长6~14 cm，宽3.5~6 cm，基部心形或近心形；边缘具锯齿；两面无毛或仅背面脉腋处被毛；上面绿色，下面带灰白色，密被近乳头状白粉点；侧生小叶柄短，顶生小叶柄长达12 cm。**圆锥花序腋生**，雄花与两性花异株，雄花序长达25 cm，两性花的花序长约10 cm；花小，黄色，有香气；两性花花萼钟状，长约1 mm；花瓣5片，狭倒卵形，比萼稍长。果序长达10 cm，核果近球形或椭圆形，长仅为7 mm。

中国特有，产于安徽、福建、广东、广西、贵州、湖北、湖南、江西、四川、云南、浙江等地，生于海拔500~2 200 m的疏林中，在向阳山坡上生长良好。凉山州的越西、雷波、甘洛、宁南、布拖、普格等县有分布。本种枝繁叶茂、花有香气，可作风景园林树；木材白色，可供家具等用。

32　漆树科 Anacardiaceae

32.1　黄连木属 *Pistacia* L.

32.1.1　黄连木 *Pistacia chinensis* Bunge

别名：黄连树、烂心木

落叶乔木。**奇数羽状复叶互生，小叶5~6对。小叶纸质，披针形、卵状披针形或线状披针形，长5~10 cm；全缘；**小叶柄极短。花单性，异株，先花后叶，圆锥花序腋生；雄花序较短，紧密，雌花序疏松；花小，花梗极短；苞片披针形或狭披针形；雄花：花被片2~4片，披针形或线状披针形，不等大，雄蕊3~5枚，雌蕊缺；雌花：花被片7~9片，不等大，外2~4片披针形或线状披针形，内5片卵形或长圆形，不育雄蕊缺。**核果倒卵状球形，略压扁，径约5 mm，成熟时紫红色，**干后具纵向细条纹，先端细尖。

国内产于长江以南各地区及华北、西北地区，生于海拔140~3 550 m的山坡上、沟谷中、路旁或村旁。凉山州各县市有分布。本种木材可供家具、木雕等细工用材；枝繁叶茂，宜作庭荫树种及山地风景树种；种子榨的油可制作润滑油或肥皂；幼叶可充蔬菜，并可代茶。

32.1.2　清香木 *Pistacia weinmanniifolia* J. Poiss. ex Franch.

别名：细叶楷木、香叶树、清香树

灌木或小乔木。**偶数羽状复叶互生，有小叶4~9对，叶轴具狭翅，与叶柄均被微柔毛。小叶革质，长圆形或倒卵状长圆形，长1.3~3.5 cm；全缘；**侧脉上凹下凸；小叶柄极短。花序腋生，与叶同出，被柔毛和红色腺毛；花紫红色，无梗；苞片卵状圆形，外面被柔毛；雄花花被片5~8片，长圆形或长圆状披针形，膜质，雄蕊5（7）枚，花丝极短，花药长圆形，不育雌蕊存在；雌花花被片7~10片，卵状披针形，膜质，无不育雄蕊。核果球形，成熟时红色或黑色，先端细尖。

国内产于四川、云南、广西、贵州及西藏，生于海拔500~2 700 m的灌丛中或路旁。凉山州各县市有分布。本种木材花纹美观、材质硬重，可制作乐器、家具、木雕、工艺品等；叶可提芳香油；叶及树皮供药用，具有消炎解毒、收敛止泻之效；本种枝繁叶茂，可作观赏树。

32.2 漆属 *Toxicodendron* (Tourn.) Mill.

32.2.1 野漆 *Toxicodendron succedaneum* (Linn.) Kuntze

别名：野漆树、大木漆、山漆树、痒漆树

落叶乔木或小乔木。**全株无毛**。奇数羽状复叶互生，常集生于小枝顶端，长25~35 cm，有小叶4~7对；叶柄长6~9 cm。小叶对生或近对生，**坚纸质至薄革质**，长圆状椭圆形、阔披针形或卵状披针形，长5~16 cm，宽2~5.5 cm；先端渐尖或长渐尖，基部略偏斜，圆形或阔楔形；全缘；**叶背面常具白粉**，侧脉15~22对，小叶柄长2~5 mm。**圆锥花序长7~15 cm，为叶长之半，多分枝**；花黄绿色；花梗长约2 mm；花萼裂片阔卵形；花瓣长圆形，先端钝。核果大，偏斜，径7~10 mm，压扁状，外果皮薄，淡黄色。花期4—5月，果期6—10月。

国内产于华北至长江以南各地，凉山州各县市有分布，生于海拔300~2 500 m的疏林中或村落旁。本种根、叶及果入药，可治跌打损伤、湿疹疮毒、毒蛇咬伤、尿血、血崩、外伤出血等症；种子榨的油可制皂或掺合干性油作油漆；树干乳液可代生漆用；木材坚硬细密，可作细工用材。

32.2.2 大花漆 *Toxicodendron grandiflorum* C. Y. Wu et T. L. Ming

落叶乔木或灌木。幼枝紫褐色，被白粉，**全株无毛**。奇数羽状复叶互生，常集生于枝顶，长

20~30 cm，有小叶3~7对；叶轴和叶柄纤细，紫色，常被白粉；叶柄长4~6.5 cm。小叶对生或近对生，**纸质**，倒卵状椭圆形、倒卵状长圆形或披针形，长5.5~10 cm，宽1.5~3.5 cm；先端渐尖或急尖，基部阔楔形或楔形下延；全缘；两面无毛，**叶背面常被白粉**；侧脉约20对，在两面突起；小叶柄长约5 mm。**圆锥花序长15~30 cm，与叶近等长**；花大，淡黄色，径约4 mm；花梗长2~3 mm。果偏斜，压扁状，先端偏离中心，长6~7 mm，宽7~8 mm；外果皮淡黄色，具光泽。花期5—6月，果期6—8月。

中国特有，产于四川及云南，生于海拔700~2 700 m的山坡疏林中或石山灌丛中。凉山州的西昌、会理、盐源、雷波、木里、宁南、冕宁、会东、普格等县市有分布。

32.2.3　小漆树 *Toxicodendron delavayi* (Franch.) F. A. Barkl.

别名：山漆树

小灌木。幼枝紫色，常被白粉，**全株无毛**。奇数羽状复叶，长达13 cm，**有小叶2~4对**；叶柄长3.5~5 cm。小叶对生，纸质，卵状披针形或披针形，**较小，长3.5~5.5 cm，宽1.2~2.5 cm**；先端急尖或渐尖，基部略偏斜，阔楔形或圆形；全缘或上半部具疏锯齿；叶背面被白粉；侧脉12~16对，在两面突起；小叶具短柄，长1~2 mm或近无柄。**花序聚伞总状，比叶短**，长6~8.5 cm；总梗纤细，长4~5 cm；花小，淡黄色，径约2 mm，花梗长约1 mm；花萼裂片三角形；花瓣长圆形。核果斜卵形，略压扁，径约6 mm，无毛，具光泽。花期5—8月，果期6—9月。

中国特有，产于四川及云南，生于海拔1 000~2 500 m的阳坡林下或灌丛中。凉山州各县市有分布。种子榨的油可制作肥皂或润滑剂。

32.2.4　漆 *Toxicodendron vernicifluum* (Stokes) F. A. Barkley

别名：瞎妮子、楂苜、山漆、小木漆、大木漆、干漆、漆树

落叶乔木。小枝粗壮，初被棕黄色柔毛，后变无毛。奇数羽状复叶互生，常呈螺旋状排列，有小叶4~6对，**叶轴、叶柄、小叶柄有微柔毛**。小叶膜质至薄纸质、卵形、卵状椭圆形或长圆形，长6~13 cm，宽3~6 cm；先端急尖或渐尖，基部偏斜，圆形或阔楔形；全缘；**叶背面沿脉上常被平展黄色柔毛**；侧脉10~15对；小叶柄长4~7 mm。**圆锥花序长15~30 cm，与叶近等长，被灰黄色微柔毛**，序轴及分枝纤细，疏花；花黄绿色；花萼裂片卵形；花瓣长圆形，长约2.5 mm。果序略下垂；核果肾形或椭圆形，不偏斜，略压扁，长5~6 mm，宽7~8 mm，先端锐尖，基部截形；外果皮黄色，无毛，具光泽。花期5—6月，果期7—10月。

国内除黑龙江、吉林、内蒙古自治区（以下简称内蒙古）和新疆外，其余地均产，生于海拔800~3 000 m的向阳山坡林内。凉山州各县市多有分布。利用本种树干韧皮部割取的生漆，是一种优良的防腐防锈的涂料，可用于建筑物、家具等。本种木材可供建筑用；叶可提供栲胶；叶、根可作土农药；种子榨的油可制油墨、肥皂。

32.2.5　刺果毒漆藤 *Toxicodendron radicans* subsp. *hispidum* (Engl.) Gillis

攀缘状灌木。幼枝被锈色柔毛。**叶掌状，具3小叶**；叶柄长5~10 cm，被黄色柔毛。侧生小叶长圆形或卵状椭圆形，长6~13 cm，宽3~7.5 cm，基部偏斜，圆形，全缘，叶背面的**脉腋处具赤褐色髯毛**；顶生小叶倒卵状椭圆形或倒卵状长圆形，长8~16 cm，宽4~8.5 cm，先端急尖或短渐尖，基部渐狭；侧生小叶无柄或近无柄，顶生小叶柄长0.5~2 cm，被柔毛。**圆锥花序短，长约5 cm**，被黄褐色微硬毛；

花黄绿色，花梗长约2 mm，粗壮，被毛。核果斜卵形，长约5 mm，宽约6 mm，外果皮黄色，**被刺毛，刺毛长达1 mm**。

中国特有，产于贵州、湖北、湖南、四川、台湾及云南，生于海拔600~2 200 m的林下。凉山州的雷波、甘洛、喜德、美姑、普格等县有分布。本种全株乳液极毒，易引起漆疮。

32.3　杧果属 *Mangifera* L.

杧果 *Mangifera indica* L.

别名：芒果、檬果、莽果、蜜望子、蜜望、望果、抹猛果、马蒙

常绿大乔木。叶薄革质，常集生于枝顶，叶的形状和大小变化较大，通常为长圆形或长圆状披针形，长12~30 cm，宽3.5~6.5 cm；先端渐尖、长渐尖或急尖，基部楔形或近圆形；边缘皱波状；叶腹面略具光泽；侧脉20~25对；叶柄长2~6 cm。圆锥花序长20~35 cm，多花密集，被灰黄色微柔毛，分枝开展；花小，杂性，黄色或淡黄色；花梗长1.5~3 mm，具节；萼片卵状披针形，长2.5~3 mm；花瓣长圆形或长圆状披针形，长3.5~4 mm。**核果大，肾形（栽培品种核果的形状和大小变化极大），压扁状，长5~10 cm，宽3~4.5 cm**，成熟时黄色；中果皮肉质，肥厚，鲜黄色，味甜；果核坚硬。花期3—5月，果期6—9月。

国内产于云南、广西、广东、福建、台湾等地，生于海拔200~1 400 m的山坡上、河谷中或旷野的林中。凉山州的西昌、会理、盐源、雷波、宁南、德昌、金阳、冕宁、会东、布拖等县市较低海拔地带有栽培。杧果营养丰富，为著名热带水果；树形高大优美，四季常绿，可作行道树或观赏树。

32.4　盐麸木属 *Rhus* Tourn. ex L.

32.4.1　盐麸木 *Rhus chinensis* Mill.

别名：盐肤木

落叶小乔木或灌木。小枝棕褐色，与叶柄、叶轴、叶背面和花序同被锈色柔毛。奇数羽状复叶，**叶轴具叶状翅**，小叶（2）3~6对。小叶卵形、椭圆状卵形或长圆形，**长6~14 cm，宽4~7 cm**；先端急尖，基部圆形，**边缘具粗锯齿或圆齿**；背面被白粉；小叶无柄。圆锥花序多分枝，雄花序长，雌花序较短；花白色。雄花：花萼裂片长卵形；花瓣倒卵状长圆形，开花时反卷；子房不育。雌花：花萼裂片较短；花瓣椭圆状卵形；不育雄蕊极短。核果球形，略压扁，径4~5 mm，被具节的柔毛和腺毛，成熟时红色。花期8—9月，果期10月。

国内除东北地区、内蒙古和新疆外，其余地区均有分布，常生于170~2 700 m的向阳山坡上、沟谷中、溪边的疏林中或灌丛中。凉山州各县市均有分布。本种幼枝和叶可作土农药；果泡水可代醋用，生食酸咸止渴；种子可榨油；根、叶、花及果均可供药用。

32.4.2　红麸杨 *Rhus punjabensis* var. *sinica* (Diels) Rehd. et Wils.

别名：漆倍子、倍子树、旱倍子

落叶小乔木至乔木。**小枝微被柔毛。**奇数羽状复叶，小叶3~6对，**叶轴上部具狭翅**。小叶卵状长圆形或长圆形，长5~12 cm，宽2~4.5 cm，**全缘**，侧脉约20对，在背面突起，**无柄或近无柄。圆锥花序，密被微绒毛**；苞片钻形；花小，白色；花梗极短；花萼外疏被微毛，裂片狭三角形；花瓣长圆形，**两面被微柔毛，**开花时先端反卷；花丝线形，较长，中下部被微柔毛，雌花的花丝较短；花盘厚，紫红色；子房球形，密被白色柔毛；雄花中有不育子房。核果近球形，略压扁，成熟时暗紫红色，被具节的柔毛和腺毛。

中国特有，产于甘肃、贵州、湖北、湖南、陕西、四川、西藏及云南，生于海拔400~3 000 m的干旱山坡灌丛中或林缘中。凉山州的西昌、会理、盐源、雷波、木里、越西、甘洛、宁南、德昌、金阳、会东、美姑、普格、昭觉等县市有分布。本种木材白色，质坚，可作家具和农具的用材。

32.4.3 青麸杨 *Rhus potaninii* Maxim.

别名：倍子树、五倍子

落叶乔木。小枝无毛。奇数羽状复叶有小叶3~5对，**叶轴无翅，**被微柔毛。小叶卵状长圆形或长圆状披针形，长5~10 cm，先端渐尖，基部略偏斜，近圆形，全缘，两面沿中脉被微柔毛或近无毛，小叶**具短柄。圆锥花序长10~20 cm，被微柔毛**；苞片钻形，被微柔毛；花白色；花梗被微柔毛；花萼外面被微柔毛，裂片卵形，边缘具细睫毛；花瓣卵形或卵状长圆形，两面被微柔毛，边缘具细睫毛，开花时先端外卷；子房球形，密被白色绒毛。核果近球形，略压扁，径3~4 mm，密被具节的柔毛和腺毛，成熟时红色。

中国特有，产于甘肃、河南、陕西、山西、四川及云南，常生于海拔900~2 500 m的山坡疏林中或沟谷混交林中。凉山州各县市均有分布。本种可作绿化造林和观赏树种。

32.4.4 川麸杨 *Rhus wilsonii* Hemsl.

灌木。**幼枝密被灰黄色柔毛。**奇数羽状复叶长10~20 cm，有小叶5~9（13）对；**叶轴具叶状翅，**宽2~4 mm；每对小叶间距2~4 cm；**叶轴和叶柄被微硬毛和柔毛**；叶柄短，长1~2 cm。小叶卵形或长圆形，长2~6 cm，宽0.8~2 cm，先端圆形，具小尖头，稀急尖或微凹，基部不对称，楔形或略成圆形；全缘或具稀疏锯齿；**叶腹面被糙伏毛，叶背面粉绿色，被微硬毛**；中脉和侧脉在叶腹面微凹，在叶背面明显突起；小叶无柄或近无柄。圆锥花序顶生或近顶生，长3~10 cm，密被灰白色柔毛；花淡黄色；花梗长1~3 mm，被柔毛。果近球形，略压扁，径约4 mm，被具节的柔毛和腺毛，成熟时红色。花期4—6月，果期9—10月。

中国特有，产于四川及云南，生于海拔300~2 300 m的灌丛中。凉山州的会理、会东、雷波、木里、金阳、宁南、美姑、布拖、普格、昭觉等县市有分布。

32.5　黄栌属 *Cotinus* (Tourn.) Mill.

32.5.1　毛黄栌 *Cotinus coggygria* var. *pubescens* Engl.

别名：柔毛黄栌、红栌

落叶灌木。小枝无毛或微被柔毛。单叶互生，纸质，矩圆形、卵形或倒卵状圆形，长3~9 cm，宽2~6 cm；顶端钝圆形或圆形，基部阔楔形；边缘全缘或呈微波状；上面深绿色，无毛，下面淡绿色，**沿中脉被绢毛或仅脉腋具丛毛**，其余部分无毛或近无毛；侧脉8~10对；叶柄纤细，长1~4 cm。聚伞圆锥花序顶生，长10~15 cm，无毛或微被柔毛；花杂性，雄花与两性花同株；萼片5片，卵形；花瓣5片，长椭圆形。核果肾形，压扁状。**雄花梗在果期伸长，被紫色柔毛，呈羽毛状**。花期4月，果期5—7月。

国内产于四川、甘肃、山西、山东、河南、江苏、浙江等多地，生于海拔800~1 500 m的山坡林中。凉山州的雷波、甘洛、宁南、金阳、会东、美姑、布拖等县有分布。本种可作观赏植物。

32.5.2　粉背黄栌 *Cotinus coggygria* var. *glaucophylla* C. Y. Wu

灌木。**叶卵状圆形**，长3.5~10 cm，宽2.5~7.5 cm；先端圆形或微凹，基部圆形或阔楔形；全缘；**叶背面显著被白粉，无毛**；侧脉6~11对，先端常开叉，叶柄长1.5~3.3 cm。圆锥花序被柔毛；花杂性，径约3 mm；花梗长7~10 mm，花萼无毛，裂片卵状三角形，长约1.2 mm；花瓣卵形或卵状披针形，长2~2.7 mm，宽约1 mm，无毛；雄蕊5枚，长约1.5 mm，花药卵形，与花丝等长，花盘5裂，紫褐色；子

房近球形，花柱3，分离。果肾形，长约4.5 mm，宽约2.5 mm，无毛。**雄花梗在果期伸长，被紫色柔毛，呈羽毛状。**

中国特有，产于甘肃、陕西、四川及云南，生于海拔1 600~2 400 m的山坡上或沟边灌丛中。凉山州的西昌、雷波、木里、冕宁等县市有分布。

32.5.3　四川黄栌 *Cotinus szechuanensis* A. Penzes

灌木，高2~5 m。小枝圆柱形，灰褐色，无毛。叶互生，薄纸质，**近圆形、阔卵形或椭圆形**，长2~6 cm，宽2~5 cm；先端圆形，稀微凹或略急尖，基部圆形；叶腹面无毛，**叶背脉腋显著具髯毛**；侧脉在叶背面突起；叶柄纤细，长1~3 cm，无毛。圆锥花序顶生，分枝纤细，无毛；花梗长3~4 mm，开花后不孕花花梗伸长，被淡紫色长柔毛；花萼无毛，裂片卵状三角形，长约1 mm；花瓣椭圆状长圆形，长约1.5 mm，无毛；在雌花中不育雄蕊较短，花药卵形；花盘无毛；子房肾形，无毛，径约0.7 mm，略压扁，花柱3，偏于一侧。核果肾形，长约4.5 mm，宽约3 mm，外果皮无毛，具脉纹。

中国特有，产于四川、重庆、甘肃，生于海拔800~1 900 m的山坡草地上或杂木林中。凉山州的甘洛等县有分布。

32.6　南酸枣属 *Choerospondias* B. L. Burtt & A. W. Hill

南酸枣 *Choerospondias axillaris* (Roxb.) B. L. Burtt & A. W. Hill

别名：酸枣、山枣子、山枣

落叶乔木。**奇数羽状复叶长25~40 cm，有小叶3~6对**。小叶膜质至纸质，卵形、卵状披针形或卵状长圆形，长4~12 cm，宽2~4.5 cm；先端长渐尖，基部略偏斜，阔楔形或近圆形；全缘或幼株叶边缘具粗锯齿；两面无毛，稀叶背面脉腋被毛，侧脉8~10对；小叶柄纤细，长2~5 mm。**花单性或杂性异株，雄花和假两性花排列成腋生或近顶生的聚伞圆锥花序；花瓣长圆形，长2.5~3 mm，具褐色脉纹，开花时**

外卷。**核果椭圆形或倒卵状椭圆形，成熟时黄色，长2.5~3 cm，径约2 cm。**花期3—5月，果期6—9月。

　　国内产于福建、甘肃、广东、广西、贵州、湖北、湖南、江西、四川、台湾、西藏、云南、浙江等多地，生于海拔300~2 000 m的山坡上、丘陵中或沟谷林中。凉山州的雷波、德昌、冕宁、会东、普格等县有分布或栽培。本种生长快、适应性强，为较好的速生造林树种；树皮和叶可提制栲胶；果可生食或酿酒；韧皮纤维可制作绳索；树皮和果入药，有消积、解毒之效，外用可治烫火伤。

33　胡桃科 Juglandaceae

33.1　胡桃属 *Juglans* L.

33.1.1　泡核桃 *Juglans sigillata* Dode

别名：漾濞核桃、铁核桃、茶核桃

落叶乔木。奇数羽状复叶，稀顶生小叶退化，长15~50 cm，叶轴及叶柄有黄褐色短柔毛。**小叶通常9~11片，卵状披针形或椭圆状披针形，**长6~18 cm，宽3~7 cm；**顶端渐尖，**基部歪斜；**边缘全缘；侧脉17~23对，**下面脉腋簇生柔毛。雄花序粗壮，长13.5~19 cm，雌花序具1~3朵雌花，花序轴密生腺毛。果倒卵状圆形或近球形，长3.4~6 cm，径3~5 cm，幼时有黄褐色绒毛，成熟时变无毛；**果核倒卵形，**长2.5~5 cm，径2~3 cm，两侧稍扁，表面具皱曲。花期3—4月，果期9月。

　　中国特有，产于四川、云南、贵州及西藏，为易危物种，生于海拔1 300~3 300 m的山坡上或山谷林中。凉山州各县市均有分布。本种种仁可食用；木材坚实，可作为硬木材料，可制木雕及上等家具等；可作为嫁接优良核桃品种的砧木，可选育出诸多新品种。

33.1.2 胡桃 *Juglans regia* Linn.

别名：核桃

落叶乔木。奇数羽状复叶长25~30 cm，叶柄及叶轴幼时被有极短腺毛及腺体。**小叶通常（3）5~9片，椭圆状卵形至长椭圆形**，长6~15 cm，宽3~6 cm；**顶端钝圆或急尖、短渐尖**，基部歪斜、近圆形；**边缘全缘**或在幼树上者具稀疏细锯齿；**侧脉11~15对**，脉腋内簇生短柔毛；侧生小叶具极短的小叶柄或近无柄，顶生小叶常具长3~6 cm的小叶柄。雄性葇荑花序下垂，长5~10（15）cm。雄花的苞片、小苞片及花被片均被腺毛。雌性穗状花序通常具1~3（4）朵雌花。果序短，具1~3个果实；**果实近于球状**，直径4~6 cm，无毛。花期5月，果期10月。

国内产于华北、西北、西南、华中、华南和华东地区，生于海拔400~1 800（4 000）m的山坡及丘陵地带。本种喜肥沃湿润的沙质壤土，常见于山区河谷两旁土层深厚的地方。凉山州各县市有栽培。本种品种众多，种仁可食，亦可榨油食用；木材坚实，是很好的硬木材料。

33.1.3 胡桃楸 *Juglans mandshurica* Maxim.

别名：野胡桃、野核桃、山核桃、华东野核桃

乔木，有时呈灌木状。奇数羽状复叶，通常长40~50 cm，叶柄及叶轴被毛，**具9~17片小叶**。小叶近对生，无柄，卵状矩圆形或长卵形，长8~15 cm，宽3~7.5 cm，顶端渐尖；基部斜圆形或稍斜心形；**边缘有细锯齿**；两面均有星状毛；侧脉11~17对。雄性葇荑花序生于去年生枝顶端叶痕腋内，长18~25 cm，花序轴有疏毛；雄花被腺毛。雌性花序直立，生于当年生枝顶端，花序轴密生棕褐色毛，雌花排列成穗状。果序常具5~10个果或因雌花不孕而仅有少数。**果实卵形或卵圆状，顶端尖**，长3~4.5（6）cm，外果皮密被腺毛。花期4—5月，果期8—10月。

国内分布广泛，生于海拔500~2 800 m的杂木林及沟谷中。凉山州的雷波、甘洛、越西等县有分布。本种种仁可食用；木材坚实，经久不裂，可制作各种家具；树皮和外果皮含鞣质，可作栲胶原料；树皮的韧皮纤维可作纤维工业的原料；枝、叶、皮可作土农药。

33.2　枫杨属 *Pterocarya* Kunth

33.2.1　枫杨 *Pterocarya stenoptera* C. DC.

别名：麻柳、马尿骚、蜈蚣柳

大乔木。**叶多为偶数**羽状复叶，稀奇数，长8~16（25）cm，**叶轴具翅至翅不甚发达**，与叶柄一样被有疏或密的短毛，有小叶（6）10~16（25）片，无小叶柄。小叶长椭圆形至长椭圆状披针形，长8~12 cm，宽2~3 cm；顶端常钝圆，稀急尖，基部歪斜，边缘有向内弯的细锯齿。雄性葇荑花序长6~10 cm，单独生于去年生枝叶痕腋内。雌性葇荑花序顶生，长10~15 cm，花序轴密被星芒状毛及单毛。果序长20~45 cm，果序轴常被有宿存的毛。果实长椭圆形，长6~7 mm；**果翅狭，条形或阔条形，长12~20 mm，宽3~6 mm，具近于平行的脉**。花期4—5月，果熟期8—9月。

国内分布广泛，多生于海拔1 800 m以下的沿溪涧的河滩上、阴湿山坡地的林中。凉山州各县市有分布。本种现已广泛栽植作庭园树或行道树；树皮和枝皮含鞣质，可提取栲胶，亦可作纤维原料；果实可作饲料和酿酒，种子可榨油；苗木可作嫁接胡桃的砧木。

33.2.2　华西枫杨 *Pterocarya macroptera* var. *insignis* (Rehder & E. H. Wilson) W. E. Manning

落叶乔木。**奇数羽状复叶**，长30~45 cm，与叶轴一同密被锈褐色毡毛，小叶（5）7~13片。小叶边缘具细锯齿，侧脉15~23对。侧生小叶对生或近对生，卵形至长椭圆形，基部歪斜、圆形，顶端渐狭成长渐尖，通常长14~16 cm，宽4~5 cm，顶生小叶阔椭圆形至卵状长椭圆形，长12~18 cm，宽5~7 cm。雄性葇荑花序3~4条各从叶丛下方的芽鳞痕的腋内生出，长18~20 cm。雌性葇荑花序单独顶生于小枝上叶丛的上方，初时直立，后来俯垂，长达20 cm。果序长达45 cm；**果实无毛**，直径约8 mm，基部圆，顶端钝；**果翅椭圆状圆形，在果一侧长1~1.5 cm**。花期5月，果期8—9月。

中国特有，产于四川、云南、陕西、湖北及浙江，常生于海拔1 100~2 800 m的沟谷或疏林中。凉山州各县市均有分布。本种为速生用材树种，材质偏软但有韧性，可制作家具和农具等。

33.3　黄杞属 *Engelhardtia* Lesch. ex Bl.

33.3.1　云南黄杞 *Engelhardtia spicata* Lesch. ex Bl.

别名：胖婆树

大乔木。叶为偶数羽状复叶，稀奇数长25~35 cm，小叶4~7对。小叶具长0.5~1 cm的小叶柄，长成后薄革质，长椭圆形至长椭圆状披针形，长7~15 cm，宽2~5 cm，**顶端短渐尖**，基部阔楔形，**边缘全缘**，上面无毛，仅散生腺体，**下面中脉及小叶柄初时有疏短柔毛，最后变无毛**，侧脉每边10~13条。雄性柔荑花序通常集合成圆锥花序束。雄花较密集，几乎无梗。雌性柔荑花序单独生于侧枝顶端或生于雄性圆锥花序束的顶端。果序长30~45（60）cm，俯垂。果实球状，上部被刚毛。苞片及小苞片基部被有刚毛，贴生至近果实中部。苞片的裂片倒披针状矩圆形，向上端略扩大，顶端钝，中间裂片长2.5~3.5 cm，宽0.7~1 cm，侧裂片长约1.5 cm。11月开花，次年1—2月果成熟。

国内产于云南、广西及四川，生于海拔550~2 100 m的山坡杂木林中。凉山州的会理、德昌、会东等县市有分布。本种茎、枝皮富含纤维和鞣质，可提制栲胶；叶有毒，可毒鱼。

33.3.2　毛叶黄杞 *Engelhardia spicata* var. *integra* (Kurz) W. E. Manning ex Steenis

小乔木。叶常为偶数羽状复叶，长15~25 cm，叶柄和叶轴密被短柔毛，小叶2~4（5）对。小叶具小叶柄至几乎无小叶柄，阔椭圆状卵形或阔椭圆状倒卵形至长椭圆形，长7~5 cm，宽3~7 cm，生于叶轴上部的小叶较下部者长；**顶端钝圆，有时急尖**，基部歪斜，阔楔形或圆形；**边缘全缘**；上面中脉被柔毛，有散生的腺体，**下面密被短柔毛**；侧脉通常7~9对。雄性菜荑花序多条，形成圆锥花序束，雄花密集。雌性菜荑花序或生于圆锥花序束顶端，或单独生于去年生侧枝上的叶痕腋内。**果序俯垂**，长13~18 cm，果序柄粗壮，长3~6 cm，密被短柔毛。苞片基部有刚毛，贴生至果实近中部，苞片裂片矩圆形，顶端钝圆。中间裂片长2.5~3 cm，宽0.7~1 cm，侧裂片长约1.5 cm。2—3月开花，4—5月果陆续成熟。

国内产于云南、贵州、广西、广东、海南，常生于海拔800~2 000 m的干热河谷地带。凉山州的西昌、会理、盐源、德昌、冕宁、会东、普格等县市有分布。树皮含鞣质，可提制栲胶。

33.3.3　齿叶黄杞 *Engelhardtia serrata* Bl.

别名：齿叶胖柴

乔木。**叶为偶数羽状复叶**，稀奇数，长15~25 cm，小叶3~7对。小叶具极短的小叶柄，长椭圆形或长椭圆状披针形，顶端急尖或短渐尖，基部阔楔形至近圆形；**边缘具不规则的圆锯齿**；成长后上面唯在中脉和侧脉上有毛，下面全被毛和腺体且中脉和侧脉上的毛较密。复叶上部的叶较大，长6~13 cm，宽2.5~4.5 cm，最下端的1对小叶最小，卵形，长约2 cm，宽约1.5 cm，侧脉通常7~9对。果序生于叶痕腋内，长8~11 cm，轴密被柔毛。果实球状，密生刚毛，**苞片贴于果实中部以上**。苞片裂片倒披针状矩圆形，中间裂片长2~2.5 cm，宽约6 mm，侧裂片长约1.3 cm，宽3~4 mm。花期2—3月，果期6—7月。

国内产于云南及四川，生于海拔1 300~1 700 m的干热河谷内、干旱山坡的林中。凉山州的冕宁、西昌、盐源、会理、会东、德昌、宁南、普格等县市有分布。本种木材可制作家具、农具，也可作薪炭。

33.4　化香树属 *Platycarya* Sieb. et Zucc.

化香树 *Platycarya strobilacea* Sieb. et Zucc.

别名：山麻柳、栲香、栲蒲、换香树

落叶小乔木。**奇数羽状复叶**，叶长15~30 cm，具7~23片小叶。小叶纸质，侧生小叶无叶柄。小叶卵状披针形至长椭圆状披针形，长4~11 cm，基部歪斜，顶端长渐尖，边缘有锯齿，顶生小叶具长2~3 cm的小叶柄。两性花序和雄花序在小枝顶端排列成伞房花序束，直立。**两性花序通常1条，着生于中央顶端，长5~10 cm；雌花序位于下部，长1~3 cm；雄花序通常3~8条**，位于两性花序下方四周，长4~10 cm。**果序球果状**，卵状椭圆形至长椭圆状圆柱形，长2.5~5 cm，直径2~3 cm；宿存苞片木质。5—6月开花，7—8月果成熟。

国内分布广泛，常生长在海拔400~2 300 m的向阳山坡上及杂木林中。凉山州的西昌、会理、雷波、甘洛、宁南、德昌、金阳、冕宁、会东、美姑、布拖、普格、昭觉等县市有分布。本种树皮、根皮、叶和果序均可作为提制栲胶的原料；树皮能剥取纤维；叶可作土农药；根部及老木含有芳香油；种子可榨油。

34　山茱萸科 Cornaceae

34.1　山茱萸属 *Cornus* L.

34.1.1　川鄂山茱萸 *Cornus chinensis* Wanger.

落叶乔木。枝对生，幼时紫红色，与叶背面、叶柄、总苞片、总花梗、花托均被贴生灰色短柔毛。叶对生，卵状披针形至长圆状椭圆形，长6~11 cm，宽2.8~5.5 cm；全缘；下面脉腋具灰色丛毛；侧脉5~6对，弓形内弯。**伞形花序侧生**，总苞片4片，阔卵形或椭圆形；总花梗紫褐色；花两性，先叶开放，具香味；花萼裂片4片，三角状披针形；**花瓣4片，披针形，黄色**；雄蕊4枚，与花瓣互生；子房下位；花梗被长毛。**核果长椭圆形，紫褐色至黑色**。花期4月，果期9月。

中国特有，产于陕西、甘肃、河南、湖北、广东、四川、贵州、云南等省，生于海拔750~3 000 m的林缘或沟谷密林中。凉山州的西昌、会理、盐源、雷波、德昌、越西、甘洛、金阳、会东、美姑、布拖、昭觉等县市有分布。本种可作绿化和观赏植物；果实可供药用。

34.1.2　灯台树 *Cornus controversa* Hemsley

别名：六角树、瑞木

落叶乔木。**叶互生，纸质**，阔卵形、阔椭圆状卵形或披针状椭圆形，长6~13 cm，宽3.5~9 cm；先端突尖，基部圆形或急尖；全缘；下面灰绿色，密被淡白色平贴短柔毛；侧脉6~7对，弓形内弯；叶柄长2~6.5 cm。**伞房状聚伞花序，顶生**，宽7~13 cm；总花梗长1.5~3 cm；花白色，直径8 mm；花萼裂片4片，三角形，长约0.5 mm；花瓣4片，长圆披针形，长4~4.5 mm。核果球形，直径6~7 mm，成熟时紫红色至蓝黑色；**核骨质，球形，顶端有一个方形孔穴**。花期5—6月，果期7—8月。

国内分布广泛，生于海拔250~2 600 m的常绿阔叶林中或针阔叶混交林中。凉山州的会理、盐源、雷波、木里、越西、甘洛、金阳、冕宁、会东、美姑、布拖、普格、昭觉等县市有分布。本种为木本油料植物，果实可以榨油；树冠形状美观，可作行道树；叶药用，有消肿止痛的功效。

34.1.3　长圆叶梾木 *Cornus oblonga* Wall.

别名：矩圆叶梾木、黑皮楠、臭条子

常绿灌木或小乔木。**叶对生，革质**，长圆形或长圆状椭圆形，长6~13 cm，宽1.6~4 cm；先端渐尖或尾状，基部楔形，边缘微反卷；上面深绿色，无毛，**下面灰绿色或灰白色**，粗糙，疏被淡灰色平贴短柔毛及乳头状突起；侧脉4~5对；叶柄长6~19 mm，被灰色或黄灰色短柔毛。聚伞圆锥花序顶生，包括1~1.5 cm长的总花梗在内长6~6.5 cm，宽6~8 cm，被灰白色平贴短柔毛；花小，白色，直径8 mm；花萼裂片4片，三角状卵形；花瓣4片，长椭圆形；雄蕊4枚，长于花瓣；**花柱圆柱形。核果成熟后黑色，**尖椭圆形，长7 mm，直径4~6 mm。花期9—10月，果期次年5—6月。

国内产于湖北、四川、贵州、云南及西藏等地，生于海拔1 000~3 000 m的溪边疏林内或常绿阔叶林中。凉山州的西昌、会理、盐源、木里、甘洛、喜德、德昌、冕宁、会东、布拖、普格等县市有分布。本种果实可以榨油，并可代枣皮作药用；树皮含芳香油和鞣质，可以提取后供工业用。

34.1.4 红椋子 *Cornus hemsleyi* C. K. Schneid. et Wangerin

别名：棕生梾木、云南四照花

灌木或小乔木。叶对生，**纸质，卵状椭圆形，**长4.5~9.3 cm，宽1.8~4.8 cm；先端渐尖或短渐尖，基部常圆形；边缘微波状；上面有贴生短柔毛，**下面灰绿色，微粗糙，密被白色贴生短柔毛，具乳头状突起；**侧脉6~7对，脉腋略具有灰白色及浅褐色丛毛；叶柄长0.7~1.8 cm。伞房状聚伞花序顶生，微扁平，宽5~8 cm，被浅褐色短柔毛；总花梗长3~4 cm，被淡红褐色贴生短柔毛；花白色，直径6 mm；花萼裂片4片；雄蕊4枚；**花柱圆柱形。核果黑色，**近于球形，直径4 mm，疏被贴生短柔毛。花期6月，果期9月。

中国特有，产于甘肃、贵州、河北、河南、湖北、青海、陕西、山西、四川、西藏、云南等地，生于海拔1 000~4 000 m的溪边或杂木林中。凉山州的西昌、雷波、木里、越西、甘洛、宁南、金阳、会东、美姑、布拖、盐源、德昌、冕宁、普格、昭觉等县市有分布。本种种子榨的油可供工业用。

34.1.5　小梾木 *Cornus quinquenervis* Franch.

落叶灌木。叶较小，对生，纸质，椭圆状披针形、披针形，稀长圆卵形，**长4~9 cm**，宽1~2.3（3.8）cm；先端钝尖或渐尖，基部楔形；全缘；上面散生平贴短柔毛，下面疏被平贴短柔毛或近于无毛，中脉在**下面突出，被平贴短柔毛，侧脉通常3对**；叶柄长5~15 mm。伞房状聚伞花序顶生，被灰白色贴生短柔毛，宽3.5~8 cm；总花梗圆柱形，长1.5~4 cm；花白色至淡黄白色，直径9~10 mm；花萼裂片4片；花瓣4片；雄蕊4枚；子房下位，**花柱棍棒形**。核果圆球形，直径5 mm，成熟时黑色。花期6—7月，果期10—11月。

中国特有，产于福建、甘肃、广东、广西、贵州、湖北、湖南、江苏、陕西、四川、云南等地，生于海拔2 500 m以下的河岸旁或溪边灌丛中。凉山州的会理、雷波、木里、冕宁、会东等县市有分布。本种木材坚硬，可制作工具柄；叶作药用，可治烫火伤；果实含油可以榨取供工业用。本种根系发达，枝繁叶茂，叶片翠绿，可作园林绿化及固土保水树种。

34.1.6　康定梾木 *Cornus schindleri* Wangerin

34.1.6a　康定梾木（原亚种）*Cornus schindleri* Wangerin subsp. *schindleri*

别名：宝兴梾木、大金梾木、黄褐毛梾木、海棠叶梾木、高大灰叶梾木、理县梾木

灌木。叶对生，纸质，椭圆形或卵状圆形，长5~11.5 cm，宽2.2~7 cm；先端突尖，基部圆形，有时不对称；边缘微波状；**上面深绿色**，散生平贴短柔毛，**下面灰绿色，密被灰白色平贴短柔毛及乳头状突起**；中脉下面被黄白色平展的卷曲毛，侧脉6~8（9）对，脉腋有簇生卷曲毛；叶柄细圆柱形，长1.5~2.6 cm。顶生或腋生圆锥状聚伞花序**密被红棕色短硬毛**，长5 cm，宽6 cm，在下部分枝上尚有少数疣状腺体；总花梗长3.5~5 cm，被棕色短柔毛；花白色，直径7.5 mm；花萼裂片4片；花瓣4片；雄蕊4枚；**花柱圆柱形**，柱头扁头形。**核果黑色**，近于球形，直径4 mm，疏被平贴短柔毛。花期6—7月，果期8—9月。

中国特有，产于四川、云南、贵州及西藏，生于海拔1 100~3 200 m的山林中。凉山州的盐源、木里、雷波、宁南等县有分布。

34.1.6b　灰叶梾木（亚种）*Cornus schindleri* subsp. *poliophylla* (C. K. Schneider & Wangerin) Q. Y. Xiang

别名：黑椋子

落叶灌木或小乔木。**叶对生，纸质，卵状椭圆形**，稀长椭圆形，长6~11.5（13）cm，宽2~7 cm；先端突尖或渐尖，基部近圆形，稀阔楔形至楔形；边缘全缘或微波状反卷；上面疏生卷曲毛，**下面灰绿色，密被乳头状突起及卷曲毛，尤以沿中脉为多；侧脉（6）7~8（9）对**；叶柄红色，长1~2.5 cm，被黄褐色短柔毛。顶生伞房状聚伞花序，长2.5~4.5 cm，宽4~9 cm，稀被黄褐色短柔毛；总花梗圆柱形，长3.5~5.5 cm，稀被短柔毛；花白色，直径7~8 mm；花萼裂片4片，披针形；花瓣4片；雄蕊4枚；**花柱圆柱形**。核果球形，直径5~6 mm，成熟时黑色，微被贴生短柔毛。花期6月，果期10月。

中国特有，产于甘肃、河南、湖北、陕西、四川、西藏，生于海拔1 300~3 100 m的密林或杂木林中。凉山州的木里、越西、甘洛、喜德、金阳、美姑、布拖、昭觉等县有分布。

34.1.7　梾木 *Cornus macrophylla* Wallich

别名：高大梾木、椋子木、凉子、冬青果、毛梗梾木

乔木。**叶较大，对生**，纸质，阔卵形或卵状长圆形，稀近于椭圆形，**长9~16 cm，宽3.5~8.8 cm；**先端锐尖或短渐尖，基部圆形，稀宽楔形，有时稍不对称；边缘略有波状小齿；上面深绿色，幼时疏被平贴小柔毛，后近于无毛，下面灰绿色，密被或有时疏被白色平贴短柔毛，沿叶脉有淡褐色平贴小柔毛；**侧脉5~8条**。伞房状聚伞花序顶生，宽8~12 cm，疏被短柔毛；总花梗红色；花白色，有香味；花萼裂片4片；花瓣4片；雄蕊4枚；子房下位；**花柱顶端粗壮，略呈棍棒形**，柱头扁平。核果近于球形，直径4.5~6 mm，成熟时黑色，近于无毛。花期6—7月，果期8—9月。

国内分布广泛，生于海拔800~3 400 m的山林中。凉山州的盐源、会理、雷波、木里、越西、甘洛、喜德、德昌、金阳、会东、美姑、布拖、普格等县市有分布。

34.2　四照花属 *Dendrobenthamia* Hutch.

34.2.1　头状四照花 *Dendrobenthamia capitata* (Wall.) Hutch.

别名：野荔枝、山荔枝、峨眉四照花

常绿乔木，稀灌木。叶对生，**薄革质或革质，长圆椭圆形或长圆披针形，长5.5~12 cm**，宽2~4 cm；先端突尖，有时具短尖尾，基部楔形或宽楔形；上面被白色贴生短柔毛，**下面灰绿色，密被白色较粗的贴生短柔毛**；侧脉4（5）对，弓形内弯，**脉腋通常有孔穴**；叶柄密被白色贴生短柔毛。头状花序球形，**约由100朵绿色花聚集而成**，直径1.2 cm；总苞片4片，白色、淡黄色或淡红色，倒卵形或阔倒卵形，稀近于圆形，长3.5~6.2 cm，宽1.5~5 cm，先端突尖，基部狭窄，两面微被贴生短柔毛；花萼管状，先端4裂；花瓣4片。**果序扁球形，直径1.5~2.4 cm，成熟时紫红色**，圆柱形；果梗粗壮。花期5—6月，果期9—10月。

国内产于四川、云南、贵州及西藏，生于海拔1 000~3 200 m的混交林中。凉山州各县市有分布。本种树皮可供药用；枝、叶可提取鞣质；果可供食用。本种枝叶繁茂，四季常绿，为优良观赏树种。

34.2.2　黑毛四照花 *Dendrobenthamia melanotricha* (Pojark.) W.P. Fang

别名：光叶四照花

常绿小乔木或灌木。小枝微被白色贴生短柔毛，老枝无皮孔。**叶对生，亚革质，椭圆形至长椭圆形**，长6~10 cm，宽2.7~5 cm；先端短渐尖，有时具尖尾，长1~1.5 cm，基部钝圆或宽楔形；下面淡绿色，嫩时两面微被白色贴生短柔毛，**后仅在脉腋有黑褐色髯毛**；侧脉3（4）对；叶柄无毛。头状花序球形，**约由40朵黄绿色小花聚集而成**，直径1 cm；总苞片4片，阔椭圆形或阔倒卵状扁圆形，长2~4 cm，宽1~3.5 cm，先端突尖，基部狭窄，初为黄绿色，后变为乳白色；花小，花萼管状；花瓣4片，长椭圆形或长卵状圆形；雄蕊4枚。果序球形，直径2~2.5 cm，成熟时红色；果梗纤细。花期5—6月，果期10—11月。

中国特有，产于贵州、云南、四川、重庆及湖南，生于海拔400~1 800 m的森林中。凉山州雷波县有分布。本种木材坚韧，是制作农具和工具柄的良好材料；花供药用，有消肿的功效，可治牙痛、乳痛等病。

34.2.3　尖叶四照花 *Dendrobenthamia angustata* (Chun) Fang

别名：狭叶四照花

常绿乔木或灌木。叶对生，革质，长圆椭圆形，稀卵状椭圆形或披针形，长7~9（12）cm，宽2.5~4.2（5）cm；**先端渐尖形，具尖尾**，基部常楔形或宽楔形；上面嫩时被白色细伏毛，下面密被白色贴生短柔毛；**侧脉通常3~4对**，有时脉腋有簇生白色细毛；叶柄嫩时被细毛。头状花序球形，由55~80（95）朵花聚集而成，直径8 mm；总苞片4片，**长卵形至倒卵形，长2.5~5 cm，宽9~22 mm**，先端渐尖或微突尖，**基部狭窄**，初为淡黄色，后变为白

色，两面微被白色贴生短柔毛；**总花梗纤细，长5.5~8 cm**；花萼管状；花瓣4片；雄蕊4枚。果序球形，直径2.5 cm，成熟时红色，被白色细伏毛。花期6—7月，果期10—11月。

中国特有，产于陕西、甘肃、浙江、安徽、江西、福建、湖北、湖南、广东、广西、四川、贵州、云南等地，生于海拔340~1 400 m的密林内或混交林中。凉山州的雷波等县有分布。本种的果实成熟时味甜，可食。

34.3　鞘柄木属 *Toricellia* DC.

有齿鞘柄木 *Toricellia angulate* Oliv. var. *intermedia* (Harms) Hu

落叶灌木或小乔木。**叶互生，膜质或纸质，阔卵形或近于圆形，长6~15 cm，宽5.5~15.5 cm；有裂片5~7片**，近基部的裂片较小，叶片的裂片边缘有齿牙状锯齿；掌状叶脉5~7条，达叶缘，在两面均突起，无毛，网脉不明显；叶柄长2.5~8 cm，绿色，基部扩大成鞘包于枝上。**总状圆锥花序顶生，下垂**。雄花序长5~30 cm；花瓣5片，长圆披针形，长1.8 mm，先端钩状内弯；雄蕊5枚。雌花序较长，常达35 cm，但花较稀疏；花萼管状钟形，裂片5片；无花瓣及雄蕊。果实核果状卵形，直径4 mm。花期4月，果期6月。

中国特有，产于陕西、甘肃、湖北、湖南、广西、四川、贵州、云南等地，生于海拔440~2 500 m的路边或村落旁。凉山州的西昌、会理、雷波、木里、宁南、德昌、普格等县市有分布。本种幼枝及叶为绿肥原料。

34.4　青荚叶属 *Helwingia* Willd.

34.4.1　中华青荚叶 *Helwingia chinensis* Batal.

别名：窄叶青荚叶、叶上花、小叶青荚叶

常绿灌木。树皮深灰色或淡灰褐色；幼枝纤细，紫绿色。**叶革质或近革质**，稀厚纸质，**线状披针形或披针形**，长4~15 cm，宽4~20 mm；先端长渐尖，基部楔形或近圆形；边缘具稀疏腺状锯齿；上面深绿色，下面淡绿色，侧脉6~8对；叶柄长3~4 cm。**雄花4~5朵组成伞形花序，生于上面中脉中部或幼枝上段**，花基数3~5；花萼小；花瓣卵形，长2~3 mm；花梗长2~10 mm。**雌花1~3朵生于上面中脉中部**，花梗极短。果实具分核3~5枚，长圆形，成熟后黑色；果梗长1~2 mm。花期4—5月，果期8—10月。

国内产于陕西、甘肃、湖北、湖南、四川、云南等省，生于海拔1 000~2 600 m的林下或山坡上。凉山州的西昌、盐源、雷波、越西、德昌、布拖、普格、昭觉、会东等县市有分布。

34.4.2　峨眉青荚叶 *Helwingia omeiensis* (Fang) Hara et Kuros.

常绿小乔木或灌木。叶片革质，倒卵状长圆形、长圆形，稀倒披针形，长9~15 cm，宽3~5 cm；先端急尖或渐尖，具1~1.5 cm的尖尾，基部楔形；边缘除近基部1/3处全缘外，其余均具腺状锯齿；上面深绿色，干后橄榄色，下面淡绿色，干后有淡黄褐色斑纹；叶脉在叶上面不显，在叶下面微显；叶柄长1~5 cm。雄花多朵簇生，常5~20（30）朵形成密伞花序或伞形花序；花紫白色，花基数3~5，小花梗长3~7 mm。雌花1~4（6）朵，为伞形花序，小花梗长2~4 mm，花绿色。浆果成熟后黑色，常具分核3~4（5）枚，长椭圆形，长9 mm。花期3—4月，果期7—8月。

中国特有，常生于海拔600~1 800 m的林中。凉山州的雷波等县有分布。

34.4.3　青荚叶 *Helwingia japonica* (Thunb.) Dietr.

34.4.3a　青荚叶（原变种）*Helwingia japonica* (Thunb.) Dietr. var. *japonica*

落叶灌木。幼枝绿色，无毛，叶痕显著。叶纸质，卵形、卵状圆形，稀椭圆形，长3.5~9（18）

cm；先端渐尖，稀尾状渐尖，基部阔楔形或近于圆形；**边缘具刺状细锯齿；叶上面亮绿色，下面淡绿色**；中脉及侧脉在上面微凹陷，在下面微突出；叶柄长1~5（6）cm。托叶线状分裂。花淡绿色，花基数3~5；花萼小；花瓣长1~2 mm，呈镊合状排列。雄花4~12朵，形成伞形或密伞花序，常着生于叶上面中脉的1/3~1/2处，稀着生于幼枝上部；花梗长1~2.5 mm；雄蕊3~5枚，生于花盘内侧。**雌花1~3朵，着生于叶上面中脉的1/3~1/2处**；花梗长1~5 mm。浆果幼时绿色，成熟后黑色。花期4—5月，果期8—9月。

国内广布于我国黄河流域以南各地区，生于海拔3 300 m以下的山坡灌木林中或沟谷混交林中。凉山州各县市均有分布。本种全株药用，有清热、解毒、活血、消肿的功效。

34.4.3b　白粉青荚叶（变种）*Helwingia japonica* var. *hypoleuca* Hemsley ex Rehder

本变种和原变种的区别在于：**叶片背面通常有白霜，呈粉绿色或灰白色**，不具乳突，边缘有锯齿。本变种果1~2枚位于中脉近中部。

中国特有，产于贵州、湖北、陕西、四川及云南，常生于海拔1 200~2 800 m的林下。凉山州的越西、美姑、布拖等县有分布。

34.4.3c　灰色青荚叶（变种）*Helwingia japonica* var. *grisea* Fang et Soong

本变种的叶为近卵形或卵状椭圆形，长7~11 cm，宽3.5~4.5 cm，下面灰色，微有白粉，边缘具钝圆锯齿。

四川特有，常生于海拔1 200~2 300 m的灌丛中。凉山州的越西等县有分布。

34.4.3d 四川青荚叶（变种）*Helwingia japonica* var . *szechuanensis*（Fang）Fang et Soong

本变种的叶片常近圆形或卵状椭圆形，基部圆形，稀浅心形，叶片基部常下延；果实着生于叶上面中脉中部。对于叶片先端钝圆或凹陷者，其果实生于叶面中脉中部或中部以上。

四川特有，常生于海拔1 900~2 600 m的林下。凉山州的德昌、冕宁、昭觉等县有分布。

34.5 桃叶珊瑚属 *Aucuba* Thunb.

34.5.1 喜马拉雅珊瑚 *Aucuba himalaica* Hook. f. et Thoms.

34.5.1a 喜马拉雅珊瑚（原变种）*Aucuba himalaica* Hook. f. et Thoms. var. *himalaica*

常绿小乔木或灌木。叶羊皮纸质或薄革质，椭圆形、长椭圆形，稀长圆状披针形，长10~16.20）cm，宽3~5（7）cm；先端急尖或渐尖，尾长1~1.5 cm，边缘1/3以上具7~9对细锯齿；叶脉在上面显著下凹，在下面突出，被粗毛，侧脉未达叶缘即网连；叶柄长2~3 cm。雄花序为总状圆锥花序，生于小枝顶端，长8~10（13）cm，各部分均为紫红色；花梗长2~2.5 mm，被柔毛；萼片小，微4圆裂；花瓣4片，长卵形。雌花序为圆锥花序，长3~5 cm，密被粗毛及红褐色柔毛；雌花萼片及花瓣与雄花的相似。**果熟后深红色，卵状长圆形，长1~1.2 cm，花柱及柱头宿存于果实顶端。**花期3—5月，果期10月至次年5月。

国内产于四川、云南、西藏、广西、陕西、湖北、浙江等多地，生于海拔500~2 300 m的亚热带常绿阔叶林中及常绿、落叶阔叶混交林中。凉山州的雷波等县有分布。

34.5.1b　倒披针叶珊瑚（变种）*Aucuba himalaica* var. *oblanceolata* Fang et Soong

本变种叶片较厚，常为倒披针形，长11~17 cm，宽3~5 cm，先端急尖，尖尾长1.5~3 cm，基部楔形，叶下面密被短柔毛；雌花序长、宽均为4~5.5 cm；易与原变种区别。

中国特有，产于四川及云南，生于海拔约700 m的林中。凉山州的雷波等县有分布。

34.5.1c　长叶珊瑚（变种）*Aucuba himalaica dolichophylla* Fang et Soong

本变种的叶片为窄披针形或披针形，长9~18 cm，宽1.5~3.5 cm，下面无毛或仅中脉被短柔毛，边缘具细锯齿4~7对。

中国特有，产于广东、广西、贵州、湖北、湖南、四川、浙江，生于海拔2 400 m以下的常绿阔叶林下。凉山州的西昌、盐源、雷波等县市有分布。

34.5.2　花叶青木 *Aucuba japonica* var. *variegata* Dombrain

别名：洒金珊瑚、洒金日本珊瑚、洒金东瀛珊瑚、洒金桃叶珊瑚

常绿灌木；小枝对生。叶革质，卵状椭圆形或长圆状椭圆形，长7~18 cm；**叶上面光亮，具黄色斑纹**，侧脉扁平或微凹，下面光滑无毛；边缘在中部以上具5~7对牙齿；叶柄长2~4 cm，腹部具沟，无毛。圆锥花序顶生；雄花序长10~14 cm；雌花序为短圆锥花序；花瓣紫红色或暗紫色，近于卵形或椭圆状披针形，背部无毛，顶端尖尾状。雄花花萼杯状，顶端全缘，雄蕊短，花下面具1枚小苞片；雌花子房疏被柔毛，柱头偏斜，花下具2枚小苞片。浆果长卵状圆形，成熟时暗紫色或黑色，果梗长3~4 mm。

原产于日本及我国台湾。凉山州的西昌、会理、喜德、德昌、冕宁、美姑、昭觉等县市有栽培。本种为园林观赏植物。

35　八角枫科 Alangiaceae

35.1　八角枫属 *Alangium* Lam.

35.1.1　瓜木 *Alangium platanifolium* (Sieb. et Zucc.) Harms

落叶灌木或小乔木。小枝纤细。**叶纸质，近圆形，稀阔卵形或倒卵形**，顶端钝尖，基部近心脏形或圆形，长11~18 cm，宽8~18 cm，不分裂或稀分裂，分裂者裂片钝尖或锐尖至尾状锐尖，深仅达叶片长度的1/4~1/3，稀1/2；边缘呈波状或钝锯齿状；两面幼时沿叶脉或脉腋有长柔毛或疏柔毛；基部主脉3~5条，常呈掌状，侧脉5~7对；**叶柄长3.5~5（10）cm。聚伞花序生于叶腋，长3~3.5 cm，通常有3~5**

朵花，总花梗长1.2~2 cm，花梗长1.5~2 cm；花萼近钟形，裂片5片，三角形；花瓣6~7片，**长2.5~3.5 cm，上部开花时反卷；雄蕊6~7枚**，较花瓣短。核果长卵状圆形或长椭圆形，长8~12 mm。花期3—7月，果期7—9月。

国内分布广泛，多生于海拔2 000 m以下的土质比较疏松而肥沃的向阳山坡上或疏林中。凉山州的西昌、会理、盐源、雷波、木里、越西、甘洛、宁南、德昌、金阳、美姑、布拖、普格、昭觉等县市有分布。本种树皮含鞣质和纤维，纤维可作人造棉的原料；根、叶可药用，能治风湿和跌打损伤等病，还可作农药。

35.1.2　八角枫 *Alangium chinense* (Lour.) Harms

35.1.2a　八角枫（原亚种）*Alangium chinense* (Lour.) Harms subsp. *chinense*

落叶灌木或小乔木。叶卵形、近圆形或椭圆形，长13~19（26）cm，宽9~15（22）cm，不分裂或3~7（9）裂，裂片短或钝尖；叶上面深绿色，无毛，下面淡绿色，除脉腋有丛状毛外，其余部分近无毛；基出脉3~5（7）条，呈掌状，侧脉3~5对；**叶柄长2.5~3.5 cm，红色。二歧聚伞花序腋生，具小花（3）8~30朵**，花白色至乳黄色；花梗较短；萼阔钟形，萼齿6~8；花瓣与萼齿同数互生，花瓣条形，**长1~1.5 cm**，顶端反卷；雄蕊与花瓣同数等长，花丝密被绒毛。核果卵形，熟时黑色，先端具宿存萼齿及花盘。花期5—7月和9—10月，果期7—11月。

国内分布广泛，多生于海拔2 400 m以下的沟谷中、山地上及疏林中。凉山州各县市均有分布。本种木材可作家具及天花板的原料；根和茎药用，能治风湿、跌打损伤等；树皮纤维可编绳索。

35.1.2b　稀花八角枫（亚种）*Alangium chinense* subsp. *pauciflorum* Fang

别名：少花八角枫

本亚种为纤细的灌木或小乔木；叶较小，卵形，顶端锐尖，常不分裂，稀3（5）微裂，长6~9 cm，宽4~6 cm；花较稀少，每花序仅3~6朵花，花瓣、雄蕊均8枚，花丝有白色疏柔毛。

中国特有，产于河南、陕西、甘肃、湖北、湖南、四川、贵州、重庆及云南等，生于海拔1 100~2 400 m的山坡潮湿密林中或沟谷疏林中。凉山州的西昌、会理、盐源、金阳等县市有分布。

35.1.2c　深裂八角枫（亚种）*Alangium chinense* subsp. *triangulare* (Wanger.) Fang

本亚种的叶基部三角形或近圆形；叶常3~5深裂，裂片披针形或近卵形，凹缺深达叶片的中部，极易与其他亚种辨别。

中国特有，产于陕西、甘肃、安徽、湖北、湖南、四川、贵州和云南等地，生于海拔1 000~2 500 m的丛林中或林边。凉山州的德昌等县有分布。

36　蓝果树科 Nyssaceae

36.1　喜树属 *Camptotheca* Decne.

喜树 *Camptotheca acuminata* Decne.

别名：旱莲木、千丈树

落叶乔木。小枝圆柱形，有灰色微柔毛。叶互生，纸质，矩圆状卵形或矩圆状椭圆形，长12~28 cm，宽6~12 cm，顶端短锐尖，基部近圆形或阔楔形；全缘；上面亮绿色；侧脉11~15对。**头状花序近球形**，具2~9朵花，通常上部为雌花序，下部为雄花序。花杂性，同株；苞片3片，三角状卵形；花萼杯状，5浅裂；花瓣5片，淡绿色，矩圆形或矩圆状卵形；雄蕊10枚；子房下位，花柱无毛。

翅果矩圆形；顶端具宿存的花盘，两侧具窄翅；幼时绿色，干燥后黄褐色；着生形成近球形的头状果序。花期5—7月，果期9月。

　　我国特有，产于江苏、浙江、福建、江西、湖北、湖南、四川、贵州、广东、广西、云南等地，生于海拔1 700 m以下的沟谷路旁及溪边。凉山州的西昌、雷波、越西、甘洛、宁南、德昌、金阳、冕宁、美姑、普格等县市有分布或栽培。本种树干挺直，生长迅速，可作庭园树或行道树；树根可供药用。

36.2　珙桐属 *Davidia* Baill.

36.2.1　珙桐 *Davidia involucrata* Baill.

36.2.1a　珙桐（原变种）*Davidia involucrata* Baill. var. *involucrata*

别名：鸽子树、空桐、枢梨子

　　落叶乔木。叶纸质，互生，常密集于幼枝顶端，阔卵形或近圆形，长9~15 cm，宽7~12 cm；顶端急尖或短急尖，基部心脏形或深心脏形，边缘有呈三角形且尖端锐尖的粗锯齿；下面密被淡黄色、淡白色丝状粗毛；叶柄长4~5（7）cm。两性花与雄花同株；多数的雄花与1朵雌花或两性花形成近球形的头状花序，直径约2 cm，着生于幼枝的顶端，两性花位于花序的顶端，雄花环绕在其周围，**花序基部具纸质的矩圆状卵形或矩圆状倒卵形的花瓣状的苞片2~3枚，长7~15（20）cm，宽3~5（10）cm，初淡绿色，继变为乳白色，后变为棕黄色而脱落。**果实为长卵状圆形核果，长3~4 cm，直径15~20 mm，紫绿色，具黄色斑点。花期4月，果期10月。

中国特有，国家一级保护野生植物，产于湖北、湖南、贵州、四川及云南，生于海拔1 500~2 200 m的润湿的常绿阔叶与落叶阔叶的混交林中。凉山州的雷波、美姑、越西、甘洛、布拖等县有分布。本种为著名的观赏树种。

36.2.1b　光叶珙桐（变种）*Davidia involucrata* var. *vilmoriniana* (Dode) Wanger.

与原变种的区别在于：本变种叶下面常无毛或幼时叶脉上被很稀疏的短柔毛及粗毛，有时下面被白霜。

中国特有，国家一级保护野生植物，产于贵州、四川及湖北，生于海拔1 500~2 000 m的林中，混生。凉山州的雷波、美姑、布拖等县有分布。

37　五加科 Araliaceae

37.1　通脱木属 *Tetrapanax* K. Koch

通脱木 *Tetrapanax papyrifer* (Hook.) K. Koch

别名：天麻子、木通树、通草

常绿灌木或小乔木。新枝幼时密生黄色星状厚绒毛。叶大，集生于茎顶；叶片纸质或薄革质，长50~75 cm，宽50~70 cm，掌状，5~11裂，裂片通常为叶片全长的1/3或1/2，倒卵状长圆形或卵状长圆形，通常再分裂为2~3小裂片，先端渐尖，上面深绿色，下面密生白色厚绒毛，边缘全缘或疏生粗齿；叶柄长30~50 cm。圆锥花序长50 cm或更长；分枝多，长15~25 cm；伞形花序直径1~1.5 cm，有花多数；总花梗、花梗均密生白色星状绒毛；花淡黄白色。果实球形，紫黑色。花期10—12月，果期次年1—2月。

中国特有，分布广泛，生于海拔500~3 500 m的向阳的肥厚的土壤上。凉山州的会理、盐源、雷波、木里、越西、甘洛、宁南、美姑、布拖、普格等县市有分布。本种茎髓大，质地轻软，颜色洁白，称为"通草"，其切成的薄片称为"通草纸"，可作精致纸花和小工艺品的原料；通草药用，可作利尿剂，并有清凉散热的功效。本种可作园林观赏植物。

37.2　罗伞属 *Brassaiopsis* Decne. & Planch.

盘叶掌叶树 *Brassaiopsis fatsioides* Harms

灌木或乔木。**枝有刺**。叶片膜质至纸质，直径30 cm或更大，**掌状，7~10深裂；裂片倒披针形至长圆状倒披针形，有时卵状长圆形，长16~25 cm，宽3~10 cm**，先端短渐尖，基部略狭，上面有稀疏刚毛或几乎无毛，下面略有锈色绒毛或无毛，边缘有细锯齿；叶柄长30~60 cm。**圆锥花序顶生，长30 cm，主轴略有毛；伞形花序直径3.5~4 cm，有花多数**；总花梗长2~3 cm，无刺，结实后可长至12 cm；花梗长0.8~2 cm；花白色；萼无毛或几乎无毛；花瓣5片，长卵形。果实球形，蓝黑色，直径5~6 mm，宿存花柱长2 mm。花期7月，果期次年2月。

中国特有，产于四川、贵州、云南及西藏，生于海拔500~2 700 m森林中。凉山州的雷波等县有分布。

37.3　鹅掌柴属 *Heptapleurum* Gaertn.

37.3.1　穗序鹅掌柴 *Heptapleurum delavayi* Franch.

别名：德氏鸭脚木、绒毛鸭脚木、大五加皮、假通脱木

乔木或灌木。小枝幼时密生黄棕色星状绒毛。叶有小叶4~7片，叶柄长4~16（70）cm，幼时密生

星状绒毛。小叶片纸质至薄革质，形状变化很大，椭圆状长圆形、卵状长圆形、卵状披针形或长圆状披针形，稀线状长圆形，长6~20（35）cm，宽2~8 cm或稍宽；先端急尖至短渐尖，基部钝形至圆形，有时截形；**下面密生灰白色或黄棕色星状绒毛**；边缘全缘或疏生不规则的牙齿，有时具不规则缺刻或羽状分裂；侧脉8~12（18）对。**花无梗，密集成的穗状花序组成长40 cm以上的大圆锥花序**；主轴和分枝幼时均密生星状绒毛；花白色。果实球形，紫黑色，直径约4 mm。花期10—11月，果期次年1月。

　　中国特有，产于云南、贵州、四川、湖北、湖南、广西、广东、江西以及福建，生于海拔600~3 100 m的山谷或沟边的混交林中。凉山州的西昌、会理、盐源、雷波、甘洛、宁南、德昌、冕宁、布拖、普格等县市有分布。本种为民间常用草药，根皮、叶可供药用，根皮能治跌打损伤，叶有发表的功效。

37.3.2　多脉鹅掌柴 *Heptapleurum multinervium* (H. L. Li) G. M. Plunkett & Lowry

　　乔木。叶有5~10片小叶；叶柄粗壮，长22 cm或更长。小叶片革质，长圆状披针形，长18~25 cm，**宽5~9 cm**；先端渐尖，基部钝形；干时上面有光泽，**下面灰白色，两面均无毛**；边缘全缘；**侧脉16~22对**，斜上，在两面明显，网脉不明显；**小叶柄长3~3.5 cm，无毛**。圆锥花序长25 cm或更长，主轴和分枝上有锈色星状短柔毛或几乎无毛；苞片三角形；萼上疏生星状短柔毛或几乎无毛，边缘有5齿；花瓣5片，外面有稀疏短柔毛或几乎无毛；雄蕊5枚；子房5室；花柱合生成柱状；花盘平坦。花期9月。

　　中国特有，产于云南，生于海拔2 400~3 200 m的山林中。凉山州盐源县有发现，四川新记录。（注：该种在《中国植物志》中记载叶片为5片，但笔者观察到的该种植株叶片的数量为5~10片）

37.3.3 红河鹅掌柴 *Heptapleurum hoi* (Dunn) Vig.

别名：大叶红河鹅掌柴

小乔木。**叶有小叶（3）5~10片，叶柄长9~17（40）cm。**小叶片薄革质，狭长圆形、长圆形或倒披针形，长8~20 cm，宽1.5~5 cm；先端渐尖至长渐尖，基部钝形或渐狭；两面均无毛；边缘全缘；**侧脉5~16对，**在两面明显，网脉不明显；中央的小叶柄长1.5~5 cm，两侧的较短。**圆锥花序顶生，**长40~50 cm，疏生星状短柔毛至几乎无毛；上部分枝为总状花序，下部的常为复总状花序；花单生或2~3朵聚生于苞腋内；花梗长2~4 mm，结实时长5~10 mm，疏生星状短柔毛。果实球形，有不明显5条棱，直径3~4 mm；宿存花柱长1.5~2 mm，柱头盘状。花期8月，果期9—10月。

中国特有，产于西藏、云南及广西，生于海拔2 000~3 000 m的山谷密林中。凉山州的西昌、会理、盐源、冕宁等县市有分布，四川新记录。

37.3.4 短序鹅掌柴 *Heptapleurum bodinieri* (Lévl.) Rehd.

别名：川黔鸭脚木

灌木或小乔木，高1~5 m。**叶有小叶6~11片，叶柄长9~30 cm。小叶片膜质、薄纸质或坚纸质，叶形变异大，长圆状椭圆形、披针状椭圆形、披针形至线状披针形，**长11~20 cm，宽1~5 cm；先端长渐尖，尖头有时镰刀状，基部阔楔形至钝形；两面均无毛，或下面有极稀疏的白色星状短柔毛；**边缘疏生细锯齿或波状钝齿，**稀全缘；侧脉5~20对；小叶柄长0.2~6 cm。圆锥花序顶生，长不超过15 cm（稀长达30 cm）；**伞形花序单个顶生或数个总状排列在分枝上，有花约20朵；花白色；**萼长2~2.5 mm，有

灰白色星状短柔毛，边缘有5齿；花瓣5片。果实球形或近球形，几乎无毛，红色，直径4~5 mm。花期11月，果期次年4月。

中国特产，产于四川、湖北、贵州、云南及广西，生于海拔2 000~2 600 m的密林中。凉山州的西昌、盐源、越西、冕宁、德昌、美姑、甘洛等县市有分布。

37.3.5　鹅掌柴 *Heptapleurum heptaphylla* (Linn.) Frodin

别名：鸭母树、鸭脚木

小乔木或灌木。小枝粗壮，与叶柄、叶片、花序轴、总花梗、小花梗和花萼一样均被星状短柔毛。叶有小叶6~9（11）片，叶柄长15~30 cm。小叶椭圆形、长圆状椭圆形或倒卵状椭圆形，侧脉7~10对，中央的小叶柄较长。**圆锥花序顶生；总状排列的伞形花序几个至十几个；伞形花序有花10~15朵；**总花梗较长；花梗短；小苞片小；花白色；萼短小；花瓣5~6片，反曲，雄蕊5~6枚；花柱为粗短柱状；花盘平坦。果实球形，黑色，具棱。花期11—12月，果期12月。

国内产于西藏、云南、广西、广东、浙江、福建和台湾等地，为海拔100~2 100 m常绿阔叶林中常见的植物，有时也生于阳坡上。凉山州各县市多有栽培。鹅掌柴株形优美，适应能力强，是优良的园林绿化和观赏植物；木材质软，为制作火柴杆及蒸笼的原料；为冬季的蜜源植物；叶及根皮可供药用。

37.4　萸叶五加属 *Gamblea* C. B. Clarke

37.4.1　萸叶五加 *Gamblea ciliata* C. B. Clarke

37.4.1a　萸叶五加（原变种）*Gamblea ciliata* C. B. Clarke var. *ciliata*

别名：锈毛吴茱萸五加、细梗吴茱萸五加

灌木或乔木。**叶有5片小叶**，在长枝上互生，在短枝上簇生，叶柄长5~10 cm，初淡棕色短柔毛。小叶片纸质至革质，长6~12 cm，宽3~6 cm，中央小叶片椭圆形至长圆状倒披针形，或卵形，先端短渐尖或长渐尖，基部楔形或狭楔形，两侧小叶片基部歪斜，较小；上面无毛，**下面沿脉密生锈色绒毛或毛脱落变几乎无毛**，边缘全缘或有锯齿，齿有或长或短的刺尖；侧脉6~8对；小叶无柄或有短柄。伞形花序具少数花，通常几个伞形花序组成顶生复伞形花序；**总花梗、花梗常具锈色绒毛；**子房具2~4室，花柱2~4。

毛，边缘有5个卵状圆形钝齿；花瓣5片，长圆状卵形，开花时反曲；雄蕊5枚；子房5室。果实球形，有5条棱。花期6—7月，果期8—10月。

中国特有，产于四川及云南，生于海拔2 100~3 000 m的山坡灌丛中及林中。凉山州的西昌、盐源、木里、普格、冕宁等县市有分布。

37.7.3 羽叶参 *Pentapanax fragrans* (D. Don) T. D. Ha

别名：五叶参、五叶五加

常绿乔木或蔓生状灌木。叶有小叶3~5（7）片；叶柄无毛或有稀疏短柔毛，有时在顶端更密。小叶片纸质至薄革质，椭圆状卵形，长6~12 cm，宽2.5~6 cm；先端渐尖，基部圆形；**无毛或下面沿脉有短柔毛；边缘有刺状锯齿；侧脉6~10对，**侧脉和网脉在上面不甚明显，在下面隆起明显；小叶柄无毛。伞房状圆锥花序顶生；主轴短；分枝8~12，在主轴上伞房状排列，有短柔毛；伞形花序直径2~2.5 cm，有花多数；总花梗长1~3 cm，无毛或略有短柔毛；花梗长5~10 mm，无毛或略有短柔毛；花白色；萼无毛，边缘有5小齿；花瓣5片，通常合生成帽状体，早落。果实卵球形，长约4 mm，有5条棱。花期7—8月，果期9—10月。

国内产于四川、云南及西藏，生于海拔2 600~2 800 m的沟谷混交林下，凉山州的西昌、盐源、木里、普格等县市有分布。本种可为草药，茎、根皮可治风湿关节痛。

37.8 常春藤属 *Hedera* Linn.

常春藤 *Hedera nepalensis* var. *sinensis* (Tobl.) Rehd.

别名：爬崖藤、狗姆蛇、三角藤、山葡萄、牛一枫、三角风、爬墙虎、爬树藤、中华常春藤

常绿攀缘灌木。茎长可达20 m，有气生根。**叶片革质，在不育枝上通常为三角状卵形或三角状长圆形，稀三角形或箭形，**长5~12 cm，宽3~10 cm，先端短渐尖，基部常截形，边缘全缘或3裂；花枝上的叶片通常为椭圆状卵形至椭圆状披针形，略歪斜而带菱形，长5~16 cm，先端渐尖或长渐尖，基部楔形或阔楔形，全缘或有1~3浅裂；叶柄细长，长2~9 cm。**伞形花序单个顶生，或2~7个总状排列或伞房状排列成圆锥花序，**直径1.5~2.5 cm，有花5~40朵；总花梗长1~3.5 cm；花梗长0.4~1.2 cm；花淡黄白色或淡绿白色，芳香。**果实球形，红色、黄色或黑色，**直径7~13 mm，宿存花柱长1~1.5 mm。花期9—11月，果期次年3—5月。

国内分布广泛，常攀缘于海拔3 500 m以下的林缘树木上、林下路旁、岩石上和房屋墙壁上。凉山州各县市均有分布。本种四季常青，可作风景区骨干树种和林层下的伴生树种；全株供药用，有解毒、祛风之效，茎叶捣碎外敷可治衄血，也可治痈疽或其他肿毒；茎、叶含鞣质，可提制栲胶。

37.9　梁王茶属 *Metapanax* J. Wen & Frodin

37.9.1　梁王茶 *Metapanax delavayi* (Franchet) J. Wen & Frodin

别名：香棍、掌叶梁王茶

灌木。叶为掌状复叶，有小叶片（2）3~5（7）片，稀单叶，叶柄长4~12 cm。**小叶片长圆状披针形至椭圆状披针形，长6~12 cm，宽1~2.5 cm**；先端渐尖至长渐尖，基部楔形；上面绿色，下面淡绿色；边缘疏生钝齿或近全缘；侧脉6~8对；**小叶柄长1~10 mm**。圆锥花序顶生，长约15 cm；伞形花序直径约2 cm，有花10余朵；总花梗长1~1.5 cm；花梗有关节，长8~10 mm；花白色。果实球形，侧扁，直径约5 mm。花期9—10月，果期12月至次年1月。

国内产于四川、贵州、云南及江西，常生于海拔1 600~2 600 m的山坡密林中或灌丛中。凉山州各县市均有分布。本种可供药用，茎皮具清热消炎、生津止泻之效，主治喉炎；茎皮可直接嚼食，也可开水泡服，入口时略感苦涩，后回甘无穷。

37.9.2　异叶梁王茶 *Metapanax davidii* (Franch.) J. Wen ex Frodin

别名：大卫梁王茶、梁王茶

灌木或乔木。叶为单叶，稀在同一枝上有具3片小叶的掌状复叶；叶柄长5~20 cm；叶片薄革质至厚革质，长圆状卵形至长圆状披针形或三角形至卵状三角形，不分裂或掌状2~3浅裂或深裂；**长 6~21 cm，宽2.5~7 cm**；先端长渐尖，基部阔楔形或圆形；有主脉3条；边缘疏生细锯齿，有时为锐尖锯齿；侧脉6~8对。小叶片披针形，**几乎无小叶柄**。圆锥花序顶生，长达20 cm；伞形花序直径约2 cm；总花梗长1.5~2 cm；花梗有关节；花白色或淡黄色，芳香。果实球形，侧扁，直径5~6 mm，黑色。花期6—8月，果期9—11月。

　　国内产于陕西、湖北、湖南、四川、贵州、云南及广西，生于800~3 000 m的疏林中、向阳灌木林中、林缘、路边或岩石山上。凉山州各县市多有分布。本种可供药用，能治跌打损伤、风湿关节痛。

37.10　八角金盘属 *Fatsia* Decne. et Planch.

八角金盘 *Fatsia japonica*（Thunb.）Decne. et Planch.

别名：手树

　　常绿灌木或小乔木。茎光滑无刺。叶柄长10~30 cm。**叶片大，革质，近圆形，掌状7~9深裂**，裂片长椭圆状卵形，先端短渐尖，基部心形，边缘有疏离粗锯齿，上表面暗亮绿以，下面色较浅；侧脉在两面隆起，网脉在下面稍显著。**圆锥花序顶生，长20~40 cm；伞形花序直径3~5 cm**，花序轴被褐色绒毛；花萼近全缘，无毛；花瓣5片，卵状三角形，长2.5~3 mm，黄白色，无毛；雄蕊5枚，花丝与花瓣等长；子房下位；花柱5，分离。果实近球形，直径5 mm，熟时黑色。花期10—11月，果期次年4月

原产日本，国内广泛引种栽培。凉山州各县市多有栽培。本种四季常青，叶片硕大而优美，为优良观赏植物。

37.11 大参属 *Macropanax* Miq.

短梗大参 *Macropanax rosthornii* (Harms) C. Y. Wu ex Hoo

别名：七叶风、七叶莲

常绿灌木或小乔木。**掌状复叶，有小叶3~5（7）片**，叶柄长2~20 cm或更长。小叶片纸质，倒卵状披针形，长6~18 cm，宽1.2~3.5 cm；先端短渐尖或长渐尖，尖头长1~3 cm，基部楔形；两面均无毛；**边缘疏生钝齿或锯齿，齿有小尖头；侧脉8~10对**，在两面明显；小叶柄长0.3~1（1.5）cm。**顶生圆锥花序无毛**；伞形花序直径约1.5 cm，有花5~10朵；花白色；花瓣5片，三角状卵形，长1.5 mm；雄蕊5枚。果实卵球形，长约5 mm，宿存花柱长1.5~2 mm。花期7—9月，果期10—12月。

中国特有，产于福建、甘肃、广东、广西、贵州、湖北、湖南、江西、四川及云南，常生于海拔500~2 600 m的林下、灌丛中及路边。凉山州的西昌、雷波、越西及德昌等县市有分布。本种供药用，可治骨折、风湿关节炎。

37.12 幌伞枫属 *Heteropanax* Seem.

幌伞枫 *Heteropanax fragrans* (Roxb.) Seem.

常绿乔木。**叶大，直径50~100 cm，三回至五回羽状复叶**，小叶片在羽片轴上对生。小叶片纸质，椭圆形，先端短尖，基部楔形，边缘全缘，侧脉6~10对；小叶柄长至1 cm或无柄，顶生小叶柄有时较长。圆锥花序顶生，主轴及分枝密生锈色星状绒毛，后脱落；伞形花序头状，有花多数；花淡黄白色，芳香；花瓣5片，卵形，外面疏生绒毛；雄蕊5枚，花丝长约3 mm。果实卵球形，略侧扁，黑色，具宿存花柱。花期10—12月，果期次年2—3月。

国内产于云南和广东，常生于海拔1 000 m以下的林中。凉山州各县市多有栽培。本种树冠圆整，常栽培作为庭园风景树；根皮可治烧伤、疖肿、蛇咬伤及风热感冒，髓心有利尿的功效。

37.13　刺楸属 *Kalopanax* Miq.

刺楸 *Kalopanax septemlobus* (Thunb.) Koidz.

别名：辣枫树、茨楸、云楸、刺桐、刺枫树、鼓钉刺、毛叶刺楸

落叶乔木；**枝散生粗刺，刺基部宽阔扁平，刺通常长5~6 mm**。叶片纸质，在长枝上互生，在短枝上簇生，圆形或近圆形，直径9~25（35）cm；**掌状5~7浅裂，茁壮枝上的叶片深裂；放射状主脉5~7条**；叶柄细长，长8~50 cm。圆锥花序大，长15~25 cm，直径20~30 cm；伞形花序直径1~2.5 cm，有花多数；总花梗细长，长2~3.5 cm，无毛；花梗细长，无关节，无毛或稍有短柔毛，长5~12 mm；花白色或淡绿黄色。果实球形，直径约5 mm，蓝黑色，宿存花柱长2 mm。花期7—10月，果期9—12月。

国内分布广，常生于海拔2 500 m以下的林中。凉山州的雷波、普格、越西、甘洛、喜德、西昌、德昌、会东、美姑、布拖等县市有分布或栽培。本种木材可供建筑、家具、乐器等用材；根皮可供药用，有清热祛痰、收敛镇痛之效；嫩叶可食；树皮及叶含鞣质，可提制栲胶；种子可榨油，油可供工业用。

38 　桤叶树科 Clethraceae

桤叶树属 *Clethra* Gronov. ex L.

云南桤叶树 *Clethra delavayi* Franch.

别名：单穗桤叶树、贵定桤叶树、南川桤叶树、小果桤叶树、全缘桤叶树

落叶灌木或小乔木。小枝嫩时密被成簇锈色糙硬毛和伏贴的星状绒毛。叶卵状椭圆形、倒卵状长圆形或长椭圆形，长7~23 cm，宽3.5~9 cm；先端渐尖或短尖，基部楔形；边缘具锐尖锯齿；侧脉20~21对；叶柄密被星状硬毛及长伏毛。**总状花序单生于枝端，长10~27 cm，偶有分枝，花序轴和花梗均密被锈色星状毛及成簇微硬毛；萼5深裂；花瓣5片，长圆状倒卵形，长8~10 mm。蒴果近球形，下弯，直径4~6 mm，宿存花柱长6~8 mm。花期7—8月，果期9—10月。**

国内产于重庆、福建、广东、贵州、湖南、江西、四川、西藏、云南及浙江等地，生于海拔300~4 000 m的山地林缘或林中。凉山州的西昌、雷波、甘洛、美姑、冕宁、越西、普格等县市有分布。

39 　杜鹃花科 Ericaceae

39.1 　吊钟花属 *Enkianthus* Lour.

39.1.1 　少花吊钟花 *Enkianthus pauciflorus* E. H. Wils.

别名：单花吊钟花、少花灯笼花

灌木。叶密集生于枝顶，长椭圆形至长卵形，厚纸质，长（1.5）2~2.5（3）cm，宽（0.8）1~1.2 cm；先端渐尖，有小尖头，基部楔形，渐狭成柄；边缘具细锯齿；腹面绿色，无毛，背面淡绿色，疏被微柔毛；中脉在腹面不明显，在背面隆起，侧脉在背面稍明显；叶柄短，长约2 mm，近无毛。**单花，稀2朵花自叶丛中生出，花冠或黄色具红色条纹，或红色。蒴果卵形，直径3~7 mm，幼时**

绿色，成熟时褐色；果梗纤细，长约1 cm，明显弯曲。种子小，黄褐色，具翅。果期6—10月。

中国特有，易危物种，产于四川及云南，生于海拔3 000~3 700 m的高山灌丛中。凉山州的雷波等县有分布。

39.1.2　毛叶吊钟花 *Enkianthus deflexus* (Griff.) Schneid.

别名：小丁木

落叶灌木或小乔木。叶互生。叶片椭圆形、倒卵形或长圆状披针形，薄纸质，长3.5~7 cm，宽2~3（3.5）cm；先端渐尖或钝，有突尖，基部钝圆或渐狭成楔形；边缘有细锯齿；腹面无毛，**背面疏被黄色柔毛，中脉和侧脉密生粗毛**；叶柄被短绒毛；**花多数排成总状花序；花序轴细长，长达7 cm**，连同花梗密被锈色绒毛；花萼5裂，萼片披针状三角形；花冠宽钟形，长7~8（15）mm，**白色、浅黄色或砖红色**，口部5浅裂。蒴果卵状圆形，长约7 mm，果梗顶端明显下弯。花期4—5月，果期6—10月。

国内产于湖北、广东、四川、贵州、云南及西藏，生于海拔1 000~3 900 m的疏林下或灌丛中。凉山州的西昌、越西、甘洛、喜德、金阳、冕宁、美姑、布拖、普格、昭觉等县市有分布。本种为优良观赏植物。

39.1.3　灯笼树 *Enkianthus chinensis* Franch.

别名：灯笼花、钩钟、钩钟花、荔枝木，女儿红、贞榕

落叶灌木或小乔木。叶常聚生于枝顶。叶纸质，长圆形至长圆状椭圆形，长3~4（5）cm，宽

2~2.5 cm；先端钝尖，具短突尖头，基部宽楔形或楔形；边缘具钝锯齿；**两面无毛**；叶柄粗壮，无毛。**花多数组成伞形花序状总状花序**；花梗纤细，长2.5~4 cm，无毛；花下垂；花萼5裂；花冠阔钟形，长、宽各约1 cm，**肉红色**，口部5浅裂，裂片通常为深红色。蒴果卵状圆形，直径6~7（8）mm。花期5月，果期6—10月。

中国特有，产于安徽、浙江、福建、湖南、广西、四川、贵州、云南等多地，生于海拔900~3 600 m的山坡疏林中。凉山州的雷波、冕宁、木里、金阳、美姑、普格、昭觉等县市有分布。本种为优良观赏植物。

39.1.4 齿缘吊钟花 *Enkianthus serrulatus* (Wils.) Schneid.

别名：四川吊钟花、黄叶吊钟花、野支子、莫铁硝、山枝仁、九节筋、毛脉吊钟花

落叶灌木或小乔木。叶密集于枝顶，厚纸质，长圆形或长卵形，长6~11 cm，宽2.8~4 cm；先端短渐尖或渐尖，基部宽楔形或钝圆；边缘具细锯齿；腹面无毛，或中脉上有微柔毛，背面中脉下部被白色柔毛；叶柄较纤细，无毛。**伞形花序顶生。每花序上有花2~6朵，花下垂**；花梗长1~2 cm，结果时直立、变粗壮，长可达3 cm；花萼绿色，萼片5片，三角形；花冠钟形，白绿色，长约1 cm，口部5浅裂，裂片反卷。蒴果椭圆形，长约1 cm，直径6~8 mm，顶端有宿存花柱。花期4月，果期5—7月。

中国特有，产于浙江、江西、福建、湖北、湖南、广东、广西、四川、贵州、云南及海南，生于海拔800~1 800 m的山坡上。凉山州的雷波、木里、甘洛等县有分布。本种可作观赏植物。

39.2 白珠属 *Gaultheria* Kalm ex L.

39.2.1 红粉白珠 *Gaultheria hookeri* C. B. Clarke

常绿灌木。**嫩枝密被褐色刚毛**。叶革质，椭圆形，长4~5（8）cm，宽2~2.8（3.5）cm；先端浑圆或急尖，基部钝圆或楔形；边缘有锯齿；**背面具刚毛；侧脉每边4~5条，呈羽状**；叶柄长2~3 mm，顶部膨大，有关节，被刚毛。**总状花序顶生或腋生**，花序轴长3~4 cm，被白色柔毛；**基部苞片大，椭圆形，长4~5 mm**；花梗长约4 mm，纤细，被微毛；萼5裂，裂片卵形；**花冠卵状坛形，粉红色或白色，长约4 mm**。浆果状蒴果球形，直径约4 mm，紫红色，花柱宿存。花期6月，果期7—11月。

国内产于四川、贵州、云南及西藏，生于海拔1 000~3 800 m的山脊阳处及开阔地带。凉山州的雷波、越西、美姑、甘洛、冕宁、普格等县有分布。

39.2.2 滇白珠 *Gaultheria leucocarpa* var. *yunnanensis* (Franchet) T. Z. Hsu & R. C. Fang

别名：屏边白珠

常绿灌木。**枝条细长，左右曲折，无毛。叶卵状长圆形，革质，有香味**，长7~9（12）cm，宽2.5~3.5（5）cm；**先端尾状渐尖**，基部钝圆或心形；边缘具锯齿；两面无毛，背面密被褐色斑点；侧脉4~5对；叶柄粗壮，长约5 mm。**总状花序腋生**，序轴长5~7（11）cm，纤细，被柔毛，花10~15朵，疏生，序轴基部为鳞片状苞片所包；花梗长约1 cm，**无毛**；苞片卵形，长3~4 mm；花萼裂片5片；**花冠白绿色，钟形**，长约6 mm，口部5裂。浆果状蒴果球形，直径约5 mm或达1 cm，黑色，5裂。花期5—6月，果期7—11月。

国内产于长江流域及其以南各地，从低海拔到海拔3 500 m左右的山上均有分布。凉山州的西昌、会理、盐源、喜德、宁南、德昌、金阳、冕宁、美姑、雷波、越西、会东、普格等县市有产。本种枝、叶可提取芳香油；全株入药可治风湿性关节炎。

39.2.3　尾叶白珠 *Gaultheria griffithiana* Wight

别名：山胡椒、阿门支力

常绿灌木或小乔木。枝条细长，常左右曲折，无毛。叶长圆形至椭圆形，**厚革质，长（8）12~14（15）cm**，宽3.5~4.5 cm；先端尾状长渐尖，基部钝圆或楔形，**边缘具细密锯齿，无毛**；背面密被褐色斑点或疏被斑点；**侧脉5~8对**；叶柄粗短，长5~6 mm，无毛。总状花序腋生，长5~7（9）cm，疏生多花，序轴被短柔毛；花梗长约5mm，**被柔毛**；苞片卵形，直径约1.5 mm；花萼5裂，裂片卵状三角形，长约2 mm，无毛或疏被微缘毛；**花冠白色，卵状坛形，口部收缩**，5浅裂，外面无毛。浆果状蒴果球形，直径约7 mm，黑色或紫黑色。花期5—7月，果期8—10月。

国内产于四川、云南和西藏，生于海拔2 000~3 600 m的杂木林中。凉山州的西昌、盐源、金阳、布拖、普格等县市有分布。

39.2.4　铜钱叶白珠 *Gaultheria nummularioides* D. Don

别名：四川白珠树、小叶铜钱白珠

常绿匍匐灌木，高30~40 cm。茎细长，如铁丝状，多分枝，**有棕黄色糙伏毛。叶革质，宽卵形或近圆形，长8~15 mm**，宽8 mm；先端急尖，基部圆形或略心形；近全缘，但边缘有小齿形的水囊体，每齿顶端生1棕色长刚毛，老时脱落；腹面无毛，背面灰绿色，具瘤足状棕色刚毛，老时部分脱落；叶柄短，被黄棕色糙伏毛。**花单生于叶腋，下垂**；花梗长约2 mm；花萼5裂；花冠卵状坛形，粉红色至近白色，长约5 mm，口部5裂。**浆果状果球形，直径约4 mm，稀达6 mm，蓝紫色，肉质，无毛**。花期7—9月，果期10—11月。

国内产于四川、云南及西藏，生于海拔1 000~3 400 m的山坡岩石上或杂木林中。凉山州的雷波、冕宁等县有分布。据四川资料，本种为铁镍矿指示植物。

39.3　珍珠花属 *Lyonia* Nutt.

39.3.1　珍珠花 *Lyonia ovalifolia* (Wall.) Drude

39.3.1a　珍珠花（原变种）*Lyonia ovalifolia* (Wall.) Drude var. *ovalifolia*

别名：南烛、米饭花

常绿或落叶灌木或小乔木。叶革质，卵形或椭圆形，长8~10 cm，宽4~5.8 cm；先端渐尖，基部钝圆或心形；腹面无毛，**背面近无毛**；叶柄长4~9 mm。**总状花序长5~10 cm**，着生于叶腋，近基部有2~3枚叶状苞片，小苞片早落；花序轴上微被柔毛；花梗长约6 mm，近于无毛；花萼深5裂，裂片长椭圆形，长约2.5 mm，宽约1 mm；**花冠圆筒状**，长约8 mm，径约4.5 mm，外面疏被柔毛，上部浅5裂，裂片向外反折，先端钝圆。蒴果球形，直径4~5 mm。花期5—6月，果期7—9月。

国内产于台湾、福建、湖南、广东、广西、四川、贵州、云南、西藏等地，生于海拔700~2 800 m的林中。凉山州各县市均有分布。本种为阔叶林中常见的树种之一。

39.3.1b 狭叶珍珠花（变种）*Lyonia ovalifolia* var. *lanceolata* (Wall.) Hand.–Mazz.

别名：披针叶米饭花、狭叶南烛

与原变种珍珠花区别在于：叶椭圆状披针形，先端钝尖或渐尖，基部狭窄，楔形或阔楔形；叶柄长6~8 mm；萼片较狭，披针形。

国内产于福建、湖北、广东、广西、四川、贵州、云南、西藏等地，生于海拔700~2 400 m的林中。凉山州的西昌、会理、雷波、越西、宁南、德昌、美姑、布拖、普格等县市有分布。

39.3.2 毛叶珍珠花 *Lyonia villosa* (Wall. ex C. B. Clarke) Hand.–Mazz

别名：毛叶南烛、毛叶米饭花、西域桾木

灌木或小乔木。叶纸质或近革质，**卵形或倒卵形，长3~5 cm，宽1~3 cm**；先端钝，具短尖头，稀短渐尖，基部阔楔形、近圆形或略呈浅心形；腹面仅脉上疏被短柔毛，**背面被灰褐色长柔毛，脉上通常较多**；侧脉4~5对，在背面显著；叶柄长4~10 mm，被毛。总状花序腋生，**长1~4（7）cm**，下部有2~3枚叶状苞片，小苞片早落；花序轴密被黄褐色柔毛；花梗长约4 mm，密被柔毛；花萼5裂，裂片长圆形或三角状卵形，长3~4 mm；花冠圆筒状至坛状，长5~8 mm，直径3~4 mm，外面疏被柔毛，顶端浅5裂，裂片钝尖。蒴果近球形，直径约4 mm，微被柔毛。花期6—8月，果期9—10月。

国内产于四川、云南、西藏及贵州，生于海拔1 000~3 900 m的灌丛中或混交林中。凉山州各县市有分布。

39.4 马醉木属 *Pieris* D. Don

美丽马醉木 *Pieris formosa* (Wall.) D. Don

别名：长苞美丽马醉木、兴山马醉木

常绿灌木或小乔木。**叶革质，披针形至长圆形，稀倒披针形**，长4~10 cm，宽1.5~3 cm；先端渐尖或锐尖，边缘具细锯齿，基部楔形至钝圆形；腹面深绿色，背面淡绿色；叶柄长1~1.5 cm。**总状花序簇生于枝顶的叶腋，或有时为顶生圆锥花序，花序长4~10 cm，稀超20 cm以上**；花梗被柔毛；萼片宽披针形，长约3 mm；**花冠白色，坛状**，外面有柔毛，上部浅5裂，裂片先端钝圆；雄蕊10枚。蒴果卵状圆形，直径约4 mm。花期5—6月，果期7—9月。

国内产于浙江、湖南、广东、四川、云南等多地，生于海拔900~2 300 m的灌丛中。凉山州的西昌、会理、雷波、木里、甘洛、喜德、宁南、德昌、冕宁、会东、美姑、布拖、昭觉等县市有分布。本种可作观赏植物。

39.5 杜鹃花属 *Rhododendron* L.

39.5.1 亮叶杜鹃 *Rhododendron vernicosum* Franch.

常绿灌木或小乔木。叶革质，长圆状卵形至长圆状椭圆形，长5~12.5 cm，宽2.3~4.8 cm，先端钝至宽圆形，**基部宽或近圆形**；上面深绿色，**微被蜡质**，无毛，下面灰绿色。顶生总状伞形花序，有花6~10朵；**总轴疏被腺体及白色小柔毛；花梗紫红色，被红色短柄腺体；花萼外面密被腺体**，边缘腺体呈流苏状；花冠宽漏斗状钟形，**有闷人的气味**，淡红色至白色，裂片7（5~6）片，顶端有缺刻；雄蕊（11~13）14枚，不等长；子房圆锥形，6~7

室，绿色，**密被红色腺体**，花柱淡白色，密被紫红色短柄腺体。蒴果长圆柱形，斜生在果梗上，微弯曲，有残存的腺体痕迹。花期4—6月，果期8—10月。

中国特有，产于四川的西部至西南部、云南西部和西藏东南部，生于海拔2 650~4 300 m的森林中。凉山州的盐源、西昌、雷波、木里、金阳、冕宁、美姑等县市有分布。

39.5.2　美容杜鹃 *Rhododendron calophytum* Franch.

39.5.2a　美容杜鹃（原变种）*Rhododendron calophytum* Franch. var. *calophytum*

常绿灌木或小乔木。**植株无鳞片**。叶厚革质，**长圆状倒披针形或长圆状披针形，长11~30 cm，宽4~7.8 cm；先端突尖成钝圆形**，基部渐狭成楔形；上面亮绿色，**下面无毛或有时在中脉上有稀少的毛**；侧脉18~22对；叶柄粗壮，长2~2.5 cm。顶生短总状伞形花序，有花15~30朵；总轴长1.5~2 cm，被黄褐色细毛；花梗长3~6.5 cm；**花萼长约1.5 mm**，裂片5片，宽三角形；**花冠阔钟形**，长4~5 cm，直径4~5.8 cm，红色或粉红色至白色，内面基部上方有1枚紫红色斑块，裂片5~7片；**雄蕊15~22枚；子房无毛；柱头大，盘状，宽约6.5 mm**。蒴果长圆柱形至长圆状椭圆形，长2~4.5 cm，有肋纹，花柱宿存。花期4—5月，果期9—10月。

中国特有，产于陕西南部，甘肃东南部，湖北西部，四川东南部、西部及北部，贵州中部及北部，云南东北部，生于海拔1 300~4 000 m的森林中或冷杉林下。凉山州的雷波、美姑、甘洛、冕宁等县有分布。

39.5.2b 尖叶美容杜鹃（变种）*Rhododendron calophytum* var. *openshawianum*（Rehder & E. H. Wilson）D. F. Chamberlain

本变种与美容杜鹃的区别：叶较小而狭窄，先端尾状渐尖；顶生的总状伞形花序仅有花6~12朵。

中国特有，产于四川西部、四川西南部和云南东北部，生于海拔1 400~2 800 m的岩边或森林中。凉山州的雷波、美姑、甘洛、冕宁等县有分布。

39.5.3　大白杜鹃 *Rhododendron decorum* Franch.

39.5.3a　大白杜鹃（原亚种）*Rhododendron decorum* Franch. subsp. *decorum*

常绿灌木或小乔木。**植株无鳞片**。叶厚革质，长圆形、长圆状卵形至长圆状倒卵形，长5~14.5 cm；**先端钝或圆，基部楔形或钝**；两面无毛，上面暗绿色，**下面白绿色**；叶柄圆柱形，黄绿色，无毛。顶生总状伞房花序，有花8~10朵，**有香味**；总轴淡红绿色，有**稀疏的白色腺体**；花梗粗壮，具白色有柄腺体；**花冠宽漏斗状钟形**，变化大，长3~5 cm，直径5~7 cm，淡红色或白色，**内面基部有白色微柔毛**，外面有稀少的白色腺体，裂片7~8片，近于圆形的顶端有缺刻；雄蕊13~17枚，花丝基部有白色微柔毛；**子房密被白色有柄腺体；花柱通体有白色短柄腺体，柱头大，头状，宽约5 mm。**蒴果长圆柱形，微弯曲，有腺体残迹。花期4—6月，果期9—10月。

国内产于四川西部至西南部、贵州西部、云南西北部和西藏东南部，生于海拔1 000~4 000 m的灌丛中或森林下。凉山州各县市均有分布。大白杜鹃是四川西南部分布广泛的杜鹃花属植物之一，常常形成杜鹃花花海。

39.5.3b　小头大白杜鹃（亚种） *Rhododendron decorum* Franch. subsp. *parvistigmaticum* W. K. Hu

本亚种与大白杜鹃的区别：花冠裂片无缺刻；柱头小，宽仅2 mm；叶片先端钝，有小尖头，或短渐尖；花梗长2.5~4 cm。

四川特有，产四川西南部，生于海拔2 100 m的林下。凉山州的雷波、美姑等县有分布。

39.5.4　山光杜鹃 *Rhododendron oreodoxa* Franch.

常绿灌木或小乔木，高1~8（12）m。叶革质，狭椭圆形或倒披针状椭圆形，长4.5~10 cm，宽2~3.5 cm；先端钝或圆形，略有小尖头，基部钝至圆形；上面深绿色，下面淡绿色至苍白色；**叶柄幼时紫红色**，有时具有柄腺体。顶生总状伞形花序，有花6~8（12）朵；总轴有腺体及绒毛；**花梗紫红色，密或疏被短柄腺体**；花冠钟形，淡红色，有或无紫色斑点，裂片7~8片，扁圆形，顶端有缺刻；雄蕊12~14枚，不等长，花丝白色，基部无毛或略有白色微柔毛，**花药长椭圆形，红褐色至黑褐色**。蒴果长圆柱形，微弯曲，绿色至淡黄褐色。花期4—6月，果期8—10月。

中国特有，产于甘肃南部、湖北西部和四川西部至西北部，生于海拔2 100~3 650 m的林下、杂木林中或箭竹灌丛中。凉山州的金阳、美姑、布拖等县有分布。

39.5.5　团叶杜鹃 *Rhododendron orbiculare* Decne.

常绿灌木，稀小乔木。叶常3~5片在枝顶上近轮生。**叶厚革质，阔卵形至圆形**，长5.5~11.5 cm；先端钝圆，有小突尖头，**基部心状耳形，耳片常互相叠盖**；叶柄圆柱形，淡绿色，有时带紫红色，近于光滑或有少数腺体。**顶生伞房花序疏松，**有花7~8朵；**总轴略具腺体；**花梗黄绿色，有稀疏短柄腺体及白色微柔毛；花冠钟形，**红蔷薇色，**无毛，裂片7片，宽卵形，顶端有浅缺刻；雄蕊14枚，不等长；子房柱状圆锥形，淡红色，密被白色短柄腺体。蒴果圆柱形，弯曲，绿色，有腺体残迹。花期5—6月，果期8—10月。

四川特有，产于四川的西部、西南部和南部，生于海拔1 400~4 000 m的岩石上或针叶林下。凉山州的越西、美姑、布拖、冕宁等县有分布。

39.5.6　喇叭杜鹃 *Rhododendron discolor* Franch.

常绿灌木或小乔木，高1.5~8 m。叶革质，长圆状椭圆形至长圆状披针形，长9.5~18 cm，宽2.4~5.4 cm或更宽；先端钝，**基部楔形，**稀略近心形，边缘反卷；上面深绿色，下面淡黄白色。顶生短总状花序，有花6~8（10）朵；花冠漏斗状钟形，淡红色至白色，内面无毛，**裂片7片，**近于圆形，顶端有缺刻；雄蕊14~16枚，不等长；子房卵状圆锥形，**密被淡黄白色短柄腺体，**花柱细圆柱形，通体被淡黄白色短柄腺体，柱头小，头状。蒴果长圆柱形，微弯曲。**花期6—7月，果期9—10月。**

中国特有，产于陕西、安徽、浙江、江西、湖北、湖南、广西、四川、贵州及云南，生于海拔900~1 900 m的林下或密林中。凉山州的雷波、冕宁等县有分布。

39.5.7　腺果杜鹃 *Rhododendron davidii* Franch.

常绿灌木或小乔木，高1.5~5 m，稀达8 m。叶厚革质，常集生于枝顶。叶长圆状倒披针形或倒披针形，长10~16 cm，宽2~4.5 cm；先端急尖或突然渐尖，基部楔形，边缘反卷；上面深绿色，下面苍白色；**叶柄红色**，无毛。顶生伸长的总状花序，有花6~12朵；花梗红色，密被短柄腺体；花冠阔钟形，长3.5~4.5 cm，**玫瑰红色或紫红色**，有时外面略具腺体，裂片7~8片，卵形至圆形，顶端有微缺刻，**上面1片最大，有紫色斑点**；雄蕊13~15枚，不等长；子房圆锥形，绿色，密被短柄腺体。蒴果短圆柱形，褐色。花期4—5月，果期7—8月。

中国特有，四川西部及云南东北部，生于海拔1 750~2 360 m的森林中。凉山州的雷波、美姑等县有分布。

39.5.8　凉山杜鹃 *Rhododendron huanum* Fang

灌木或小乔木，高1.6~4.5（8~12）m；**树皮红褐色**。叶革质，长圆状披针形，长7~14 mm，宽1.8~3.5 cm；先端突然渐尖，基部楔形或宽楔形；上面绿色，下面灰绿色。总状花序顶生，有花10~13朵；花梗淡绿色，无毛；**花萼大，紫色，长3.5~5 mm（果时增长，可达10 mm）**，裂片7片，三角形或阔卵形；花冠钟形，长3.5 cm，直径4.3 cm，**淡紫色或暗红色**，无毛，裂片6~7片，顶端无缺刻；子房圆锥形，7室，密被白色短柄腺体，花柱通体被白色短柄腺体。蒴果长圆柱形，微弯曲，暗绿色；**花萼宿存，反折**。花期5—6月，果期9—10月。

中国特有，产于四川西部和东南部、贵州东北部及云南东北部，生于海拔1 300~2 700 m的森林中。凉山州雷波、木里等县有分布。

39.5.9　大王杜鹃 *Rhododendron rex* Lévl.

常绿小乔木，高5~7 m。叶革质，倒卵状椭圆形至倒卵状披针形或椭圆形，长17~27 cm，宽6~13 cm；先端钝圆，基部渐狭窄；上面深绿色，无毛，下面有淡灰色至淡黄褐色的毛被，**上层毛被杯**

状，下层毛被紧贴；叶柄圆柱形，**有灰白色绒毛**。总状伞形花序，有花15~20（30）朵；花冠管状钟形，长5 cm，直径4~5 cm，粉红色或蔷薇色，**基部有深红色斑点**，**8裂**，裂片近圆形，顶端有凹缺；子房圆锥形，有淡棕色绒毛；**柱头膨大成头状**。蒴果圆柱状，常弯曲，**有锈色毛**。花期5—6月，果期8—9月。

中国特有，产于四川西南部、云南东北部，西藏及青海也有分布，生于海拔2 300~3 400 m的山坡林中。凉山州各县市均有分布。

39.5.10　黄杯杜鹃 *Rhododendron wardii* W. W. Smith

灌木，高约3 m；老枝灰白色，**树皮有时层状剥落**。叶多密生于枝端，革质，长圆状椭圆形或卵状椭圆形，长5~8 cm，宽3~4.5 cm；先端钝圆，有细尖头，**基部微心形**；上面深绿色，下面淡绿色或灰绿色。总状伞形花序，有花5~8（14）朵；总轴有短柄腺体；花梗常被稀疏腺体；**花萼大**，**5裂**，**萼片膜质**，**不等大**，边缘密生整齐的腺体；花冠杯状，长3~4 cm，直径4~5 cm，**鲜黄色**，5裂，裂片近圆形，顶端有凹缺；子房圆锥形，**密被腺体**，花柱长约2 cm，**通体有腺体，柱头膨大成头状**。蒴果圆柱状，微弯曲，被腺毛；**花萼在果时常宿存**，**并长成叶状**，长达1.2 cm。花期6—7月，果期8—9月。

中国特有，产于四川西南部、云南西北部、西藏东南部，生于海拔3 000~4 600 m的山坡上、云杉及冷杉林缘、灌丛中。凉山州的喜德、木里、盐源、普格、冕宁等县有分布。

39.5.11　白碗杜鹃 *Rhododendron souliei* Franch.

常绿灌木，高1.5~2 m。当年生枝嫩绿色，**有稀疏红色腺体**；老枝灰白色，光滑无毛，树皮有时层**状剥落**。叶革质，卵形至矩圆状椭圆形，长3.5~7.5 cm，宽2~4.5 cm；先端圆形，有突起的小尖头，**基**

部微心形或近于圆形；上面深绿色，下面淡绿色或淡灰绿色。总状伞形花序，有花5~7朵，总轴上有短柄腺体；**花梗长1.5~3 cm，密被腺体**；**花萼大**，5裂，萼片卵形，膜质，不等大，**外面有稀疏腺体，边缘有整齐的短柄腺体**；花冠钟状、**碗状或碟状**，中部宽阔，乳白色或粉红色，5裂，裂片近圆形，顶端有凹缺；雄蕊10枚，雌蕊长2 cm，**通体密被紫红色腺体**。蒴果圆柱状，成熟后常弯曲，有宿存的腺体。花期6—7月，果期8—9月。

中国特有，产于四川西南部、西藏东部，生于海拔3 000~3 800 m的山坡上、冷杉林下及灌丛中。凉山州的普格、木里、冕宁、金阳等县有分布。

39.5.12　芒刺杜鹃 *Rhododendron strigillosum* Franch.

39.5.12a　芒刺杜鹃（原变种）*Rhododendron strigillosum* Franch. var. *strigillosum*

常绿灌木，稀小乔木，高2~5（10）m；幼枝淡黄绿色，**密被褐色腺头刚毛**。叶革质，长圆状披针形或倒披针形，**先端短渐尖，有时尾状**，基部狭圆形或近心形；边缘反卷，幼时具纤毛；上面暗绿色，下面淡绿色，散生黄褐色粗伏毛；中脉有时近**基部具褐色刚毛**，下面中脉隆起，**密被褐色绒毛及腺头刚毛**。顶生短总状伞形花序，有花8~12朵；毛被稀疏；**花梗红色，密被腺头刚毛**；花萼小，淡红色，外面被柔毛，边缘有纤毛；花冠管状钟形，**深红色，内面基部有黑红色斑块**，裂片5片，圆形或扁圆形，顶端有缺刻；雄蕊10枚，不等长，花药长圆状椭圆形，**紫褐色至黑色**；子房卵状圆形，密被淡紫色腺头粗毛。蒴果圆柱形。花期4—6月，果期9—10月。

中国特有，产于四川西部、西南部、南部以及云南东北部，生于海拔1 600~3 800 m的岩石边或冷杉林中。凉山州的雷波、越西、甘洛、美姑等县有分布。

39.5.12b　紫斑杜鹃（变种）*Rhododendron strigillosum* Franch. var. *monosematum* (Hutch.) T. L. Ming.

本变种与芒刺杜鹃不同之点在于：叶下面除中脉外其余无毛；花冠钟形，红色或白色。

中国特有，产于四川西部至西南部，云南、西藏亦有分布，生于海拔2 000~3 800 m的森林中或杜鹃灌丛中。凉山州的西昌、普格、越西、甘洛、会理、雷波等县市有分布。

39.5.13　绒毛杜鹃 *Rhododendron pachytrichum* Franch.

常绿灌木，高1.5~5 m。叶革质，常数片在枝顶近轮生。叶片狭长圆形、倒披针形或倒卵形，长7~14 cm，宽2~4.5 cm；先端钝至渐尖，有时具明显的尖尾，基部圆形或阔楔形，边缘反卷，**幼时具睫毛**；上面绿色，下面淡绿色；**中脉在下面突起，被淡色有分枝的粗毛**，尤以下半段为多；叶柄红色，毛被如幼枝。顶生总状花序，有花7~10朵；花冠钟形，长3~4.5 cm，直径3~4.2 cm，淡红色至白色，**内面上面基部有1个紫黑色斑块**，裂片5片，圆形或扁圆形，顶端钝圆或微缺刻；雄蕊10枚，不等长，花丝白色，近基部有白色微柔毛，花药长椭圆形，紫黑色；**子房长圆锥形，密被淡黄色绒毛**。蒴果圆柱形，直或微弯曲，**被浅棕色细刚毛或近于无毛**。花期4—5月，果期8—9月。

中国特有，产于陕西南部、四川东南部和西南部、云南东北部，生于海拔1 700~3 500 m的冷杉林中。凉山州的美姑、雷波、金阳、盐源、木里、冕宁、越西、甘洛、普格等县有分布。

39.5.14　川西杜鹃 *Rhododendron sikangense* Fang

小乔木或灌木，高3~5 m。**老枝灰色，有层状剥落。**叶革质，长圆状椭圆形或椭圆状披针形，长8~12 cm，宽2.5~3.5 cm；先端锐尖，基部宽楔形或圆形，**中脉在叶背面显著突起；在近叶基处及叶柄上有易脱落的星状毛。**总状伞形花序，有花8~12朵；每花下有一枚苞片，苞片椭圆形或披针形，膜质，两面被密柔毛；花冠钟状，淡紫红色或近白色，有深紫色斑点，5裂，裂片近于圆形，顶端有凹缺；雄蕊10枚，不等长；花丝基部有开展的短柔毛；**子房长卵状圆形，被分枝毛，**花柱粗壮，无毛，柱头小，微膨大。蒴果圆柱状，成熟后9~10裂，被褐色厚毛。花期6—7月，果期9月。

四川特有，产于四川西部和西南部，生于海拔2 800~3 100 m的山坡灌丛中。凉山州主要分布于雷波、木里等县。

39.5.15　多变杜鹃 *Rhododendron selense* Franch.

小灌木，高1~2 m。叶4~5片，多密生于枝顶，薄革质或纸质，长圆状椭圆形或倒卵形，长4~8 cm，宽2.5~4 cm；先端有细尖头，**基部圆形，两侧常不对称；**两面无毛；叶柄长，有稀疏短柄腺体。总状伞形花序，有4~7朵花；**花梗长1~2 cm，有具柄腺体；**花萼小，常5裂，顶端圆形，**外面及边缘有腺体；**花冠漏斗状，长2.5~3.5 cm，基部狭窄，**粉红色至蔷薇色，**5裂，裂片半圆形，顶端微凹缺；雄蕊10枚，不等长，花丝下部微被毛，花药长圆形；子房圆柱状，密被腺体，花柱无毛和腺体。蒴果圆柱状，常弯弓形。花期5—6月，果期7—8月。

中国特有，产于四川西南部、云南西北部和西藏东部，生于海拔2 800~4 000 m的高山冷杉林下和杜鹃灌丛中。凉山州的盐源及木里等县有分布。

39.5.16 枯鲁杜鹃 *Rhododendron adenosum* Davidian

灌木,高2~3 m。**幼枝密被腺头刚毛**。叶革质,卵形至披针形或椭圆形,长7~10.5 cm,宽2.4~3.4 cm;先端急尖至渐尖,基部圆形;边缘软骨质,有乳头状突起;上面成熟后无毛,**在中脉上有刚毛叠盖,下面具小刚毛及散生的绒毛**;叶柄密被腺头刚毛。花序疏松,有花6~8朵,**花粉红色,内部有斑点**;总轴长5 mm;花梗长1.5~2.5 cm,**密被腺头刚毛**;花萼长7 mm,被毛同花梗;花冠(栽培植物的花)漏斗状钟形,长3.5~5 cm,淡粉红色,具紫红色的斑点;子房密被腺头刚毛,花柱无毛。蒴果长20 mm,直径4 mm,弯曲。花期5月,果期9月。

四川特有,生于海拔3 350~3 550 m的松林中。凉山州木里县(枯鲁山区)有分布。

39.5.17 露珠杜鹃 *Rhododendron irroratum* Franch.

灌木或小乔木,高2~9 m。幼枝被稀疏的绒毛和**腺毛**。叶片革质,倒披针形至狭椭圆形,长7~14 cm,宽2~4 cm;先端渐尖,基部圆形或宽楔形;**边缘全缘或呈波状**;成熟时叶两面无毛。花序呈稀松的总状伞形,有花7~15朵;总轴青春期**被红棕色的腺毛**。花梗坚固,具浓密腺毛,有时被绒毛;萼裂片5片,**边缘具腺**;花冠管状、钟状,白色、米黄色、紫色或玫瑰色,**具带绿色或紫色斑点,5花蜜囊在基部**;裂片5片,圆形,微缺;雄蕊10枚,不等长,花丝基部被短柔毛;子房圆锥形,**密被腺毛**;圆筒状蒴果长圆形,长15~20 mm,宽6~10 mm。花期3—5月,果期9—10月。

国内产于贵州西部、四川西南部、云南北部和东南部,生于海拔1 700~3 500 m的常绿阔叶林中、混交林中。本种凉山州各县市有分布,为域内分布广泛的杜鹃花属物种之一。

39.5.18 桃叶杜鹃 *Rhododendron annae* Franch.

常绿灌木，高1.5~2 m。老枝灰白色，**常有层状剥落**。叶革质，披针形或椭圆状披针形，长7~10 cm，**宽2~3 cm；先端渐尖**，基部楔形；两面无毛；中脉在上面下凹成沟纹，在下面**显著隆起**。总状伞形花序，有花6~10朵；花梗长1~2 cm，**具有柄腺体**；花萼小，裂片外面及边缘具有柄腺体；花冠**宽钟状或杯状，宽阔**，白色或淡紫红色，**筒部有紫红色斑点**，裂片圆形，顶端微凹缺；雄蕊10枚，不等长，**花丝细瘦，无毛**；雌蕊与花冠近等长；子房圆柱状锥形，密被腺体，花柱通体有腺体，柱头微膨大。蒴果圆柱状，长1.5~2.5 cm，直径8~12 mm，有腺体。花期6—7月，果期8—10月。

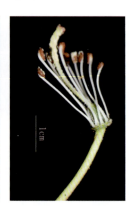

中国特有，产于贵州及云南，生于海拔1 250~1 710 m的常绿阔叶林中或灌丛中。凉山州会东县有发现，四川新记录。

39.5.19 繁花杜鹃 *Rhododendron floribundum* Franch.

39.5.19a 繁花杜鹃（原变种）*Rhododendron floribundum* Franch. var. *floribundum*

灌木或小乔木。**叶厚革质，椭圆状披针形至倒披针形，长8~13 cm**，宽1.8~3.8 cm；先端急尖，有细尖头，**基部楔形**；上面呈泡泡状隆起，有明显的皱纹，无毛，**下面具灰白色疏松绒毛**，上层毛被为星状毛，下层毛被紧贴；侧脉17~20对，**在上面下陷呈细沟，在下面隆起**，常为毛被所覆盖。总状伞形花序，有花8~12朵；总轴长5~7 mm，被淡黄色至白色柔毛；花梗长1.5~2 cm，有同总轴的毛；花萼小，具三角状的5齿裂，裂片长约1.5 mm，外面被毛；花冠宽钟状，粉红色或淡粉色，长3.5~4 cm，筒部有深紫色斑点，5裂，裂片近圆形；雄蕊10枚；子房被白色绢状毛。蒴果圆柱状，长2~3 cm，被淡灰色绒毛。花期4—5月，果期7—8月。

中国特有，产于四川西南部、贵州西北部及云南东北部，生于海拔1 400~2 700 m的山坡灌丛中。凉山州的西昌、会理、普格、盐源、雷波、喜德、宁南、德昌、金阳、美姑、会东、布拖等县市有分布。

39.5.19b 皱叶杜鹃（变种）*Rhododendron floribundum* var. *denudatum*

灌木或小乔木。叶革质，长卵状披针形或椭圆状披针形，长10~16 cm，宽2.5~5 cm，先端渐尖或锐尖，有小尖头，**基部宽楔形或圆形；上面有明显的皱纹**，无毛，**下面有疏松的淡黄色绒毛**；侧脉16~18对，在上面下陷，在下面为毛被所覆盖；叶柄长1~2 cm，被淡黄色绒毛。总状伞形花序，有花8~12朵，总轴长约5 mm，被绒毛；花梗粗壮，长1~1.5 cm，被黄褐色绒毛；花萼小，有5个波状突起，长约1 mm，外面被毛；花冠钟状，长3.5~4 cm，**蔷薇色**，内面有深紫色斑点，5裂；雄蕊10~13枚；子房被淡黄色绒毛，花柱长3~3.5 cm，无毛。蒴果圆柱形，长1.5~2 cm，直径6~8 mm，被黄褐色绒毛。花期4—5月，果期8—9月。

中国特有，产于四川、贵州及云南，生于海拔2 000~3 300 m的山坡灌丛中。凉山州的西昌、会理、木里、越西、甘洛、喜德、金阳、布拖等县市有分布。

39.5.20 粗脉杜鹃 *Rhododendron coeloneurum* Diels

常绿乔木。**幼枝密被红棕色绒毛**。叶革质，**倒披针形至长圆状椭圆形**，长7~12 cm，宽2.5~4 cm，先端钝尖或急尖，具细小尖头，基部楔形；边缘全缘，稍外卷，上面深绿色，中脉、侧脉和网脉在上面明显凹入而呈泡状粗皱纹，下面有两层毛被，**上层毛被厚，红棕色，由星状分枝毛组成，易脱落**，下层毛被紧贴，灰白色，由具短柄略黏结的丛卷毛组成，**中脉和侧脉在下面突起**；叶柄**密被棕色绒毛**。顶生伞形花序，有花6~9朵；花梗长1~1.5 cm，**密被棕色绒毛**；花萼小，5裂，裂片三角形，密被

绒毛；花冠漏斗状钟形，长4~4.5 cm，**粉红色至淡紫色，简部上方具紫色斑点，内面近基部被白色微柔毛**，裂片5片，扁圆形或宽卵形，稍不等长，顶端微缺；雄蕊10枚，不等长，基部密被白色微柔毛；子房密被黄白色绒毛。蒴果绿色，**基部略倾斜，密被灰色毛**。花期4—6月，果期7—10月。

中国特有，产于产四川西南部和东南部、贵州东南部和北部、云南东北部及重庆，生于海拔1 200~2 300 m的山坡林中。凉山州的雷波、美姑等县有分布。

39.5.21　海绵杜鹃 *Rhododendron pingianum* Fang

常绿灌木或小乔木，高4~9 m。叶多密生于枝顶。叶革质，倒披针形或长圆状披针形，长9~15 cm，宽2.5~3.8 cm；先端钝圆，有小尖头，基部楔形或宽楔形；上面绿色，无毛，**下面被白色或灰白色的两层毛被，上层毛被糠秕状，下层毛被紧贴**；中脉在上面下陷呈浅沟纹；叶柄幼时被丛卷毛。总状伞形花序，有花12~22朵；花梗长2~4 cm，疏生白色丛卷毛；**花冠钟状漏斗形**，粉红色或淡紫红色，基部较窄，5裂，裂片近于圆形，顶端有凹缺；子房圆柱状，有淡棕色绒毛。蒴果圆柱状，无毛，微弯曲。花期5—6月，果期9—10月。

中国特有，产于四川西南部、云南东北部，西藏及贵州也有分布，生于海拔2 300~2 700 m的山坡疏林中。凉山州的雷波、美姑等县有分布。

39.5.22　银叶杜鹃 *Rhododendron argyrophyllum* Franch.

39.5.22a　银叶杜鹃（原亚种）*Rhododendron argyrophyllum* Franch. subsp. *argyrophyllum*

常绿小乔木或灌木，高3~7 m。叶常5~7片密生于枝顶。叶革质，长圆状椭圆形或倒披针状椭圆形，长8~13 cm，宽2~4 cm，中部以上最宽；先端钝尖，基部楔形或近圆形；边缘微向下反卷；幼时上面微被短绒毛，后无毛，深绿色，**下面有银白色的薄毛被**；叶柄圆柱形，有细沟槽，幼时被毛，后变无毛。总状伞形花序，有花6~9朵；**花梗上疏生白色丛卷毛**；花

萼有少许短绒毛；**花冠钟状**，长2.5~3 cm，**乳白色或粉红色，喉部有紫色斑点**，基部狭窄，5裂，裂片近于圆形，顶端圆形；雄蕊12~15枚，**花丝基部有白色微绒毛；子房被白色短绒毛**。蒴果圆柱状。花期4—5月，果期7—8月。

中国特有，产于四川西部及西南部、贵州西北部及云南东北部，重庆及陕西也有分布，生于海拔1 600~2 300 m的山坡、沟谷的丛林中。凉山州的金阳、布拖、雷波、美姑、甘洛、冕宁等县有分布。

39.5.22b　峨眉银叶杜鹃（亚种）*Rhododendron argyrophyllum* Franch. subsp. *omeiense* (Rehd. et Wils.) Chamb.

本亚种与银叶杜鹃的主要区别：叶片较小，下面有淡棕色或淡黄色的毛被；花冠钟状，基部微宽阔；子房仅被疏短毛等。本亚种花期5月。

中国特有，产于四川西部，生于海拔1 800~2 000 m的山坡林中。凉山州的冕宁县、美姑县有分布。

39.5.23　马缨杜鹃 *Rhododendron delavayi* Franch.

常绿灌木或小乔木，高1~7（12）m；树皮淡灰褐色，**有薄片状剥落**。叶革质，长圆状披针形，长7~15 cm，宽1.5~4.5 cm；先端钝尖或急尖，基部楔形；边缘反卷；上面深绿色至淡绿色，**下面有白色至灰色或淡褐色的海绵状毛被**。顶生伞形花序圆形，紧密，有花10~20朵；**总轴密被红棕色绒毛**；花梗长0.8~1 cm，密被淡褐色绒毛；花冠钟形，**肉质，深红色**，内面基部有**5个黑红色蜜腺囊**，裂片5片，近于圆形，顶端有缺刻；子房圆锥形，**密被红棕色毛**。蒴长圆柱形，黑褐色，有10室，有肋纹及毛被残迹。花期5月，果期12月。

国内产于广西西北部、四川西南部、贵州西部、云南全省和西藏南部，生于海拔1 200~3 200 m的常绿阔叶林中或灌丛中。凉山州的西昌、德昌、会东、会理、盐源、普格、喜德、昭觉、冕宁等县市有分布。

39.5.24　宽叶杜鹃 *Rhododendron sphaeroblastum* Balf. f. et Forrest

常绿灌木，高1~3 m。**叶厚革质，卵形、长圆状卵形或卵状椭圆形，长7.5~15 cm，宽4~6.5 cm；**先端钝或近圆形，具短小尖头，基部圆形；边缘平坦；上面橄榄绿色，稍具光泽，微皱，仅中脉槽内被不明显的微柔毛，**下面有两层毛被，上层毛被厚，锈红色至肉桂色，疏松绵毛状，由分枝毛组成，下层毛被薄，密集，莲座状，中脉突起，被毛，侧脉隐藏于毛被内；**侧脉12~14对；叶柄长1.5~2 cm，绿色或带紫色。顶生总状伞形花序有花10~12朵，总轴长1~1.5 mm；花梗长1~1.5 cm；花萼小，长1~1.5 cm，裂片5片；花冠漏斗状钟形，长3.5~4 cm，白色至粉红色，筒部上方具品红色斑点，5裂，裂片圆形；雄蕊10枚，花丝基部被白色微柔毛；子房、花柱无毛。蒴果长圆柱形、微弯，长1.8~2 cm，直径5~6 mm。花期5—6月，果期8—10月。

中国特有，产于四川及云南，生于海拔3 300~4 400 m的坡地冷杉林下或杜鹃灌丛中。凉山州的普格、美姑、木里等县有分布。

39.5.25　腺房杜鹃 *Rhododendron adenogynum* Diels

常绿灌木，高1~2.5 m。叶厚革质，常数片集生于枝端。叶片披针形至长圆状披针形，长6~12 cm，宽2~4 cm；先端渐尖或急尖，基部圆形或略呈心形；边缘稍反卷；上面暗绿色，**下面密被厚层肉桂色至黄褐色的毛被，毡毛状，**有时混生细腺体；叶柄微被绵毛和短柄腺体，有时近无毛。顶生总状伞形花序，有花8~12朵，总轴疏被绒毛；苞片脱落；花梗长1.5~3 cm，密被绒毛和短柄腺体；花萼大，黄绿色，**外面和边缘均具短柄腺体；**花冠钟形，白色带红色或粉红色，筒部上方具深红色斑点，**内**

面基部被微柔毛和深红色斑纹，裂片5片，近圆形，顶端微缺；雄蕊10枚，不等长，花丝下半部密被微柔毛和腺毛；子房圆锥形，密被短柄腺体，柱头盘状。蒴果直立，长圆柱形，具残余腺体，**花萼宿存**。花期5—7月，果期8—11月。

中国特有，产于四川、云南及西藏，生于海拔2 600~4 200 m的冷杉林下或杜鹃花灌丛中。凉山州的盐源、木里等县有分布。

39.5.26　锈红杜鹃 Rhododendron bureavii Franch.

常绿灌木。**幼枝密被锈红色至黄棕色厚绵毛，混生红色腺体**。叶厚革质，椭圆形至倒卵状长圆形，长6~14 cm，宽2.5~5 cm；先端急尖或渐尖，基部钝或近圆形；**下面密被的1层锈红色至黄棕色绵毛状厚毛被由分枝毛组成**；叶柄密被锈红色绵毛状分枝毛。顶生短总状伞形花序，有花10~20朵；总轴密被锈红色绵毛状分枝毛，**混生有腺体**；**花梗密被绒毛和腺体**；花萼大，裂片长圆形，**外面密被柔毛和腺体**；**花冠管状钟形或钟形，白色带粉红色至粉红色，内面基部具深红色斑和微柔毛，向上具紫色斑点**；子房密被短柄腺体和柔毛，有时仅被腺体，**花柱基部被有柄腺体，有时还有长柔毛**。蒴果长圆柱形。花期5—6月，果期8—10月。

中国特有，产于四川及云南，生于海拔2 800~4 500 m的高山针叶林下或杜鹃花灌丛中。凉山州的西昌、会理、越西、冕宁、会东、普格、盐源、雷波、木里、喜德、金阳、美姑等县市有分布。

39.5.27　普格杜鹃 Rhododendron pugeense L. C. Hu

常绿灌木或小乔木。幼枝密被黄锈色树状分枝毛；叶柄密被黄锈色树状分枝毛。叶厚革质，倒卵状椭圆形或倒卵状长圆形，长8~14 cm，宽3~5.5 cm；先端急尖，基部宽楔形或近圆形；下面密被红棕色分枝状绵毛。顶生伞形花序，有花9~14朵。花梗密被黄锈色树状分枝毛。花萼长7~8 mm，裂片5片，**外面密被长柔毛，并混生树状分枝毛**。花冠钟形，长3~3.5 cm，直径3.5 cm，粉红色或淡粉色，内面一侧具少数紫色斑点；近基部被短柔毛；5裂，裂片近宽圆形，顶端微凹。雄蕊10枚，

花丝近基部密被白色短柔毛。**子房密被长柔毛**，花柱下半部被长柔毛，并混生少数树状分枝毛。果长圆柱形，被粗毛。花期5—6月，果期10—11月。

　　四川特有，生于海拔3 450~3 620 m的高山杜鹃灌丛中，凉山州普格县螺髻山青水沟有分布。在耿玉英所著的《中国杜鹃花属植物》中，将普格杜鹃归并于锈红杜鹃，但本种幼枝、叶柄和叶背面均无红色腺体；子房、花梗密被长柔毛，无腺体等特征与锈红杜鹃明显区别，故本书中将普格杜鹃作为一个独立的种处理。

39.5.28　大叶金顶杜鹃 *Rhododendron faberi* Hemsl. subsp. *prattii* (Franch.) Chamb ex Cullen et Chamb.

　　常绿灌木，高1~2.5 m。叶革质，宽椭圆形或椭圆状倒卵形，长7~17 cm，宽4~7 cm；先端急尖并具微弯的小尖头，基部宽楔形或近圆形，有时略呈耳状；上面亮绿色，下面毛被薄，**淡黄褐色或褐色，上层毛被略脱落，显露出下层灰色毛被；叶柄下面圆形，被灰色短柔毛**。顶生总状伞形花序，有花6~10朵；花梗粗壮，密被灰黄色柔毛和腺毛；花萼大，绿色，**外面近基部被腺毛和灰色短柔毛**，边缘具腺头睫毛；花冠钟形，**花冠长4~5 cm，长4 cm**，白色至淡红色，**内面基部具紫色斑块和白色短柔毛，上方具紫色斑点**；子房密被**红棕色柔毛和短柄腺体**。蒴果柱状长圆形，密被腺毛，**花萼和花柱宿存**。花期5—6月，果期8—10月。

　　四川特有，产于四川西部、西南部和西北部，生于海拔2 800~3 950 m的杜鹃灌丛中或针叶林林缘。凉山州的越西、冕宁、喜德及雷波等县有分布。

39.5.29 皱皮杜鹃 *Rhododendron wiltonii* Hemsl. et Wils.

常绿灌木，高1.5~3 m。叶厚革质，叶片倒卵状长圆形至倒披针形，长5~11 cm，宽2~4 cm；先端急尖，具细小尖头，基部楔形；边缘稍反卷；**上面绿色，光亮，下面密被一层由星状毛和簇状毛组成的锈红色或暗棕色厚毛被**，中脉和侧脉在下面突起。顶生总状伞形花序，有花8~10朵，总轴疏被淡黄色短柔毛；花梗长1.5~2 cm，**密被丛卷毛，混生有少量腺体**；花萼小，密被带黄色丛卷毛；花冠漏斗状钟形，白色至粉红色，**内面具多数红色斑点**，基部被微柔毛；子房圆柱形，密被锈红色绵毛状绒毛，花柱绿白色，无毛，柱头绿色，头状。蒴果圆柱形，略弯，**密被棕色毛**。花期5—6月，果期8—11月。

四川特有，产于四川西部和西南部，生于海拔2 200~3 300 m的高山丛林中。凉山州的西昌、雷波及美姑等县市有分布。

39.5.30 雪山杜鹃 *Rhododendron aganniphum* Balf. f. et K. Ward

常绿灌木，高1~4 m。叶厚革质，长圆形或椭圆状长圆形，有时卵状披针形，长6~9 cm，宽2~4 cm；先端钝或急尖，且具硬小尖头，基部圆形或近心形；边缘反卷；上面深绿色，下面密被一层永存的毛被，**毛被白色至淡黄白色，海绵状，具表膜**。顶生短总状伞形花序，有花10~20朵；花冠漏斗状钟形，白色或淡粉红色，**简部上方具多数紫红色斑点**，内面基部被微柔毛，裂片5片，圆形，稍不相等，顶端微缺；雄蕊10枚，花丝近基部疏被白色微柔毛，花药椭圆形，淡褐色；子房圆锥形，**无毛**。蒴果圆柱形，直立。花期6—7月，果期9—10月。

中国特有，产于青海东南部和南部，四川西南部、西部和西北部，云南西北部和西藏东南部，生于海拔2 700~4 700 m的高山杜鹃灌丛中或针叶林下。凉山州的木里等县有分布。

39.5.31 陇蜀杜鹃 *Rhododendron przewalskii* Maxim.

常绿灌木，高1~3 m。**幼枝淡褐色，无毛**。叶革质，常集生于枝端。叶片卵状椭圆形至椭圆形，长6~10 cm，宽3~4 cm；先端钝，具小尖头，基部圆形或略呈心形；上面深绿色，**下面初被薄层灰白色、黄棕色至锈黄色的略黏结的毛被，以后陆续脱落，变为无毛；叶柄带黄色，无毛**。顶生伞房状伞形花序，有花10~15朵，**总轴无毛；花梗无毛**；花冠钟形，长2.5~3.5 cm，白色至粉红色，**筒部上方具紫红色斑点**，裂片5片，近圆形，顶端微缺；雄蕊10枚，不等长，花丝无毛或下半部略被柔毛；子房圆柱形，**具槽，无毛**。蒴果长圆柱形，光滑。花期6—7月，果期9月。

中国特有，产于陕西、甘肃、青海及四川，生于海拔2 900~4 300 m的高山林地上，常成林。凉山州的冕宁、木里、金阳、越西、喜德等县有分布。

39.5.32 栎叶杜鹃 *Rhododendron phaeochrysum* Balf. F. et W. W. Smith

常绿灌木，高1.5~4.5 m。**幼枝疏被白色丛卷毛，后变无毛**。叶革质，长圆形、长圆状椭圆形或卵状长圆形，长7~14 cm，宽2.5~5.5 cm；先端钝或急尖，且具小尖头，基部近圆形或心形；上面深绿色，**下面密被薄层黄棕色至金棕色的略黏结的毡毛状毛被；叶柄疏被灰白色丛卷毛，后变无毛**。顶生总状伞形花序，有花8~15朵，无毛或疏被微柔毛；花冠漏斗状钟形，白色或淡粉红色，**筒部上方具紫红色斑点**，内面基部被白色微柔毛，顶端微缺；雄蕊10枚，不等长，花丝下半部被白色短柔毛；子房圆锥形，无毛。蒴果长圆柱形，直立，顶部微弯。花期5—6月，果期9—10月。

中国特有，产于四川西部、西南部和西北部，云南西北部和西藏东南部，生于海拔3 300~4 200 m的高山杜鹃灌丛中或冷杉林下。凉山州的西昌、会理、盐源、冕宁、雷波、美姑、木里、越西、喜德、金阳、普格等县市有分布。

39.5.33　乳黄杜鹃 *Rhododendron lacteum* Franch.

灌木或小乔木。**顶芽具明显的油脂；老枝无毛，叶痕明显。**叶片厚革质，宽椭圆形到倒卵形椭圆形，长8~17 cm，宽6~8 cm；基部圆形到近心形；边缘有点波状；**背面淡黄褐色到灰色、茶色**，毛被薄，1层，紧密结合，毛辐射状，腹面绿色，无毛；叶柄被丛卷毛，后脱落。花序总状伞形，有15~30花；轴20~30 mm，稀被丛卷毛；花梗2~3 cm，被丛卷毛，后脱落；花冠宽钟状，**纯黄，有时带红晕；**雄蕊10枚，不等长，短于花冠，**花丝基部密被微柔毛；子房密被淡褐色绒毛；**花柱绿色。蒴果圆筒状长圆形，稍弯曲，有毛。花期4—5月，果期9—10月。

中国特有，产于云南西部及四川西南部，生于海拔3 000~4 100 m的冷杉林下或杜鹃灌丛中。凉山州的会理、普格、冕宁、越西、喜德、木里、金阳等县市有分布。

39.5.34　宽钟杜鹃 *Rhododendron beesianum* Diels

常绿灌木或小乔木，高2~9 m。叶革质，倒披针形至长圆状披针形，长10~25 cm，宽3~7 cm；先端短渐尖至渐尖，基部变狭，近于圆形；上面深绿色，无毛，**下面被薄层淡黄色或淡肉桂色紧密毛被，**毛被不黏结，由放射状毛组成；**叶柄两侧略呈窄翅，**疏被丛卷毛或无毛。顶生总状伞形花序，有花10~25朵；总轴密被柔毛；苞片倒卵状长圆形，**长约3 cm，密被绢毛；**花梗疏被短柔毛或近无毛；花冠宽钟形，**白色带红色或粉红色，简部上方具少数深红色斑点或无斑点，内面基部具深色斑纹，**裂片5片，扁圆形，顶端微缺或呈浅圆齿状；雄蕊10枚，不等长，花丝基部被白色微柔毛；子房窄圆柱形，具棱，**密被淡棕色绒毛。**蒴果长圆柱形，略弯曲，稍被毛。花期5—6月，果期9—11月。

国内产于四川西南部、云南西北部和西藏东南部，生于海拔2 700~4 500 m的针叶林下或高山杜鹃灌丛中。凉山州的盐源、木里等县有分布。

39.5.35　卷叶杜鹃 *Rhododendron roxieanum* Forrest

39.5.35a　卷叶杜鹃（原变种）*Rhododendron roxieanum* Forrest var. *roxieanum*

常绿灌木，高1~4 m。**幼枝密被红棕色至锈色的绵毛状绒毛；具宿存的芽鳞。**叶厚革质，常集生于小枝顶端。叶片**狭披针形至倒披针形**，长6~10 cm，宽1.3~2 cm；先端急尖，渐狭成硬尖头，基部狭楔形；**边缘显著反卷**；上面绿色，**光亮**，下面有两层毛被，上层毛被厚，**绵毛状，由锈红色分枝毛组成**，下层毛被薄，**淡棕色，紧密**；叶柄密被淡棕色或带灰色的厚绵毛状绒毛。顶生短总状伞形花序，有花10~15朵，总轴**密被锈色绒毛**；苞片密被锈色绢状柔毛；花梗密被锈色分枝绒毛和短柄腺体；花冠漏斗状钟形，白色略带粉红色，筒部上方具**多数紫红色斑点**，内面基部被微柔毛，裂片5片，近于圆形，顶端具缺刻；子房柱状圆锥形，**密被锈色绒毛**，有时还混生短柄腺体。蒴果长圆柱形，5裂。花期6—7月，果期10月。

中国特有，产于四川西南部、云南西北部和西藏东南部，陕西及甘肃也有分布，生于海拔2 600~4 300 m的高山针叶林中或杜鹃灌丛中。凉山州的冕宁、木里、喜德等县有分布。

39.5.35b　兜尖卷叶杜鹃（变种）*Rhododendron roxieanum* Forrest var. *cucullatum* (Hand.-Mazz.) Chamb ex Cullen et Chamb.

本变种与原变种的区别在于：叶片通常较宽，宽2~3 cm，先端呈兜状卷曲；下面毛被有时色变淡，上层毛被疏松，略脱落。本变种花期6—7月，果期10月。

中国特有，产于四川西南部、云南西北部和西藏东南部，生于海拔3 500~4 300 m的高山杜鹃灌丛中。凉山州的木里、普格、金阳等县有分布。

39.5.36　会东杜鹃 *Rhododendron huidongense* T. L. Ming

灌木，高2~5 m。枝条粗壮，当年生枝被稀疏短柔毛，老枝无毛。叶多密集于枝顶。**叶薄革质**，卵状披针形或卵状椭圆形，长4~11 cm，宽2~3 cm；先端渐尖或钝圆，有短尖头，基部近于圆形；边缘常向下反卷；上面深绿色，无毛，下面淡绿色，幼时被星状毛，后脱落无毛；叶柄细瘦，幼时被星状毛及短柄腺体，后光滑。顶生总状伞形花序，有花5~7（9）朵，总轴被淡黄色柔毛；花梗被短柄腺体；花萼边缘有腺头睫毛；**花冠钟形，红色**，裂片近圆形；雄蕊10枚，不等长；花丝无毛；子房卵状圆形，**密被棕色绒毛**；花柱长3~3.5 cm，**被星状毛及短柄腺体到顶**；柱头膨大成头状。花期5—6月，果期10—11月。

四川特有，生于海拔2 800~3 200 m的山坡林中。凉山州会东县有分布。据目前统计资料该种仅分布于凉山州会东县，野外种群量极小，应该给予保护。

39.5.37　尾叶杜鹃 *Rhododendron urophyllum* Fang

灌木，高3~8 m。枝条细瘦，**当年生幼枝灰棕色**，被腺头刚毛，多年生枝淡褐色，无毛。叶革质，椭圆状披针形或倒卵状披针形，长8~11 cm，宽1.7~3 cm，中部以上最宽；**先端渐尖，有尖尾**，基部宽楔形或近圆形；上面深绿色，无毛，下面淡黄绿色，中脉在下面显著隆起，**下面仅在脉上微被薄层的星状绒毛**；叶柄圆柱状，微被星状绒毛。总状伞形花序，**有花10~12朵**，总轴上有淡黄色绒毛；花梗细长，长5~10 mm，**密被腺头刚毛**；花冠钟状，**深红色，基部有深紫色的蜜腺囊**，5裂，裂片近于圆形，顶端有凹缺；雄蕊10枚，不等长，花丝无毛；子房卵状圆形，**被硬毛**，花柱无毛，柱头微膨大。花期3—5月，果期7—8月。

四川特有，为国家二级保护野生植物，野外种群量极小，亟须进行保护，生于海拔1 200~
1 600 m的常绿阔叶林中。凉山州雷波县有分布。

39.5.38　长蕊杜鹃 *Rhododendron stamineum* Franch.

常绿灌木或小乔木，高3~7 m。叶常轮生于枝顶。叶革质，椭圆形或长圆状披针形，长6.5~8 cm，
稀超10 cm，宽2~3.5 cm；先端渐尖或斜渐尖，基部楔形；边缘微反卷；上面深绿色，具光泽，**下面苍
白绿色**。花芽圆锥状，鳞片卵形。**花常3~5朵簇生于枝顶叶腋**；花梗无毛；花冠白色，有时蔷薇色，**漏
斗形**，5深裂，裂片倒卵形或长圆状倒卵形，**上方
裂片内侧具黄色斑点，花冠管筒状**，向基部渐狭；
雄蕊10枚，细长，**伸出于花冠外很长**，花丝下部被
微柔毛或近于无毛；子房圆柱形，无毛。蒴果圆柱
形，**长2~3（4）cm**，微弯拱，先端渐尖，无毛。
花期4—5月，果期7—10月。

中国特有，产于安徽、浙江、江西、湖北、湖南、广东、广西、陕西、四川、贵州及云南，通常
生于海拔500~1 600 m的灌丛中或疏林内。凉山州雷波县有分布。

39.5.39　亮毛杜鹃 *Rhododendron mariae* subsp. *microphyton* (Franchet) X. F. Jin & B. Y. Ding

常绿灌木，高达2 m。分枝繁密，叶互生。叶椭圆形或卵状披针形，长0.5~3 cm，先端尖，有细圆

齿；两面散生红棕色扁平糙伏毛；叶柄长2~5 mm，**被糙伏毛**；伞形花序顶生，有3~7朵花，**常有较小的腋生花序生于其下**；花梗被扁平糙伏毛；花萼5裂，被毛；花冠漏斗状钟形，长1.2~2 cm，蔷薇色或白色，5裂，**上方3裂片有深红色点**，冠筒长0.8~1 cm；**雄蕊5枚**，伸出花冠，下部有毛；**子房密被亮红棕色糙伏毛**；蒴果长约8 mm，**密被红棕色糙伏毛和疏生柔毛**；花期3—6（9）月，果期7—12月。

中国特有，产于广西、四川、贵州及云南，生于海拔1 300~3 200 m的山脊上或灌丛中。凉山州的西昌、会理、德昌、普格、雷波等县市有分布。

39.5.40　杜鹃 *Rhododendron simsii* Planch.

39.5.40a　杜鹃（原变种）*Rhododendron simsii* Planch. var. *simsii*

别名：映山红、杜鹃花

落叶灌木，高达2 m。叶革质，常集生于枝端。叶卵形、椭圆状卵形、倒卵形至倒披针形，长1.5~5 cm，宽0.5~3 cm；上面深绿色，**疏被糙伏毛**，下面淡白色，**密被褐色糙伏毛**；叶柄密被亮棕褐色的扁平糙伏毛。花2~3（6）朵簇生于枝顶；花梗密被亮棕褐色糙伏毛；花萼裂片三角状长卵形，被糙伏毛，边缘具睫毛；**花冠阔漏斗形**，玫瑰色、鲜红色或暗红色，裂片5片，倒卵形，**上部裂片具深红色斑点**；子房卵球形，密被亮棕褐色糙伏毛。蒴果卵球形，密被糙伏毛；**花萼宿存**。花期4—5月，果期6—8月。

国内产于江苏、安徽、浙江、江西、福建、台湾、湖北、湖南、广东、广西、四川、贵州和云南，生于海拔500~2 500 m的山地疏灌丛中或松林下。凉山州的普格、会东、会理、西昌、雷波等县市有自然分布，同时各县市均有栽培。本种为我国中南地区及西南地典型的酸性土指示植物；全株供药用，可治疗内伤咳嗽、肾虚耳聋、月经不调、风湿等疾病；花冠鲜红色，为著名的花卉植物。

39.5.40b 滇北杜鹃（变种）*Rhododendron simsii* var. *mesembrinum* Rehder

本变种与原变种的区别是：花冠较小，长2~3 cm，白色或粉红色。

国内产于云南，生于海拔1 800~2 700 m的林缘或灌丛中。凉山州的西昌、会理等县市有发现，四川新记录。

39.5.41 腺苞杜鹃 *Rhododendron adenobracteum* X. F. Gao et Y. L. Peng

常绿直立灌木，高2~3 m，多分枝。**小枝密被红棕色糙伏毛**。叶片革质，狭椭圆形，长10~20 mm，宽5~10 mm；先端渐尖，基部楔形，**两面疏被略开展的红棕色糙毛，背面中脉上毛更密**。花1~3朵，聚集成伞形状短总状花序顶生；**苞片数枚，卵形或宽卵形，外面有腺体；花梗密被红棕色糙毛**；花萼小，长约1 mm，5裂，外面密被棕色糙毛；花冠粉红色，漏斗形，长15~20 mm，冠檐直径10 mm，裂片5片，宽椭圆形，长10~12 mm，宽6~8 mm，开展，花冠管圆筒形，长6~8 mm，内面被微毛，喉部直径3 mm，有紫红色斑点。雄蕊8~10枚，与花冠等长。子房卵球形，密被亮棕色糙毛。花期4—5月。

四川特有，产于四川西南部，生于海拔2 300~2 500 m的山脊上或灌丛中。凉山州会东县有分布。

39.5.42 宝兴杜鹃 *Rhododendron moupinense* Franch.

灌木，有时附生，高1~1.5 m。叶聚生于枝条上部，近假轮生。叶片革质，长圆状椭圆形或卵状椭圆形，长2~4（6）cm，宽1.2~2.3（4）cm，上面仅中脉近叶基部被褐色短硬毛，下面略灰白色，**密**

被褐色鳞片，鳞片小，**略不等大，鳞片间或相距鳞片直径，或相互邻接**；叶柄密被褐色刚毛。花序顶生，有花1~2朵；花梗被短柔毛或刚毛，有时近无毛；花萼5裂，裂片长圆形或卵状圆形，**下部连合，外面被鳞**，具缘毛；花冠宽漏斗状，白色或带淡红色，**内有红色斑点**，外面洁净；雄蕊10枚，不等长，短于花冠，**花丝下部有开展的白色柔毛**；子房5室，密被鳞片，花柱伸出，略长于花冠，洁净。蒴果卵形，长1.5~2.3 cm，**被宿存萼**。花期4—5月，果期7—10月。

中国特有，产于四川东南部至中西部、贵州（梵净山）、云南东北部，通常附生于海拔1 900~2 000 m的林中的树上，或生于岩石上。凉山州的雷波等县有分布。

39.5.43 树生杜鹃 *Rhododendron dendrocharis* Franch.

灌木，**通常附生**，高50~70 cm。分枝细短，密集，幼枝有鳞片，**密生棕色刚毛**。叶厚革质，椭圆形，长0.9~1.8 cm，宽0.3~1 cm；顶端钝，有短尖头，基部宽楔形至钝形；边缘反卷；上面幼时有褐色刚毛，**下面密被鳞片，鳞片小，稍不等大，褐色，鳞片间相距鳞片直径**；叶柄被鳞片和刚毛。花序顶生，有花1朵或2朵，伞形着生；花芽鳞宿存或早落；花梗密被刚毛，有鳞片；花萼外面疏生鳞片，边缘有长缘毛；花冠宽漏斗状，**鲜玫瑰红色**，外面无鳞片，无毛，内面筒部有短柔毛，**上部有深红色斑点**；雄蕊10枚，不等长，短于花冠，花丝中部以下密被短柔毛；子房5室，密被鳞片，**花柱细长，直或弯弓状**，基部密生短柔毛。蒴果椭圆形或长圆形。花期4—6月，果期9—10月。

四川特有，产于四川中南部至中西部，常附生于海拔2 600~3 000 m的冷杉、铁杉或其他阔叶树上。凉山州的美姑等县有分布。

39.5.44　云上杜鹃 *Rhododendron pachypodum* Balf. f. et W. W. Smith

灌木，偶见附生，高1~4 m；稀为小乔木，高3~5 m。叶椭圆形、长椭圆状披针形、倒卵形，革质，长6~11 cm，宽2~5 cm；顶端渐尖或骤尖，基部渐狭，有时幼叶**边缘疏生长睫毛**；上面疏生鳞片，后渐脱落，**下面带灰白色，密被褐色或红褐色的大小不等的鳞片，鳞片间或相距小于鳞片直径，或近于邻接，偶尔相距为鳞片直径**。花序顶生，有2~4朵花，伞形着生，通常3朵花；花梗密被鳞片；花冠宽漏斗状，白色，外面带淡红色晕，**内面有淡黄色斑块**，外面密被鳞片，**筒部外面通常被灰白色微柔毛**；蒴果卵形或长圆状卵形，**基部花萼宿存**。花期4—5月。

国内产于云南，生于海拔1 200~2 800（3 100）m的干燥山坡灌丛中或山坡杂木林下、石山阳处。凉山州布拖县有发现，为四川新记录。

39.5.45　毛肋杜鹃 *Rhododendron augustinii* Hemsl.

灌木，高1~5 m。幼枝被鳞片，**同时密被柔毛或长硬毛**。叶椭圆形、长圆形或长圆状披针形，长3~7 cm，宽1~3.5 cm；顶端锐尖至渐尖，有小尖头，基部楔形至钝圆；上面疏生或密被鳞片，或无鳞片，或疏或密被短柔毛，通常于**中脉的毛更密**，下面密被不等大的鳞片，**鳞片间相距为鳞片的直径、直径1.5~2倍或小于直径**，下面沿中脉主要在下半部密被黄白色柔毛。花序顶生，有2~6朵花，伞形着生；花冠宽漏斗状，两侧略对称，长3~3.5 cm，淡紫色或白色，**花冠外疏生或密生腺鳞，或无腺鳞**，通常无毛或近基部被短柔毛；子房**密被鳞片**。蒴果长圆形，基部歪斜，密被鳞片。花期4—5月，果期7—8月。

中国特有，产于陕西南部、湖北西部、四川西南部至东部，生于海拔1 000~2 800 m的山谷中、山坡林中、山坡灌木林中或岩石上。凉山州的西昌、会理、盐源、越西、德昌、普格、布拖、金阳、昭觉、冕宁、美姑、雷波等县市有分布。

39.5.46 云南杜鹃 *Rhododendron yunnanense* Franch.

落叶、半落叶或常绿灌木，偶为小乔木，高1~2（4）m。叶通常向**下倾斜着生**。叶片长圆形、披针形、长圆状披针形或倒卵形，长2.5~7 cm，宽0.8~3 cm；先端渐尖或锐尖，有短尖头，基部渐狭成楔形；**上面无鳞片或疏生鳞片**，下面绿色或灰绿色，疏生鳞片，鳞片中等大小，**鳞片间相距为鳞片直径的2~6倍**；边缘无或疏生刚毛。花序顶生或兼有枝顶腋生，有3~6朵花，伞形着生或形成短总状；花冠宽漏斗状，两侧略呈对称，**白色、淡红色或淡紫色**，内面有红色、褐红色、黄色或黄绿色斑点，外面无鳞片或疏生鳞片；雄蕊不等长，长雄蕊伸出花冠外，花丝下部或多或少被短柔毛；子房密被鳞片。蒴果长圆形。花期4—6月，果期10月。

国内产于陕西南部、四川西部、贵州西部、云南（西部、西北部、北部、东北部）、西藏东南部，生于海拔1 600~4 000 m的山坡杂木林、灌丛、松林、松栎林、云杉或冷杉的林缘。凉山州各县市有分布。

39.5.47 基毛杜鹃 *Rhododendron rigidum* Franch.

灌木，偶成小乔木。幼枝、叶柄、花梗及花萼无鳞片或疏生鳞片。叶椭圆形、长圆状椭圆形、长圆状披针形或倒披针形，长2.5~6.8 cm，宽1~3.2 cm；顶端钝、锐尖、短渐尖或圆，有短尖头，基部渐狭或钝圆；上面褐绿色，无鳞片或疏生鳞片，无毛或沿中脉被微毛，下面疏生鳞片，鳞片不等大，大或中等大小，鳞片间相距为鳞片直径的4~8倍，稀2~3倍；

叶柄长2~12 mm。花序顶生或兼有枝顶腋生，有2~6朵花，短总状；花序轴长2~4 mm；花梗长0.5~2 cm；花萼环状或5裂，长0.5~1 mm；花冠宽漏斗状，两侧略呈对称，长1.8~3 cm，初始淡紫色，开放后白色、淡红色或深红紫色，内面有绿褐色或紫色斑点；花丝基部密被短柔毛；子房密被鳞片。蒴果长圆形，长0.8~1 cm。

中国特有，产于四川西南部、云南中部至西北部，生于海拔2 000~3 400 m的灌丛中或林缘。凉山州的冕宁、盐源等县有分布。

39.5.48 黄花杜鹃 *Rhododendron lutescens* Franch.

灌木，高1~3 m。幼枝细长，疏生鳞片。叶散生。**叶片纸质，披针形、长圆状披针形或卵状披针形，长4~9 cm，宽1.5~2.5 cm；顶端长渐尖**，具短尖头，基部圆形或宽楔形；上面疏生鳞片，下面的**鳞片黄色或褐色，鳞片间相距为鳞片直径的1/2至6倍。1~3朵花顶生于枝顶叶腋处**；花梗被鳞片；花冠宽漏斗状，两侧略呈对称，**黄色**，5裂至中部，裂片长圆形，**外面疏生鳞片，密被短柔毛**；雄蕊5~10枚，不等长，长雄蕊伸出花冠很长，长雄蕊花丝毛少，短雄蕊花丝基部密被柔毛；子房密被鳞片，花柱细长，洁净。蒴果圆柱形。花期3—4月。

中国特有，产于四川西部和西南部、贵州、云南东北部和东南部，生于海拔1 700~2 600 m的杂木林湿润处或石灰岩山坡灌丛中。凉山州的西昌、木里、雷波、美姑、甘洛、喜德、德昌、冕宁、布拖、普格、昭觉等县市有分布。

39.5.49 问客杜鹃 *Rhododendron ambiguum* Hemsl.

灌木，高1~3 m。幼枝细长，密被腺体状鳞片。**叶革质，椭圆形、卵状披针形或长圆形，长4~8 cm，宽1.8~3 cm**；顶端渐尖、锐尖或钝，有短尖头，基部宽楔形至钝形；上面被鳞片，下面灰绿色，**被黄褐色或褐色鳞片，鳞片不等大**，鳞片间相距为鳞片直径或小于直径；叶柄密被腺鳞。花序顶生，**稀兼有腋生，有3~4（7）朵花**，伞形或短总状着生；**花冠黄色、淡黄色或淡绿黄色**，内面有**黄绿色斑点和微柔毛**，宽漏斗状，略两侧对称，外面被鳞片。蒴果长圆形。花期5—6月，果期9—10月。

中国特有，产于四川、贵州、西藏，生于海拔2 300~4 500 m的灌丛中或林地上。凉山州的会理、盐源、木里、雷波、美姑、冕宁等县市有分布。

39.5.50　凹叶杜鹃 *Rhododendron davidsonianum* Rehd. et Wils.

灌木，高1~3 m。幼枝细长，疏生鳞片，稀密生鳞片，无毛或有微柔毛。叶披针形或长圆形，长2.5~6 cm，宽1~2 cm；顶端锐尖，有短尖头，基部渐狭或钝，**整个叶片呈"V"字形**；上面暗绿色或鲜绿色，疏生鳞片，无毛或沿中脉有微毛，下面密被鳞片，**鳞片不等大，黄褐色，鳞片间或相距为鳞片直径、直径的4倍，或邻接。花序顶生或兼有枝顶腋生**，有3~6朵花，呈短总状；花冠宽漏斗状，两侧略对称，淡紫白色或玫瑰红色，**内面有红色、黄色或褐黄色斑点**，外面有或无鳞片；雄蕊不等长，长雄蕊伸出花冠外，花丝下部有短柔毛；子房密被鳞片，花柱细长，伸出花冠外，洁净。蒴果长圆形。花期4—5月，果期9—10月。

中国特有，产于四川及云南，生于海拔1 500~3 600 m的灌丛中、林间空地上或松林中。凉山州的西昌、会理、盐源、雷波、木里、喜德、冕宁、布拖、美姑、普格等县市有分布。

39.5.51　秀雅杜鹃 *Rhododendron concinnum* Hemsley

灌木，高（0.4）1.5~3 m。幼枝被鳞片。叶长圆形、椭圆形、卵形、长圆状披针形或卵状披针形，长2.5~7.5 cm，宽1.5~3.5 cm；顶端锐尖、钝尖或短渐尖，有明显短尖头，基部钝圆或宽楔形；上面有或多或少的鳞片，下面粉绿色或褐色，**密被鳞片，鳞片略不等大，中等大小或大，扁平，有明显的边**

缘，鳞片间或相距为鳞片直径之半，或邻接；叶柄密被鳞片。花序**顶生或兼有枝顶腋生**，有2~5朵花，伞形着生；花梗密被鳞片；花冠宽漏斗状，略两侧对称，紫红色、淡紫色或深紫色，**内面有或无褐红色斑点**；雄蕊不等长，近与花冠等长，**花丝下部被疏柔毛**；子房5室，密被鳞片，花柱细长，洁净，稀基部有微毛，略伸出花冠。蒴果长圆形。花期4—6月，果期9—10月。

中国特有，产于陕西、河南、湖北、四川、贵州及云南东北部，生于海拔2 300~3 800 m的山坡灌丛中、冷杉林带的杜鹃林中。凉山州各县市有分布。

39.5.52　山育杜鹃 *Rhododendron oreotrephes* W. W. Smith

常绿灌木，高1~4 m。叶通常聚生于幼枝上部。**叶片椭圆形、长圆形或卵形**，长1.8~6 cm，宽1.4~3.5 cm，顶端钝圆，具短尖头，基部钝圆；**上面无鳞片，下面粉绿色或褐色，密被黄褐色或褐色鳞片，鳞片近等大，小至中等大小，鳞片间相距或小于直径，或近邻接**。花序顶生或兼有枝顶腋生，呈短总状，有3~5（10）朵花；花梗紫红色，疏生鳞片；花冠宽漏斗状，略两侧对称，淡紫色、淡红色或深紫红色，5裂至近中部，外面洁净，裂片圆卵形；雄蕊不等长，长雄蕊近与花冠等长或略长，花丝基部被开展的短柔毛；子房密被鳞片，花柱光滑。蒴果长卵形，长0.8~1.3 cm。花期5—7月。

国内产于四川、云南及西藏，生于海拔（2 100）3 000~3 700 m的针叶、落叶阔叶混交林，黄栎—杜鹃灌丛中，落叶松林缘或冷杉林缘。凉山州的盐源、木里等县有分布。

39.5.53　多鳞杜鹃 *Rhododendron polylepis* Franch.

灌木或小乔木，高1~6 m。叶革质，长圆形或长圆状披针形，长4.5~11 cm，宽1.5~3 cm；顶端锐尖或短渐尖，基部楔形或宽楔形；上面深绿色，幼叶密被鳞片，下面密被鳞片，鳞片无光泽，**大小不等，大鳞片褐色，散生，小鳞片淡褐色，鳞片间或彼此邻接，或覆瓦状排列，或相距为鳞片直径之半**。花序顶生，稀兼有腋生枝顶，有3~5朵花，伞形着生或呈短总状；花冠宽漏斗状，略两侧对称，淡紫红色或深紫红色，内面无斑点或上方裂片有淡黄点，**外面密生或散生鳞片**；雄蕊不等长，伸出花冠外；子房密被鳞片，花柱细长，伸出花冠外，洁净。蒴果长圆形或圆锥状。花期4—5月，果期6—8月。

中国特有，产于陕西南部、甘肃南部、四川北部至西南部，生于海拔1 500~3 300 m的林内或灌丛中。凉山州的西昌、盐源、甘洛、越西、雷波、美姑、喜德等县市有分布。

39.5.54 红棕杜鹃 *Rhododendron rubiginosum* Franch.

常绿灌木，高1~3 m，或成小乔木，高达10 m。叶通常向下倾斜，椭圆形、椭圆状披针形或长圆状卵形；顶端通常渐尖，有时锐尖，基部楔形、宽楔形至钝圆；上面密被鳞片，下面密被锈红色鳞片，**鳞片通常腺体状，大小不等，大鳞片色较深，褐红色或黑褐色，散生，但中脉两侧的常密生，小鳞片覆瓦状排列或鳞片间相距为鳞片直径之半**；叶柄密生鳞片。花序顶生，有5~7朵花，伞形着生；花梗密被鳞片；花冠宽漏斗状，淡紫色、紫红色、玫瑰红色、淡红色，少有白色带淡紫色晕，**内面有紫红色或红色斑点**，外面被疏散的鳞片；雄蕊10枚，不等长，略伸出花冠，花丝下部被短柔毛；子房有密鳞片。蒴果长圆形。花期（3）4—6月，果期7—8月。

国内产于四川、云南及西藏，生于海拔（2 500）2 800~3 500（4 200）m的云杉、冷杉、落叶松林的林缘或林间间隙地，或黄栎、杉木等针叶阔叶混交林中，常为群落中的优势种。凉山州各县市均有分布。

39.5.55　锈叶杜鹃 *Rhododendron siderophyllum* Franch.

灌木，高1~2（4）m。幼枝褐色，密被鳞片。叶散生。叶片椭圆形或椭圆状披针形，长3~7（11）cm，宽1.2~3.5 cm；顶端渐尖、锐尖或近于钝形，基部楔形渐狭至钝圆；上面密被下陷的小鳞片，下面密被褐色鳞片，**鳞片小或中等大小，等大或略不等大，下陷，鳞片间或相距鳞片直径的1/2~1（2）倍，或相邻接；**叶柄密被鳞片。**花序顶生或兼有枝顶腋生，**呈短总状，有3~5朵花；花冠筒状漏斗形，较小，白色、淡红色、淡紫色，偶见玫红色，内面上方通常**有黄绿色、淡红色或杏黄色的斑点或无斑点，**外面无鳞片或裂片上疏生鳞片；雄蕊不等长，长雄蕊伸出花冠外，花丝基部被短柔毛或近无毛；子房密被鳞片，花柱细长，洁净，稀基部有短柔毛，伸出花冠外。蒴果长圆形，长1~1.6 cm。花期3—6月。

中国特有，产于四川、贵州及云南，生于海拔（1 200）1 800~3 000 m的山坡灌丛中、杂木林中或松林中。凉山州的各县市多有分布。

39.5.56　硬叶杜鹃 *Rhododendron tatsienense* Franchet

灌木，高1~3 m。叶椭圆形、长圆状椭圆形或椭圆状披针形，长2~7 cm，宽1~3 cm，顶端钝或锐尖，具明显短尖头，基部钝圆或宽楔形；上面密被或疏被小鳞片，下面密被小鳞片，**鳞片略不等大，褐色，呈下陷状，鳞片间相距鳞片直径或直径之半，稀为鳞片直径的2倍。花序顶生或兼有枝顶腋生，**有2~4朵花；花序轴长2~3 mm；花梗密被鳞片；花冠小，宽漏斗状，淡红色或玫瑰红色，外面疏生鳞片；雄蕊不等长，长雄蕊稍长过花冠，花丝基部密被短柔毛；子房5室，密被鳞片，花柱细长，伸出花冠，洁净。蒴果长圆形。花期4—6月。

中国特有，产四川及云南。生于海拔2 300~3 600 m的松林中、混交林中或山谷灌丛中。凉山州的西昌、会理、盐源、普格、木里、昭觉、冕宁、喜德、美姑等县市有分布。

39.5.57　西昌杜鹃 *Rhododendron xichangense* Z. J. Zhao

灌木，高1~2 m。**叶革质，狭椭圆形，长2.5~5 cm，宽0.8~1.8 cm**；顶端锐尖，基部楔形；上面深绿色，疏生鳞片，下面密被深浅不同的褐色鳞片，鳞片间相距鳞片直径的1/2~1倍。花序顶生，每花序有2~5朵花，伞形着生；花梗细长，紫色，密被鳞片；花萼基部有鳞片，边缘有微柔毛；花冠白色或粉红色，内面无斑纹；雄蕊10枚，不等长，伸出花冠，长2~2.5 cm，花丝无毛或仅下部有微毛；子房密被鳞片，花柱伸出花冠，洁净。花期5—6月。

四川特有，生于海拔约2 200 m的山坡上。目前仅知其分布于凉山州西昌市境内的牦牛山。

39.5.58　长毛杜鹃 *Rhododendron trichanthum* Rehd.

灌木，高1~3 m。幼枝被鳞片，密生刚毛及短柔毛。叶长圆状披针形或卵状披针形，长4~11 cm，宽1.5~3.5 cm；顶端渐尖或锐尖，基部楔形至钝圆；上面疏生鳞片，**伏生细刚毛和短柔毛或完全无毛**，下面鳞片不等大，黄褐色，**鳞片间相距鳞片直径的1~4倍**，被细刚毛和短柔毛，**中脉上尤密**；叶柄有鳞片，密被刚毛和短柔毛。花序顶生，**有2~3朵花**，伞形着生或呈短总状；花梗有鳞片，密被毛；花萼有鳞片，密生刚毛；花冠宽漏斗状，略两侧对称，**浅紫色、蔷薇红色或白色**，外面有鳞片，**简部有刚毛**；雄蕊花丝下部密被短柔毛；子房5室，密被鳞片及刚毛。蒴果长圆形，被鳞片和粗毛，稀无毛。花期5—6月，果期9月。

四川特有，产四川西部和西南部，生于海拔1 600~3 650 m的灌丛中和林内。凉山州的冕宁等县有分布。

39.5.59　亮鳞杜鹃 *Rhododendron heliolepis* Franch.

常绿灌木，高（1）2~5 m；有时长成小乔木，高5~6 m。叶有**浓烈香气**，通常向下倾斜着生。叶长圆状椭圆形、椭圆形或椭圆状披针形，长5~12.5 cm，宽1.7~4 cm；顶端锐尖或渐尖，具短尖头，基部渐狭或钝圆；上面幼时密被鳞片，下面淡褐色或淡黄绿色，**鳞片近等大，薄片状，扁平或中心凹下，淡黄绿色或灰白色，鳞片间相距的变化大，或为鳞片直径，或为直径的1/2~2倍**；叶柄密生鳞片。花序顶生，有5~7（10）朵花，伞形着生；花梗细长，密被鳞片；花萼边缘浅波状，外面密生鳞片；花冠钟状，粉红色、淡紫红色，偶为白色，**内面有紫红色斑，外面疏被或密被鳞片**；雄蕊10枚，不等长，通常不超出花冠，**花丝下半部有密而长的粗毛**；子房有密鳞片。蒴果长圆形。花期7—8月，果期8—11月。

国内产于四川、云南及西藏，生于海拔3 000~3 700（4 000）m的针叶、阔叶混交林中，冷杉林缘或杜鹃矮林中。凉山州的西昌、普格、会理及木里等县市有分布。

39.5.60　隐蕊杜鹃 *Rhododendron intricatum* Franch.

常绿灌木，高0.15~1（1.5）m。叶簇生于分枝的顶端。叶小型，革质，长圆状椭圆形至卵形，长5~12（20）mm，宽3~7（10）mm；顶端圆，通常具短尖头，基部楔形至圆形；上面灰绿色，被金黄色、边缘透明的鳞片，鳞片间稍分开、邻接或重叠，下面浅黄褐色，鳞片淡金黄色，常重叠；叶柄密被淡色鳞片。顶生花序伞形总状，有花2~5（10）朵，花芽鳞常宿存，罕早落；花梗有淡色鳞片；花冠

小，管状漏斗形，**蓝色至淡紫色，罕黄色**，外面无鳞片，无毛，内面喉部被短柔毛，花冠裂片与花管近等长；**雄蕊（7）10（11）枚，不等长，常短于花管**，花丝近基部被毛；子房密被淡色鳞片。蒴果卵状圆形，被鳞片。花期5—6月，果期7—8月。

中国特有，产于四川西部、西南部及中部和云南西北部，生于海拔（2800）3500~4500（5000）m的潮湿沟谷内、冷杉林下、杜鹃灌丛中及高山草甸中。凉山州的西昌、木里、布拖等县市有分布。

39.5.61　永宁杜鹃 *Rhododendron yungningense* Balf. f. ex Hutch.

常绿灌木，高1~1.3 m，分枝密集。叶散生于枝上。叶片近革质，椭圆形、宽椭圆形、长圆形至长圆状披针形，长（6）8~20 mm，宽（2）4~8 mm；顶端急尖或钝，有明显或不明显的短尖头，基部楔形；边缘稍反卷；**上面灰色或暗绿色，被相邻接的淡白色鳞片，下面淡绿色，被褐色至铁锈色鳞片，鳞片常邻接，有时稍重叠**；叶柄被浅黄至暗黄色鳞片。花序顶生，伞形总状，有花3~4（6）朵；花冠宽漏斗状，**深紫蓝色或玫瑰淡紫色，罕为白色**，外面无鳞片，罕被毛，**内面喉部被短柔毛，花冠裂片稍长于花管**；雄蕊（8）10（12）枚，不等长，稍短于花冠，花丝下部分常被柔毛；子房被灰白色鳞片。蒴果卵状圆形，被鳞片。花期5—6月，果期7—9月。

中国特有，产于四川西南部、云南西北部及北部，生于海拔3200~4300 m的高山草坡上、岩坡上及杜鹃灌丛中。凉山州的盐源、木里等县有分布。

39.5.62　光亮杜鹃 *Rhododendron nitidulum* Rehd. et Wils.

平卧或直立常绿小灌木。幼枝密被鳞片。叶椭圆形至卵形，**长0.5~1.2 cm，宽2.5~7 mm**；顶端钝或圆，有或无小突尖，基部宽楔形至圆形；**上面暗绿色，有光泽，密被相邻接的薄而光亮的鳞片，下面的鳞片同大，均一而光亮，呈淡褐色，鳞片相邻接或稍呈覆瓦状排列**；叶柄长1~2 mm，密被鳞片。花序顶生，有花1~2（3）朵；花梗长0.5~1.5 mm，被鳞片；**花萼发达，带红色，长1.5~3 mm**，裂片卵状圆形、长圆状卵形，外面被鳞片，常有缘毛；**花冠宽漏斗状，长12~15 mm，**

蔷薇淡紫色至蓝紫色，花管长4~6 mm，内面被柔毛，裂片长圆形，开展，长7~9 mm；雄蕊（8）10枚，与花冠等长或稍长，花丝近基部有一簇白色柔毛；子房密被淡绿色鳞片。蒴果卵珠形，长3~5 mm，密被鳞片，被包于宿存的萼内。花期5—6月，果期10—11月。

中国特有，产青海及四川，生于海拔3 200~4 500（5 000）m的高山草甸上或河边。凉山州的喜德（小相岭）等县有分布。

39.5.63　粉紫杜鹃 *Rhododendron impeditum* Balf. f. et W. W. Smith

常绿灌木，分枝稠密，常呈垫状，高0.8~1.2 m。叶革质，卵形、椭圆形、宽椭圆形至长圆形，长4~16 mm，宽2.5~8 mm；顶端钝或急尖，有短突尖，基部宽楔形；上面暗绿色，**被不邻接的灰白色鳞片**，下面灰绿色，**具统一的鳞片，鳞片黄褐色或琥珀色，有光泽，排列不密集，相互之间明显有间距**；叶柄被鳞片。顶生伞形总状花序，有3~4朵花；花梗被灰白色或黄褐色鳞片；花萼裂片长圆形，被鳞片，从基部到顶部的中央形成一鳞片带，边缘常具少数鳞片，具长缘毛；花冠宽漏斗状，**紫色至玫瑰淡紫色，罕白色**，无鳞片或在花裂片外有少数鳞片，花管较裂片稍短，**内面喉部被毛**，罕在外面有毛；雄蕊（5）10（11）枚，花丝下部被毛；子房被灰白色鳞片。蒴果卵状圆形被鳞片。花期5—6月，有时9—10月二次开花，果期9—10月。

中国特有，产于四川西南部、云南西北部，生于海拔2 500~4 600 m的开阔的岩坡上、高山草地上、杜鹃—黄栎灌丛中、云杉林下或林缘。凉山州的西昌、盐源、木里、昭觉、普格等县市有分布。

39.5.64　木里多色杜鹃 *Rhododendron rupicola* W. W. Smith var. *muliense*（Balf. et Forrest）

常绿小灌木，高0.6~1.2 m。分枝多，密集。叶常簇生于分枝顶端，宽椭圆形、长圆形或卵形，长6.5~21 mm，宽3~12.7 mm；顶端圆钝，具短尖头，基部宽楔形至截形；上面暗灰色，**被邻接或稍分开的淡琥珀色鳞片**，并常间有暗色鳞片，下面淡黄褐色，**具两色、约等量的鳞片，暗褐色或琥珀色鳞片**

同金黄色鳞片混生，鳞片间相重叠或稍分开；叶柄被暗褐色鳞片。花序顶生，伞形，有花2~6（8）朵或更多，**花芽鳞宿存或脱落**；花梗被鳞片，偶被毛；**花萼发达**，暗红紫色，**边缘具睫毛**；花冠宽漏斗状，**深紫色**，少有深红色，偶为白色，内面喉部被柔毛，裂片较花管稍长，开展；**雄蕊5~10枚，其数目多变，常有不育雄蕊**。蒴果宽卵状圆形。花期5—7月，果期7—9月。

国内产于四川西部和西南部，云南中部、北部和西北部，西藏东南部，生于海拔2 800~4 900 m的岩坡上、冷杉林边、高山灌丛中或杜鹃灌丛中，常以优势种出现。凉山州的木里等县有分布。

39.5.65　南方雪层杜鹃 *Rhododendron nivale* subsp. *australe* Philipson et M. N. Philipson

常绿小灌木，高（30）60~90（120）cm。叶簇生于小枝顶端或散生。叶革质，椭圆形、卵形或近圆形，长3.5~9（12）mm，宽（1.5）2~5（5）mm；顶端钝或圆形，常无短尖头，基部宽楔形；边缘稍反卷；上面暗灰绿色，**被灰白色或金黄色的鳞片**，下面绿黄色至淡黄褐色，**被淡金黄色和红褐色两色鳞片，以红褐色的居多**；花序顶生，有花1~2（3）朵；花梗被鳞片，偶有毛；**花萼较小，退化或短于2 mm**；花冠宽漏斗状，粉红色、丁香紫色至紫色，**裂片较花管约长1~2倍，花冠内面被柔毛，外面也常被毛**，裂片开展；雄蕊（8）10枚，约与花冠等长，花丝近基部被毛；子房被鳞片，**花柱稍短于雄蕊**。蒴果圆形至卵状圆形，被鳞片。花期5—7月，果期8—9月。

中国特有，产于青海南部、四川西南至西北部、云南西北部、西藏东部及东南部，生于海拔3 200~5 400 m的山坡灌丛草地上、岩坡上、高山草原上、高山杜鹃灌丛中、云杉林下、沼泽地上及崖石空地上。凉山州木里县有分布。

39.5.66　直枝杜鹃 *Rhododendron orthocladum* Balf. f. et Forrest

直立灌木，高（0.5）1（1.3）m，多分枝。叶通常散生于小枝上。叶片狭椭圆形、披针形至线状披针形，长（0.5）8~16（20）mm，宽（1）2.5~5（6）mm；上面绿色或灰绿色，**被灰白色而透明的鳞片**，下面黄褐色至淡黄褐色，**被金黄色至黄褐色的邻接或稍有间距的鳞片，并混杂有深黄褐色鳞片**。花序顶生，伞形，具（1）2~4（5）朵花；花梗被淡色至黄褐色鳞片；花萼小，基部被鳞片，裂片圆形至三角形，常不等大，外面密被或疏被鳞片，边缘偶具少数鳞片及长缘毛；花冠漏斗状，**深紫蓝色或紫色**，罕白色带粉红色，花管喉部被短柔毛，裂片外面无鳞片或罕有疏鳞片；雄蕊（8）10（11）枚，不等长，短于花冠或罕等长，花丝近基部被毛。蒴果卵状圆形，密被鳞片。花期5—6月，果期7—8月。

中国特有，产于青海东南部、四川西南部、云南北部及西北部，生于海拔2 500~4 500 m的岩坡上、松林边缘或灌丛中。凉山州的布拖、昭觉等县有分布。

39.5.67　草原杜鹃 *Rhododendron telmateium* Balf. f. et W. W. Smith

小灌木，高0.1~1 m，分枝细瘦，多而密集，常呈垫状。叶聚生于枝端。叶片披针形、狭椭圆形、宽椭圆形、长卵状圆形或圆形，长3~14 mm，宽1.5~5（6.5）mm；顶端急尖至近圆形，具硬的小短尖头；**边缘常浅波状**；上面暗灰绿色，有时有光泽，**密被重叠的淡金黄色鳞片**，下面金黄褐色、淡橙色、棕色或赤褐色，**密被重叠的两色鳞片**，罕单色，大多数鳞片淡黄色至赤褐色，**混杂有暗褐至近黑褐色的鳞片**。花序顶生，伞形，具1~2（3）朵花；花冠宽漏斗状，淡紫色、玫瑰红色至深蓝紫色，**花管喉部被短柔毛，通常外面也有，并被疏或密的淡色鳞片**；子房被淡黄色鳞片。蒴果卵状圆形至长圆形，被鳞片。花期5—6（7）月，果期8—10月。

中国特产，产于云南西北部、北部及中部和四川西部及西南部，生于海拔（2 700）3 200~3 800（5 000）m的林缘、杜鹃灌丛中、高山草地上或岩坡上。凉山州的盐源、木里等县有分布。

39.5.68 暗叶杜鹃 *Rhododendron amundsenianum* Hand. –Mazz.

常绿灌木，高0.5（1）m，分枝短。幼枝密被暗褐色的脱落性鳞片。叶多数簇生于枝端。叶片近革质，长圆状卵形、宽椭圆形至圆形，长9~15（18）mm，宽5~7（9）mm；顶端圆形，具短而反折的短突尖，基部截形或宽楔形；边缘近反卷；上面绿色，无光泽，**被琥珀色鳞片，鳞片间邻接或叠置，**下面的鳞片**均为锈褐色，邻接或稍不邻接，具狭的半透明的金黄色的边沿**；叶柄被鳞片。花序顶生，伞形总状，约具花3朵；花梗长2~3 mm，密被鳞片；花萼裂片卵形，其中央具一鳞片带，**边缘密被缘毛**；花柱下部被柔毛。蒴果卵珠形，被鳞片。花期4—5月。

四川特有，生于海拔3 700~4 250 m的高山上。凉山州普格县及德昌县境内的螺髻山有分布。

39.5.69 多枝杜鹃 *Rhododendron polycladum* Franch.

常绿直立灌木，高约1.2 m，分枝多而短。幼枝被锈褐色具柄的鳞片。叶常散生于小枝上。叶片狭椭圆形、椭圆形、长圆形或披针形，长4~20 mm，宽2~8 mm；顶端尖或钝，基部楔形；边缘浅波状或稍反卷；上面灰绿色或暗绿色，有光泽，**被相邻或近邻接的灰白色鳞片，下面灰绿色，被锈褐色或铜褐色鳞片，鳞片大小常有变异**，彼此间有间距，鳞片边沿颜色较中部的较浅；叶柄长0.5~3 mm，被锈色鳞片。花序顶生，伞形，有花2~5朵；花梗长0.5~3 mm；**花萼小，带紫红色，长0.5~2.5 mm**，基部被鳞片，裂片5片，边缘被睫毛；花冠宽漏斗形，长0.8~1.3 cm，淡紫色到浓紫蓝色，罕为白色，花管较裂片约短1/2，长2.5~5 mm，内面喉部被毛；雄蕊（9）10枚，与花冠近等长，花丝下部被柔毛；子房

被灰白色或黄褐色鳞片，基部常有一狭的柔毛带，花柱长于雄蕊。蒴果长圆形，长达6 mm，被鳞片。花期5—6月，果期7—9月。

中国特有，产于云南西北部及中部，生于海拔3 000~4 300 m的开阔的高山草地上、岩坡上、峭壁上、松栎林林缘，偶见于潮湿的沼泽地。凉山州盐源县有发现，四川新记录。

39.5.70 冕宁杜鹃 *Rhododendron mianningense Z. J. Zhao*

灌木，高约2 m。**树皮黄色，脱落**。叶片革质，椭圆形，长2~3.5 cm，宽0.5~1.5 cm；先端圆形或具短尖头，基部楔形、宽楔形；上面深绿色，光亮，下面黄绿色，**鳞片间相互覆盖或稍分开**；叶柄扁平，密被锈红色鳞片。花序顶生，伞形，有2朵花；花梗长约5 mm，粗壮，被鳞片；**花萼长1.5~1.8 cm**，疏生鳞片，5裂，**裂片淡黄色或淡红色**，长1.3~1.5 cm，宽0.5 cm，膜质；花冠漏斗状，**淡黄色**，外面无毛也无鳞片；雄蕊10枚，不等长，花丝中部以下有淡黄色微柔毛，基部无毛；子房密被鳞片，基部被微柔毛，花柱基部疏生微毛。蒴果未见。

四川特有，生于海拔2 900~3 800 m的杜鹃灌丛中或岩坡上。凉山州的冕宁、喜德及越西等县有分布，目前仅知其在小相岭有生长。

39.5.71 平卧长柱杜鹃 *Rhododendron longistylum* Rehd. et. Wils. subsp. *decumbens* R. C. Fang

别名：平卧长轴杜鹃

常绿灌木，高0.5~2 m。幼枝疏被鳞片。叶倒卵形、长圆状披针形至倒披针形，长1.6~7.5 cm，宽0.6~1.8 cm；顶端急尖，基部渐狭，**上面疏生不久脱落的鳞片，下面被不等大的鳞片，鳞片间相距鳞片直径的1~4倍**；叶柄长2~6 mm，被鳞片。花序顶生，短总状，有花多至10余朵，花序轴长3~10 mm，被

鳞片；花梗长6~15 mm，被鳞片；花萼5裂，裂片长2~3.5 mm，长圆形、狭三角形或卵形；**花冠管状漏斗形或漏斗状钟形，长1.3~2 cm，白色**，或稍带红色，5裂，**花管稍长于裂片**，外面有时疏被鳞片，内面基部被柔毛；**雄蕊10枚，伸出于花冠**，花丝基部被毛；子房顶端被鳞片和短柔毛，花柱细长，伸出于花冠。蒴果圆锥状，长5~8 mm，被宿萼。花期4~5月，果期7~10月。

云南特有，生于海拔1 700 m的山坡疏林中。凉山州盐源县有发现，四川新记录。本亚种与原亚种长柱杜鹃的区别在于：幼枝、叶柄、花梗均无短柔毛。盐源县发现的植株的叶片上面密生鳞片，后略脱落，呈散生状，作者认为该特征为平卧长柱杜鹃的种内变异。

39.5.72 腋花杜鹃 *Rhododendron racemosum* Franch.

小灌木，高0.15~2 m。叶片多数，散生，**揉之有香气**。叶片长圆形或长圆状椭圆形，长1.5~4 cm，宽0.8~1.8 cm，顶端钝圆或锐尖，具明显的小短尖头或不明显具有，基部钝圆或楔形渐狭；**边缘反卷**；上面密生黑色或淡褐色小鳞片，**下面通常灰白色，密被褐色鳞片，鳞片中等大小，近等大**，鳞片间相距不超过鳞片直径，也不邻接；叶柄短，被鳞片。**花序腋生于枝顶或枝上部叶腋**，每一花序有花2~3朵；花梗纤细，密被鳞片；花冠小，宽漏斗状，粉红色、淡紫红色或白色，中部或中部以下分裂，裂片开展，外面疏生鳞片或无；雄蕊10枚，伸出花冠外，花丝基部密被开展的柔毛；子房密被鳞片，花柱长于雄蕊，洁净，有时基部有短柔毛。蒴果长圆形，被鳞片。花期3—5月。

中国特有，产于四川西南部，贵州西北部，云南中部、西部至西北部、东北部，生于海拔1 500~3 500（3 800）m中的云南松林下、松栎林下、灌丛草地中或冷杉林缘，常为上述植物群落的优势种。凉山州各县市均有分布。

39.5.73 粉背碎米花 *Rhododendron hemitrichotum* Balf. f. et Forrest

小灌木，高0.3~1（2）m。**叶薄革质**，密集于枝上。叶片狭长圆形、狭椭圆形或披针形，长1.5~3 cm，长0.5~1.2 cm；顶端略钝或短渐尖，有小短尖头，基部楔形或稍钝；边缘反卷；上面深绿色，**密被短柔毛**，下面灰白色，**密被褐色鳞片，鳞片间相距小于鳞片直径**；叶柄密被柔毛或鳞片。**花序数个腋生于枝顶**，每花序有2~3朵花；**花芽鳞开花后宿存**，外面密被鳞片和微柔毛，边缘密生短纤毛；花梗密被鳞片，近无毛或密被微柔毛；花冠小，漏斗状，粉红色或紫红色，**外面被腺鳞**，花冠裂片上较多；雄蕊8枚，不等长，略伸出花冠外；子房密被鳞片和微柔毛。蒴果长圆形，被鳞片和微柔毛。花期5—7月，果期10—12月。

中国特有，产于四川西南部及云南西北部，生于海拔2 200~4 000 m的松林下或灌丛中。凉山州的木里、盐源等县有分布。

39.5.74　爆杖花 *Rhododendron spinuliferum* Franch.

灌木，高0.5~1（3.5）m。**叶坚纸质，散生**，倒卵形、椭圆形、椭圆状披针形或披针形，长3~10.5 cm，宽1.3~3.8 cm；顶端通常渐尖，稀锐尖，具短尖头，基部楔形；上面黄绿色，有柔毛，下面色较淡，**密被灰白色柔毛和鳞片**；叶柄上略着生柔毛、刚毛或鳞片。**花序腋生于枝顶，呈假顶生；花芽鳞外面密被鳞片**，花开后芽鳞脱落；花序伞形，有2~4朵花；**花冠筒状，两端略狭缩，朱红色、鲜红色或橙红色**，直立；雄蕊10枚，不等长，略伸出花冠之外，**花药紫黑色**，花丝无毛，稀基部有短柔毛；子房密被绒毛并覆有鳞片。蒴果长圆形，被疏绒毛并可见鳞片。花期2—6月。

中国特有，产于四川西南部，云南西部、中部至东北部，生于海拔1 600~2 500 m的松林下、松栎林下、油杉林下或山谷灌木林下。凉山州各县市均有分布。

39.5.75　柔毛杜鹃 *Rhododendron pubescens* Balf. f. et Forrest

小灌木，高约1 m。叶多数，**厚革质**，狭长圆形、倒披针形或披针形，长约2.2 cm，宽约6 mm；顶端锐尖，具短尖头，边缘反卷，基部楔形；上面深绿色，**密被白色短柔毛和细刚毛**，下面灰绿色，较叶上面更密被**柔毛和细刚毛**，被鳞片。**花序数个腋生于枝顶叶腋处；花芽鳞革质**，圆形；花序近伞形，有3~4朵花；花梗长6~8 mm，被短柔毛、刚毛和鳞片；花萼小，外面密被柔毛和鳞片；花冠小，淡红色，**具短漏斗状的花冠管和开展的裂片**，裂片长于花冠管，**外面被鳞片**；雄蕊8~10枚，不等长，长雄蕊稍长于花冠，花丝基部无毛，稍上部被短柔毛；子房被鳞片和微柔毛。蒴果长圆形，有鳞片和疏柔毛。花期5—6月。

中国特有，产于云南及四川，生于海拔1 600~3 500 m的灌丛中。凉山州的西昌、盐源、木里、越西、喜德、会东、普格等县市有分布。

39.5.76　碎米花 *Rhododendron spiciferum* Franch.

小灌木，高0.2~0.6（2）m。叶散生于枝上。**叶坚纸质**，狭长圆形或长圆状披针形，长1.2~4 cm，宽0.4~1.2 cm；顶端钝圆或锐尖，有短尖头，基部楔形或略钝；边缘反卷；上面深绿色，**密被短柔毛和长硬毛**，下面黄绿色，**密被灰白色短柔毛和黄色腺鳞**；叶柄被与幼枝相同的毛。花序短总状，有花3~4朵；花萼5裂，裂片卵形、长圆状卵形；花冠漏斗状，**粉红色，外面疏生腺鳞**；雄蕊10枚，不等长；子房密被灰白色短柔毛及鳞片；花柱细长，伸出花冠外，其下部或近基部被柔毛或无毛。蒴果长圆形，被毛和鳞片。花期2—5月。

中国特有，产于贵州、云南及四川，生于海拔800~1 900 m的山坡灌丛中、松林下或次生林缘。凉山州的西昌、会理、盐源、普格等县市有分布。

39.5.77　樱草杜鹃 *Rhododendron primuliflorum* Bureau & Franch.

常绿小灌木，高0.36~1（2.5）m。叶革质，**芳香**，长圆形、长圆状椭圆形至卵状长圆形，长

（0.8）2~2.5（3.5）cm，宽（5）8~10（15）mm；**上面暗绿色**，光滑有光泽，下面密被重叠成2~3层的**淡黄褐色、黄褐色或灰褐色的屑状鳞片**；叶柄密被鳞片。花序顶生，头状，具5~8朵花；花萼外面疏被鳞片，边缘有或无缘毛；花冠狭筒状漏斗形，**白色，具黄色的管部**，罕全部为粉红或蔷薇色，花管内面喉部被长柔毛，外面无毛或疏被鳞片，裂片近圆形；雄蕊5枚或6枚，**内藏于花管**，基部有短柔毛或光滑；蒴果卵状椭圆形，密被鳞片。花期5—6月，果期7—9月。

中国特有，产于云南西北部、西藏南部及东南部、四川西部及西南部、甘肃南部，生于海拔（2 900）3 700~4 100（5 100）m的山坡灌丛中、高山草甸上、岩坡上或沼泽草甸上。凉山州的盐源、木里、喜德、普格、冕宁等县有分布。

39.5.78 毛嘴杜鹃 *Rhododendron trichostomum* Franch.

常绿灌木，高0.3~1（1.5）m。叶革质，卵形或卵状长圆形，长0.8~3.2 cm，宽4~8 mm，**上面深绿色，有光泽**，下面常**淡黄褐色至灰褐色**，重叠2~3层长短不齐的有柄鳞片，最下层鳞片金黄色；叶柄被鳞片。花序顶生，**头状，有花6~10（20）朵**，花密集；花梗被鳞片；花萼小，长0.5~2（3）mm，裂片长圆形至卵形，边缘常有鳞片并稍有缘毛；**花冠狭筒状**，白色、粉红色或蔷薇色，内面喉部被长柔毛；**雄蕊5枚，内藏**，花丝无毛或基部被微毛；子房被鳞片，花柱粗而短，光滑。蒴果卵状圆形至长圆形，密被鳞片。花期5—7月。

中国特有，产于云南西北部、西藏东南部、四川西部、青海南部，生于海拔3 000~4 000（4 400）m的山坡灌丛中或针叶、阔叶混交林下，高山草甸上及崖坡上。凉山州的木里、盐源、普格等县有分布。

39.5.79　毛叶杜鹃 *Rhododendron radendum* Fang

常绿小灌木，高0.5~1 m。**叶革质，**长圆状披针形、倒卵状披针形至卵状披针形，长1~1.8 cm，宽3~6 mm；先端急尖或圆钝，基部圆钝；边缘反卷；上面绿色，有光泽，**被鳞片，沿中脉有刚毛，**下面密被淡黄褐色至深褐色的**具长短不等柄的多层屑状鳞片；**叶柄被鳞片和刚毛。花序顶生，密头状，**具花8~10朵，**花芽鳞在花期宿存；花梗短，被鳞片和刚毛；花萼小，5裂，裂片卵形，外面被鳞片和刚毛，边缘被缘毛；花冠狭管状，粉红色至粉紫色，5裂，裂片圆形，开展，外面密被鳞片，**花管内面被长髯毛；雄蕊5枚，**内藏；子房卵状圆形，密被淡黄色鳞片，花柱很短，约与子房等长，光滑。花期5—6月。

四川特有，产于四川西部和西南部，生于海拔3 000~4 100 m的山地灌丛中或华山松、云南松、高山栎林下。凉山州木里、冕宁等县有分布。

39.5.80　雷波杜鹃 *Rhododendron leiboense* Z. J. Zhao

附生灌木，高约1 m。幼枝纤细，散生小腺体。**叶革质，集生于枝顶，近轮生。**叶片椭圆形、匙形、卵状匙形，长1.6~2.4 cm，宽0.6~1.2 cm；顶端平截微凹，基部渐狭；上面深绿色，无毛，无鳞片，下面淡黄色，疏生鳞片，鳞片间相距鳞片直径的2~3倍，侧脉不显。花序顶生，具2朵花，伞形着生；花梗褐色，纤细，长1.5~2 cm，密生鳞片；花萼小，长约2 mm，基部密生鳞片，5裂，裂片三角形，顶端圆形；花冠钟状，长约1.2 cm，黄色，外面疏生鳞片，花冠筒部长约8 mm；雄蕊10枚，不等长，长7~10 mm，短于花冠，花药长约2 mm；子房密被鳞片，花柱粗壮，直立或稍弯，长3~4 mm，柱头头状，平截。蒴果未见。

四川特有，产于四川中南部（雷波县、峨眉山市至洪雅县），生于海拔1 400~1 500 m的疏林乔木树干上或灌丛中。凉山州雷波县有分布。

39.5.81　薄叶马银花 *Rhododendron leptothrium* Balf. f. et Forrest

灌木或小乔木。幼枝淡红褐色，密被白色短柔毛。叶薄革质，集生于枝顶。叶披针形、长圆状披针形或长圆形，长4~8 cm，宽2~3 cm；先端渐狭呈平截或微下凹，具软角质短尖头，基部楔形；边缘浅波状；上面深绿色，仅中脉被短柔毛，下面淡白色；叶柄密被短柔毛。花单生于枝顶叶腋处，通常枝端具2~4朵花；花梗长1.5 cm，密被腺头短刚毛；花萼裂片大，椭圆形或长卵形，长7 mm，边缘具腺头睫毛；**花冠辐状或宽漏斗状，蔷薇色，长2~2.5 cm，5深裂，裂片倒卵形**，比花冠管长，上方裂片基部具深色斑点；**雄蕊5枚**，比花冠短，花丝中部以下被柔毛；子房上部有腺毛，花柱比雄蕊长，长2.2 cm，伸出于花冠外，无毛。蒴果卵球形，具腺体及腺头刚毛，为宿存萼片所包。花期4—6月，果期9—11月。

国内产于云南西北部、四川西南部及西藏东南部，生于海拔1 700~3 200 m的灌丛中。凉山州盐源县的树河镇、藤桥乡等有发现，该种为在凉山州首次发现的马银花亚属植物。

40　越橘科 Vacciniaceae

40.1　越橘属 *Vaccinium* L.

40.1.1　毛萼越橘 *Vaccinium pubicalyx* Franch.

别名：毛萼越桔

常绿灌木或小乔木。**幼枝被浅黄褐色短绒毛。**叶片薄革质，卵形、长卵状披针形或披针形，长2~6 cm，宽0.7~2.5 cm；顶端渐尖至尾尖，基部楔形或宽楔形，边缘有细锯齿；两面沿中脉或多或少有短柔毛；叶柄被浅黄褐色短绒毛。总状花序腋生，长1~4 cm，**序轴密被淡黄褐色短柔毛**；花梗很短，长1~2 mm或更短；花萼小，**萼筒被毛，连同花梗密被短柔毛**；花冠白色或带粉红色，筒状或筒状坛形，口部不明显缢缩，长约5 mm，裂齿短小，三角形，直立或反折，无毛。浆果熟时紫黑色，直径5~6 mm，外面有疏毛或无毛，顶部有短柔毛；果梗密被短柔毛。花期4—5月，果期9—10月。

国内产于四川、贵州及云南，生于海拔1 300~2 700 m的山坡灌丛中、松林下或杂木林内。凉山州各县市均有分布。

40.1.2 云南越橘 *Vaccinium ducLouxii* (Levl.) Hand.–Mazz.

别名：云南越桔

常绿灌木或小乔木。**幼枝有棱，无毛。**叶片革质，卵状披针形、长圆状披针形或卵形，长3~7（13）cm，宽1.7~3.5 cm，顶端渐尖、锐尖或长渐尖，基部宽楔形或钝圆；边缘有细锯齿；两面无毛。花序生于枝顶叶腋处和下部叶腋处，长1.5~8 cm，**序轴无毛；花梗极短，长0.5~2.5 mm，无毛；小苞片生于花梗顶部，萼筒球形，无毛，**萼齿三角形，长约1 mm，齿缘有时有疏而细的短缘毛或有具腺流苏；**花冠白色或淡红色，筒状坛形，口部稍缢缩，**长6~8 mm，外面无毛，内面有微毛，且于口部稍密，裂齿三角形，直立或反折。浆果熟时紫黑色，直径6~7 mm。花期2—5月，果期7—11月。

中国特有，产于四川及云南，生于海拔1 500~3 100 m的山坡灌丛中或山地常绿阔叶林中、松栎林下。凉山州的会理、盐源、美姑、德昌等县市有分布。

40.1.3 短序越橘 *Vaccinium brachybotrys* (Franch.) Hand.–Mazz.

别名：短序越桔

常绿灌木，偶为小乔木。**全株无毛。幼枝通常被白粉。**叶片卵形或卵状披针形，长3~5.5（8）cm，宽1.5~3 cm；顶端锐尖或渐尖，基部楔形或钝圆；边缘有细齿；中脉和侧脉纤细，在两面稍突起；叶柄长1~3 mm。**总状花序腋生和生于枝顶叶腋处，长3~6 cm，有多数花；花梗短，长1~2（4）mm；小苞片生于花梗基部或中部；**萼筒有时被白粉，萼齿三角形，长约1 mm；花冠紫红色、淡红色或白色，坛状或筒状，长6~7 mm，裂齿短小，三角形，直立或反折；雄蕊内藏；花柱通常不伸出花冠。浆果直径约5 mm。花期3—4月，果期4—5月。

中国特有，产于四川和云南，生于海拔1 400~2 400 m的灌丛中或次生常绿阔叶林内。凉山州的盐源、德昌等县有分布。

40.1.4　江南越橘 *Vaccinium mandarinorum* Diels

别名：西南越橘、具苞江南越橘、江南越桔

常绿灌木或小乔木。幼枝通常无毛。叶片厚革质，卵形或长圆状披针形，长3~9 cm，宽1.5~3 cm；顶端渐尖，基部楔形至钝圆；边缘有细锯齿；两面常无毛；叶柄长3~8 mm，无毛或被微柔毛。总状花序腋生和生于枝顶叶腋处，长2.5~10 cm，有多数花，序轴无毛或被短柔毛；**花梗纤细，长2~8 mm，**无毛或被微毛；萼筒及萼齿无毛；花冠白色，有时带淡红色，微香，筒状或筒状坛形，口部稍缢缩或开放，长6~7 mm，外面无毛，内面有微毛，裂齿三角形或狭三角形，直立或反折。浆果熟时紫黑色，无毛，直径4~6 mm。花期4—6月，果期6—10月。

中国特有，产于安徽、福建、广东、广西、贵州、湖北、湖南、江苏、江西、云南及浙江，生于海拔100~2 900 m的山坡灌丛中、杂木林中或路边林缘。凉山州的西昌、盐源、雷波等县市有分布。

40.1.5　乌鸦果 *Vaccinium fragile* Franch.

别名：老鸦果、老鸦泡、千年矮

常绿矮小灌木。茎多分枝，有时丛生，枝条疏被或密被具腺长刚毛和短柔毛。叶密生。叶片革质，长圆形或椭圆形，长1.2~3.5 cm，宽0.7~2.5 cm；顶端锐尖、渐尖或钝圆，基部钝圆或楔形渐狭；

产于我国西南各地区至台湾，生于海拔650~2 400 m的混交林中或苔藓林中，亦见于林缘、路旁等的灌丛中。凉山州的会理、盐源、雷波、德昌等县市有分布。本种的根用水煎服，可治膀胱结石；叶可敷外伤；木材坚硬，既可用于制作木质的车杆、车轴，又是较好的薪炭柴。

43 安息香科 Styracaceae

43.1 木瓜红属 *Rehderodendron* Hu

木瓜红 *Rehderodendron macrocarpum* Hu

别名：野草果

小乔木。叶纸质至薄革质，长卵形、椭圆形或长圆状椭圆形，长9~13 cm，宽4~5.5 cm，顶端急尖或短渐尖，基部楔形或宽楔形；边缘有疏锯齿；侧脉和网脉在两面均明显隆起；叶柄疏被星状柔毛。总状花序有花6~8朵，生于小枝下部叶腋处；花序梗、花梗和小苞片外面均密被灰黄色星状柔毛；**花白色，与叶同时开放；**花梗长3~10 mm；萼齿密被星状短柔毛；**花冠裂片椭圆形或倒卵形，长1.5~1.8 cm，宽5~8 mm，**两面均密被细绒毛。果实长圆形或长卵形，稍弯，长3.5~9 cm，**有8~10条棱，**棱间平滑。花期3—4月，果期7—9月。

国内产于四川、云南和广西，生于海拔1 000~1 500 m的密林中。凉山州的雷波等县有分布。本种木材致密，可作家具用材；果红色，花白色，美丽芳香，可作绿化观赏树种。

43.2　白辛树属 *Pterostyrax* Siebold & Zucc.

白辛树 *Pterostyrax psilophyllus* Diels ex Perk.

别名：鄂西野茉莉、裂叶白辛树、刚毛白辛树

乔木。叶硬纸质，长椭圆形、倒卵形或倒卵状长圆形，长5~15 cm，宽5~9 cm，顶端急尖或渐尖，基部常楔形；边缘具细锯齿，近顶端有时具粗齿或3深裂；下面被灰色星状绒毛；侧脉每边6~11条；叶柄长1~2 cm，密被星状柔毛。**圆锥花序顶生或腋生，第二次分枝几乎呈穗状，长10~15 cm**；花序梗、花梗和花萼均密被黄色星状绒毛；花白色，长12~14 mm；花梗长约2 mm；萼齿披针形；花瓣长椭圆形或椭圆状匙形，长约6 mm。**果近纺锤形，中部以下渐狭，连喙长约2.5 cm，密被灰黄色的舒展的丝质的长硬毛**。花期4—5月，果期8—10月。

中国特有，产于广西、贵州、湖北、四川及云南，生于海拔600~2 500 m的湿润的林中。凉山州的雷波、金阳等县有分布。本种具有萌发力强和生长迅速的特点，可作为低湿地造林或护堤树种；木材材质轻软，纹理致密，加工容易，可作为一般器具用材。

43.3　安息香属 *Styrax* L.

43.3.1　瓦山安息香 *Styrax perkinsiae* Rehd.

别名：瑞丽野茉莉

灌木或小乔木。叶互生，纸质，**卵形、卵状椭圆形或椭圆状披针形，长5~8 cm，宽3~5 cm**，顶端短渐尖至急尖，基部圆形或宽楔形；边缘全缘或有细锯齿；上面初被单生或2~3次分歧的星状短柔毛，下面密被白色星状绒毛；侧脉5~6对。**总状花序顶生，有花3~4朵；下部花常单花腋生**，花序长4~6 cm；花白色，长约2 cm；花梗长5~9 mm，密被绒毛；花萼杯状，外面密被星状绒毛和被稀疏星状柔毛；**萼齿形状不规则，钻形，长不超过1.5 mm**；花冠裂片椭圆形或倒卵状椭圆形，长约15 mm，外面密被星状细柔毛，**花蕾时覆瓦状排列**。果实卵形，长12~18 mm，有短尖头。花期3—4月，果期7—8月。

中国特有，产于四川及云南，生于海拔500~2 500 m的山坡上、湿润的常绿阔叶林中。凉山州的西昌、雷波、越西、甘洛、布拖、普格、昭觉等县市有分布。

43.3.2　楚雄安息香 *Styrax limprichtii* Lingelsh. et Borza

别名：楚雄野茉莉

灌木。叶互生，纸质，**宽椭圆形或倒卵形，长4~7 cm，宽3~4 cm**；顶端急尖或短渐尖，基部圆形至宽楔形；边缘上部有锯齿；上面幼时密被星状短柔毛，后渐无毛，**下面密被黄褐色或灰黄色星状绒毛和星状柔毛**；侧脉每边5~6条，**第三级小脉在下面明显隆起**；叶柄密被黄褐色星状绒毛。总状花序顶生，有花3~6朵，长3~4 cm；花白色，芳香，长约15 mm；花梗长3~4 mm；花萼杯状，外面密被黄褐色星状绒毛和长柔毛，萼齿钻形或三角形；花冠裂片椭圆形或卵状椭圆形，两面均被星状短柔毛，花蕾时呈覆瓦状排列。果实球形，直径1~1.5 cm，顶端常具短尖头，密被星状短柔毛。花期3—4月，果期8—10月。

中国特有，产于四川及云南，生于海拔1 700~2 400 m干旱山坡的稀树草原上。凉山州的盐源、木里、越西等县有分布。

43.3.3　粉花安息香 *Styrax roseus* Dunn

小乔木。叶互生，纸质，椭圆形、长椭圆形或卵状椭圆形，长6~12 cm，宽2~6 cm；顶端渐尖或钝渐尖，基部宽楔形，少圆形，两边常不对称；边缘具腺体状锯齿；**两面除叶脉被灰白色星状短柔毛**

外，其余疏被单生或2次分歧的白色短柔毛，后毛渐脱落。总状花序顶生，有花2~3（4）朵，下部花常腋生，长3~5 cm；花序梗、花梗和小苞片均密被星状柔毛；**花白色，有时粉红色，长1.5~2.5 cm；花梗长2~8 mm；**花萼外面密被绒毛和疏被星状长柔毛；花冠裂片倒卵状椭圆形，两面均密被短柔毛，花蕾时覆瓦状排列。果实近球形，直径12~14 mm，顶端具短尖头，密被星状绒毛。花期7—9月，果期9—12月。

中国特有，产于贵州、湖北、陕西、四川、西藏及云南，生于海拔1 000~2 300 m的疏林中。凉山州的雷波、越西、金阳、美姑、普格、木里等县有分布。

43.3.4　野茉莉 *Styrax japonicus* Sieb. et Zucc.

别名：齐墩果、野花培、茉莉苞、黑茶花、君迁子、耳完桃

灌木或小乔木。叶互生，纸质或近革质，椭圆形或长圆状椭圆形至卵状椭圆形，长4~10 cm，宽2~5（6）cm；顶端急尖或钝渐尖，基部楔形或宽楔形；边缘近全缘或仅于上半部具疏离锯齿；**下面除主脉和侧脉汇合处有白色长髯毛外无毛；**侧脉每边5~7条，小脉在两面均明显隆起；叶柄长5~10 mm。总状花序顶生，有花5~8朵，长5~8 cm；有时下部的花生于叶腋处；**花序梗无毛；**花白色，长2~2.8（3）cm，**花梗纤细，开花时下垂，长2.5~3.5 cm，无毛；花萼无毛；**花冠裂片两面均被星状细柔毛，花蕾时覆瓦状排列。果实卵形，长8~14 mm，顶端具短尖头，外面密被灰色星状绒毛。花期4—7月，果期9—11月。

国内分布广泛，生于海拔400~1 804 m的林中。凉山州的雷波、越西、木里、甘洛、宁南、金阳、冕宁、普格等县有分布。本种木材可作器具、木雕等细工的用材；种子榨的油可用来制作肥皂或机器润滑油，油粕可作肥料；花美丽芳香，可作庭园观赏植物。

43.3.5　小叶安息香 *Styrax wilsonii* Rehd.

别名：小叶野茉莉、矮茉莉

灌木。叶倒卵形或近菱形，少数为椭圆状卵形，长1~2.5（4）cm，宽7~20（26）mm；顶端稍急尖或短渐尖，基部楔形；边缘有粗齿或顶端有2~4齿裂；下面密被灰白色星状细绒毛，而叶脉上疏被黄褐色星状短柔毛；侧脉每边4~6条，在上面凹入，在下面隆起；叶柄密被黄褐色星状柔毛。总状花序顶生，有花3~5朵，长2~4 cm；花白色，长1~1.3 cm，花梗长2~3 mm；花萼外面密被星状绒毛和疏被黄褐色星状短柔毛；花冠裂片5（6）片，两面密被淡黄色星状短柔毛，花蕾时呈覆瓦状排列。果实近球形，顶端具短尖头，直径5~7 mm，密被绒毛。花期5—7月，果期8—10月。

四川特有，生于海拔1 300~2 200 m的林中或灌丛中。凉山州的雷波、甘洛、越西、美姑、普格等县有分布。

44　山矾科 Symplocaceae

44.1　山矾属 *Symplocos* Jacq.

44.1.1　日本白檀 *Symplocos paniculata* (Thunb.) Miq.

别名：白檀

落叶灌木或小乔木。叶膜质或纸质，阔倒卵形、椭圆状倒卵形或卵形，长3~11 cm，宽2~4 cm；先端急尖或渐尖，基部阔楔形或近圆形；边缘有细尖锯齿；叶背面通常有柔毛；侧脉4~8对；叶柄长3~5 mm。圆锥花序生于新枝顶端，长5~8 cm；花萼长2~3 mm，裂片半圆形或卵形，稍长于萼筒；花冠白色，长4~5 mm，5深裂几乎达基部；雄蕊40~60枚，子房2室。核果熟时蓝色，卵状球形，长5~8 mm，顶端宿萼裂片直立。花期4—5月，果期6—7月。

国内分布广泛，生于海拔800~2 500 m的山坡上、路边、疏林中或密林中。凉山州的盐源、雷波、越西、甘洛、宁南、金阳、冕宁、美姑、普格、昭觉等县有分布。本种的叶可药用；根皮与叶可作土农药用。

44.1.2　多花山矾 *Symplocos ramosissima* Wall. ex G. Don

落叶灌木或小乔木。叶膜质，椭圆状披针形或卵状椭圆形，长6~12 cm，宽2~4 cm；先端尾状渐尖，基部楔形或圆形，边缘有腺锯齿；中脉在叶腹面凹下；侧脉每边4~9条，**在离叶缘3~7 mm处向上弯曲环结**；叶柄长约1 cm。**总状花序长1.5~3 cm，基部分枝**，花梗长约2 mm；花萼长约3 mm，被短柔毛；花冠白色，长4~5 mm，**5深裂几乎达基部**；雄蕊30~40枚；**子房3室**。核果长圆形，长9~12 mm，宽4~5 mm，有微柔毛，嫩时绿色，成熟时黄褐色，有时蓝黑色，顶端宿萼裂片张开。花期4—5月，果期5—6月。

国内产于西藏、云南、四川、广东、广西、贵州、湖北及湖南，生于海拔1 000~2 600 m的溪边、岩壁上及阴湿的密林中。凉山州的雷波、越西、甘洛、美姑等县有分布。

44.1.3　坚木山矾 *Symplocos dryophila* Clarke

常绿乔木。小枝无毛，髓心横隔状；嫩叶背面有长柔毛，但很快脱落。**叶革质**，椭圆形或椭圆状倒卵形，先端渐尖，基部楔形，长7~12（16）cm，宽2.5~4.5 cm；**边缘全缘或上部有不明显的尖齿**；中脉和侧脉在叶腹面均凹下，侧脉每边9~12条，叶柄长1~2 cm。**总状花序长6~9 cm，有散开的黄褐色长柔毛**；花萼长2~2.5 mm，花萼裂片三角状卵形，短于萼筒；花冠白色，长4~6 mm，5深裂几乎达基部；雄蕊40~50枚，花丝基部稍合生；**花盘有微柔毛**；子房3室。**核果卵球形或椭球形，无毛，长 5~7 mm**，顶端宿萼裂片直立，或稍向内弯。花期3—5月，果期7月。

国内产于四川、云南、西藏及贵州，生于海拔2 100~3 200 m的山坡杂林中。凉山州的西昌、盐源、雷波、越西、德昌、冕宁、美姑、普格等县市有分布。

44.1.4　山矾 *Symplocos sumuntia* Buch.–Ham. ex D. Don

常绿乔木。叶薄革质，卵形、狭倒卵形、倒披针状椭圆形，长3.5~8 cm，宽1.5~3 cm；先端常呈尾状渐尖，基部楔形或圆形；**边缘具浅锯齿或波状齿**，有时近全缘；**中脉在叶腹面凹下**，侧脉和网脉在两面均突起，侧脉每边4~6条；叶柄长0.5~1 cm。**总状花序长2.5~4 cm**，被展开的柔毛；花萼长2~2.5 mm，萼筒倒圆锥形，无毛，花萼裂片三角状卵形；花冠白色，5深裂几乎达基部，长4~4.5 mm，裂片背面有微柔毛；雄蕊25~35枚；**花盘无毛**；子房3室。**核果卵状坛形**，长7~10 mm，外果皮薄而脆，顶端宿萼裂片直立，有时脱落。花期2—3月，果期6—7月。

国内产于江苏、浙江、台湾、广西、四川、云南等多地，生于海拔100~1 800 m的山林间。凉山州的雷波、甘洛、宁南、美姑、布拖、昭觉、普格等县有分布。本种的根、叶、花均可药用；叶可作媒染剂的原料。

44.1.5　光亮山矾 *Symplocos lucida* (Thunberg) Siebold & Zuccarini

别名：多倍山矾、茶条果、四川山矾、棱角山矾、叶萼山矾、枝穗山矾、蒙自山矾

常绿小乔木。枝、叶均无毛。叶薄革质，长圆形或狭椭圆形，长7~13 cm，宽2~5 cm；先端渐尖或长渐尖，基部楔形；**边缘具尖锯齿**；中脉在叶腹面突起；叶柄长5~10 mm；**穗状花序呈团伞状**；花萼长约3 mm，裂片背面有白色长柔毛或微柔毛，萼筒短，长约1 mm；花冠长3~4 mm，5深裂几乎达基部；雄蕊30~40枚，花盘有白色长柔毛或微柔毛。核果卵圆或椭圆形，长0.5~1.8 cm，径0.4~1.3 cm，具宿萼裂片。花期3—4月，果期5—6月。

国内分布广泛，产于台湾、江苏、广西、四川、海南、西藏等多地，生于海拔500~2 600 m的山坡杂林中。凉山州的西昌、盐源、越西、冕宁、会东、美姑、金阳、宁南、普格、会理等县市有分布。

44.1.6 老鼠屎 *Symplocos stellaris* Brand

别名：老鼠矢

常绿乔木。叶厚革质，**披针状椭圆形或狭长圆状椭圆形**，长6~20 cm，宽2~5 cm；先端急尖或短渐尖，基部阔楔形或圆形；通常全缘；侧脉每边9~15条，侧脉和网脉在叶腹面均凹下，在叶背面不明显；叶柄长1.5~2.5 cm。**团伞花序着生于二年生枝的叶痕之上**；花萼长约3 mm，裂片半圆形，有长缘毛；花冠白色，长7~8 mm，5深裂几乎达基部，裂片椭圆形，顶端有缘毛；雄蕊18~25枚，花丝基部合生成5束；花盘圆柱形，无毛；子房3室。**核果狭卵状圆柱形，长约1 cm，顶端宿萼裂片直立**。花期4—5月，果期6月。

国内产于台湾及长江以南各地，常生于海拔600~1 500 m的山地上、路旁及疏林中。凉山州的雷波等县有分布。

45　马钱科 Loganiaceae

45.1　灰莉属 *Fagraea* Thunb.

灰莉 *Fagraea ceilanica* Thunb.

别名：华灰莉、非洲茉莉、华灰莉木

乔木。**叶片稍肉质或近革质，椭圆形、卵形、倒卵形或长圆形，长5~25 cm，宽2~10 cm；**顶端渐尖、急尖或圆且有小尖头，基部楔形或宽楔形；侧脉每边4~8条，不明显；叶柄长1~5 cm。**花单生或组成顶生的二歧聚伞花序；**花序梗短而粗；**花萼绿色，肉质；花冠漏斗状，长约5 cm，质薄，稍带肉质，白色，芳香，**花冠管长3~3.5 cm，**上部扩大，裂片张开，倒卵形，**长2.5~3 cm。浆果卵状或近圆球状，长3~5 cm。花期4—8月，果期7月至次年3月。

国内产于台湾、海南、广东、广西和云南，生于海拔500~1 800 m的山地密林中或石灰岩地区的阔叶林中。凉山州的西昌、甘洛、喜德、宁南、德昌、冕宁、会东、美姑、普格等县市有栽培。本种的花大、芳香，枝叶深绿色，为庭园观赏植物。

45.2　醉鱼草属 *Buddleja* L.

45.2.1　皱叶醉鱼草 *Buddleja crispa* Benth.

灌木。枝条、叶片两面、叶柄和花序均密被灰白色绒毛或短绒毛。叶对生。**叶片厚纸质，卵形或卵状长圆形，在短枝上的为椭圆形或匙形，长1.5~20 cm，宽1~8 cm；**顶端短渐尖至钝，基部宽楔形、截形或心形；**边缘具波状锯齿；**侧脉每边9~11条，被星状绒毛；叶柄长0.5~4 cm。圆锥状或穗状聚伞花序顶生或腋生；花萼外面和花冠外面均被星状短绒毛和腺毛；花萼钟状；花冠高脚碟状，淡紫色，近喉部白色，芳香，花冠管长9~12 mm，外面毛被有时脱落。蒴果卵形，长5~6 mm，被星状毛。花期2—8月，果期6—11月。

国内产于甘肃、四川、云南和西藏等地，生于海拔1 600~4 300 m的山地疏林中、山坡上或干旱沟谷的灌丛中。凉山州的会理、雷波、木里、甘洛、喜德、德昌、会东、美姑、布拖、普格等县市有分布。

45.2.2　白背枫 *Buddleja asiatica* Lour.

别名：七里香、驳骨丹、白叶枫

直立灌木或小乔木。幼枝、叶下面、叶柄和花序均密被灰色或淡黄色星状短绒毛。**叶对生**。叶片膜质至纸质，狭椭圆形、披针形或长披针形，长6~30 cm，宽1~7 cm；顶端渐尖或长渐尖，基部渐狭成楔形；边缘全缘或有小锯齿；侧脉每边10~14条。总状花序窄而长，由多个小聚伞花序组成，长5~25 cm；花冠白色，有时淡绿色，**花冠管圆筒状，直立**，长3~6 mm，花冠裂片近圆形；**雄蕊着生于花冠管喉部，花丝极短；雌蕊无毛，子房2室。蒴果室间开裂，长3~5 mm**。花期1—10月，果期3—12月。

国内陕西、台湾、广东、海南、四川、云南和西藏等多地有产，生于海拔200~3 000 m的向阳山坡的灌丛中或疏林林缘。凉山州各县市均有分布。本种的根和叶可供药用，有祛风利湿、行气活血之功效；花芳香，可提取芳香油。

45.2.3　大叶醉鱼草 *Buddleja davidii* Franch.

别名：大卫醉鱼草

灌木。幼枝、叶片下面、叶柄和花序均密被灰白色星状短绒毛。叶对生。叶片膜质至薄纸质，狭卵形、狭椭圆形至卵状披针形，长1~20 cm，宽0.3~7.5 cm；**边缘具细锯齿**。总状或圆锥状聚伞花序顶生，长4~30 cm，宽2~5 mm；花冠淡紫色，后变黄白色至白色，喉部橙黄色，长7.5~14 mm，**花冠管细长，长6~11 mm，直径1~1.5 mm**，内面被星状短柔毛，花冠裂片近圆形，长和宽均为1.5~3 mm；**雄蕊着生于花冠管内壁中部；子房无毛，2室**。蒴果狭椭圆形或狭卵形，2瓣裂。花期5—10月，果期9—12月。

国内产于陕西、浙江、广西、四川、西藏等多地，生于海拔800~3 000 m的山坡上、沟边灌丛中。凉山州各县市多有分布。本种全株可供药用，有祛风散寒、消积止痛之效；花可提制芳香油；枝条柔软多姿，花美丽而芳香，是优良的庭园观赏植物。

45.2.4　金沙江醉鱼草 *Buddleja nivea* Duthie

灌木。小枝、叶下面、叶柄和花序均密被星状绒毛。**叶对生**。叶片纸质，狭卵形、椭圆形、披针形或卵状披针形，长5~26 cm，宽1.5~11 cm；顶端渐尖，基部宽楔形至圆形，**边缘具粗锯齿**；下面灰白色；侧脉每边12~16条。**穗状聚伞花序**，长10~30 cm，宽2~5 cm，单生或2~3个丛生于枝顶或近顶端两侧叶腋内；花萼和花冠的外面均密被星状绒毛和腺毛；**花冠紫色，长8~11 mm，花冠管直立，圆筒状，长6.5~8 mm，直径1.8~3 mm**，花冠裂片长和宽均为1.5~3 mm。蒴果长卵形，长

5~8 mm，被星状毛。花期6—9月，果期10月至次年2月。

国内产于四川、云南、西藏，生于海拔700~3 600 m的山地疏林中、山坡上或山谷灌丛中。凉山州的西昌、会理、盐源、雷波、德昌、冕宁、会东、美姑、布拖、昭觉等县市有分布。

45.2.5　密蒙花 *Buddleja officinalis* Maxim.

灌木。小枝、叶下面、叶柄和花序均密被灰白色星状短绒毛。叶对生。叶片纸质，**狭椭圆形、长卵形、卵状披针形或长圆状披针形，长4~19 cm，宽2~8 cm**；顶端渐尖、急尖或钝，基部楔形或宽楔形；通常全缘；侧脉8~14对，**网脉明显**。花多而密集，组成顶生的聚伞圆锥花序，花序长5~15（30）cm，宽2~10 cm；花梗极短；**花冠外面均密被星状短绒毛和被一些腺毛；花冠先紫堇色，后变为白色或淡黄白色**，喉部橘黄色，长1~1.3 cm，花冠管圆筒形，直立，长8~11 mm，直径1.5~2.2 mm；雄蕊着生于花冠管内壁中部。蒴果椭圆状，长4~8 mm，2瓣裂。花期3—4月，果期5—8月。

国内分布广泛，生于海拔200~2 800 m的向阳山坡上、河边、村旁的灌丛中或林缘，密蒙花的适应性较强，在石灰岩山地上亦能生长。凉山州各县市多有分布。本种全株可供药用，花（包括花序）有清热利湿、明目退翳之功效，根可清热解毒；花可提取芳香油，亦可作黄色食品染料的原料；韧皮纤维坚韧，可作为造纸原料。密蒙花芳香而美丽，为南方一种较良好的庭园观赏植物。

46　木樨科 Oleaceae

46.1　流苏树属 *Chionanthus* L.

流苏树 *Chionanthus retusus* Lindl. et Paxt.

别名：萝卜丝花、牛筋子、乌金子、茶叶树、四月雪

落叶灌木或乔木。叶片革质或薄革质，通常长圆形、椭圆形或近圆形，长3~12 cm，宽2~6.5 cm；先端常圆钝；下面沿脉密被长柔毛；侧脉3~5对；叶柄密被黄色卷曲柔毛。聚伞圆锥花序长3~12 cm，顶生于枝端；花长1.2~2.5 cm，单性且雌雄异株或为两性花；花梗长0.5~2 cm；**花冠白色，4深裂，裂片线状倒披针形**，长1~2.5 cm，宽0.5~3.5 mm。果椭圆形，被白粉，长1~1.5 cm，径6~10 mm，熟后呈蓝黑色或黑色。花期3—6月，果期6—11月。

国内分布广泛，生于海拔3 000 m以下的稀疏混交林中、灌丛中或山坡上、河边。凉山州的西昌、会理、金阳等县市有分布或栽培。本种花、嫩叶晒干后可代茶，味香；果可榨芳香油；木材可制器具。本种为优良的观赏树种。

46.2 梣属 *Fraxinus* L.

46.2.1 三叶梣 *Fraxinus trifoliolata* W. W. Smith

别名：三叶白蜡树

灌木。三出羽状复叶长15~18 cm；**叶轴具沟，边缘具窄棱**。小叶硬纸质至革质，卵形至椭圆形，长8~15 cm，宽3.5~7 cm，顶生小叶较大；先端渐尖，基部阔楔形，**叶缘上具整齐的锐锯齿；下面密被淡红色硬毛和黄色绒毛**；侧脉10~16对。**圆锥花序大，顶生及侧生于枝梢叶腋处**，长10~15 cm；花密集；花冠裂片线形，白色，长6~7 mm。翅果匙形，长约3 cm，宽约5 mm，先端圆或凹头，密被锈色糠秕状毛。花期5月，果期7—10月。

中国特有，产于四川、云南，生于海拔1 500~3 500 m的河岸边或干燥石山上。凉山州的木里、会理等县市有分布。

46.2.2 秦岭梣 *Fraxinus paxiana* Lingelsh.

别名：秦岭白蜡树

落叶大乔木。羽状复叶长25~35 cm；叶柄长5~10 cm，**叶轴上面具窄沟**，小叶着生处具关节，节上常簇生锈色绒毛；**小叶7~9片**。小叶硬纸质，**卵状长圆形，长8~18 cm，宽2~6 cm**；先端渐尖，基部圆或下延至小叶柄；**叶缘具钝锯齿或圆齿**；**两面无毛或下面脉上被稀疏柔毛**。圆锥花序顶生及侧生于枝梢叶腋处，**花序梗无毛**；花序大而疏松，长14~20 cm；花杂性异株；花萼膜质，杯状，长约1.5 mm，萼齿截平或呈阔三角形；**花冠白色，裂片4片，线状匙形**，长约3 mm，宽约1 mm；两性花雄蕊较长，伸出花冠之外。翅果线状匙形，长2.5~3 cm，宽约4 mm，先端钝或微凹；翅扁而宽，下延至坚果中上部。花期5—7月，果期9月。

中国特有，产于陕西、甘肃、湖北、湖南及四川，生于海拔1 750~3 100 m的山谷坡地上及疏林中。凉山州的西昌、会理、盐源、木里、喜德、冕宁等县市有分布。本种茎皮可供药用，有清热燥湿、收敛止血的功效，脾胃虚寒者忌用。

46.2.3　锡金梣 *Fraxinus sikkimensis* (Lingelsheim) Handel–Mazzetti

别名：锡金白蜡树、香白蜡树

大乔木。羽状复叶长25~35 cm；**叶轴近圆柱形**；小叶7~9片。小叶硬纸质至革质，**披针形**，长5.5~12 cm，宽2~4.5 cm；先端渐尖或长渐尖，基部阔楔形或钝圆，侧生小叶基部两侧歪斜；叶缘具整齐的疏锯齿；**下面色淡，密被细毡毛，脉腋内略被长柔毛**；侧脉10~18对；小叶柄密被锈色绒毛。圆锥花序顶生或侧生于枝梢叶腋处，长15~30 cm，疏松；**花序梗略被棕色绒毛与锈色糠秕状毛**；花萼杯状，萼齿浅；雄花具花冠，花冠裂片长圆状线形。翅果匙形，长3~3.5 cm，宽4~6 mm，上中部最宽，先端钝圆至微凹，翅下延至坚果中部。花期5月，果期7—10月。

国内产于四川、云南、西藏，生于海拔2 000~2 800 m河谷边的森林中。凉山州的盐源、木里、德昌、冕宁等县有分布。

46.2.4 光蜡树 *Fraxinus griffithii* C. B. Clarke

半落叶乔木。羽状复叶长10~25 cm；叶柄长4~8 cm，基部略扩大；叶轴具浅沟或平坦，无毛或被微毛；小叶5~11片。小叶革质或薄革质，卵形至长卵形，长2~14 cm，宽1~5 cm；先端斜骤尖至渐尖，基部钝圆、楔形或歪斜不对称；**近全缘**；两面常无毛；侧脉常5~6对，不明显；**小叶明显具柄，小叶柄长约1 cm**。圆锥花序顶生于当年生枝枝端，长10~25 cm；花冠白色，花冠裂片舟形，长约2 mm；两性花的花冠裂片与雄蕊等长。翅果阔披针状匙形，长2.5~3 cm，宽4~5 mm，钝头，翅下延至坚果中部以下。花期5—7月，果期7—11月。

国内产于福建、台湾、海南、广西及四川等多地，生于海拔100~2 000 m的干燥山坡上、林缘、村旁、河边。凉山州的宁南、雷波、甘洛、普格等县有分布。

46.2.5 苦枥木 *Fraxinus insularis* Hemsl.

别名：大叶白蜡树、齿缘苦枥木

落叶大乔木。羽状复叶长10~30 cm；叶轴平坦；小叶（3）5~7片。小叶硬纸质或革质，长圆形或椭圆状披针形，长6~9（13）cm，宽2~3.5（4.5）cm，**顶生小叶与侧生小叶近等大**；先端急尖、渐尖至尾尖，基部楔形至钝圆；**叶缘具浅锯齿，或中部以下近全缘**；**两面无毛**；**下面色淡，白色**；侧脉7~11对，小脉网结甚明显；**小叶柄长0.5~1.5 cm**。圆锥花序生于当年生枝枝端，**叶后开放**；花冠白色，花冠裂片匙形，长约2 mm。翅果红色至褐色，长匙形，长2~4 cm，宽3.5~4（5）mm，先端钝圆，微凹头并具短尖，翅下延至坚果上部。花期4—5月，果期7—9月。

国内产于长江以南各地，台湾也有分布。本种适应性强，生于各种海拔高度的山地上、河谷中等处。凉山州的雷波、木里、越西、布拖等县有分布。

46.2.6　白蜡树 *Fraxinus chinensis* Roxb.

别名：白蜡杆、小叶白蜡、速生白蜡、新疆小叶白蜡、云南梣、尖叶梣、川梣、绒毛梣

落叶乔木。羽状复叶长15~25 cm；叶轴上面具浅沟；**小叶5~7片**。小叶硬纸质，卵形、倒卵状长圆形至披针形，长3~10 cm，宽2~4 cm；先端锐尖至渐尖，基部钝圆或楔形；叶缘具整齐的锯齿；侧脉8~10对。圆锥花序顶生或腋生于枝梢，长8~10 cm；花雌雄异株；雄花花萼长约1 mm，**无花冠**；雌花疏离，花萼大，长2~3 mm。**翅果匙形，长3~4 cm，宽4~6 mm**，上中部最宽，先端锐尖或圆钝，基部渐狭，翅平展。花期4—5月，果期7—9月。

国内产于南北各地区。本种多为栽培，但也见于海拔800~1 600 m的山地杂木林中。凉山州的西昌、会理、雷波、木里、越西、甘洛、喜德、金阳、冕宁、美姑、布拖、普格、昭觉等县市有栽培。可利用本种放养白蜡虫，生产白蜡；本种树皮柔软坚韧，可供编制各种用具，也作药用。

46.3　素馨属 *Jasminum* L.

46.3.1　多花素馨 *Jasminum polyanthum* Franch.

别名：素兴花、鸡爪花、狗牙花

缠绕木质藤本。叶对生，羽状深裂或为羽状复叶，有小叶5~7片；叶柄长0.4~2 cm；叶片纸质或薄革质。小叶披针形、卵形或长卵形，长1~9.5 cm；具明显基出脉3条。总状花序或圆锥花序顶生或腋生，有花5~50朵；花极芳香；花萼管长1~2 mm，**花萼裂片5片，钝三角形、尖三角形或锥状线形，长不超过2 mm**，约与萼管等长；**花冠花蕾时外面呈红色，开放后变白，内面白色，花冠管细长，长1.3~2.5 cm**，裂片5片，长圆形或狭卵形，长0.9~1.5 cm；花柱异长。果近球形，径0.6~1.1 cm，黑色。花期2—8月，果期11月。

中国特有，产于四川、贵州及云南，生于海拔1 400~3 000 m的山谷中、灌丛中、疏林中。凉山州的西昌、会理等县市有分布。本种常栽培供观赏；花可提取芳香油。

46.3.2　素方花 *Jasminum officinale* L.

46.3.2a　素方花（原变种）*Jasminum officinale* L. var. *officinale*

别名：耶悉茗

攀援灌木。**叶对生，羽状深裂或为羽状复叶**；有小叶（3）5~7（9）片；小枝基部常有不裂的单叶；叶轴常具狭翼。顶生小叶片卵形、狭卵形、卵状披针形至狭椭圆形，长1~4.5 cm；侧生小叶片卵形、狭卵形或椭圆形，长0.5~3 cm。**聚伞花序伞状或近伞状**，顶生，稀腋生，有花1~10朵；花萼杯状，长1~3 mm，**裂片5片，锥状线形，长（3）5~10 mm**；花冠白色，或外面红色、内面白色，花冠管长1~2 cm，裂片常5片，狭卵形、卵形或长圆形，长6~8 mm。果球形或椭圆形，长7~10 mm，成熟时由暗红色变为紫色。花期5—8月，果期9月。

中国特有，产于四川、贵州、云南及西藏，生于海拔1 800~3 800 m的山谷中、沟地上、灌丛中、林中或高山草地上。凉山州的会理、盐源、木里、喜德、冕宁等县市有分布。本种可作观赏植物。

46.3.2b 西藏素方花（变种）*Jasminum officinale* L. var. *tibeticum* C. Y. Wu & P. Y. Bai

本变种的特点在于植株较矮小，高0.4~2 m；小叶7~9片，颇小，顶生小叶片长0.5~1.6 cm，宽2~5 mm，侧生小叶片长3~10 mm，宽2~6 mm，有时基部叶片稍大。花期6—7月。

中国特有，产于四川、西藏及云南，生于海拔2 100~4 000 m的山谷内、灌丛中、河边。凉山州的盐源等县市有分布。

46.3.3 华素馨 *Jasminum sinense* Hemsl.

别名：华清香藤

缠绕藤本。叶对生，为三出复叶；叶柄长0.5~3.5 cm。小叶片纸质，常为卵形、宽卵形或卵状披针形，先端钝、锐尖至渐尖，基部圆形或圆楔形；叶缘反卷；两面被锈色柔毛；侧脉3~6对，在两面明显。顶生小叶片较大，长3~12.5 cm，侧生小叶片长1.5~7.5 cm。聚伞花序常呈圆锥状排列，顶生或腋生，花多数，稍密集，稀单花腋生；花梗无或具短梗；花芳香；花萼被柔毛，裂片线形或尖三角形；花冠白色或淡黄色，高脚碟状，花冠管细长，长1.5~4 cm，径1~1.5 mm，裂片5片。果长圆形或近球形，长0.8~1.7 cm，呈黑色。花期6—10月，果期9月至次年5月。

中国特有，产于浙江、江西、福建、广东、广西、湖南、湖北、四川、贵州、云南，生于海拔2 000 m以下的山坡上、灌丛中或林中。凉山州会理市有分布。

46.3.4 矮探春 *Jasminum humile* L.

别名：小黄馨、小黄素馨、毛叶小黄素馨、矮素馨

灌木或小乔木，有时攀缘。叶互生，为复叶，有小叶3~7片，通常5片，小枝基部常具单叶；叶柄长0.5~2 cm；叶片和小叶片革质或薄革质。小叶片卵形至卵状披针形，或椭圆状披针形至披针形，先端锐尖至尾尖，基部圆形或楔形；全缘；叶缘反卷，侧脉2~4对。顶生小叶片长1~6 cm，侧生小叶片长0.5~4.5 cm。伞状、伞房状或圆锥状聚伞花序顶生，有花1~10（15）朵；花梗长0.5~3 cm；花略芳香；花萼裂片三角形，**较萼管短；花冠黄色**，近漏斗状，花冠管长0.8~1.6 cm，裂片圆形或卵形，长3~7 mm，**先端圆或稍尖**。果椭圆形或球形，长0.6~1.1 cm，径4~10 mm，成熟时呈紫黑色。花期4—7月，果期6—10月。

国内产于四川、贵州、云南、西藏，生于海拔1 100~3 500 m的疏、密林中。凉山州的西昌、盐源、木里、喜德、宁南、金阳、美姑等县市有分布。

46.3.5　野迎春 *Jasminum mesnyi* Hance

别名：云南黄馨、云南黄素馨、迎春柳花、金腰带、金梅花、金铃花

常绿直立亚灌木。叶对生，为三出复叶，有时小枝基部具单叶；叶片和小叶片近革质，叶缘具睫毛。小叶片长卵形或长卵状披针形，先端钝或圆，具小尖头，基部楔形。顶生小叶片长2.5~6.5 cm，基部延伸成短柄，侧生小叶片较小，长1.5~4 cm，无柄。**花通常单生于叶腋**，稀双生或单生于小枝顶端；**苞片叶状，倒卵形或披针形**，长5~10 mm；花萼钟状，裂片5~8片，小叶状，长4~7 mm，先端锐尖；**花冠黄色，漏斗状，径2~4.5 cm，花冠管长1~1.5 cm，裂片6~8片，宽倒卵形或长圆形，长1.1~1.8 cm，宽0.5~1.3 cm**，栽培时出现重瓣。果椭圆形，两心皮基部愈合，径6~8 mm。花期11月至次年8月，果期次年3—5月。

中国特有，产于四川、贵州、云南，生于海拔500~2 600 m的峡谷内、林中，现各地栽培观赏。凉山州各县市有分布或栽培。本种常绿，花大且美丽，可栽培供观赏。

46.3.6 厚叶素馨 *Jasminum pentaneurum* Hand. –Mazzetti

别名：樟叶茉莉、鲫鱼胆、厚叶茉莉、青竹藤

攀缘灌木。**叶对生，单叶**。叶片革质，宽卵形、卵形或椭圆形，有时几乎近圆形，稀披针形，长4~10 cm，宽1.5~6.5 cm；先端渐尖或呈尾状渐尖，基部圆形或宽楔形；**基出脉5条，最外一对常不明显或缺而成3出脉**。聚伞花序密集似头状，顶生或腋生，有花多朵；花序梗长1~5 mm；**花序基部有1~2对小叶状苞片，长1~2 cm**，宽0.5~1.1 cm，近无柄，其余苞片呈线形；花芳香；花萼裂片6~7片，线形；**花冠白色，花冠管长2~3 cm**，径1.5~2 mm，**裂片6~9片**，披针形或长圆形，长1~2 cm，宽2~6 mm。果球形、椭圆形或肾形，长0.9~1.8 cm，径6~10 mm，呈黑色。花期8月至次年2月，果期2—5月。

国内产于广东、海南、广西，生于海拔900 m以下的山谷内、灌丛中或混交林中。凉山州雷波县有发现，四川新记录。本种植株药用可治口腔炎。

46.3.7 红素馨 *Jasminum beesianum* Forrest et Diels

别名：红花茉莉、皱毛红素馨、小酒瓶花、小铁藤

缠绕木质藤本。**叶对生，单叶**。叶片纸质或近革质，卵形、狭卵形或披针形，长1~5 cm，宽0.3~1.8 cm；先端锐尖至渐尖，基部圆形、截形或宽楔形；侧脉1~3对，在两面不明显，有时下方1对侧脉略明显。聚伞花序有花2~5朵，顶生于当年生短侧枝上，或为单花腋生；花序梗长不超10 mm；

花梗长0.2~1.8 cm；花极芳香；**花萼裂片5~7片，锥状线形**，长3~10 mm；**花冠常红色或紫色，近漏斗状**，花冠管长0.9~1.5 cm，内面喉部以下被长柔毛，裂片4~8片，卵状圆形。果球形或椭圆

形，长0.5~1.2 cm，径5~9 mm，呈黑色。花期11月至次年6月，果期6—11月。

中国特有，产于四川、贵州及云南，生于海拔1 000~3 600 m的山坡上、草地上、灌丛中或林中。凉山州的西昌、会理、盐源、木里、喜德、冕宁、会东、美姑、布拖、昭觉、宁南、越西等县市有分布。

46.4 女贞属 *Ligustrum* L.

46.4.1 裂果女贞 *Ligustrum sempervirens* (Franchet) Lingelsheim

别名：常绿假丁香

常绿灌木。叶片革质，椭圆形、宽椭圆形、卵形至近圆形，长1.5~6 cm，宽0.8~4.5 cm；先端锐尖至短渐尖或钝，基部楔形、宽楔形至近圆形；上面深绿色，光亮，下面淡黄绿色或粉绿色，无毛，通常两面具斑状腺点。圆锥花序顶生，长2~10 cm，宽2~8 cm，塔形；花白色，密生；花序轴具棱，被微柔毛或无毛；花梗长0~1.5 mm；花萼截形，萼齿呈三角形、钝三角形；花冠长6~8 mm。**果为核果状，室背开裂**，椭圆形，长约8 mm，径约5 mm，成熟时呈紫黑色。花期6—8月，果期9—11月。

中国特有，产于四川、云南，常生于海拔1 900~2 700 m的山坡上或河边灌丛中。凉山州的西昌、盐源、会东、雷波、德昌、木里等县市有分布。

46.4.2 女贞 *Ligustrum lucidum* Ait.

别名：大叶女贞、冬青、万年青

常绿灌木或乔木。叶片革质，卵形、长卵形或椭圆形至宽椭圆形，**长6~17 cm，宽3~8 cm**；先端锐尖至渐尖或钝，基部圆形或近圆形，有时呈宽楔形或渐狭；两面无毛，**侧脉4~9对**；叶柄长1~3 cm。圆锥花序顶生，长8~20 cm；花序基部苞片常与叶同型；花无梗或近无梗；花萼长1.5~2 mm；花冠长4~5 mm，花冠管长1.5~3 mm，裂片长2~2.5 mm，反折。**果肾形或近肾形**，长7~10 mm，径4~6 mm，深蓝黑色，成熟时呈红黑色，被白粉；果梗长不超

5 mm。花期5—7月，果期7月至次年5月。

国内分布广泛，生于海拔2 900 m以下的疏、密林中。凉山州各县市有分布或栽培。本种种子油可制肥皂；花可提取芳香油；果含淀粉，可供酿酒或制酱油；枝、叶上可放养白蜡虫，生产白蜡，生产的白蜡可供工业及医药用；果药用时称女贞子，为强壮剂；叶药用，具有解热镇痛的功效；植株并可作紫丁香、木樨的砧木；可为行道树。

46.4.3　长叶女贞 *Ligustrum compactum* (Wall. ex G. Don) Hook. f. & Thoms. ex Brandis

灌木或小乔木。叶片纸质，**椭圆状披针形、卵状披针形或长卵形**，花枝上的叶片有时为狭椭圆形或卵状椭圆形，长5~15 cm，宽（2）3~6（8）cm；先端锐尖至长渐尖，基部近圆形或宽楔形，有时呈楔形；两面除上面中脉有时被微柔毛外，其余近无毛；**侧脉6~20对**；叶柄长5~25 mm。圆锥花序疏松，顶生或腋生，长7~20 cm；花序梗长不超3 cm；花序轴及分枝轴具棱；花无梗或近无梗；花萼长1~1.5 mm，先端几乎平截：花冠长3.5~4 mm，花冠管长1.5~2.5 mm，裂片长1.2~2.5 mm，反折。**果椭圆形或近球形，长7~10 mm，径4~6 mm，常弯生**，呈蓝黑色或黑色；果梗长不超6 mm。花期3—7月，果期8—12月。

国内产于湖北、四川、云南、西藏，生于海拔600~3 400 m的山谷疏、密林中及灌丛中。凉山州的会理、盐源、木里、甘洛、德昌、金阳、会东、美姑、布拖等县市有分布。

46.4.4　扩展女贞 *Ligustrum expansum* Rehder

别名：苦丁茶、虫蜡树、粗壮女贞

落叶灌木或小乔木。**叶片较大，纸质，长卵形、椭圆形、椭圆状披针形，长4~12 cm，宽2~5 cm**；先端锐尖至渐尖，基部宽楔形或近圆形；**上面亮绿色，两面无毛**，或有时沿叶脉或中脉基部被柔毛；**侧脉4~6对**；叶柄长3~7 mm，疏被短柔毛或无毛。圆锥花序宽大，顶生，长10~18 cm，宽8~16 cm，下部常具叶状苞片；**花序轴被短柔毛**；花梗长不超1 mm，被短柔毛。花冠白色，长4~5 mm。**核果肾形或倒卵状长圆形，常弯曲**，长7~12 mm，宽约5 mm。果期6—7月，果期10—12月。

我国特有，产于云南、贵州和四川，生于海拔700~1 500 m的山地疏林下岩石上。凉山州的西昌、雷波、宁南、金阳、美姑、布拖等县市有分布。本种可药用，根、叶捣碎后可治刀伤出血和疮毒。

47.2　纽子花属 *Vallaris* Burm. f.

大纽子花 *Vallaris indecora* (Baill.) Tsiang et P. T. Li

攀缘灌木，具乳汁。叶纸质，宽卵状圆形或倒卵状圆形，顶端渐尖，基部圆形，长9~12 cm，宽4~8 cm；叶背面被短柔毛；侧脉每边约8条；叶柄长0.5 cm。**花序为腋生伞房状聚伞花序，通常着花3朵，稀达6朵**；总花梗长1~1.5 cm；花梗长1~2 cm，密被柔毛；**花土黄色**，花萼裂片长圆状卵状圆形，长1~1.5 cm，被柔毛；花冠筒长8 mm，内外面均被短柔毛；**花冠展开，直径达4 cm，花冠裂片圆形，顶端具细尖头**，长0.7 cm，宽1~1.2 cm。蓇葖果2枚，平行，呈披针状圆柱形，顶端锐尖，长7~9 cm，直径约1 cm。花期3—6月，果期秋季。

中国特有，产于四川、贵州、云南及广西，生于海拔700~3 000 m的山地密林沟谷中。凉山州的冕宁等县有分布。本种植株供药用，可治血吸虫病。

47.3　络石属 *Trachelospermum* Lem.

络石 *Trachelospermum jasminoides* (Lindl.) Lem.

别名：络石藤、万字茉莉、风车藤、花叶络石、三色络石、黄金络石、变色络石

常绿木质藤本。叶革质或近革质，椭圆形至卵状椭圆形或宽倒卵形，长2~10 cm，宽1~4.5 cm，顶端锐尖至渐尖或钝，基部渐狭至钝；侧脉每边6~12条。二歧聚伞花序腋生或顶生，花多朵组成圆锥状，花序与叶等长或较长；**花白色**，芳香；总花梗长2~5 cm；**花萼5深裂**，裂片线状披针形，顶部反卷，长2~5 mm，基部具10个鳞片状腺体；花蕾顶端钝，**花冠筒圆筒形，中部膨大**，长5~10 mm，花冠裂片长5~10 mm。蓇葖果双生，叉开，呈线状披针形，向先端渐尖，长10~20 cm。花期3—7月，果期7—12月。

国内分布广泛，常缠绕于树上或攀缘于墙壁上、岩石上。凉山州的西昌、会理、雷波、木里、喜德、宁南、德昌、会东、美姑、布拖、普格等县市有分布。本种根、茎、叶、果实供药用，有祛风活络、利关节、止血、止痛消肿、清热解毒之功效；乳汁有毒，对心脏有毒害作用；茎皮可制绳索、纸张及人造棉。

47.4　夹竹桃属 *Nerium* L.

夹竹桃 *Nerium oleander* L.

别名：红花夹竹桃、欧洲夹竹桃

常绿直立大灌木。**叶3~4片轮生，下部叶对生**。叶窄披针形，顶端急尖，基部楔形，长11~15 cm，宽2~2.5 cm；**侧脉在两面扁平，纤细，密生而平行，每边达120条，直达叶缘**。聚伞花序顶生，着花数朵；花梗长7~10 mm；花芳香；花萼5深裂，红色，披针形；**花冠深红色或粉红色，栽培品种有白色或黄色**。花冠为单瓣，呈5裂时，为漏斗状；花冠为重瓣，有15~18片时，裂片组成三轮。蓇葖果2枚，离生。花期几乎全年，栽培品种很少结果。

全国各地区有栽培，在长江以北栽培的须在温室越冬。凉山州的西昌、盐源、会理、甘洛、喜德、宁南、德昌、冕宁、会东、美姑、普格等县市有栽培。本种常作观赏树种；叶、树皮、根、花、种子均含有多种配糖体，毒性极强；叶、茎皮可提制强心药，但有毒，用时需慎重。

47.5　黄花夹竹桃属 *Thevetia* L.

黄花夹竹桃 *Thevetia peruviana* (Pers.) K. Schum.

别名：黄花状元竹、酒杯花、柳木子

乔木。全株具丰富乳汁。叶互生，**近革质，无柄，线形或线状披针形**，两端长尖，长10~15 cm，宽5~12 mm；上面光亮；全缘；侧脉在两面不明显。**花大，黄色**，具香味；顶生聚伞花序，长5~9 cm；**花萼绿色，5裂，裂片三角形**，长5~9 mm，宽1.5~3 mm；**花冠漏斗状**，花冠裂片向左覆盖，比花冠筒长；雄蕊着生于花冠筒的喉部，花丝丝状。核果扁三角状球形，直径2.5~4 cm，内果皮木质，鲜时绿色而亮，干时黑色。花期5—12月，果期8月至次年春季。

原产美洲热带地区，现世界上热带和亚热带地区均有栽培。凉山州的西昌、会理、宁南、会东等县市有分布。本种可作绿化植物；乳汁和种子有毒，误食可致命；种子可榨油，油可供制肥皂等，油粕可作肥料；果仁含有黄花夹竹桃素，有强心、利尿、祛痰、发汗、催吐等作用。

47.6　羊角拗属 *Strophanthus* DC.

羊角拗 *Strophanthus divaricatus* (Lour.) Hook. et Arn.

别名：羊角树

灌木。叶薄纸质，椭圆状长圆形或椭圆形，长3~10 cm，宽1.5~5 cm；顶端短渐尖或急尖，基部楔形；边缘全缘，有时略带微波状。聚伞花序顶生，通常着花3朵；**花黄色；花萼筒长5 mm，萼片披针形，长8~9 mm，绿色或黄绿色；花冠漏斗状**，花冠筒淡黄色，长1.2~1.5 cm，下部圆筒状，上部渐扩大成钟状，花冠裂片黄色，外弯，基部卵状披针形，顶端延长成长尾带状，长达10 cm，裂片内面具由10片舌状鳞片组成的副花冠。**菁葖木质，椭圆状长圆形，长10~15 cm**，外果皮绿色。花期3—7月，果期6月至次年2月。

　　国内产于贵州、云南、广西、广东和福建等地。凉山州的西昌等县市有栽培。本种全株含毒，误食可致死，外用可治跌打扭伤、风湿性关节炎、蛇咬伤等症；农业上将本种用作杀虫剂的原料，羊角拗制剂可用于浸苗和拌种时。

48　萝藦科 Asclepiadaceae

48.1　杠柳属 *Periploca* L.

48.1.1　青蛇藤 *Periploca calophylla* (Wight) Falc.

别名：黑骨头、鸡骨头、铁夹藤、管人香、乌骚风、宽叶凤仙藤

　　藤状灌木，具乳汁。**叶近革质，椭圆状披针形**，长4.5~6 cm，宽1.5 cm；顶端渐尖，基部楔形；中脉在叶腹面微凹，在叶背面突起，侧脉纤细，密生，叶缘具一边脉。聚伞花序腋生，长2 cm，着花可达10朵；花萼裂片卵状圆形，长1.5 mm；**花冠深紫色或黄色具紫色条纹，辐状，直径约8 mm，外面无毛，内面被白色柔毛**，花冠筒短，裂片长圆形，中间不加厚，不反折；副花冠环状，着生在花冠的基部，5~10裂，**其中5裂延伸为丝状，被长柔毛。蓇葖双生，长箸状**，长12 cm，直径5 mm。花期4—5月，果期8—9月。

　　国内产于西藏、四川、贵州、云南、广西及湖北等地，生于海拔1 000 m以下的山谷杂林中。凉山州的盐源、雷波、木里、宁南、德昌、金阳、冕宁等县有分布。本种的韧皮纤维可编制绳索及作为造纸原料；茎可药用，能治腰痛、风湿麻木、跌打损伤等。

48.1.2 黑龙骨 *Periploca forrestii* Schltr.

别名：青蛇胆、铁骨头、牛尾蕨、铁散沙、飞仙藤、达风藤、西南杠柳

藤状灌木，具乳汁。**叶革质，狭披针形，**长3.5~7.5 cm，宽5~10 mm；顶端渐尖，基部楔形；侧脉纤细，在叶缘前连接成1条边脉。聚伞花序腋生，比叶短，**着花1~3朵；**花序梗和花梗细柔；**花小，直径约5 mm，黄绿色；**花萼裂片卵状圆形或近圆形，长1.5 mm，无毛；**花冠近辐状，花冠筒短，裂片长圆形，长2.5 mm，两面无毛，中间不加厚，不反折；**副花冠丝状，被微毛。蓇葖双生，长圆柱形，长达11 cm，直径5 mm。花期3—4月，果期6—7月。

国内产于广西、贵州、青海、四川、西藏、云南、重庆及湖北，生于海拔2 000 m以下的山地疏林向阳处、阴湿的杂木林下或灌丛中。凉山州的西昌、雷波、木里、甘洛、喜德、德昌、会东、布拖、普格等县市有分布。本种植株有小毒，叶含强心苷；全株可供药用，能治疗风湿性关节炎、跌打损伤、胃痛、消化不良、闭经、疟疾等。

48.2 牛角瓜属 *Calotropis* R. Br.

牛角瓜 *Calotropis gigantea* (L.) W. T. Aiton

别名：羊浸树、断肠草、五狗卧花心

直立灌木。全株具乳汁。叶倒卵状长圆形或椭圆状长圆形，长8~20 cm，宽3.5~12 cm；顶端急尖，基部心形；两面被灰白色绒毛，老后渐脱落；侧脉每边4~6条，疏离；叶柄极短，有时叶基部抱茎。聚伞花序伞形状，腋生和顶生；花序梗和花梗被灰白色绒毛，花梗长2~2.5 cm；花萼裂片卵状圆形；花冠紫蓝色，辐状，直径3~4 cm，裂片卵状圆形，长1.5 cm，宽1 cm，急尖；副花冠的裂片比合蕊柱短，顶端内向，基部有距。**蓇葖单生，膨胀，端部外弯，长7~9 cm，直径3 cm，被短柔毛。**花果期几乎全年。

　　国内产于云南、四川、广西及广东等地，生长于较低海拔的向阳山坡上、旷野地上及海边。凉山州的会理、盐源、宁南、金阳、会东、布拖等县市有分布。本种韧皮纤维可供造纸、绳索及人造棉、麻布、麻袋的原料；茎叶的乳汁有毒，含多种强心苷，可供药用，能治皮肤病、痢疾、风湿、支气管炎等；乳汁干燥后可用作树胶原料，还可提制鞣料及黄色染料。

48.3　南山藤属 *Dregea* E. Mey.

苦绳 *Dregea sinensis* Hemsl.

别名：奶浆藤、隔山撬、白丝藤、白浆草、小木通、通炎散、刀愈药、野泡通

　　攀缘木质藤本。叶纸质，卵状心形或近圆形，长5~11 cm，宽4~6 cm；侧脉每边约5条；叶柄长1.5~4 cm，被绒毛。**伞形状聚伞花序腋生**，着花多达20朵；花萼裂片卵状圆形至卵状长圆形，花萼内面基部有5个腺体；**花冠内面紫红色，外面白色，辐状**，直径1~1.6 cm，裂片卵状圆形，长6~7 mm，宽4~6 mm，具缘毛；副花冠的裂片肉质，肿胀，端部内角锐尖。**蓇葖狭披针形，长5~6 cm，直径约1 cm**，外果皮具波纹，被短柔毛。花期4—8月，果期7—10月。

　　中国特有，产于浙江、广西、四川、甘肃等多地，生长于海拔500~3 000 m的山地疏林中或灌丛

中。凉山州的西昌、会理、盐源、木里、德昌、布拖、普格、昭觉等县市有分布。本种茎皮纤维可制人造棉；全株可药用，有催乳、止咳、祛风湿的功效，叶外敷可治外伤肿痛、痈疖、骨折等。

49　茜草科 Rubiaceae

49.1　须弥茜树属 *Himalrandia* T. Yamaz.

须弥茜树 *Himalrandia lichiangensis* (W. W. Smith) Tirveng.

别名：丽江山石榴

无刺灌木。**叶纸质或薄革质，常簇生于缢缩的侧生短枝上。**叶倒卵形或倒卵状匙形，长1~6.5 cm，宽0.6~3.5 cm；顶端短尖或稍钝，基部楔形；两面有贴生的糙伏毛，糙伏毛在下面脉上常较密；侧脉3~5对；叶柄长约1 mm或近无柄。**花单朵，顶生于缢缩的侧生短枝上，近无花梗；**花萼长约3 mm，外面有疏柔毛，花萼裂片5片，三角形，顶端短尖，具缘毛；花冠黄色，花冠管长约3 mm，内面被白色硬毛，花冠裂片卵形，长约5 mm，开展；雄蕊5枚。浆果球形，直径5~6 mm。花期5月，果期7—11月。

中国特有，产于云南、四川，生于海拔1 400~2 400 m处的山坡、山谷沟边的林中或灌丛中。凉山州的盐源、木里等县有分布。

49.2　香果树属 *Emmenopterys* Oliv.

香果树 *Emmenopterys henryi* Oliv.

别名：茄子树、水冬瓜、大叶水桐子、丁木

落叶大乔木。叶纸质或革质，阔椭圆形、阔卵形或卵状椭圆形，长6~30 cm，宽3.5~14.5 cm；顶端常短尖或骤然渐尖，基部短尖或阔楔形；全缘。**圆锥状聚伞花序顶生；**花芳香，**变态的叶状花萼裂片白色、淡红色或淡黄色，纸质或革质，匙状卵形或广椭圆形，长1.5~8 cm，宽1~6 cm，有纵向平行脉数条，有长1~3 cm的柄；花冠漏斗形，白色或黄色，长2~3 cm。**蒴果长圆状卵形或近纺锤形，长3~5 cm，径1~1.5 cm。花期6—8月，果期8—11月。

中国特有，国家二级保护野生植物，产于四川、云南、甘肃、浙江等多地，常生于海拔450~2 600 m的山谷林中。凉山州的西昌、盐源、会理、雷波、越西、甘洛、喜德、宁南、德昌、金阳、美姑、布拖、普格等县市有分布。本种树干高耸，花美丽，可作庭园观赏树；木材可供制家具和建筑；耐涝，可作固堤植物。

49.3 栀子属 *Gardenia* J. Ellis

栀子 *Gardenia jasminoides* J. Ellis

别名：野栀子、黄栀子、栀子花、小叶栀子、山栀子

常绿灌木。叶对生，革质，稀为纸质，少为3片轮生，叶形多样，通常为长圆状披针形、倒卵状长圆形、倒卵形或椭圆形，长3~25 cm；顶端渐尖、骤然长渐尖或短尖而钝，基部楔形或短尖；侧脉8~15对。**花芳香，通常单朵生于枝顶；**萼管倒圆锥形或卵形，长8~25 mm，有纵棱，萼檐管形，膨大，通常6裂，裂片披针形或线状披针形，长10~30 mm，宿存；**花冠白色或乳黄色，高脚碟状，**花冠管狭圆筒形，长3~5 cm，裂片常5裂，**旋转状排列。**花期3—7月，果期5月至次年2月。

国内分布广泛，生于海拔10~1 500 m的旷野、丘陵、山谷、山坡、溪边的灌丛中或林中。凉山州各县市有栽培。本种为常见观赏植物；其干燥成熟果实是常用中药，能清热利尿、泻火除烦、凉血解毒、散瘀，叶、花、根亦可作药用；花可提制芳香浸膏，可作为多种花香型化妆品和香皂、香精的调和剂。

49.4　咖啡属 *Coffea* L.

小粒咖啡 *Coffea arabica* L.

小乔木或大灌木。叶薄革质，卵状披针形或披针形，长6~14 cm，宽3.5~5 cm；顶端长渐尖，渐尖部分长10~15 mm，基部常楔形或微钝；边缘全缘或呈浅波形；侧脉每边7~13条；叶柄长8~15 mm。聚伞花序数个簇生于叶腋内，每个花序有花2~5朵，无总花梗或具极短总花梗；花芳香；萼管管形，长2.5~3 mm；花冠白色，其长度因品种而异，一般长10~18 mm，顶部常5裂。**浆果成熟时阔椭圆形，红色，长12~16 mm，直径10~12 mm，外果皮硬膜质，中果皮肉质，有甜味。花期3—4月。**

原产埃塞俄比亚或阿拉伯半岛。小粒咖啡是咖啡属中最广泛栽植的物种。凉山州德昌县有栽培。本种经加工后咖啡味香醇，含咖啡因成分较低。

49.5　土连翘属 *Hymenodictyon* Wall.

土连翘 *Hymenodictyon flaccidum* Wall.

别名：梅宋戈、红丁木、网膜籽、网膜木

落叶乔木。叶纸质或薄革质，常聚生于枝顶，倒卵形、卵形、椭圆形或长圆形，长10~26 cm，宽7~15 cm；顶端常骤然短渐尖，基部渐狭或楔形；通常全缘；侧脉7~11对，在下面突起；叶柄长2.5~9 cm，有短柔毛。**总状花序腋生，长10~30 cm，略弯垂，密花；在总花梗上有1~2片具柄的叶状苞**

片，叶状苞片革质，卵形或长圆形，长4~8.5 cm；花小，花梗长0.5~2 mm；花冠红色，长约4 mm，冠管管状。**蒴果倒垂**，生在长达30 cm的果序上，椭圆状卵形，长约1.5 cm，**褐色，有灰白色斑点**。花期5—7月，果期8—11月。

国内产于广西、四川及云南，生于海拔300~3 000 m的山谷或溪边的林中或灌丛中。凉山州的西昌、盐源、冕宁、布拖等县市有分布。土连翘的树皮药用，主治温疟、感冒、高热、咳嗽痰多等症；鲜叶捣烂外包，治关节红肿，无名肿毒。

49.6　鸡屎藤属 *Paederia* L.

鸡屎藤 *Paederia foetida* L.

别名：鸡矢藤

藤状灌木。**揉之发出强烈的臭味**。叶对生，纸质或近革质，形状变化很大，卵形、卵状长圆形至披针形，长5~9（15）cm，宽1~4（6）cm；顶端急尖或渐尖，基部楔形、近圆或截平，有时浅心形；侧脉每边4~6条；叶柄长1.5~7 cm。**圆锥花序式的聚伞花序腋生和顶生，花序扩展，分枝对生**，末次分枝上着生的花常呈蝎尾状排列；萼管陀螺形，萼檐裂片5片；**花冠浅紫色，长7~10 mm**，外面被粉末状柔毛，顶部5裂。**果球形**，成熟时近黄色，直径5~7 mm，顶部冠以宿存的萼檐裂片和花盘。花期5—7月。

国内分布广泛，生于海拔200~2 400 m的山坡、林中、林缘、沟谷边的灌丛中或缠绕在灌木上。凉山州各县市有分布。本种药用主治风湿筋骨痛、跌打损伤、外伤性疼痛、肝胆及胃肠绞痛、肠炎、痢疾、消化不良、小儿疳积、支气管炎等，外用可治皮炎、湿疹、疮疡肿毒。

49.7　玉叶金花属 *Mussaenda* L.

49.7.1　单裂玉叶金花 *Mussaenda simpliciloba* Hand.–Mazz.

攀缘灌木。叶对生，纸质，广卵形或椭圆状卵形，长6~15 cm；顶端渐尖，基部短尖或圆形；**两面均密被短柔毛**；侧脉8~9对，在下面明显隆起；**叶柄长可达4 cm**。聚伞花序顶生，疏散；苞片披针形；花序中央的花无花梗，侧生的花梗长2~3 mm；花萼管钟形，长4 mm，被稀疏的短柔毛，**花萼裂片线状披针形，长5~7 mm；花叶卵状圆形，长6 cm，宽5~6 cm**，顶端短尖，基部宽楔形，有纵脉5~7条，脉上密被柔毛，柄长约2 mm；花冠橙黄色，外面被短柔毛，花冠管长2.3 cm，内面的上部密被黄色棒状毛，花冠裂片圆形，长5 mm。浆果球形，直径8~9 mm，顶端有大的环状疤痕。花期6—7月，果期8月。

我国特有，产于云南、四川和贵州，生于海拔1 200~1 375 m的河边及峡谷的灌丛中。凉山州的西昌、盐源、雷波、宁南、冕宁等县市有分布。

49.7.2　玉叶金花 *Mussaenda pubescens* W. T. Aiton

别名：野白纸扇、良口茶

攀缘灌木。叶对生或轮生，膜质或薄纸质，卵状长圆形、卵状披针形或椭圆形，长2~9 cm，宽1~4 cm；顶端渐尖，基部楔形；下面密被短柔毛；叶柄长3~8 mm。**聚伞花序顶生，密花；花梗极短或无梗**；花萼管陀螺形，花萼裂片线形，其通常比花萼管长2倍以上；花叶阔椭圆形，长2.5~5 cm，宽2~3.5 cm，顶端钝或短尖，基部狭窄，柄长1~2.8 cm，两面被柔毛；花冠黄色，花冠管长约2 cm，外面被贴伏的短柔毛，内面喉部密被棒状毛，花冠裂片长圆状披针形，长约4 mm，渐尖，内面密生金黄色小疣突。浆果近球形，长8~10 mm，直径6~7.5 mm，疏被柔毛，顶部有萼檐脱落后的环状疤痕，果梗长4~5 mm。花期6—7月。

中国特有，产于广东、香港、广西、浙江和台湾等地，生于海拔100~900 m的灌丛中、溪谷内、山坡上或村旁。凉山州的雷波等县有分布，四川新记录。本种茎叶味甘、性凉，有清凉消暑、清热疏风的功效，可供药用或晒干代茶叶饮用。

49.8　钩藤属 *Uncaria* Schreb.

华钩藤 *Uncaria sinensis* (Oliv.) Havil.

木质藤本。**嫩枝方柱形或有4棱角，营养侧枝常变态成钩刺**。叶薄纸质，椭圆形，长9~14 cm，宽5~8 cm；顶端渐尖，基部圆或钝；两面均无毛；侧脉6~8对；叶柄长6~10 mm。**托叶阔三角形至半圆形**，有时顶端微缺。头状花序单生于叶腋，总花梗具一节，节上苞片微小，或成单聚伞状排列，总花梗腋生，长3~6 cm；头状花序不计花冠直径10~15 mm，花序轴有稠密的短柔毛；小苞片线形或近匙形；花近无梗，花萼管长2 mm，花萼裂片线状长圆形，长约1.5 mm；花冠管长7~8 mm，花冠裂片外面有短柔毛。果序直径20~30 mm。小蒴果长8~10 mm，有短柔毛。花果期6—10月。

我国特有，产于四川、广西、云南等多地，生于中等海拔的山地疏林中或湿润的次生林下。凉山州的西昌、雷波、甘洛、普格等县市有分布。本种茎枝药用，具有清热平肝、息风止痉的功效。

49.9　白马骨属 *Serissa* Comm. ex Juss.

六月雪 *Serissa japonica* (Thunb.) Thunb.

别名：满天星、白马骨、路边荆、路边姜

小灌木，有臭气。**叶革质，卵形至倒披针形，长6~22 mm，宽3~6 mm**；顶端短尖至长尖；边缘全缘，无毛；叶柄短。**花单生或数朵丛生于小枝顶部或腋生**，有被毛、边缘浅波状的苞片；萼檐裂片细小，锥形，被毛；花冠淡红色或白色，长6~12 mm，**花冠裂片扩展，顶端3裂**；雄蕊突出花冠管喉部外；花柱长，伸出，柱头2，直，略分开。花期5—7月。

国内产于江苏、安徽、福建、广东、四川、云南等多地，生于河溪边或丘陵的杂木林内。凉山州的西昌、雷波、木里、甘洛、德昌、冕宁、会东、美姑等县市有分布或栽培。本种为园林观赏植物。

49.10　鸡仔木属 *Sinoadina* Ridsdale

鸡仔木 *Sinoadina racemosa* (Sieb. et Zucc.) Ridsd.

别名：水冬瓜

半常绿或落叶乔木。叶对生，薄革质，宽卵形、卵状长圆形或椭圆形，长9~15 cm，宽5~10 cm；顶端短尖至渐尖，基部心形或钝；侧脉6~12对；叶柄长3~6 cm，无毛或有短柔毛。**头状花序，不计花冠直径4~7 mm，约10个排成聚伞圆锥花序式**；花具小苞片；花萼管密被苍白色长柔毛，花萼裂片密被长柔毛；花冠淡黄色，长7 mm，外面密被苍白色微柔毛，花冠裂片三角状，外面密被细绵毛状微柔毛。果序直径11~15 mm；小蒴果倒卵状楔形，长5 mm，有稀疏的毛。花果期5—12月。

国内产于四川、贵州、湖南、广东、台湾等多地。本种喜生于向阳处，多生长于海拔300~1 500 m的山林中或水边。凉山州的西昌、盐源、德昌等县市有分布。本种木材可供制家具、农具、火柴杆、乐器等；树皮纤维可制麻袋、绳索及人造棉等。

49.11　野丁香属 *Leptodermis* Wall.

49.11.1　撕裂野丁香 *Leptodermis scissa* H. Winkl.

灌木。叶于小枝上密生。叶纸质，长圆状卵形或阔卵形，下部叶长5~8 mm，宽2.5~4 mm，**上部叶长15~23 mm，宽7~13 mm**；顶端具细尖，基部渐狭；侧脉每边3~4条。花常3朵在短枝上顶生，有短梗或两侧的有稍长的梗，此外在节上每一叶腋中有花1~3朵；**小苞片卵形，分离几乎达基部，边缘交叠，透明，渐尖，长2.8~3 mm，仅褐色中脉被短毛**，其余近无毛，有缘毛，其尖头几乎与花萼等长或较短；花萼长3~3.2 mm，裂片5片，三角形；花冠管长约11 mm，漏斗状，微弯，裂片卵状圆形，长约2 mm，外面无毛；短柱花，雄蕊5枚，生于花冠管喉部；**花柱5裂，内藏，无毛**。果卵状，长约4 mm。花期7—8月，果期10月。

中国特有，产于四川、云南，生于1 500~2 500 m的灌丛中。凉山州的西昌、德昌、木里、会东等县市有分布。

49.11.2 瓦山野丁香 *Leptodermis parvifolia* Hutchins.

直立或平卧灌木。**叶小，稍厚，匙状卵形或倒披针形，有时近卵形或椭圆形，长0.5~1 cm或稍过之，宽2~5 mm**；顶端钝或近短尖，基部渐狭；侧脉每边约3条，通常不明显；叶柄短。花于枝顶单生或2~3朵簇生，无梗；**小苞片合生，膜质，卵形，长约1.5 mm，顶端骤然渐尖，无毛，比花萼短**；花萼管有直棱10条，其中5条通至裂片弯内，无毛，裂片5片，三角状披针形，长1.25 mm，顶端短尖，被短缘毛；花冠管长1.2 cm，上部扩大，外面被微柔毛，里面被疏柔毛，裂片5片，卵状披针形，长约2.5 mm，顶端短尖，边缘反卷；花药长1.25 mm，稍伸出；**花柱与花冠管等长，无毛，5裂，裂片纤细**。蒴果长4~5 mm。花期8—9月。

中国特有，产于四川、重庆，生于海拔1 500~3 000 m的向阳山坡上的灌丛中或林缘。凉山州的盐源、雷波、金阳、会东、美姑、普格、昭觉、布拖等县有分布。

49.11.3 短萼野丁香 *Leptodermis brevisepala* Lo

灌木。叶疏生或在小枝顶部4片簇生。叶厚纸质，卵形或披针形，长6~10 mm，宽3~5 mm；顶端短渐尖或近短尖，很少圆钝；侧脉3~4对；叶柄长1~2 mm。**聚伞花序几乎无总梗，在短枝上顶生，偶**

有腋生，有花5~7朵；花无梗或有短梗；小苞片透明，中部之下合生，顶端有一刺状硬尖头；**花萼管长1.4~1.7 mm，裂片5片，卵状圆形或卵状三角形，长、宽近相等**，约0.4 mm，顶端钝或近短尖，无缘毛；花冠白色，漏斗形，长8~10 mm，外面被微柔毛，里面密被白色长柔毛，裂片5片，近圆形，中间部分较厚，边檐薄而阔，波状或啮蚀状；雄蕊5枚，柱头常3裂，卷曲。

四川特有，生于海拔约1 750 m的地带。凉山州会理市有分布。

49.11.4　川滇野丁香 *Leptodermis pilosa* Diels

灌木。叶纸质，偶有薄革质，形状和大小多有变异，阔卵形、卵形、长圆形、椭圆形或披针形，长0.5~2.5 cm，宽达1.5 cm；顶端短尖、钝，有时圆，基部楔尖或渐狭，**两面被稀疏至很密的柔毛**或下面近无毛，通常有缘毛；侧脉3~5对；叶柄长1~5 mm。聚伞花序顶生和近枝顶腋生，通常有花3朵，有时5~7朵；花无梗或具短梗；**小苞片干膜质，透明，略被毛，比花萼长，2/3~3/4合生**；萼管长约2 mm，裂片5片，长约1~1.2 mm，顶端钝至近截平，被缘毛；花冠漏斗状，管长9~13 mm，**外面密被短绒毛**，里面被长柔毛，裂片5片，阔卵形，长2~2.5 mm，边檐狭而薄，内折，顶端内弯；**花柱通常有5个丝状的柱头，有时3或4个，长柱花的伸出，短柱花的内藏**。果长4.5~5 mm。花期6月，果期9—10月。

我国特有，产于陕西、湖北、四川、云南、西藏，常生于海拔600~3 800 m的向阳山坡上或路边灌丛中。凉山州的西昌、盐源、雷波、木里、越西、甘洛、德昌、冕宁、会东、美姑等县市有分布。

49.11.5 高山野丁香 *Leptodermis forrestii* Diels

灌木。叶膜状纸质，卵形或披针形，稀长圆形或阔卵形，长1~3 cm，宽0.6~1.5 cm；顶端短尖至近渐尖，基部常急剧收缩，渐狭成短柄；**上面散生糙伏毛**；侧脉4~6对；叶柄长不超过2 mm，有时近无柄。托叶为三角形或压扁的三角形，长2~2.5 mm，顶端具硬尖。**花通常单朵顶生，无梗**，两型，花柱异长，短柱花苞片2片，长约1.5 mm，常合生，顶端有一芒状硬尖，或无苞片；花萼裂片5片，为狭而长的三角形，质稍厚，无毛或上部被稀疏缘毛，与花萼管近等长或稍短；**花冠浅蓝色或微染红色，漏斗状，全长20~22 mm，外面无毛**，里面被白色长柔毛，檐部阔大，伸展，5浅裂，裂片内向镊合状排列。蒴果长约5 mm。

中国特有，产于四川、云南和西藏，通常生于海拔3 200~3 400 m的林中。凉山州的盐源、木里、美姑等县有分布。

50 忍冬科 Caprifoliaceae

50.1 糯米条属 *Abelia* R. Br.

50.1.1 莛梗花 *Abelia uniflora* R. Br.

别名：小叶六道木

落叶灌木。**幼枝被短柔毛**。叶纸质或近革质，狭卵状圆形、菱形、狭矩圆形至披针形，长**1.5~4 cm，宽5~15 mm**；顶端渐尖或长渐尖，**基部楔形或钝形**；边缘具稀疏锯齿，有时近全缘而具纤毛；两面疏被柔毛，下面基部叶脉密被白色长柔毛；叶柄长2~4 mm。花生于侧生短枝顶端叶腋处，由未伸长的带叶花枝构成聚伞花序状；萼筒细长，萼檐2裂，裂片椭圆形，长约1 cm；花冠红色至浅紫色，**狭钟形，5裂，稍呈二唇形，上唇3裂，下唇2裂**。果实长圆柱形，冠以2片宿存的萼裂片。花期5—6月，果期8—9月。

中国特有，分布较广泛，生于海拔240~2 000 m的沟边、灌丛中、山坡林下或林缘。凉山州各县市有分布。

50.1.2　二翅糯米条 *Abelia macrotera* (Graebn. et Buchw.) Rehd.

别名：二翅六道木

落叶灌木。**幼枝光滑无毛。叶纸质，卵形至椭圆状卵形，长3~8 cm，宽1.5~3.5 cm；**顶端渐尖或长渐尖，**基部钝圆**或阔楔形至楔形；边缘具疏锯齿及睫毛；上面绿色，叶脉下陷，疏生短柔毛，下面灰绿色，中脉及侧脉基部密生白色柔毛。聚伞花序常由未伸展的带叶花枝所构成，含数朵花，生于小枝顶端或上部叶腋处；花大，长2.5~5 cm；萼筒被短柔毛，萼裂片2片，长1~1.5 cm；花冠浅紫红色或白色，**漏斗状，长3~4 cm，外面被短柔毛，**内面喉部有长柔毛，裂片5片，略呈二唇形，上唇2裂，下唇3裂。果实长0.6~1.5 cm，被短柔毛，冠以2片宿存且略增大的萼裂片。花期5—6月，果期8—10月。

中国特有，产于陕西、四川、贵州、云南等多省，生于海拔950~2 200 m的路边灌丛中、溪边林下等处。凉山州的西昌、雷波、喜德、冕宁、美姑等县市有分布。

50.2　双盾木属 *Dipelta* Maxim.

云南双盾木 *Dipelta yunnanensis* Franch.

别名：云南双盾

落叶灌木。叶椭圆形至宽披针形，长5~10 cm，宽2~4 cm；顶端渐尖至长渐尖，基部钝圆至近圆形；边缘全缘，稀具疏浅齿。伞房状聚伞花序生于短枝顶部叶腋处；**小苞片2对，一对较小，卵形，不等形，另一对较大，肾形**；萼檐膜质，被柔毛，裂至2/3处，萼齿钻状条形；**花冠白色至粉红色，钟形**，长2~4 cm，基部一侧有浅囊，二唇形。果实圆卵形，被柔毛，顶端狭长，**2对宿存的小苞片明显地增大**，其中一对网脉明显，肾形，以其弯曲部分贴生于果实，长2.5~3 cm，宽1.5~2 cm。花期5—6月，果期5—11月。

中国特有，产于云南、陕西、甘肃、湖北、四川、贵州等地，生于海拔880~2 400 m的杂木林下或山坡灌丛中。凉山州的盐源、雷波、木里、越西、甘洛、德昌、金阳、冕宁、会东、美姑、普格等县有分布。

50.3 鬼吹箫属 *Leycesteria* Wall.

鬼吹箫 *Leycesteria formosa* Wall.

别名：梅竹叶、叉活活、华鬼吹箫、狭萼鬼吹箫

灌木。全株常被暗红色腺毛。叶纸质，卵状披针形、卵状长圆形或卵形，长4~13 cm；先端长尾尖、渐尖或短尖，基部圆形、近心形或宽楔形；常全缘。**穗状花序顶生或腋生**，每节具6朵花，具3朵花的聚伞花序对生，侧生2朵花具极短的梗；**苞片叶状，绿色带紫或紫红色，每轮6片**，长2~3.5 cm；萼檐5深裂，裂片圆卵形、披针形或线状披针形，2长3短；花冠白或粉红色，有时带紫红色，漏斗状，长1.2~1.8 cm，裂片圆卵形。果熟时由红至黑紫色，卵状圆形或近圆形，径5~7 mm，萼齿宿存。花期5—10月，果期8—10月。

国内产于四川、贵州、云南和西藏，生于海拔1 100~3 300 m的山坡上、山谷中、溪沟边或河边的林下、林缘或灌丛中。凉山州各县市有产。本种全株可药用，有破血、祛风、平喘之效，主治风湿性关节炎、月经不调及尿道炎。

50.4 锦带花属 *Weigela* Thunb.

锦带花 *Weigela florida* (Bunge) A. DC.

别名：旱锦带花、海仙、锦带、早锦带花

落叶灌木。**幼枝稍四方形**。叶矩圆形、椭圆形至倒卵状椭圆形，长5~10 cm；顶端渐尖，基部阔楔形至圆形；边缘有锯齿；上面疏生短柔毛，脉上毛较密，下面密生短柔毛或绒毛，具短柄至无柄。**花单生或形成聚伞花序生于侧生短枝的叶腋或枝顶**；萼筒长圆柱形，疏被柔毛，萼齿长约1 cm，不等大，深达萼檐中部；**花冠钟状漏斗形，紫红色或玫瑰红色**，长3~4 cm，直径2 cm，外面疏生短柔毛，裂片不整齐，开展，内面浅红色。果实长1.5~2.5 cm，顶有短柄状喙，疏生柔毛；种子无翅。花期4—6月。

国内主产华北地区和东北地区，生于海拔100~1 500 m的杂木林下或山顶灌丛中。凉山州的西昌、冕宁等县市有引种栽培。本种花色艳丽，常作观赏植物。

50.5 忍冬属 *Lonicera* L.

50.5.1 川黔忍冬 *Lonicera subaequalis* Rehd.

别名：肉叶忍冬

木质藤本。小枝和叶均无毛。叶椭圆形、卵状椭圆形至矩圆状倒卵形或矩圆形，长6~11 cm，顶端钝，基部渐狭，下延于短叶柄，**小枝顶端的1对叶合生成盘状而顶端尖；下面通常有白粉**。花6朵，轮生于小枝顶，无总花梗；小苞片近圆形，长为萼筒的1/4~1/3，有缘毛；萼筒端部有腺毛，萼檐长约为萼筒的1/4，萼齿短，圆形，有糙缘毛；**花冠黄色或带红色，漏斗状，近整齐**，长2.5~3.5 cm，外面疏被长糙毛和腺毛，内面有柔毛，裂片卵形；雄蕊着生于花冠裂片基部稍下处。果实红色，近圆形，直径约7 mm。花期5—6月。

中国特有，产于四川、贵州、湖北及贵州，生于海拔1 500~2 500 m的山坡林下阴湿处。凉山州的雷波、美姑等县有分布。

50.5.2 淡红忍冬 *Lonicera acuminata* Wall.

别名：肚子银花、巴东忍冬、贵州忍冬、毛萼忍冬、短柄忍冬、无毛淡红忍冬

缠绕性藤本。幼枝、叶柄和总花梗均被或疏或密的通常卷曲的棕黄色糙毛或糙伏毛。叶薄革质至革质，卵状矩圆形、矩圆状披针形至条状披针形，长4~8.5（14）cm；顶端长渐尖至短尖，基部圆形至近心形，有时宽楔形或截形；叶柄长3~5 mm。双花在小枝顶集合成近伞房状花序或单生于小枝上部叶腋处，总花梗长4~18（23）mm；苞片钻形，比萼筒短或略长；萼筒椭圆形或倒壶形，长2.5~3 mm，萼齿卵形、卵状披针形至狭披针形，有时狭三角形，长为萼筒的2/5~1/4；花冠黄白色、黄色或有红晕，漏斗状，长1.5~2.5 cm，唇形，筒长9~12 mm。果实蓝黑色，卵状圆形，直径6~7 mm。花期6月，果期10—11月。

国内分布广泛，生于海拔500~3 200 m的山坡和山谷的林中、林间空旷地上或灌丛中。凉山州各县市有分布。本种的花在四川部分地区和西藏昌都视作"金银花"收购入药。

50.5.3 黑果忍冬 *Lonicera nigra* L.

别名：毛脉黑忍冬、柳叶忍冬

落叶灌木。幼枝和总花梗常有微毛和细短腺毛。叶薄纸质，矩圆形、椭圆状披针形、倒卵形或倒卵状披针形，长1.5~6 cm；顶端尖，稀稍钝，基部宽楔形至圆形；**叶下面中脉两侧常有白色髯毛**；叶柄长2~5 mm。总花梗细，果时长（1.5）2~3 cm；苞片小，披针形，长约为萼筒的1/2；杯状小苞有腺缘毛，比萼筒短；相邻两萼筒分离，萼齿宽披针形，长约1 mm，有腺缘毛；花冠红色，唇形，长约8 mm，筒基部有囊，内面有柔毛；花丝无毛，与花冠等长；花柱中部以下有柔毛。果实蓝黑色，圆形，直径5~7 mm；种子矩圆形或卵状圆形，长3~4 mm，有微细颗粒。花期5月，果期8—9月。

国内分布广泛，生于海拔1 700~3 900 m的针、阔叶混交林中，冷杉林中或林缘灌丛中。凉山州的会理、盐源、木里、越西、德昌、普格、昭觉、甘洛、美姑等县市有分布。

50.5.4 红脉忍冬 *Lonicera nervosa* Maxim.

落叶灌木。**幼枝无毛**。叶纸质，初带红色，椭圆形至卵状矩圆形，长2.5~6 cm；两端尖；**上面中脉、侧脉和小脉均带紫红色，两面均无毛**，有时上面被肉眼难见的微糙毛或微腺；叶柄长3~5 mm。总花梗长约1 cm；苞片钻形；杯状小苞长约为萼筒之半，有时分裂成2对，具腺缘毛或无毛；相邻两萼筒分离，萼齿小，三角状钻形，具腺缘毛；花冠先白色后黄色，或紫红色，长约1 cm，外面无毛，内面基部密被短柔毛，筒略短于裂片，基部具囊。果实黑色，圆形，直径5~6 mm。花期6—7月，果期8—9月。

国内分布广泛，生于海拔2 100~4 000 m的山麓林下灌丛中或山坡草地上。凉山州的木里等县有分布。

50.5.5　长距忍冬 *Lonicera calcarata* Hemsl.

别名：距花忍冬

常绿缠绕性藤本。叶革质，卵形至矩圆形或卵状披针形，长8~13（17）cm；顶端急狭而短渐尖，叶尖常微弯，基部近圆形或阔楔形；叶柄长1~2 cm。总花梗长1.7~3 cm；叶状苞片2片，卵状披针形至圆卵形，长2~2.5 cm；相邻两萼筒合生；**花冠先白色，后变黄色或红色**，长约3 cm，唇形，筒宽短，**基部有1处长约12 mm的弯距**，上唇直立，裂片宽短，不等形，下唇带状，反卷；雄蕊不超过花冠上唇。果实红色，直径约1.5 cm，苞片宿存。花期5月，果期6—7月。

中国特有，产于四川、贵州、西藏、广西等地，生于海拔1 200~2 500 m林下、林缘或溪沟旁灌丛中。凉山州的会理、盐源等县市有分布。

50.5.6　须蕊忍冬 *Lonicera chrysantha* var. *koehneana* (Rehder) Q. E. Yang

别名：黄金银花、小花须蕊忍冬

落叶直立灌木。**一年生嫩枝、叶柄和总花梗被略弯曲的短柔毛**。叶纸质，菱状卵形、菱状披针形、倒卵形或卵状披针形，长4~8（12）cm；顶端渐尖或急尾尖，基部楔形至圆形；**叶片下面密被灰白色柔毛**；叶柄长4~7 mm。总花梗细，长1.5~3（4）cm；苞片条形或狭条状披针形，长2.5~8 mm，常高出萼筒；相邻两萼筒分离，长2~2.5 mm，常无毛且具腺，萼齿圆卵形、半圆形或卵形，顶端圆或钝；**花冠先白色，后变黄色**，长（0.8）1~1.5（2）cm，外面疏生短糙毛，唇形，唇瓣比筒长2~3倍，筒内有短柔毛，基部有1深囊，有时囊不明显。**果实红色，圆形**，直径约5 mm。花期5—6月，果期7—9月。

中国特有，分布广泛，生于海拔2 000~3 000 m的常绿栎林、杂木林以及灌丛中。凉山州的西昌、会理、盐源、雷波、木里、越西、甘洛、宁南、美姑、昭觉等县市有分布。

50.5.7　细毡毛忍冬 *Lonicera similis* Hemsl.

别名：细苞忍冬、鸢子银花、滇西忍冬、峨眉忍冬、异毛忍冬

落叶藤本。叶纸质，卵形、卵状矩圆形至卵状披针形或披针形，长3~10（13.5）cm；顶端急尖至渐尖，基部圆形或截形至微心形，两侧稍不等；上面侧脉和小脉下陷，**下面被细毡毛**。双花单生于叶腋或少数集生于枝端形成总状花序；总花梗下方者长可达4 cm。**花冠先白色后变淡黄色**，长4~6 cm，外被开展的长、短糙毛和腺毛，或全然无毛；唇形；**筒细，长3~3.6 cm，超过唇瓣**，内有柔毛；上唇长1.4~2.2 cm，裂片矩圆形或卵状矩圆形，长2~5.5 mm，**下唇条形**，长约2 cm，内面有柔毛。果实蓝黑色，卵状圆形，长7~9 mm。花期5—6（7）月，果期9—10月。

国内分布广泛，生于海拔550~2 200 m的山谷溪旁、向阳山坡灌丛中或林中。凉山州的会理、雷波、甘洛、会东、普格等县市有分布。本种花供药用，是西南地区"金银花"中药材的主要来源。

50.5.8　匍匐忍冬 *Lonicera crassifolia* Batal.

常绿匍匐灌木。幼枝密被淡黄褐色的卷曲的短糙毛。叶通常密集于当年小枝的顶端。叶革质，宽椭圆形至矩圆形，**长1~3.5（6.3）cm**；两端稍尖至圆形，顶端有时具小凸尖或微凹缺；除上面中脉上有短糙毛外，两面均无毛；**边缘反卷，密生糙缘毛**；叶柄长3~8 mm，上面具沟，有短糙毛和缘毛。双花生于小枝梢叶腋处，总花梗长2~10（14）mm；苞片、小苞片和萼齿的顶端均有睫毛；萼齿卵形，长约1 mm，长为萼筒的1/3~1/2；花冠白色，冠筒带红色，后变黄色，长约2 cm，冠筒基部一侧略肿大，唇瓣长约为筒的1/2，上唇直立，有波状齿或短的卵形裂片，下唇反卷。**果实黑色**；圆形，直径5~6 mm。花期6—7月，果期10—11月。

中国特有，产于湖北、湖南、四川、贵州、云南，生于海拔900~2 300 m的溪沟旁、湿润的林缘岩壁上或岩缝中。凉山州的盐源、木里、冕宁、美姑等县有分布。

50.5.9　锈毛忍冬 *Lonicera ferruginea* Rehd.

别名：湖广忍冬、老虎合藤、云雾忍冬

缠绕性藤本。**幼枝、叶柄、叶两面、叶缘、花序梗、总花梗、苞片、小苞片和花冠外面都密生开展或稍卷曲的长、短两种黄褐色糙毛**，幼枝、叶柄、叶缘和花序梗还有极少的细腺毛。叶厚纸质，矩圆状卵形或卵状长圆形，稀少卵形或椭圆形，长5~9（11）cm；顶端尾尖、渐尖或短尖，基部微心形或圆形。双花（1）2~3对组成小总状花序，腋生于小枝上方，4~5个小花序在小枝顶组成小圆锥花序；总花梗短，长（1）2.5~5（7）mm；萼筒长约2 mm；花冠初时白色后变黄色，长约2.2 cm，唇形；花丝下半部有疏糙毛；花柱无毛。**果实黑色，卵状圆形**。花期5—6月，果期8—9月。

国内产于福建、广东、广西、贵州、湖南、江西、四川及云南，生于海拔600~2 000 m的山坡疏、密林中或灌丛中。凉山州的雷波、美姑等县有分布。

50.5.10　苦糖果 *Lonicera fragrantissima* var. *lancifolia* (Rehder) Q. E. Yang

别名：腾杷树、狗蛋子、羊尿泡、驴奶果、苦竹泡、芋奶头、羊奶头

落叶灌木。小枝和叶柄有时具短糙毛。叶卵形、椭圆形或卵状披针形，稀披针形或近卵形者，长

3～7（8.5）cm；通常两面被刚伏毛及短腺毛或至少下面中脉被刚伏毛，有时中脉下部或基部两侧夹杂短糙毛。花冠白色或淡红色，长1~1.5 cm，外面无毛，稀有疏糙毛，唇形，花冠筒长4~5 mm，内面密生柔毛，基部有浅囊，花柱下部疏生糙毛。**果实鲜红色，矩圆形，长约1 cm**。花期1月下旬至4月上旬，果期5—6月。

中国特有，产于安徽、湖北、湖南及四川，生于海拔100~2 700 m的向阳山坡的林中、灌丛中或溪涧旁。凉山州的雷波、美姑等县有分布。

50.5.11 刚毛忍冬 *Lonicera hispida* Pall. ex Roem. et Schult.

别名：刺毛忍冬、异萼忍冬

落叶灌木。**幼枝常带紫红色，连同叶柄和总花梗均具刚毛或兼具微糙毛和腺毛**。叶厚纸质，其形状、大小和毛被的变化很大，常椭圆形、卵状椭圆形、卵状矩圆形至矩圆形，长（2）3~7（8.5）cm；顶端尖或稍钝，基部有时微心形；近无毛，或下面脉上有少数刚伏毛，或两面均有或疏或密的刚伏毛和短糙毛，边缘有刚睫毛。总花梗长（0.5）1~1.5（2）cm；**苞片宽卵形，长1.2~3 cm；相邻两萼筒分离，常具刚毛和腺毛**；萼檐波状；**花冠白色或淡黄色，漏斗状，近整齐**，长（1.5）2.5~3 cm，外面有短糙毛或刚毛，或几乎无毛，有时夹有腺毛，花冠筒基部具囊。果实先黄色后变红色，卵状圆形至长圆筒形，长1~1.5 cm。花期5—6月，果期7—9月。

国内分布广泛，生于海拔1 700~4 800 m的山坡林中、林缘灌丛中或高山草地上。凉山州的盐源、木里、金阳、布拖等县有分布。本种花蕾可供药用，功效是清热解毒。

50.5.12　女贞叶忍冬 *Lonicera ligustrina* Wall.

50.5.12a　女贞叶忍冬（原变种）*Lonicera ligustrina* Wall. var. *ligustrina*

别名：绢柳林忍冬

常绿或半常绿灌木。幼枝被灰黄色短糙毛。**叶薄革质，披针形或卵状披针形，有时圆卵形或条状披针形，长（0.5）1~4（8）cm**；顶端渐尖而具钝头或尖头，**基部圆形或宽楔形**；上面有光泽。总花梗极短，具短毛；杯状小苞外面有疏腺，顶端为萼檐下延而成的帽边状突起所覆盖；相邻两萼筒分离，萼齿大小不等，卵形，顶端钝，有缘毛和腺；花冠黄白色或紫红色，漏斗状，长7.5~12 mm，筒基部有囊，裂片稍不相等，卵形，顶钝，长为花冠筒的1/4~1/2。果实紫红色，后变黑色，圆形，直径3~4 mm。花期5—6月，果期（8）10—12月。

国内分布较广泛，生于海拔（650）1 000~3 000 m的灌丛中或常绿阔叶林中。凉山州各县市多有分布。

50.5.12b　亮叶忍冬（变种）*Lonicera ligustrina* var. *yunnanensis* Franchet

别名：铁楂子、云南蕊帽忍冬

叶革质，**近圆形至宽卵形，有时卵形、矩圆状卵形或矩圆形，顶端圆或钝；上面光亮，无毛或有少数微糙毛。花较小，花冠长（4）5~7 mm**，花冠筒外面密被短腺毛。花期4—6月，果期9—10月。

中国特有，产于陕西、甘肃、四川和云南，生于海拔（1 600）2 100~3 000 m的山谷林中。凉山州的盐源、雷波、越西、甘洛、喜德、德昌、美姑、布拖、普格、昭觉等县有分布。本种可作绿化观赏植物。

50.5.12c　蕊帽忍冬（变种）*Lonicera ligustrina* var. *pileata* (Oliv.) Franch.

常绿或半常绿灌木。幼枝密生短糙毛，老枝浅灰色、无毛。**叶革质**，形状和大小变异很大，通常卵形至矩圆状披针形或菱状矩圆形，长1~5（6.5）cm；顶端钝，**基部通常楔形**；上面深绿色，有光泽，**中脉明显隆起，疏生短腺毛及少数微糙毛或近无毛**。总花梗极短；萼齿小而钝，卵形，边缘有短糙毛；花冠白色，漏斗状，长6~8 mm，外面被短糙毛和红褐色短腺毛，筒较裂片长2~3倍，基部具浅囊，裂片圆卵形或卵形。**果实透明蓝紫色，圆形，直径6~8 mm**。花期4—6月，果期9—12月。

中国特有，产于广东、广西、贵州、湖北、湖南、陕西、四川及云南，生于海拔350~2 200 m的山谷中、疏林潮湿处或山坡灌丛中。凉山州的雷波、木里、甘洛、德昌、布拖、美姑等县市有分布。

50.5.13　唐古特忍冬 *Lonicera tangutica* Maxim.

别名：太白忍冬、杯萼忍冬、毛药忍冬、袋花忍冬、短苞忍冬、四川忍冬、毛果忍冬

落叶灌木。**叶纸质，倒披针形至矩圆形或倒卵形至椭圆形**，顶端钝或稍尖，基部渐窄，长1~4（6）cm；两面常被稍弯的短糙毛或短糙伏毛，上面近叶缘处的毛常较密，有时近无毛或完全秃净，下面有时脉腋有趾蹼状鳞腺，常具糙缘毛；叶柄长2~3 mm。**总花梗生于幼枝下方叶腋处，纤细，稍弯垂**，长1.5~3（3.8）cm，被糙毛或无毛；相邻两萼筒中部以上合生，萼檐杯状，长为萼筒的2/5~1/2或与其相等；**花冠白色、黄白色**或有淡红晕，筒状漏斗形，长（8）10~13 mm，花冠筒基部稍一侧肿大或具浅囊。果实红色，直径5~6 mm。花期5—6月，果期7—9月。

国内分布广泛，生于海拔800~4 500 m的云杉、落叶松、栎和竹等林下或混交林中及山坡草地上、溪边灌丛中。凉山州各县市多有分布。

50.5.14　理塘忍冬 *Lonicera litangensis* Batal.

落叶多枝矮灌木。叶纸质，椭圆形、宽椭圆形至倒卵形，顶端钝或具微凸尖，基部宽楔形；**长6~12 mm，具短柄**。花与叶同时开放，双花常1~2对生于短枝的叶腋处，总花梗极短或几乎无；**苞片大，叶状**，卵形至狭卵状披针形，长5~8 mm，超出萼筒；相邻两萼筒全部连合，呈近球形，长2~3 mm；萼齿短三角形或浅波状，顶端钝；**花冠黄色或淡黄色，筒状或狭漏斗状，长10~13 mm**，外面无毛，花冠筒基部一侧具浅囊，**裂片直立**，圆卵形，长约2 mm。果实红色，后变灰蓝色，圆形，直径约8 mm。花期5—6月，果期8—9月。

国内产于四川、云南、西藏，生于海拔3 000~4 500 m的山坡灌丛中、草地上、林下或林缘。凉山州的盐源、木里等县有分布。

50.5.15　齿叶忍冬 *Lonicera scabrida* Franch.

落叶灌木或小乔木。叶纸质至厚纸质，矩圆形、矩圆状披针形，长3~10（12）cm；顶端渐尖或短尖，基部宽楔形至圆形；**边缘通常浅波状至不规则浅裂或齿裂（营养枝上的叶分裂较深）**；下面被糙伏毛，**两面脉上有硬伏毛**，边缘有硬缘毛；叶柄长4~8 mm。花先于叶开放，**总花梗极短**；苞片宽卵形，最长达1 cm；相邻两萼筒分离，萼檐短于萼筒，萼齿近圆形或卵形；总花梗、苞片、萼筒和花冠内外两面均有硬毛和腺；**花冠白色、淡紫红色至粉红色**，钟状，长10~14 mm，**近整齐**，裂片卵形，稍

短于花冠筒；雄蕊极短，内藏。果实红色，椭圆形，长10~12 mm，有刚毛和腺毛。花期3—4月，果期5—6月。

中国特有，产于四川、云南和西藏，生于海拔2 300~3 800 m的云杉林、冷杉林、落叶松林或高山栎林中及林缘灌丛中。凉山州的盐源、雷波、木里、喜德、金阳、美姑、布拖、昭觉等县有分布。

50.5.16　凹叶忍冬 *Lonicera retusa* Franch.

落叶灌木。**叶纸质，倒卵形、倒卵状匙形、椭圆形至宽卵形，长1~2.5 cm；顶端钝、截形或微凹**，稀稍尖，基部楔形至圆形，近基部具疏腺缘毛；上面深绿色，无毛，**下面灰白色，常有白粉及微毛**，两面叶脉隆起；叶柄长2~3 mm。总花梗长2.5~5 mm；苞片钻形，长为萼筒的（1/5）1/3~4/5；相邻两萼筒全部合生，有时顶端分离，萼齿条状披针形，长1.5~2 mm；花冠由白色变黄色，基部带淡红色，唇形，长10~12 mm，外面无毛，花冠筒基部有囊，内有柔毛，唇瓣长为花冠筒的2倍，上唇裂片短，阔卵形，下唇反折。果实黑色，近圆形，直径6~8 mm。花期5—6月，果期9—10月。

中国特有，产于山西、陕西、甘肃、四川、重庆及云南，生于海拔（1 000）2 000~3 300 m的山坡上或山谷灌木林中。凉山州的盐源、木里、美姑等县有分布。

50.5.17　长叶毛花忍冬 *Lonicera trichosantha* var. *deflexicalyx* (Diels) P. S. Hsu & H. J. Wang

落叶灌木。**枝水平状开展，小枝纤细。叶纸质，叶矩圆状披针形至披针形，很少卵状披针形或卵状矩圆形，长4~8（10）cm**；顶端长渐尖至短渐尖，两面或仅下面中脉疏生短柔伏毛，或无毛，下面侧脉基部有时扩大而下沿于中脉，边缘有睫毛。**总花梗长2~6（12）mm，短于叶柄**，果时则超过叶柄长度；苞片条状披针形，长约等于萼筒；**小苞片基部略连合**；相邻两萼筒分离，萼檐钟形，全裂成2

片；**花冠黄色**，长12~15 mm，唇形，筒长约4 mm，常有浅囊，外面密被短糙伏毛和腺毛，上唇裂片浅圆形，下唇矩圆形，长8~10 mm，反曲。果实由橙黄色变为橙红色至红色，圆形，直径6~8 mm。花期5—7月，果期8月。

中国特有，产于陕西、甘肃、四川、云南和西藏，生于海拔2 200~4 600 m的林下、林缘、河边或田边的灌丛中。凉山州的盐源、木里、布拖等县有分布。

50.5.18 华西忍冬 *Lonicera webbiana* Wall. ex DC.

别名：异叶忍冬、倒卵叶忍冬、吉隆忍冬、川西忍冬

落叶灌木。叶纸质，卵状椭圆形至卵状披针形，长**4~9（18）cm**；顶端渐尖或长渐尖，基部圆形、微心形或宽楔形；边缘常不规则波状起伏或有浅圆裂，有睫毛；两面有疏或密的糙毛，具疏腺。**总花梗长2.5~9 cm**；苞片条形，长（1）2~5 mm；小苞片甚小，分离，卵形至矩圆形，长在1 mm以下；相邻两萼筒分离，萼齿微小；花冠紫红色或绛红色，很少白色或由白色变黄色，长1 cm左右，唇形，花冠筒甚短，花冠筒基部较细，具浅囊，上唇直立，具圆裂，下唇比上唇长，反曲。果实先红色后变黑色，圆形，直径约1 cm。花期5—6月，果期8月中旬至9月。

国内产于山西、陕西、湖北、四川、云南、西藏等多地，生于海拔1 800~4 000 m的针、阔叶混交林中，山坡灌丛中或草坡上。凉山州的西昌、盐源、雷波、木里、越西、冕宁、普格等县市有分布。

50.5.19 越橘叶忍冬 *Lonicera angustifolia* var. *myrtillus* (Hook. f. & Thomson) Q. E. Yang

别名：细叶忍冬、圆叶忍冬、越桔叶忍冬

落叶多枝灌木。叶纸质或厚纸质，**形状变化很大**，在短枝上常呈倒卵形至倒卵状矩圆形或倒披针形，有时矩圆形至宽椭圆形或卵形，**长0.5~2 cm，宽3~8 mm**；顶端钝至圆形，常具小凸尖或短尖，基部楔形；叶柄长1~2 mm。总花梗出自侧生短枝的叶腋内，长1~15 mm；**苞片叶状，长常超过萼齿**；杯状小苞顶端截形或有浅齿，有时裂为2片，长为萼筒的1/2至相等；相邻两萼筒中部以上合生，萼檐浅杯状，萼齿三角形或卵状三角形；**花冠白色、淡紫色或紫红色，筒状钟形，长6~8 mm，外面无毛**，裂片圆卵形或近圆形，长为筒的1/4~1/2。果实紫红色，近圆形，直径4~6 mm。花期5—6（7）月，果期8—9月。

国内产于四川、云南和西藏，生于海拔2 400~4 700 m的山坡灌丛中、溪旁疏林中及河谷滩地石砾上。凉山州的木里等县市有分布。

50.5.20 忍冬 *Lonicera japonica* Thunb.

别名：金银花

半常绿藤本。**幼枝暗红褐色，密被黄褐色的开展的硬直糙毛、腺毛和短柔毛。**叶纸质，通常卵形至矩圆状卵形，有时卵状披针形，长3~5（9.5）cm；顶端尖或渐尖，少有钝、圆或微凹缺，基部圆形或近心形，有糙缘毛；**小枝上部叶的两面通常均密被短糙毛；**叶柄、总花梗密被短柔毛；苞片大，叶状，长2~3 cm，两面一般均有短柔毛，有时近无毛；萼筒长约2 mm；**花冠白色，有时变黄色，长**（2）3~4.5（6）cm，唇形，花冠筒稍长于唇瓣，外被略倒生的开展或半开展的糙毛和长腺毛，上唇裂片顶端钝形，下唇带状、反曲。果实圆形，直径6~7 mm，熟时蓝黑色。花期4—6月（秋季亦常开花），果期10—11月。

国内分布广泛，生于山坡灌丛中或疏林中、乱石堆上及村庄篱笆边，常栽培。凉山州各县市多有分布或栽培。忍冬的干燥花蕾是一种具有悠久历史的常用中药，其性寒、味甘，功效是清热解毒、疏散风热，对细菌性痢疾和各种化脓性疾病都有效。

50.6　接骨木属 *Sambucus* L.

接骨木 *Sambucus williamsii* Hance

别名：九节风、续骨草、木蒴藋、东北接骨木

落叶灌木或小乔木。**对生羽状复叶有小叶（1）2~3（5）对**。侧生小叶片卵状圆形、狭椭圆形至倒矩圆状披针形，长5~15 cm，顶生小叶卵形或倒卵形，具长约2 cm的柄。花与叶同出，**圆锥形聚伞花序顶生**，长5~11 cm，宽4~14 cm，具总花梗，**花序分枝多呈直角开展；花小而密**；萼筒杯状，长约1 mm，萼齿三角状披针形，稍短于萼筒；花冠花蕾时带粉红色，开后为白色或淡黄色，花冠筒短，裂片矩圆形或长卵状圆形，长约2 mm。**果实红色**，极少蓝紫黑色，卵状圆形或近圆形，直径3~5 mm。花期一般4—5月，果期9—10月。

中国特有，分布广泛，生于海拔540~2 860 m的山坡上、灌丛中、沟边、路旁、宅边等地。凉山州各县市多有分布。本种的茎枝用于治疗风湿筋骨痛、腰痛、水肿、风疹、瘾疹、产后血晕、跌打肿痛、骨折、创伤出血；根用于治疗风湿关节痛、痰饮、水肿、泄泻、黄疸、烫伤；叶用于治疗跌打骨折、筋骨疼痛；花用于发汗、利尿。

50.7　荚蒾属 *Viburnum* L.

50.7.1　樟叶荚蒾 *Viburnum cinnamomifolium* Rehd.

常绿灌木或小乔木。除芽和花序有疏或密的灰白色或灰黄色簇状微毛外，全体近无毛。叶片革质，椭圆状矩圆形，长6~13（18）cm；顶端急渐尖，基部楔形至宽楔形；边缘全缘或近顶部偶有少数锯齿；**具离基三出脉，其连同侧脉在上面凹陷，在下面突起，小脉横列，在上面略凹陷，不为明显的皱纹状，在下面显著**；叶柄粗壮，长1.5~3.5 cm。聚伞花序大而疏散，直径6~15 cm，总花梗长1.5~3.5 cm，第一

级辐射枝6~8条，花生于第二至第三级辐射枝上；萼筒倒圆锥形，萼齿微小；花冠淡黄绿色，辐状，直径4~5 mm，裂片反曲。果实蓝黑色，近圆形，直径约3 mm。花期5月，果期6—7月。

中国特有，产于四川及云南，生于海拔1 000~2 000 m的山坡灌丛中。凉山州的雷波、甘洛、美姑等县有分布。

50.7.2　臭荚蒾 *Viburnum foetidum* Wall.

50.7.2a　臭荚蒾（原变种）*Viburnum foetidum* Wall. var. *foetidum*

落叶灌木。当年生小枝连同叶柄和花序均被簇状短毛。叶纸质至厚纸质，卵形、椭圆形至矩圆状菱形，长4~10 cm；顶端尖至短渐尖，基部楔形至圆形；**边缘有少数浅锯齿或近全缘**；下面中脉及侧脉被簇状短毛，脉腋集聚簇状毛，侧脉2~4对，弧形且达齿端，**基部一对常为离基3出脉状**；叶柄长5~10 mm。复伞形聚伞花序生于侧生小枝之顶，直径5~8 cm，**总花梗长（0.5）2~5 cm**，第一级辐射枝4~8条，花通常生于第二级辐射枝上；萼筒筒状，长约1 mm；花冠白色，辐状，直径约5 mm，裂片卵状圆形。果实红色，圆形，扁，长6~8 mm。花期7月，果期9月。

国内分布广泛，生于海拔600~3 100 m的林缘灌丛中。凉山州的西昌、会理、雷波、冕宁、会东、普格、昭觉等县市有分布。

50.7.2b　直角荚蒾（变种）*Viburnum foetidum* var. *rectangulatum* (Graebn.) Rehd.

植株直立或攀缘状；**枝披散**，侧生小枝甚长，呈蜿蜒状，常与主枝呈直角或近直角开展。**叶厚纸**

质至薄革质，卵形、菱状卵形、椭圆形至矩圆形或矩圆状披针形，长3~6（10）cm；边缘全缘或中部以上有少数不规则浅齿；下面偶有棕色小腺点；侧脉或直达齿端或近缘前互相网结，基部一对较长，常作离基三出脉状。**总花梗通常极短或几乎无，很少长达2 cm；第一级辐射枝通常5条。**花期5—7月，果期10—12月。

中国特有，分布广泛，生于海拔600~2 400 m的山坡林中或灌丛中。凉山州的西昌、雷波、越西、喜德、宁南、德昌、金阳、美姑、布拖、普格等县市有分布。

50.7.2c　珍珠荚蒾（变种）*Viburnum foetidum* var. *ceanothoides* (C. H. Wright) Hand.–Mazz.

别名：珍珠花

植株直立或攀缘状；枝披散，侧生小枝较短。叶较密，**倒卵状椭圆形至倒卵形**，长2~5 cm；顶端急尖或圆形，基部楔形；**边缘中部以上具少数不规则的圆或钝的粗牙齿或缺刻**，很少近全缘；下面常散生棕色腺点；脉腋集聚簇状毛，侧脉2~3对。总花梗长1~2.5（8）cm。花期4—6（10）月，果期9—12月。

中国特有，产于四川、贵州及云南，生于海拔900~2 600 m的山坡密林中或灌丛中。凉山州各县市有分布。本种种子含油，可供制润滑油、油漆和肥皂。

50.7.3　蓝黑果荚蒾 *Viburnum atrocyaneum* C. B. Clarke

50.7.3a　蓝黑果荚蒾（原亚种）*Viburnum atrocyaneum* C. B. Clarke subsp. *atrocyaneum*

别名：光荚蒾

常绿灌木。叶革质，宽卵形、卵形至卵状披针形或菱状椭圆形，长3~6（10）cm；顶端钝，有微凸尖，稀锐尖或微凹入，基部宽楔形，两侧常稍不对称；边缘常疏生不规则小尖齿，稀全缘；上面深绿色有光泽，下面苍白绿色；**侧脉5~8对**，羽状，近叶缘前互相网结；**叶柄长6~12 mm**。聚伞花序直径2~4 cm，果时可达8 cm，总花梗长0.6~2 cm，果期可达6 cm；第一级辐射枝5~7条，花通常生于第二级辐射枝上，有长2~3 mm的花梗；萼筒倒圆锥形，长约1 mm，萼齿宽三角形；花冠白色，辐状，直径约5 mm，裂片卵状圆形。**果实成熟时蓝黑色**，卵状圆形或圆形，长5~6 mm。花期6月，果期9月。

国内产于云南、西藏及四川，生于海拔1 900~3 200 m的山坡或山脊的疏、密林中或灌丛中。凉山州的西昌、盐源、雷波、木里、会东、普格、昭觉、宁南等县市有分布。本种种子含油，可供制肥皂用。

50.7.3b　毛枝荚蒾（亚种）*Viburnum atrocyaneum* subsp. *harryanum* (Rehd.) Hsu

别名：小叶毛枝荚蒾

幼枝密被灰褐色簇状短毛至完全无毛。叶椭圆状矩圆形、圆卵形或倒卵形，长0.8~6 cm；顶端钝至圆形或微凹缺而有小凸尖；边缘全缘或有不规则锯齿；叶柄长可达2 cm，无毛。果实长5 mm，直径4 mm。

中国特有，产于四川、贵州、云南及广西，生于海拔1 000~3 000 m的山坡上。凉山州的木里、越西、甘洛、喜德、美姑、布拖、普格等县有分布。

50.7.4 桦叶荚蒾 *Viburnum betulifolium* Batal.

别名：卵叶荚蒾、球花荚蒾、川滇荚蒾、阔叶荚蒾、湖北荚蒾、毛花荚蒾、腺叶荚蒾、北方荚蒾

落叶灌木或小乔木。**小枝无毛或初时稍有毛。**叶厚纸质或略带革质，**宽卵形至菱状卵形或宽倒卵形**，稀椭圆状矩圆形，长3.5~8.5（12）cm；顶端急短渐尖至渐尖，基部宽楔形至圆形；**边缘离基1/3以上具开展的不规则的浅波状牙齿；**下面中脉及侧脉被少数短伏毛；脉腋集聚簇状毛，**侧脉5~7对；**叶柄纤细，长1~3.5 cm。复伞形聚伞花序顶生或生于具1对叶的侧生短枝上，直径5~12 cm，通常被黄褐色簇状短毛，第一级辐射枝通常7条，花常生于第四级辐射枝上；萼筒疏被簇状短毛；花冠白色，辐状，无毛。果实红色，近圆形，长约6 mm。花期6—7月，果期9—10月。

中国特有，产于陕西、甘肃、四川、贵州、云南和西藏，生于海拔1 300~3 100 m的山谷林中或山坡灌丛中。凉山州各县市多有分布。本种茎皮纤维可用于制绳索及造纸。

50.7.5 聚花荚蒾 *Viburnum glomeratum* Maxim.

别名：丛花荚蒾、球花荚蒾

落叶灌木或小乔木。**当年小枝、芽、幼叶下面、叶柄及花序均被黄色或黄白色簇状毛。**叶纸质，常卵状椭圆形、卵形或宽卵形，长（3.5）6~10（15）cm；顶钝圆、尖或短渐尖，基部圆或略带斜微心形；边缘有牙齿；上面疏被簇状短毛，下面初时被由簇状毛组成的绒毛；**侧脉5~11对，与其分枝均直达齿端；**叶柄长1~2（3）cm。聚伞花序直径3~6 cm，总花梗长1~2.5（7）cm，第一级辐射枝（4）5~7（9）条；萼筒被白色簇状毛，与花冠筒等长或为其2倍；花冠白色，辐状，筒长约1.5 mm，裂片卵状圆形。果实红色，后变黑色。花期4—6月，果期7—9月。

国内产于陕西、甘肃、宁夏、河南、湖北、四川和云南，生于海拔1 100~3 200 m的山谷林中、灌丛中或草坡的阴湿处。凉山州的西昌、会理、盐源、雷波、木里、越西、喜德、美姑、布拖、普格等县市有分布。

50.7.6　密花荚蒾 *Viburnum congestum* Rehd.

别名：密生荚蒾

常绿灌木。幼枝、芽、叶下面、叶柄和花序均被由灰白色簇状毛组成的绒毛。叶革质，椭圆状卵形或椭圆形，稀椭圆状矩圆形，**长2~4（6）cm**；顶端钝或稍尖，基部圆形或狭窄；全缘；上面初时散生簇状毛；**侧脉3~4对**，近缘处互相网结，连同中脉上面略凹陷；叶柄长5~10 mm。聚伞花序小而密，直径2~5 cm，总花梗长0.5~2 cm；第一级辐射枝5条，**花生于第一至第二级辐射枝上，无梗**；萼筒筒状，长2~3 mm，萼齿极短；花冠白色，钟状漏斗形，径约6 mm，花冠筒长4~5 mm，裂片圆卵形，长约为花冠筒之半。**果实红色，圆形，直径5~6 mm**。花期1—9月。

中国特有，产于甘肃、四川、贵州及云南，生于海拔1 000~2 800 m的山谷中、山坡丛林中、林缘或灌丛中。凉山州的西昌、雷波、木里、甘洛、金阳、美姑、布拖、普格等县市有分布。

50.7.7　烟管荚蒾 *Viburnum utile* Hemsl.

别名：有用荚蒾、黑汉条

常绿灌木。叶下面、叶柄和花序均被由灰白色或黄白色簇状毛组成的细绒毛；当年小枝初被带黄褐色或带灰白色的绒毛。叶革质，卵圆状矩圆形，有时卵状圆形至卵圆状披针形，**长2~5（8.5）cm**；顶端圆至稍钝，有时微凹，基部圆形；边缘全缘或有少数不明显的疏浅齿；**上面或深绿色，有光泽且无毛**，或暗绿色，疏被簇状毛；**侧脉5~6对**，在下面稍隆起；叶柄长

5~10（15）mm。聚伞花序直径5~7 cm，总花梗粗壮，长1~3 cm；第一级辐射枝通常5条，花通常生于第二至第三级辐射枝上；萼筒筒状，萼齿长约0.5 mm；花冠白色，辐状，直径6~7 mm。**果实先红色，后变黑色，椭圆状矩圆形至椭圆形，长（6）7~8 mm。**花期3—4月，果期8月。

中国特有，产于陕西、湖北、湖南、四川及贵州，生于海拔500~1 800 m的山坡林缘或灌丛中。凉山州的西昌、会理、盐源、雷波、木里、甘洛、德昌、冕宁、布拖、昭觉等县市有分布。

50.7.8　短筒荚蒾 *Viburnum brevitubum* (Hsu) Hsu

别名：凹脉肉叶荚蒾

落叶灌木。叶纸质，椭圆状矩圆形至狭矩圆形，有时圆状椭圆形或近圆形，长3~7.5 cm；顶端渐尖或急尖，基部钝圆至近圆形；边缘离基1/3以上有浅锯齿；下面脉腋集聚簇状毛，中脉和侧脉上散生簇状短毛，侧脉约5对，连同中脉在下面略突起；叶柄长7~10 mm，初时疏被簇状柔毛。**圆锥花序生于具1对叶的小枝顶端，宽3~4 cm，**初时被少数簇状长柔毛和微毛，总花梗长（0.8）2~3.5 cm；**花大部分生于序轴的第二级分枝上，无梗；**萼筒筒状，长约3 mm，萼檐碟形，萼齿宽三角形；花冠白色且微红，花冠筒状钟形，筒长约4 mm，裂片宽卵形。果实红色。花期5—6月，果期7月。

中国特有，产于江西、湖北、四川及贵州，生于海拔1 300~3 250 m的山谷林中或林缘。凉山州的西昌、会理、盐源、雷波、昭觉等县市有分布。

50.7.9　红荚蒾 *Viburnum erubescens* Wall.

别名：滇缅荚蒾、紫药红荚蒾、小红荚蒾、细梗红荚蒾、墨脱荚蒾

落叶灌木或小乔木。叶纸质，椭圆形、矩圆状披针形至狭矩圆形，稀卵状心形或略带倒卵形，长6~11 cm；顶端渐尖、急尖、钝形或尾尖，基部楔形、钝形至圆形或心形；边缘除基部外具细锐锯齿；侧脉4~6对，在上面略凹陷，在下面突起。**圆锥花序生于具1对叶的短枝顶端，长（5）7.5~10 cm，通常下垂，**总花梗长2~6 cm；花生于序轴的第一至第三级分枝上；萼筒筒状，长2.5~3 mm，萼齿卵状三角形；**花冠白色或淡红色，高脚碟状，**花冠筒长5~6 mm，裂片开展。果实先紫红色，后变为黑色，椭圆形。花期4—6月，果期8月。

国内主产于西南地区，生于海拔1 500~3 000 m的针、阔叶混交林中。凉山州各县市多有分布。

50.7.10　少花荚蒾 *Viburnum oliganthum* Batal.

常绿灌木或小乔木。当年生小枝连同花序散生黄褐色的簇状微柔毛。**叶亚革质至革质，很少厚纸质，倒披针形至条状倒披针形或倒卵状矩圆形至矩圆形**，稀倒卵形，长5~10（13）cm；顶端急狭而渐尖至长渐尖，具长或短的尾突，基部楔形至钝形，稀近圆形；边缘离基部约1/3以上具疏浅锯齿；侧脉5~6对，**下面小脉不明显**；叶柄长5~15 mm。**圆锥花序顶生**，长2.5~4.5（10）cm，宽2~4 cm，总花梗长（1.2）2.5~7 cm；花生于序轴的第一至第二级分枝上；萼筒筒状倒圆锥形；花冠白色或淡红色，漏斗状，长6~8 mm，裂片宽卵形，长约为花冠筒的1/4。果实先红色，后变为黑色，宽椭圆形，长6~7 mm，直径4~5 mm。花期4—6月，果期6—8月。

中国特有，产于湖北、四川、贵州、云南及西藏，生于海拔1 000~2 200 m的丛林中、溪涧旁灌丛中及岩石上。凉山州的西昌、雷波、越西、甘洛、喜德、宁南、德昌、美姑、布拖、普格等县市有分布。

50.7.11　宜昌荚蒾 *Viburnum erosum* Thunb.

别名：野绣球、糯米条子

落叶灌木。**当年生小枝连同芽、叶柄和花序均密被簇状短毛和长柔毛**。叶纸质，形状变化很大，卵状披针形、卵状矩圆形、狭卵形、椭圆形或倒卵形，长3~11 cm；顶端尖、渐尖或急渐尖，基部圆形、宽楔形或微心形；边缘有波状小尖齿；上面无毛或有毛，**下面密被由簇状毛组成的绒毛**；侧脉

7~10（14）对，直达齿端。复伞形聚伞花序生于具1对叶的侧生短枝顶端，直径2~4 cm，总花梗长1~2.5 cm，第一级辐射枝通常5条，花生于第二至第三级辐射枝上，**常有长梗**；萼筒被绒毛状簇状短毛；花冠白色，辐状。果实红色，宽卵状圆形，长6~7（9）mm。花期4—5月，果期8—10月。

　　国内分布广泛，生于海拔300~2 300 m的山坡林下或灌丛中。凉山州的西昌、雷波、甘洛、喜德、宁南、金阳、美姑、布拖、昭觉等县市有分布。本种种子含油约40％，可供制肥皂和润滑油；茎皮纤维可供制绳索及造纸；枝条可供编织用。

50.7.12　显脉荚蒾 *Viburnum nervosum* Hook. & Arn.

别名：心叶荚蒾

落叶灌木或小乔木。幼枝、叶下面的中脉和侧脉上、叶柄和花序均疏被鳞片状或糠秕状簇状毛。叶纸质，卵形至宽卵形，稀矩圆状卵形，长9~18 cm；顶端渐尖，**基部心形或圆形；边缘常有不整齐的钝或圆的锯齿**，很少为尖锯齿；上面无毛或近无毛，下面常略被簇状毛；侧脉8~10对，**在上面凹陷，在下面突起，小脉横列**；叶柄粗壮，长2~5.5 cm。聚伞花序与叶同时开放，直径5~15 cm，无大型的不孕花，连同萼筒均有红褐色小腺体；第一级辐射枝5~7条，花生于第二至第三级辐射枝上；萼筒无毛；花冠白色或带微红，辐状。果实先红色后变黑色，卵状圆形，长约8 mm，直径6~7 mm。花期4—6月，果期9—10月。

　　国内产于湖南、广西、四川、云南及西藏，生于海拔1 800~4 500 m的山顶或山坡的林中和林缘灌丛中，冷杉林下常见。凉山州的西昌、会理、雷波、木里、越西、甘洛、宁南、金阳、冕宁、会东、美姑、布拖、普格、昭觉等县市有分布。

50.7.13　水红木 *Viburnum cylindricum* Buch.–Ham. ex D. Don

常绿灌木或小乔木。**枝带红色或灰褐色**，小枝无毛或初时被簇状短毛。**叶革质**，椭圆形至矩圆形或卵状矩圆形，长8~16（24）cm；顶端渐尖或急渐尖，基部渐狭至圆形；**边缘全缘或中上部疏生少数钝或尖的不整齐的浅齿**，通常无毛，**摩擦叶面常呈灰色**，下面近基部两侧各有1至数个腺体；侧脉3~5（18）对；叶柄长1~3.5（5）cm。聚伞花序伞形式，顶圆形，直径4~10（18）cm，总花梗长1~6 cm；第一级辐射枝通常7条，花通常生于第三级辐射枝上；萼筒卵状圆形或倒圆锥形；**花冠白色或有红晕，钟状**。果实先红色后变为蓝黑色，卵状圆形，长约5 mm。花期6—10月，果期10—12月。

国内分布广泛，生于海拔500~3 300 m的阳坡疏林或灌丛中。凉山州各县市多有分布。本种的叶、树皮、花和根可供药用；树皮和果实可提制栲胶；种子含油35%，可制肥皂；云南民间用种子油点灯。

50.7.14　皱叶荚蒾 *Viburnum rhytidophyllum* Hemsl.

别名：枇杷叶荚蒾

常绿灌木或小乔木。幼枝、芽、叶下面、叶柄及花序均被由黄白色、黄褐色或红褐色簇状毛组成的厚绒毛；当年生小枝粗壮。**叶革质，卵状矩圆形至卵状披针形，长8~18（25）cm**；顶端稍尖或略钝，基部圆形或微心形；边缘全缘或有不明显小齿；**各脉在上面深凹陷而呈极度皱纹状，下面有突起网纹**；侧脉6~8（12）对，近缘处互相网结；**叶柄粗壮**。聚伞花序稠密，直径7~12 cm，总花梗粗壮，长1.5~4（7）cm；第一级辐射枝通常7条，粗壮，花生于第三级辐射枝上，无梗；萼筒被由黄白色簇状毛组成的绒毛；花冠白色，辐状，直径5~7 mm，几乎无毛。果实先红色，后变黑色，宽椭圆形，长6~8 mm，无毛。花期4—5月，果期9—10月。

中国特有，产于陕西、湖北、四川及贵州，生于海拔800~2 400 m的山坡林下或灌丛中。凉山州的雷波、越西、甘洛、冕宁等县有分布。本种茎皮纤维可作麻及制绳索；欧洲常栽培供观赏。

50.7.15　短序荚蒾 *Viburnum brachybotryum* Hemsl.

别名：短球荚蒾、球花荚蒾

常绿灌木或小乔木。幼枝、芽、花序、萼、花冠外面、苞片和小苞片均被黄褐色簇状毛。**叶革质，倒卵形、倒卵状矩圆形或矩圆形，长7~20 cm**；顶端渐尖或急渐尖，基部宽楔形至近圆形；**边缘自基部1/3以上疏生尖锯齿**，有时近全缘；上面深绿色，有光泽，下面散生黄褐色簇状毛或近无毛；侧脉5~7对，弧形，近缘前互相网结；叶柄长1~3 cm。圆锥花序通常尖形，顶生或有一部分生于腋出短枝上，呈假腋生状，长5~11（22）cm，宽2.5~8.5（15）cm；花生于序轴的第二至第三级分枝上，无梗或有短梗；花冠白色，辐状，直径4~5（6）mm，花冠筒极短。果实鲜红色，卵状圆形，长约1 cm，常有毛。花期1—3月，果期7—8月。

中国特有，产于江西、湖北、湖南、广西、四川、贵州及云南东南部至西南部，生于海拔600~1 900 m的山谷密林或山坡灌丛中。凉山州的雷波、美姑等县有分布。

50.7.16　茶荚蒾 *Viburnum setigerum* Hance

别名：饭汤子、沟核茶荚蒾

落叶灌木。当年生小枝浅灰黄色，略有棱角，无毛。叶纸质，卵状矩圆形至卵状披针形，稀卵形或椭圆状卵形，长7~12（15）cm；顶端渐尖，基部圆形；**边缘除基部外疏生尖锯齿；侧脉6~8对，笔直且近并行，伸至齿端，侧脉在上面略凹陷，在下面显著突起**；叶柄长1~1.5（2.5）cm。复伞形聚伞花序，

无毛或稍被长伏毛，有极小的红褐色腺点，直径2.5~4（5）cm，常弯垂，总花梗长1~2.5（3.5）cm；第一级辐射枝通常5条，花生于第三级辐射枝上，有梗或无梗；萼筒无毛和腺点；花冠白色，辐状，直径4~6 mm。果序弯垂；果实红色，卵状圆形，长9~11 mm。花期4—5月，果期9—10月。

国内分布广泛，生于海拔200~2 000 m的山谷溪涧旁的疏林中或山坡灌丛中。凉山州的雷波、越西、甘洛、美姑等县有分布。

50.7.17　金腺荚蒾 *Viburnum chunii* Hsu

别名：毛枝金腺荚蒾

常绿灌木。**幼枝、叶柄和花序均密被黄褐鱼短伏毛。叶厚纸质至薄革质，卵状菱形至菱形或椭圆状矩圆形，长5~7（11）cm；顶端尾状渐尖，基部楔形；边缘通常中部以上有3~5对疏锯齿；上面常散生金黄色及暗色腺点，下面腺点较密；侧脉3~5对**，在下面略突起，其近缘前内弯而互相网结，**最下一对侧脉有时伸长至叶中部以上而呈离基3出脉状；叶柄长4~8 mm。复伞形聚伞花序顶生**，直径1.5~2 cm，总花梗长5~18 mm；花生于第一级辐射枝上，有短梗；萼筒钟状，无毛；花冠花蕾时带红色。果实红色，圆形，直径（7）8~9（10）mm。花期5月，果期10—11月。

中国特有，产于安徽、浙江、江西、广东、贵州、四川等多地，生于海拔140~1 900 m的山谷密林中或疏林下的荫蔽处及灌丛中。凉山州雷波县有分布。

50.7.18　甘肃荚蒾 *Viburnum kansuense* Batal.

别名：甘肃琼花

落叶灌木。叶纸质，宽卵形至矩圆状卵形或倒卵形，长3~5（8）cm，3深裂或左右裂片再2裂而呈5裂，稀浅裂，掌状3~5出脉，基部截形至近心形或宽楔形，中裂片最大，顶端渐尖或锐尖，各裂片均具不规则粗牙齿，齿顶微突尖；叶柄长1~2.5（4.5）cm，无毛。复伞形聚伞花序直径2~4 cm，总花梗长2.5~3.5 cm，第一级辐射枝5~7条，花生于第二至第三级辐射枝上；萼筒紫红色，无毛；**花冠淡红色**，辐

状，直径约6 mm，裂片近圆形，基部狭窄，长、宽各约2.5 mm，稍长于花冠筒，边缘稍啮蚀状。果实红色，椭圆形或近圆形，长8~10（12）mm，直径7~8 mm。花期6—7月，果期9—10月。

中国特有，产于陕西、甘肃、四川、云南及西藏，生于海拔2 400~3 600 m的冷杉林下或杂木林中。凉山州的盐源、雷波、木里、越西、甘洛、冕宁、美姑等县有分布。本种的茎皮纤维可制绳索和造纸。

50.7.19　三叶荚蒾 *Viburnum ternatum* Rehd.

别名：三出叶荚蒾

落叶灌木或小乔木。叶3片轮生，在较细弱枝上对生。叶皮纸质，卵状椭圆形、椭圆形至矩圆状倒卵形，有时倒卵状披针形，长8~24 cm；顶端尖或短渐尖，基部楔形；边缘全缘，有时顶端具少数大牙齿；上面初时疏被叉状短伏毛，中脉上毛较密，下面仅中脉及侧脉上被簇状、叉状或简单的毛；侧脉6~7对，弧形，在下面明显突起；叶柄纤细，长2~6 cm，被簇状短毛。复伞形聚伞花序松散，直径12~14（18）cm，无或几乎无总花梗；第一级辐射枝5~7（10）条，花生于第二至第六级辐射枝上，无梗或有短梗；萼筒倒圆锥形；花冠白色，辐状。果实红色，宽椭圆状矩圆形，长约7 mm，直径约5 mm。花期6—7月，果期9月。

中国特有，产于湖北、湖南、四川、贵州及云南，生于海拔600~1 400 m的山谷内、山坡丛林中或灌丛中。凉山州的雷波等县有分布。

50.7.20　珊瑚树 *Viburnum odoratissimum* Ker–Gawl.

常绿灌木或小乔木。枝灰色或灰褐色，有突起的小瘤状皮孔，无毛或稍被褐色簇状毛。叶革质，椭圆形至矩圆形或矩圆状倒卵形至倒卵形，有时近圆形，长7~20 cm；顶端短尖至渐尖，具钝头，有时钝形至近圆形，基部宽楔形，稀圆形；边缘上部有不规则的浅波状锯齿或近全缘；上面深绿色，有光泽；侧脉5~6对。圆锥花序顶生或生于侧生短枝上，宽尖塔形，长（3.5）6~13.5 cm，总花梗可长达

10 cm，扁；花通常生于序轴的第二至第三级分枝上；萼筒筒状钟形，萼檐碟状；花冠先白色，后变黄白色。果实先红色后变黑色，卵状圆形或卵状椭圆形，长约8 mm。花期4—5月（有时不定期开花），果期7—9月。

国内产于福建、湖南、广东、海南和广西，生于海拔200~1 300 m的山谷密林中、溪涧旁荫蔽处、疏林中的向阳地上或平地灌丛中。凉山州的西昌、会理、越西、普格、昭觉等县市有栽培。本种为常见的绿化栽培树种；其木材可供细工的原料；根和叶可入药，广东民间将其鲜叶捣烂外敷以治跌打肿痛和骨折。

51　菊科 Asteraceae

51.1　紫菀属 *Aster* L.

51.1.1　小舌紫菀 *Aster albescens* (DC.) Hand.–Mazz.

灌木。当年生枝黄褐色，有时具灰白色短柔毛和具柄腺毛。叶卵状圆形、椭圆形、长圆形或披针形，长3~17 cm，宽1~3（7）cm；基部楔形或近圆形，边缘全缘或有浅齿，顶端尖或渐尖；上部叶小，略披针形；全部叶近纸质。**头状花序径5~7 mm，多数在茎和枝端排列成复伞房状**；花序梗长5~10 mm，有钻形苞叶。总苞倒锥状；总苞片3~4层，被疏柔毛或绒毛，或近无毛。**舌状花15~30朵，**

管部长2.5 mm，**舌片白色、浅红色或紫红色，长4~5 mm；管状花黄色**，长4.5~5.5 mm，管部长2 mm，裂片长0.5 mm，常有腺。瘦果长圆形，长1.7~2.5 mm，宽0.5 mm，有4~6条纵肋，被白色短绢毛。花期6—9月，果期8—10月。

国内产于西藏、云南、贵州、四川、湖北、甘肃及陕西，生于海拔500~4 100 m的低山至高山林下及灌丛中。凉山州的西昌、雷波、木里、越西、甘洛、喜德、冕宁、会东、美姑、布拖、普格等县市有分布。

51.1.2　线叶紫菀 *Aster lavandulifolius* Hand.–Mazz.

灌木。当年生枝纤细，被白色短绒毛。**叶狭线形，长2~4 cm，稀5 cm，宽0.1~0.2 cm，稀0.5 cm；**基部渐狭，无柄，顶端尖或极尖；边缘全缘，反卷；上部叶较小；全部叶草质，下面除中脉外被灰白色的或白色绒毛。头状花序径约8 mm，多少密集成伞房状或3~5个生于枝端；花序长2~6 mm，有钻形苞叶。总苞近钟状或倒锥状，长5~6 mm；总苞片4~5层，呈覆瓦状排列。舌状花约10朵，管部长约2 mm；舌片白色，长约4 mm，宽0.5~0.7 mm；管状花黄色，长4 mm，管部长1.5 mm，上部有微毛，裂片长1.5 mm。瘦果圆柱形，长达2 mm，有多数纵肋，被密绢毛。花期6—8月，果期8—9月。

中国特有，产于四川及云南，生于海拔2 000~2 900 m的亚高山石砾坡地上或溪岸。凉山州的木里等县有分布。

51.2　枹菊木属 *Nouelia* Franch.

枹菊木 *Nouelia insignis* Franch.

灌木或小乔木。叶片厚纸质，长圆形或近椭圆形，长8~19 cm，顶端短尖或钝，中脉延伸成一短硬尖头，基部钝、圆；边缘全缘或有疏离的胼胝体状小齿；下面薄被灰白色绒毛；侧脉7~8对，弧形上升，在离缘处弯拱连接。**头状花序直立，单生于枝顶，**无梗，舌片展开时直径可达5 cm；总苞钟形，总苞片多层，**革质，呈覆瓦状排列，卵状披针形至披针形。**花全部两性，白色；缘花花冠二唇形，外唇舌状，舌片开展，长圆形；盘花花冠管状或为不明显二唇形，檐部5裂。瘦果圆柱形，长12~14 mm，有纵棱，被倒伏的绢毛。冠毛1层，微白色或黄白色，刚毛状，长约15 mm。花期3—4月。

　　中国特有，为易危物种，产于四川、云南，生于海拔1 000~2 500 m的山区灌丛中。凉山州的西昌、会理、盐源、雷波、木里、喜德、宁南、德昌、金阳、冕宁、会东、美姑、布拖、普格、昭觉等县市有分布。

51.3　帚菊属 *Pertya* Sch. Bip.

异叶帚菊 *Pertya berberidoides* (Hand.–Mazz.) Y. C. Tseng

　　灌木，高0.5~1.5 m。枝多而细，质硬，直展时呈帚状。长枝上的叶互生，扁平，卵形或卵状披针形，长5~8 mm。**短枝上的叶4~6片簇生，二型，均无柄，扁平者为长圆形至匙状长圆形**，长4~9 mm，宽1~1.7 mm，顶端钝或圆，基部略狭，全缘，略反卷，叶脉1条，在上面明显凹入，无侧脉及网脉；**圆柱形或锥状的叶长2~5 mm，边缘强反卷而与背面几乎相连接**。头状花序无梗，多数，单生于簇生叶丛中或小枝之顶，花期时直径7~10 mm，**具花5~6朵；总苞圆筒形**，基部稍狭，直径约6 mm；**总苞片6~7层**，被缘毛，外面数层小，卵形，最内层披针形。花全部两性；花冠管状，长11~13 mm，5深裂，裂片长圆状披针形。瘦果圆柱形，长约6 mm，直径仅1 mm，密被白色倒伏的长柔毛。花期6—9月。

　　中国特有，产于四川、云南、西藏，生于海拔2 400~3 200 m的山坡上或半干旱河谷的灌丛中。凉

山州的木里等县有分布。

51.4　斑鸠菊属 *Strobocalyx* (Blume ex DC.) Spach

斑鸠菊 *Strobocalyx esculenta* (Hemsley) H. Robinson et al.

别名：鸡菊花大藤菊、火烧叶、火炭叶、火烫叶、火炭树

灌木或小乔木。枝被灰色或灰褐色绒毛。**叶硬纸质，长圆状披针形或披针形**，长10~23 cm，宽3~8 cm，顶端尖或渐尖，基部楔尖；边缘具有小尖的细齿，波状或全缘；侧脉9~13对；两面均有亮腺点。**头状花序多数**，径2~4 mm，具5~6朵花，在枝端或上部叶腋排列成密的或较密的宽圆锥花序；**总苞倒锥状，总苞片革质**，约4层，卵状、卵状长圆形或长圆形。**花淡紫红色；花冠管状**，长约7 mm，具腺，向上部稍扩大；裂片线状披针形，顶端外面具腺。瘦果淡黄褐色，近圆柱状，长3 mm。花期7—12月。

中国特有，产于四川、云南、贵州，生于海拔1 000~2 700 m的山坡阳处、草坡灌丛中、山谷疏林中或林缘。凉山州的西昌、会理、盐源、雷波、木里、喜德、宁南、德昌、金阳、冕宁、会东、美姑、布拖、普格、昭觉等县市有分布。本种的叶可药用，可治烫火伤。

52　白花丹科 Plumbaginaceae

蓝雪花属 *Ceratostigma* Bunge

小蓝雪花 *Ceratostigma minus* Stapf ex Prain

别名：小角柱花、蓝花岩陀、九结莲、紫金标、拉萨小蓝雪花

落叶灌木。新枝密被白色或黄白色长硬毛而呈灰毛、灰褐色，罕为淡黄褐色。**叶倒卵形、匙形或近菱形**，长2~3 cm，宽（6）8~16 mm，先端钝或圆，偶急尖或具短尖，基部渐狭或略骤狭而后渐狭成柄。花序顶生和侧生；顶生花序含（5）7~13（16）朵花，侧生花序基部常无叶，多为单花或含2~9朵花；花冠长15~17（19）mm，**花冠筒部紫色；花冠裂片蓝色**，长6~7 mm，宽4~5 mm，**近心状倒三角**

形，先端凹缺处伸出一个丝状短尖。蒴果卵形，带绿黄色，长达6.5 mm。花期7—10月，果期7—11月。

　　我国特有，产于四川、西藏、云南、甘肃，生于干热河谷的岩壁和砾石上或砂质地上，多见于山麓、路边、河边向阳处。凉山州的木里等县有分布。本种的地下部分可治疗风湿跌打、腰腿疼痛、月经不调等症。

53　紫草科 Boraginaceae

53.1　厚壳树属 *Ehretia* L.

53.1.1　粗糠树 *Ehretia dicksonii* Hance

　　落叶乔木。小枝淡褐色，被柔毛。叶宽椭圆形、椭圆形、卵形或倒卵形，长8~25 cm，宽5~15 cm，先端尖，**基部宽楔形或近圆形**；边缘具开展的锯齿；**上面密生具基盘的短硬毛，极粗糙**，下面密生短柔毛。聚伞花序顶生，花序呈伞房状或圆锥状，宽6~9 cm；花萼长3.5~4.5 mm，裂至近中部，裂片卵形或长圆形，具柔毛；**花冠筒状钟形，白色至淡黄色**，芳香，长8~10 mm，基部直径2 mm，喉部直径6~7 mm，裂片长圆形，长3~4 mm，比筒部短。核果黄色，近球形，直径10~15 mm。花期3—5月，果期6—7月。

国内分布广泛，生于海拔125~2 300 m的山坡疏林中及土质肥沃的山脚阴湿处。凉山州各县市多有分布。

53.1.2　西南粗糠树 *Ehretia corylifolia* C. H. Wright

别名：滇厚朴

乔木。花序和小枝密生短柔毛。叶卵形或椭圆形，长6~14 cm，宽4~8 cm，先端尖，**基部通常心形**；边缘有开展的钝锯齿；**上面被柔毛或稀疏伏毛**，下面密生短绒毛。聚伞花序生于小枝顶端，呈圆锥状；花梗短或无；花萼长2~3 mm，裂至近中部，裂片长圆形或披针形，具短柔毛；**花冠筒状钟形，白色**，芳香，长6~9 mm，裂片长圆形或近圆形，长2.5~3.5 mm，其明显比筒部短，外面被短柔毛。核果红色、黄色或橘红色；核长约7 mm，椭圆形或近球形。花期5月，果期6—7月。

中国特有，产于云南、四川及贵州，生于海拔1 500~3 000 m的山谷疏林中、山坡灌丛中、干燥路边及湿润的砂质坡地上。凉山州各县市多有分布。

53.2　基及树属 *Carmona* Cav.

基及树 *Carmona microphylla* (lam.) G. Don

别名：福建茶

灌木。叶革质，倒卵形或匙形，长1.5~3.5 cm，宽1~2 cm，先端圆形或截形，具粗圆齿，基部渐

狭成短柄；**上面有短硬毛或斑点。花生于叶腋，通常2~6朵集为疏松的团伞花序**，花序宽5~15 mm；花序梗细弱，长1~1.5 cm，被毛；花梗极短；花萼长4~6 mm，裂至近基部，裂片线形或线状倒披针形，宽0.5~0.8 mm，中部以下渐狭，被开展的短硬毛，内面有稠密的伏毛；**花冠钟状，白色**或稍带红色，长4~6 mm，裂片长圆形，伸展，较筒部长；花丝长3~4 mm，着生于花冠筒近基部，花药长圆形，长1.5~1.8 mm，伸出；花柱长4~6 mm，无毛。核果直径3~4 mm；内果皮圆球形，具网纹，直径2~3 mm，先端有短喙。

国内产于广东、海南及台湾，生于低海拔的平原、丘陵及空旷灌丛处。凉山州的德昌等县有栽培。本种适于制作盆景。

54　茄科 Solanaceae

54.1　鸳鸯茉莉属 *Brunfelsia* L.

鸳鸯茉莉 *Brunfelsia brasiliensis* (Spreng.) L. B. Sm. & Downs

别名：二色茉莉、番茉莉、双色茉莉

常绿小灌木。分枝力强，灌丛浑圆，幼枝上有长刺，茎皮灰白色。单叶互生，叶矩圆形或椭圆状矩形，先端渐尖，全缘，具短柄，叶上面草绿色，质薄无光泽。**花单生或数朵组成聚伞花序，高脚碟状，花被呈5瓣半圆形浅裂，直径3~4 cm**；花鲜艳美丽，初开时淡紫色，随后变成淡雪青色，再后变成白色；花萼呈筒状；雄蕊4枚，两两对生在花冠中心的小孔上。果为浆果，多肉多汁，但常早落。花期4—9月，春季花多而芳香，秋季开花较少。

原产巴西，在热带地区广为栽培。凉山州的西昌、德昌、美姑等县市有栽培。鸳鸯茉莉花朵芳香，白色与紫红色或淡红色的双色花同时绽放于枝头，为优良观赏植物。

54.2　夜香树属 *Cestrum* L.

夜香树 *Cestrum nocturnum* L.

别名：夜来香、夜丁香、夜香木、洋素馨

直立或近攀缘状灌木。**枝条细长而下垂。**叶柄长8~20 mm；**叶片矩圆状卵形或矩圆状披针形，长**

6~15 cm，宽2~4.5 cm；全缘；顶端渐尖，基部近圆形或宽楔形；两面秃净而发亮；有6~7对侧脉。**伞房式聚伞花序，腋生或顶生**，长7~10 cm，有极多朵花；花绿白色至黄绿色，晚间极香。花萼钟状，长约3 mm，5浅裂，裂片长约为筒部的1/4；**花冠高脚碟状，长约2 cm，筒部伸长，下部极细**，向上渐扩大，喉部稍缢缩，花冠裂片5片，直立或稍开张，卵形，急尖，长约为筒部的1/4。浆果矩圆状，长6~7 mm，直径约4 mm。

原产南美洲，现广泛栽培于世界的热带地区。凉山州的西昌、会理、德昌、会东、美姑等县市有栽培。本种枝繁叶茂、花期长且花的香气浓郁，为优良观赏植物。

54.3 红丝线属 *Lycianthes* (Dunal) Hassl.

54.3.1 红丝线 *Lycianthes biflora* (Loureiro) Bitter

别名：野花毛辣角、血见愁、野灯笼花、衫钮子、十萼茄、双花红丝线

灌木或亚灌木。小枝、叶下面、叶柄、花梗及花萼的外面密被淡黄色的单毛及1~2次分枝或树枝状分枝的绒毛。**上部叶常假双生，大小不相等**。大叶片椭圆状卵形，长9~15 cm；小叶片宽卵形，长2.5~4 cm；两种叶均膜质，全缘。花序无梗，通常2~3朵生于叶腋内；**花萼杯状，长约3 mm，萼齿10个，钻状线形**；花冠淡紫色或白色，星形，直径10~12 mm，顶端深5裂，花冠裂片披针形，长约6 mm；花冠筒隐于花萼内。**浆果球形，直径6~8 mm，成熟果绯红色**，宿存萼片盘形，萼齿长4~5 mm。花期5—8月，果期7—11月。

国内产于云南、四川、广西、广东、江西、福建、台湾，生于海拔100~2 300 m的荒野阴湿地上、林下、路旁、水边及山谷中。凉山州的会理、雷波、甘洛等县市有分布。

54.3.2　蓝花茄 *Lycianthes rantonnetii* Bitter

小灌木。单叶互生，叶全缘，顶端钝，基部渐狭，有叶柄。花枝细弱；花丛生，合瓣花，5裂，盛开时完全平展；花不具香味；花紫色，中心为黄色雄蕊，有数条放射状深紫色的棱线。花期全年。

原产南美洲。凉山州西昌市有栽培。蓝花茄为优良的的花园植物，它四季开花，具有很高的观赏价值。

54.4　枸杞属 *Lycium* L.

54.4.1　枸杞 *Lycium chinense* Miller

别名：狗奶子、狗牙根、狗牙子、牛右力、红珠仔刺、枸杞菜

多分枝灌木。**枝条细弱，弓状弯曲或俯垂，棘刺长0.5~2 cm**。叶纸质，**单叶互生或2~4片簇生**。叶卵形、卵状菱形、长椭圆形、卵状披针形，顶端急尖，基部楔形，长1.5~5（10）cm，宽0.5~2.5（4）cm。花在长枝上单生或双生于叶腋处，在短枝上则同叶簇生。花萼通常3中裂或4~5齿裂；**花冠漏斗状，长9~12 mm，淡紫色**，筒部向上骤然扩大，稍短于或近等于檐部裂片，5深裂，裂片卵形，平展或稍向外反曲。**浆果红色，卵状、长矩圆状或长椭圆状，顶端尖或钝，长7~15（22）mm**。花果期6—11月。

国内分布广泛，常生于山坡上、荒地上、丘陵地上、盐碱地上、路旁及村边宅旁。凉山州的西昌、会理、盐源、甘洛、喜德、美姑、冕宁等县市有栽培。本种果实的药用功能与宁夏枸杞同；根皮（中药称其为地骨皮），有解热止咳之功效；嫩叶可作蔬菜。本种耐干旱，可生长在沙地上，因此可作为水土保持的灌木。

54.4.2 黑果枸杞 *Lycium ruthenicum* Murray

多棘刺灌木。分枝斜伸或横卧于地面，白色或灰白色，坚硬，常呈"之"字形曲折；小枝顶端呈棘刺状，节上有长0.3~1.5 cm的短棘刺。叶2~6片簇生于短枝上，在幼枝上则单叶互生，叶肥厚肉质，近无柄，**条形、条状披针形或条状倒披针形**，有时呈狭披针形，长0.5~3 cm，宽2~7 mm。花1~2朵生于短枝上；花萼狭钟状，长4~5 mm，具不规则2~4浅裂；花冠漏斗状，浅紫色或淡黄色，长约1.2 cm，筒部向檐部稍扩大，5浅裂。**浆果紫黑色，球状**，直径4~9 mm。花果期5—10月。

国内分布于陕西、宁夏、甘肃、青海、新疆和西藏。本种耐干旱，常生于盐碱土荒地上、沙地上或路旁。凉山州西昌市有栽培。本种可作为用于水土保持的灌木。

54.5 茄属 *Solanum* L.

54.5.1 假烟叶树 *Solanum erianthum* D. Don

别名：野烟叶、毛叶、洗碗叶、天蓬草、臭枇杷、大毛叶、臭屎花、土烟叶

小乔木。小枝密被白色具柄的头状簇绒毛。**叶大而厚，卵状长圆形，长10~29 cm，宽4~12 cm；**先端短渐尖，基部阔楔形或钝；两面被分枝的簇绒毛；边缘全缘或略呈波状。**聚伞花序多花，形成近顶生圆锥状平顶花序**，总花梗长3~10 cm，花梗长3~5 mm，均密被与叶下面相似的毛被。花白色，直径约1.5 cm；萼钟形；花冠筒隐于花萼内，长约2 mm，冠檐深5裂。浆果球状，具宿存花萼，直径约1.2 cm，黄褐色，初时被星状簇绒毛，后渐脱落。几乎全年开花结果。

国内产于四川、贵州、云南、广西、广东、福建及台湾等地，常见于海拔300~2 100 m的荒山上、

荒地灌丛中。凉山州的西昌、会理、盐源、雷波、木里、宁南、德昌、金阳、冕宁、会东、美姑、布拖、普格等县市有分布。本种根皮可入药，性温、味苦、有毒，有消炎解毒、祛风散表之功效，可以敷疮毒，洗癣疥。

54.5.2 刺天茄 *Solanum violaceum* Ortega

别名：颠茄

多枝灌木。**小枝密被尘土色的逐渐脱落的星状绒毛及基部宽扁的淡黄色钩刺**。叶卵形，长5~11 cm，宽2.5~8.5 cm；先端钝，基部心形、截形或不相等，边缘具5~7深裂或波状浅圆裂，裂片边缘有时又具波状浅裂；两面被星状长绒毛；两面上的中脉及侧脉常具钻形皮刺。**蝎尾状花序腋外生，花梗密被星状绒毛及钻形细直刺**；花通常蓝紫色，直径约2 cm；花冠先端深5裂。**浆果球形，光亮，成熟时橙红色，直径约1 cm**。全年开花结果。

国内产于四川、贵州、云南、广西、广东、福建、台湾，生于海拔180~1 700 m的林下、路边及荒地上，有时在干燥灌丛中成片生长。凉山州各县市多有分布。本种的果实能治咳嗽及伤风，内服可用于治疗难产及牙痛，亦用于治疗发热、寄生虫及疝痛，外擦可治皮肤病；内服叶汁和新鲜姜汁可以止吐；叶、果和籽磨碎后可治癣疥。

54.5.3 珊瑚樱 *Solanum pseudocapsicum* L.

别名：吉庆果、冬珊瑚、洋海椒、刺石榴、玉珊瑚、珊瑚子、冬珊瑚、假樱桃、珊瑚豆

直立分枝小灌木。**全株无毛**。叶互生，狭长圆形至披针形，长1~6 cm，宽0.5~1.5 cm；先端尖或钝，基部狭楔形，下延成叶柄；边缘全缘或波状；侧脉6~7对；叶柄长2~5 mm，与叶片没有截然分开。**花常单生，为腋外生或近对叶生**；花小，白色，直径0.8~1 cm；花萼绿色，5裂，裂片长约1.5 mm；花冠筒隐于萼内，冠檐长约5 mm，裂片5片，卵形，长约3.5 mm。**浆果橙红色，直径1~1.5 cm，花萼宿存**，果梗长约1 cm，顶端膨大。花期初夏，果期秋末。

原产南美洲。凉山州的西昌、会理、雷波、喜德、德昌、冕宁、昭觉、普格等县市有栽培或逸为野生。本种可作观赏植物。

54.6　木曼陀罗属 *Brugmansia* Pers.

红花木曼陀罗 *Brugmansia sanguinea* (Ruiz et Pav.) D. Don

常绿性大灌木，株高2~4 m。单叶互生。叶片卵状披针形、卵形或椭圆形，顶端渐尖或急尖，基部楔形，不对称；边缘全缘、微波状或有不规则的缺齿，两面有柔毛；叶具长柄，叶柄长1~3 cm。单花腋生，下垂；花萼筒状，先端5裂；花冠喇叭状，粉红色或淡橙红色。本种果实为蒴果。

原产秘鲁，凉山州的西昌、冕宁等县市有栽培。本种可作园林观赏植物。

55　玄参科 Scrophulariaceae

来江藤属 *Brandisia* Hook. f. & Thomson

来江藤 *Brandisia hancei* Hook. f.

灌木。全体密被锈黄色星状绒毛。叶片卵状披针形，长3~10 cm，顶端锐尖头，基部近心脏形，全缘，很少具锯齿。花单生于叶腋，花梗中上部有1对披针形小苞片，均有毛；花萼宽钟形，长、宽均约1 cm，内面密生绢毛，具脉10条，5裂至1/3处；萼齿宽短；**花冠橙红色**，长约2 cm，外面有星状绒毛，**上唇宽大、2裂，裂片三角形，下唇3裂，裂片舌状**。蒴果卵状圆形，略扁平，有短喙，具星状毛。花期11月至次年2月，果期3—4月。

我国特有，产于华中、西南、华南地区，生于海拔500~2 600 m的林中及林缘。凉山州的西昌、木里、甘洛、德昌、会东、布拖等县市有分布。

56　紫葳科 Bignoniaceae

56.1　梓属 *Catalpa* Scop.

梓 *Catalpa ovata* G. Don

别名：梓树、木角豆、河楸、黄花楸、臭梧桐

乔木。叶对生或近于对生，有时轮生。**叶阔卵形，长、宽近相等，长约25 cm**；顶端渐尖，基部心形；边缘全缘或呈浅波状，**常具3浅裂**；叶片上面及下面均粗糙；侧脉4~6对，基部具掌状脉5~7条；叶柄长6~18 cm。顶生圆锥花序；花序梗被疏毛，长12~28 cm；花萼花蕾时圆球形，2唇开裂，长6~8 mm；**花冠钟状，淡黄色，内面具2条黄色条纹及紫色斑点**，长约2.5 cm，直径约2 cm。蒴果线形，下垂，长20~30 cm，粗5~7 mm。花期5—6月，果期9—11月。

国内产于长江流域及其以北地区，野生者已不可见。凉山州的甘洛、冕宁等县有栽培。本种木材白色，质地稍软，可做家具；嫩叶可食；叶或树皮可作土农药；果实（中药称其为梓实）可入药；种子有显著利尿作用，可作利尿剂，可治肾脏病、肾气膀胱炎、肝硬化、腹水；根皮亦可入药，可消肿毒，外用煎水洗浴可治疥疮。

56.2　蓝花楹属 *Jacaranda* Juss.

蓝花楹 *Jacaranda mimosifolia* D. Don

别名：蓝楹、含羞草叶楹、含羞草叶蓝花楹

落叶乔木。叶对生，**为2回羽状复叶，羽片通常在16对以上，每1羽片有小叶16~24对。**小叶椭圆状披针形至椭圆状菱形，长6~12 mm，宽2~7 mm；顶端急尖，基部楔形；全缘。**花蓝色，花序长达30 cm，直径约18 cm。**花萼筒状，长、宽约5 mm，萼齿5个。花冠筒细长，蓝色，下部微弯，上部膨大，长约18 cm，花冠裂片圆形。雄蕊4枚，花丝着生于花冠筒中部。**蒴果木质，扁卵状圆形，长、宽均约5 cm，中部较厚，不平展。**花期5—6月。

原产南美洲。凉山州的西昌、会理、盐源、雷波、甘洛、喜德、宁南、德昌、冕宁、会东、美姑、普格等县市有栽培。本种可栽培供庭园观赏；木材黄白色至灰色，质软而轻，纹理通直，容易加工，可作家具用材。

56.3　木蝴蝶属 *Oroxylum* Vent.

木蝴蝶 *Oroxylum indicum* (L.) Kurz

别名：毛鸦船、破故纸、千张纸、千层纸、玉蝴蝶

直立小乔木。**叶为大型奇数2~3（4）回羽状复叶，**长60~130 cm。小叶三角状卵形，长5~13 cm，宽3~10 cm。**总状聚伞花序顶生，**粗壮，长40~150 cm；花梗长3~7 cm；花大，紫红色。花萼钟状，紫色，膜质。**花冠肉质，长3~9 cm，**口部直径5.5~8 cm；檐部下唇3裂，上唇2裂，裂片微反折；花冠在傍晚开放，有恶臭气味。**蒴果木质，常悬垂于树梢，长40~120 cm，宽5~9 cm，厚约1 cm；2瓣开裂，果瓣具有中肋，边缘肋状突起。**花期5—7月，果期8—10月。

国内产于福建、台湾、广东、广西、四川、贵州及云南，生于海拔500~1 710 m的热带及亚热带的低丘河谷密林中以及公路边丛林中，本种常单株生长。凉山州的会理、德昌、会东等县市有分布。本种种子、树皮入药，可消炎镇痛，可治心气痛，肝气痛，支气管炎及胃、十二指肠溃疡。本种为速生树种，可选作干热河谷的造林树种。

56.4　风铃木属 *Handroanthus* Mattos

黄花风铃木 *Handroanthus chrysanthus* (Jacq.) S. O. Grose

别名：黄钟木、巴西风铃木、黄金风铃木

落叶或半常绿乔木，高4~6 m。树干直立，树冠圆伞形。掌状复叶对生，具小叶4~5片。小叶倒卵形，有疏锯齿，被褐色细绒毛。花冠漏斗形、风铃状，皱曲，花鲜黄色，颇为美丽。蒴果向下开裂，种子上有绒毛。花期2~4月。

原产美洲。凉山州的西昌、会东等县市栽培。黄花风铃木花色金黄明艳，花形如风铃，季相变化明显，是热带地区的优良观花树种，适于庭园、公园、住宅区、道路绿化，宜丛植、列植。

56.5　炮仗藤属 *Pyrostegia* C. Presl

炮仗藤 *Pyrostegia venusta* (Ker–Gawl.) Miers

别名：黄鳝藤、鞭炮花、炮仗花

木质藤本。小枝顶端**具3叉丝状卷须**。叶对生；**小叶2~3片**，卵形，顶端渐尖，基部近圆形，长

4~10 cm，宽3~5 cm，全缘。圆锥花序着生于侧枝的顶端，长10~12 cm。花萼钟状，有5小齿。**花冠筒状，内面中部有一毛环，基部收缩**，橙红色，裂片5片，裂片长椭圆形，花蕾时镊合状排列，花开放后反折，边缘被白色短柔毛。雄蕊着生于花冠筒中部，子房圆柱形，密被细柔毛，花柱细，柱头舌状扁平，花柱与花丝均伸出花冠筒外。果瓣革质，舟状，内有多列种子。花期长可达半年，通常在1—6月。

原产巴西，在亚洲的热带地区已广泛作为庭园观赏藤架植物栽培。凉山州各县市多有栽培。本种多植于庭园建筑物的四周，常攀缘于凉棚上，初夏时其橙红色的花朵累累成串，状如鞭炮，故有炮仗花之称。

56.6　泡桐属*Paulownia* Siebold & Zucc.

56.6.1　白花泡桐 *Paulownia fortunei* (Seem.) Hemsl.

别名：通心条、饭桐子、火筒木、华桐、大果泡桐、泡桐、白花桐

落叶乔木。叶片长卵状心脏形，**有时为卵状心脏形，长达20 cm**，顶端长渐尖或锐尖头，新枝上的叶有时2裂。**花序枝几乎无或仅有短侧枝**；花序几乎狭长成圆柱形，长约25 cm，小聚伞花序有花3~8朵，**总花梗几乎与花梗等长**，有时下部的总花梗长于花梗，上部的总花梗略短于花梗；花冠管状漏斗

形、白色，仅背面稍带紫色或浅紫色，长8~12 cm，**管部在基部以上逐渐向上扩大。**蒴果长圆形或长圆状椭圆形，长6~10 cm，顶端之喙长达6 mm；宿萼开展或呈漏斗状；果皮木质，厚3~6 mm。花期3—4月，果期7—8月。

国内分布广泛，常生于海拔2 000 m以下的山坡上、林中、山谷中及荒地上。凉山州的雷波、甘洛、喜德、宁南、德昌、金阳、会东、普格、昭觉等县市有分布或栽培。本种树干直，生长快，适应性较强，适宜在南方生长。

56.6.2　川泡桐 *Paulownia fargesii* Franch.

落叶乔木。叶片卵状圆形至卵状心脏形，长超20 cm；边缘全缘或呈浅波状；顶端长渐尖成锐尖头；叶柄长达11 cm。**花序枝侧枝的长可达主枝之半，花序为宽大圆锥形，长约1 m；小聚伞花序无总梗或近无梗，**有花3~5朵，花梗长不及1 cm；花冠近钟形，白色有紫色条纹至紫色，长5.5~7.5 cm，外面有短腺毛，内面常无紫斑，**花冠管在基部以上突然膨大，略弓曲。**蒴果椭圆形或卵状椭圆形，长3~4.5 cm，幼时被黏质腺毛；果皮较薄，有明显的横行细皱纹；宿萼贴伏于果基部或稍伸展。花期4—5月，果期8—9月。

国内产于湖北、湖南、四川、云南、贵州，生于海拔1 200~3 000 m的林中及坡地上。凉山州各县市有分布或栽培。本种木材常用于制作弦乐器；生长迅速，可作园林绿化树种。

57　爵床科 Acanthaceae

57.1　假杜鹃属 *Barleria* L.

假杜鹃 *Barleria cristata* L.

灌木。**长枝上叶片纸质，椭圆形、长椭圆形或卵形，长3~10 cm，**侧脉4~5（7）对；腋生短枝上的叶小，椭圆形或卵形，长2~4 cm，叶腋内通常着生2朵花。花在短枝上密集。花的苞片叶形，无梗，小苞片披针形或线形，长10~15 mm；外2片萼片卵形至披针形，长1.2~2 cm，**先端急尖，具刺尖，边缘有小点，齿端具刺尖，**内2片萼片线形或披针形，长6~7 mm。**花冠蓝紫色或白色，二唇形，**

通常长**3.5~7.5 cm**，花冠管圆筒状，喉部渐大，冠檐5裂，裂片近相等，呈长圆形。蒴果长圆形，长1.2~1.8 cm，两端急尖，无毛。花期11—12月。

国内产于台湾、海南、广西、四川、西藏等多地，生于海拔700~3 900 m的山坡上、路旁或疏林下阴处，也可生于干燥草坡上或岩石中。凉山州的会理、盐源、雷波、甘洛、金阳、冕宁、会东、美姑、布拖等县市有分布。本种可作观赏植物；全株可药用，有通筋活络、解毒消肿的功效。

57.2　鳔冠花属 *Cystacanthus* T. Anderson

57.2.1　金江鳔冠花 *Cystacanthus yangtsekiangensis* (H. Lév.) Rehd.

丛生灌木。**幼枝和花序上被密而细的微毛**。叶卵形，**长3.5 cm，宽1.5 cm**，（仅见花枝上的），顶端钝尖，基部楔形或宽楔形，全缘，被白粉，具10~12条脉。花萼5裂，仅基部连合，裂片线形，密被黄色微毛，长0.7~1 cm；总状花序偏向一侧，顶生和腋生，形成圆锥花序状；花蓝色或红色；花冠长2.5 cm，宽1.2~1.3 cm，钟形，下部花冠管短，宽0.5 cm，冠檐5裂，裂片宽三角形，一面膨胀和呈弓形，裂片极钝。

中国特有，产于云南金沙江边，生于海拔400~1 000 m处。凉山州的会东、雷波等县有发现，四川新记录。

57.2.2　鳔冠花 *Cystacanthus paniculatus* T. Anders.

别名：鳔刺草

灌木。**幼枝具翅。叶矩圆形至矩圆状披针形，长10~12 cm，宽2.5~4 cm；**顶端渐尖，基部下延至叶柄，叶柄长1~1.5 cm；边缘具浅波状圆齿；上面光滑，下面脉上有毛。圆锥花序顶生，紧缩似总状，长达18 cm，花序轴上密生柔毛和腺毛；苞片、小苞片与花萼密被腺毛；花萼裂片5片，宽披针形，长12~14 mm；花冠淡紫色，近钟状，**外面被腺毛**，内面光滑，长20~24 mm，**花冠管下部囊状**，冠檐5裂，裂片圆钝，近相等且稍开展。

国内产于云南，生于海拔300~2 100 m的灌丛中。凉山州的德昌、布拖、会东、雷波等县有发现，四川新记录。

58　马鞭草科 Verbenaceae

58.1　马缨丹属 *Lantana* L.

马缨丹 *Lantana camara* L.

别名：七变花、如意草、臭草、五彩花、五色梅

直立或蔓性灌木。**茎枝均呈四方形，通常有短且倒钩状的刺。**单叶对生，叶揉烂后有强烈的气味。叶片卵形至卵状长圆形，长3~8.5 cm；顶端急尖或渐尖，基部心形或楔形；边缘有钝齿；**上面有粗糙的皱纹和短柔毛，下面有小刚毛**；侧脉约5对；叶柄长约1 cm。**花密集成头状，顶生或腋生**，花序梗粗壮，长于叶柄；花萼管状，膜质，长约1.5 mm，顶端有极短的齿；**花冠黄色或橙黄色，开花后不久转为深红色**，花冠管长约1 cm，两面有细短毛，直径4~6 mm。果圆球形，直径约4 mm，成熟时紫黑色。全年开花。

　　原产美洲的热带地区，现在我国多省逸生后成为入侵物种，常生长于海拔80~1 800 m的海边沙滩和空旷地区。凉山州的西昌、甘洛、喜德、宁南、德昌、金阳、布拖、普格等县市有栽培或逸生。本种花美丽，常在庭园栽培供观赏，但由于是入侵物种不建议栽培；根、叶、花可药用，可治疟疾、肺结核、颈淋巴结核、腮腺炎、胃痛、风湿骨痛等。

58.2　假连翘属 *Duranta* L.

假连翘 *Duranta erecta* L.

　　灌木。**枝条有皮刺**。叶对生，少有轮生。叶片卵状椭圆形或卵状披针形，长2~6.5 cm，宽1.5~3.5 cm，纸质；顶端短尖或钝，基部楔形；边缘全缘或中部以上有锯齿，有柔毛；叶柄长约1 cm。**总状花序顶生或腋生，常排成圆锥状**；花萼管状，有毛，长约5 mm，5裂，有5条棱；**花冠通常蓝紫色**，长约8 mm，稍不整齐，5裂，裂片平展。**核果球形，无毛，有光泽，直径约5 mm，熟时红黄色。**花果期5—10月，在南方可为全年。

　　原产美洲的热带地区，我国南部常见栽培，常逸为野生。凉山州的西昌、会理、盐源、甘洛、宁南、德昌、会东、布拖、普格等县市有栽培。本种是一种很好的绿篱植物；广西用其根、叶止痛、止渴，福建用其果治疟疾和跌打胸痛，用其叶治痈肿初起和脚底挫伤瘀血或胀肿。

58.3 紫珠属 *Callicarpa* L.

58.3.1 红紫珠 *Callicarpa rubella* Lindl.

别名：狭叶红紫珠、沙药草、对节树、复生药、空壳树、钝齿红紫珠

灌木。小枝被黄褐色星状毛并杂有多细胞的腺毛。**叶片披针形、倒披针形、倒卵形或倒卵状椭圆形**，长10~21 cm，宽4~10 cm；顶端尾尖或渐尖，基部心形；边缘具细锯齿或粗齿；腹面稍被多细胞的单毛，背面被星状毛并杂有单毛和腺毛；主脉、侧脉和小脉在两面稍隆起；**叶柄极短或近于无柄。** 聚伞花序宽2~4 cm；花序梗长1~3 cm；花萼被星状毛或腺毛；花冠紫红色、黄绿色或白色，长约3 mm。果实紫红色，径约2 mm。花期5—7月。

国内产于浙江、广东、四川、云南等多省，生于海拔300~3 500 m的山坡、河谷的林中或灌丛中。凉山州的雷波、木里、德昌、美姑等县有分布。本种民间用根炖肉服，可通经和治妇女红、白带症；嫩芽可揉碎擦癣；叶可作止血、接骨药。

58.3.2 紫珠 *Callicarpa bodinieri* Lévl.

灌木。小枝、叶柄和花序均被粗糠状星状毛。**叶片卵状长椭圆形至椭圆形**，长7~18 cm，宽4~7 cm；顶端长渐尖至短尖，**基部楔形**；边缘有细锯齿；腹面有短柔毛，背面**密被星状柔毛，两面密生暗红色或红色的细粒状腺点**；叶柄长0.5~1 cm。**聚伞花序较松散**，宽3~4.5 cm，4~5次分枝，花序梗长不超过1 cm；花梗长约1 mm；花萼长约1 mm，外被星状毛和暗红色腺点，萼齿钝三角形；花冠紫色，长约3 mm，被星状柔毛和暗红色腺点。果实球形，熟时紫色，无毛，径约2 mm。花期6—7月，果期8—11月。

国内分布广泛，生于海拔200~2 300 m的林中、林缘及灌丛中。凉山州的喜德、金阳、冕宁、美姑、布拖、普格等县有分布。本种根或全株入药，能通经和血；治月经不调、虚劳、白带、产后血气痛、感冒风寒；调麻油外用，可治缠蛇丹毒。

58.3.3　老鸦糊 *Callicarpa giraldii* Hesse ex Rehd.

别名：小米团花、紫珠、鱼胆

灌木。小枝被星状毛。叶片纸质，宽椭圆形至披针状长圆形，长5~15 cm，宽2~7 cm；顶端渐尖，**基部楔形或下延成狭楔形**；边缘有锯齿；腹面黄绿色，稍有微毛，背面**疏被星状毛**和细小黄色腺点；侧脉8~10对，主脉、侧脉和小脉在叶背面隆起，小脉近平行；叶柄长1~2 cm。聚伞花序宽2~3 cm，4~5次分枝，被的毛与小枝的同；花萼钟状；花冠紫色，稍有毛，具黄色腺点，长约3 mm。果实球形，初时疏被星状毛，熟时无毛，紫色，径2.5~4 mm。花期5—6月，果期7—11月。

中国特有，主产于长江流域及其以南各地区，生于海拔200~3 400 m的疏林中和灌丛中。凉山州的西昌、雷波、越西、甘洛、宁南、布拖、普格等县市有分布。本种全株入药，可清热解毒，能治血崩等。

58.4　莸属 *Caryopteris* Bunge

58.4.1　灰毛莸 *Caryopteris forrestii* Diels

58.4.1a　灰毛莸（原变种）*Caryopteris forrestii* Diels var. *forrestii*

别名：白叶莸

落叶小灌木。嫩枝密生灰棕色绒毛，老枝近无毛。叶片坚纸质，狭椭圆形或卵状披针形，长2~6 cm，宽0.5~2.5 cm；全缘；顶端钝，基部楔形；腹面疏被柔毛，背面密被灰白色绒毛；叶柄长0.2~1 cm。**伞房状聚伞花序腋生或顶生，无苞片和小苞片**，花序梗密被灰白色绒毛；花萼钟状，长2~4 mm，结果时长5~7 mm，外面被灰白色绒毛，顶端5裂，裂片披针形；**花冠黄绿色或绿白色**，长约5 mm，外面被柔毛，内面毛较少，花冠管长约2 mm，喉部具一圈柔毛，顶端5裂，下唇中裂片较大，顶端齿状分裂；雄蕊4枚。蒴果径约2 mm，通常包藏在花萼内，4瓣裂，瓣缘稍具翅。花果期6—11。

中国特有，产于四川、云南、贵州、西藏，常见于金沙江各支流的干热河谷中，生于海拔1 700~3 000 m的向阳灌丛中、山坡上、路旁及荒地上。凉山州的雷波、木里等县有分布。本种的叶、花可提芳香油。

58.4.1b 小叶灰毛莸（变种）*Caryopteris minor* (C. Pei & S. L. Chen ex C. Y. Wu) C. L. Xiang

与原变种的区别是：植株矮小，自基部即开展，多分枝；叶小，长0.5~2 cm，宽0.2~0.5 cm；花冠下唇中裂片大，顶端近流苏状。

中国特有，产于西藏、四川与云南，生于海拔2 000~3 950 m的干燥山坡上。凉山州的木里、雷波等县有分布。

58.5 锥花莸属 *Pseudocaryopteris* (Briq.) P. D. Cantino

香莸 *Pseudocaryopteris bicolor* (Roxb. ex Hardw.) P. D. Cantino

披散灌木。**枝方形，密被灰白色绒毛。**叶片坚纸质、卵状椭圆形，腹面疏被柔毛或近无毛，背面具灰白色绒毛和腺点，顶端渐尖，基部楔形，边缘具齿或近全缘，长5.5~11 cm，宽2.5~4 cm，侧脉4~6对；叶柄长0.5~1 cm。**聚伞花序组成紧密狭长的圆锥状，花序通常顶生**，密被柔毛，有苞片和小苞片；花萼长3~4.5 mm，结果时长约6 mm，两面密被柔毛和腺点，通常6深裂；**花冠蓝紫色**，长约

1 cm，花冠管长约5 mm，外面具柔毛和腺点；雄蕊伸出，花丝下部具毛。蒴果近球形，径约4 mm。花期春末夏初。

国内产于云南，生于海拔900~2 000 m的干燥山坡上。凉山州的金阳、布拖等县有分布，四川新记录。

58.6 大青属 *Clerodendrum* L.

58.6.1 臭牡丹 *Clerodendrum bungei* Steud.

别名：臭八宝、臭梧桐、矮桐子、大红袍、臭枫根

灌木。植株有臭味；**花序轴、叶柄密被褐色、黄褐色或紫色脱落性的柔毛**。叶片纸质，宽卵形或卵形，**长8~20 cm，宽5~15 cm**；顶端尖或渐尖，基部宽楔形、截形或心形；边缘具粗或细的锯齿；侧脉4~6对；腹面散生短柔毛，背面疏生短柔毛和散生腺点或无毛；叶柄长4~17 cm。伞房状聚伞花序顶生，**密集**；苞片叶状，披针形或卵状披针形，长约3 cm；**花萼钟状，长2~6 mm**，萼齿长1~3 mm；**花冠淡红色、红色或紫红色，花冠管长2~3 cm**，裂片倒卵形，长5~8 mm。核果近球形，径0.6~1.2 cm，成熟时蓝黑色。花果期5—11月。

国内分布广泛，生于海拔2 500 m以下的山坡上、林缘、沟谷中、路旁、灌丛润湿处。凉山州的西昌、盐源、雷波、木里、喜德、德昌、金阳、冕宁、会东、美姑、普格等县市有分布。本种根、茎、叶入药，有祛风解毒、消肿止痛之效。

58.6.2 滇常山 *Clerodendrum yunnanense* Hu ex Hand.–Mazz.

灌木。植株有臭味；幼枝、花序、幼叶及叶柄都密被黄褐色绒毛。叶片纸质，宽卵形、卵形或心形，长4~14 cm，宽3~10 cm；顶端尖或渐尖，基部宽楔形、圆形或心形；边缘全缘或有不规则疏齿；腹面被糙毛，背面密生淡黄色或黄褐色短柔毛，沿脉更密；侧脉4~5对；叶柄长1.5~6 cm。伞房状聚伞花序顶生，密集；苞片卵状椭圆形，长2~3.5 cm；花萼钟状，长6~9 mm，被绒毛和少数腺体；**花冠白色或粉红色，花冠管短，藏于花萼内**，偶见稍伸出，裂片长圆形或卵状圆形，长4~7 mm。核果近球形，径约7 mm，成熟时蓝黑色，大部分为增大宿萼所包。花果期4—10月。

中国特有，产于四川、云南，生于海拔2 000~3 000 m的山坡疏林中或山谷中、沟边、灌丛中等湿润的地方。凉山州的西昌、会理、盐源、雷波、木里、宁南、德昌、金阳、会东、布拖等县市有分布。本种根、茎、叶可药用，具有祛风、利湿、行气之功效，常用于治疗风湿痹痛、水肿尿少、胸腹胀痛。

58.6.3 海州常山 *Clerodendrum trichotomum* Thunb.

别名：香楸、后庭花、追骨风、臭梧、泡火桐、臭梧桐

灌木或小乔木。叶片纸质，卵形、卵状椭圆形或三角状卵形，长5~16 cm，宽2~13 cm；顶端渐尖，基部宽楔形至截形；两面幼时被白色短柔毛；侧脉3~5对；边缘全缘，有时具波状齿；叶柄长2~8 cm。**伞房状聚伞花序顶生或腋生，通常二歧分枝，疏散，末次分枝着花3朵**，花序长8~18 cm，花序梗长3~6 cm；苞片叶状，椭圆形，早落；花萼花蕾时绿白色，后紫红色，基部合生，中部略膨大，有5棱脊，顶端5深裂；花香，花冠白色或带粉红色，花冠管细，长约2 cm，顶端5裂；**雄蕊显著伸出花冠外**；花柱较雄蕊短，柱头2裂。核果近球形，径6~8 mm，包藏于增大的宿萼内，成熟时外果皮蓝紫色。花果期6—11月。

国内分布广泛，生于海拔2 400 m以下的山坡灌丛中。凉山州各县市均有分布。

58.7　豆腐柴属 *Premna* L.

58.7.1　近头状豆腐柴 *Premna subcapitata* Dop.

别名：头序臭黄荆

灌木，高1~2 m。枝条暗褐色或灰褐色，有明显圆形或椭圆形的黄白色的腺状皮孔，嫩枝有黄白色平展绒毛，老枝近无毛。叶片卵形至卵状长圆形，长2.5~8.5 cm，宽1.5~4.8 cm；边缘除顶端与基部外，略有锯齿，**顶端渐尖或急尖**，基部截形或圆形；腹面有柔毛与黄色腺点，背面有毡状毛和腺点。聚伞花序在小枝顶端紧缩成头状，长0.6~2.5 cm，宽1~3.5 cm；花序梗圆柱形，长0.5~2 cm；**花萼杯状，分裂达中部**，裂片披针形或狭长三角形，长约2 mm，宽约1 mm；花冠黄绿色或绿白色，长约6 mm，外被柔毛和腺点，4裂成二唇形，裂片卵状圆形，上唇全缘，下唇3裂，花冠管长约3 mm。核果暗黑色，卵形，长3~4 mm，宽2~3 mm，顶端疏生毛和淡黄色腺点。花果期5—8月。

中国特有，产于四川及云南，生于海拔约2 600 m的山坡林中。凉山州的木里、甘洛等县有分布。

58.7.2　云南豆腐柴 *Premna yunnanensis* Dop

小灌木。叶片纸质，卵形或卵状披针形，长2~6 cm，宽1.5~3 cm；边缘有不规则或规则的锯齿，有时近全缘；顶端尖或渐尖，**尖头钝**，基部近圆形，常稍偏斜；两面有金黄色腺点，腹面有柔毛，背面密被灰白色的卷曲柔毛。花少数，在枝顶密集成头状，花序直径1~2 cm，花序梗长不超过1 cm；苞

片线形；花萼**5深裂达中部以下**，裂片狭长三角形，两面有毛和金黄色腺点；**花冠淡红色至紫红色**，长约6 mm，4裂，微呈二唇形，上唇裂片近圆形，长约4 mm，外面有腺点及小柔毛，下唇3裂。核果成熟时黑色，长3~5 mm，宽2~3 mm，与宿存花萼几乎等长。花果期5—9月。

中国特有，产于四川及云南，生于海拔1 800~2 200 m的金沙江与澜沧江河谷的路边杂草丛中。凉山州的木里、布拖等县有分布。

58.7.3　尖齿豆腐柴 *Premna acutata* W. W. Sm.

别名：尖叶臭黄荆

灌木。幼枝被污黄色毡状柔毛。叶片卵形或卵状披针形，**同对叶可不同大小**，长4~8 cm，宽2~4 cm；顶端渐尖至尾状渐尖，基部楔形或近圆形；边缘疏生规则或不规则的尖齿；腹面暗绿色，稀被硬伏毛，但脉上较密，两面有腺点；叶柄长0.3~1 cm，有毛和腺点。聚伞花序在枝顶密集成头状，花序直径1.5~3.5 cm；**花萼5深裂，裂片线形或线状披针形**，长4~6 mm，萼管长约1.5 mm；**花冠玫瑰红色**，略长于花萼，4裂成二唇形，外被柔毛和腺点，内被长柔毛。核果黑色，近倒卵状球形，直径2.5~4 mm，**果萼远长于果实**。花果期夏、秋季。

中国特有，产于四川、云南，生长于海拔2 700~3 000 m的灌木林边。凉山州的木里、会东等县有分布。

58.8　牡荆属 *Vitex* L.

58.8.1　金沙荆 *Vitex duclouxii* P. Dop

灌木或乔木。小枝四棱形，初被黄褐色柔毛，有腺点。掌状复叶，叶柄长2~6 cm，**有小叶（3）5片**。小叶片长圆状披针形，顶端渐尖或近尾状尖，基部楔形或不对称，全缘，背面沿脉有柔毛，两面都有淡黄色腺点。中间的小叶片长5~10 cm，宽2~3 cm，小叶柄长1~1.5 cm；两侧的小叶较小，柄亦较短。**聚伞花序腋生，长超过6 cm**；花萼钟状，长约

4 mm，顶端有5齿，齿三角形，外面疏生柔毛和稠密的黄色腺点；花冠白色，长约10 mm，中上部有柔毛和腺点，花冠管略长于花萼，顶端5裂，二唇形，上唇2裂，裂片小，下唇3裂，裂片较大。**核果球形，直径1~2 cm**。花期6—7月，果期8—9月。

中国特有，产于四川、云南及西藏，生于海拔1 000~2 300 m的河谷灌丛中。凉山州的金阳、木里、美姑、布拖、雷波等县有分布。

58.8.2　滇牡荆 *Vitex yunnanensis* W. W. Smith.

灌木或小乔木。小枝四棱形，密被绒毛和黄色腺点。掌状复叶，叶柄长1~6 cm，被黄褐色绒毛，**具小叶3~5片**。小叶片卵形、卵状长圆形至椭圆状披针形，顶端钝、短尖或渐尖，基部宽楔形或近圆形，全缘，边缘有纤毛，两面沿叶脉被柔毛及黄色腺点。中间的小叶片长2~7.5 cm，宽1~3 cm，小叶柄长0.7~1.5 cm；两侧的小叶片较小，小叶柄长2~4 mm。**聚伞花序腋生，短于6 cm**，有短柔毛和腺点；花萼钟状，长约3 mm，顶端5浅裂，裂齿宽三角形，外面有疏柔毛和腺点；花冠白色，长为花萼的2~3倍。**核果球形，下面托有圆盘状的宿萼**。花果期5—11月。

中国特有，产于四川、云南，生于海拔1 800~3 500 m的山坡上或树林中。凉山州的西昌、盐源、雷波、木里、甘洛、金阳、冕宁、普格等县市有分布。

58.8.3　黄荆 *Vitex negundo* L.

灌木或小乔木。小枝四棱形，密生灰白色绒毛。掌状复叶，有小叶（3）5片。小叶片长圆状披针形至披针形，顶端渐尖，基部楔形；**边缘全缘或每边有少数粗锯齿**；背面密生灰白色绒毛。中间小叶长4~13 cm，宽1~4 cm，两侧小叶渐小，若具5片小叶，中间3片小叶有柄。**聚伞花序排成圆锥花序式，顶生，长10~27 cm**，花序梗密生灰白色绒毛；花萼钟状，顶端有5裂齿，外面有灰白色绒毛；**花冠淡紫色**，外面有微柔毛，顶端5裂，二唇形。核果近球形，径约2 mm；宿萼接近果实的长度。花期4—6月，果期7—10月。

国内主要产于长江以南各地，北达秦岭、淮河，生于海拔200~1 700 m的山坡路旁或灌丛中。凉山州各县市均有分布。本种茎皮可造纸及制人造棉；茎、叶可治久痢；种子为清凉性镇静、镇痛药；花和枝叶可提取芳香油。

59　唇形科Lamiaceae

59.1　火把花属 *Colquhounia* Wall.

藤状火把花 *Colqulaounia sequinii* Vaniot

别名：藤状炮仗花、苦梅叶

直立攀缘灌木。小枝对生，枝条密被微柔毛。叶卵状长圆形，草质，长2.5~4 cm，宽1~2 cm，有时甚大；先端渐尖，基部宽楔形或近圆形；边缘有细锯齿；侧脉2~4对；叶柄通常长1~3（4.5）cm，密被微柔毛。轮伞花序由具短梗和1~3朵花的聚伞花序组成，常多数在小枝上形成长3~4 cm的小头状花序；花梗长2~3 mm。花萼管状钟形，外面密被微柔毛；**花冠红色、紫色、暗橙色至黄色**，长约

2 cm，外被细柔毛及腺点，冠筒短，长约1.2 cm，**冠檐二唇形**，上唇长圆形，下唇3浅裂，中裂片最小，侧裂片较大，卵状圆形。小坚果三棱状卵状圆形，顶端具翅。花期11—12月，果期次年1—2月。

国内产于云南、广西、贵州、四川、湖北，生于海拔240~2 700 m的灌丛中。凉山州的西昌、德昌、甘洛、美姑、布拖、普格等县市有分布。

59.2 香薷属 *Elsholtzia* Willd.

鸡骨柴 *Elsholtzia fruticosa* (D. Don) Rehd.

别名：山野坝子、老妈妈棵、双翎草、小叶鸡骨柴

直立灌木，多分枝。**茎、枝钝四棱形**。**叶披针形或椭圆状披针形**，通常长6~13 cm，宽2~3.5 cm；先端渐尖，基部狭楔形；边缘基部以上具粗锯齿，近基部全缘；上面被糙伏毛，下面被弯曲的短柔毛，两面密布黄色腺点；侧脉6~8对。**穗状花序圆柱状**，长6~20 cm，开花时径达1.3 cm，顶生或腋生，由具短梗多花的轮伞花序所组成；花梗与总花梗、花序轴密被短柔毛。花萼钟形，长约1.5 mm，外面被灰色短柔毛，萼齿5。**花冠白色至淡黄色**，长约5 mm，外面被卷曲柔毛，间夹有金黄色腺点，冠筒长约4 mm，冠檐二唇形。小坚果长圆形，长1.5 mm。花期7—9月，果期10—11月。

国内产于甘肃、湖北、四川、西藏、云南等地，生于海拔1 200~3 200 m的山谷侧边、谷底、路旁、开旷山坡上及草地上。凉山州各县市均有分布。

59.3 铃子香属 *Chelonopsis* Miq.

59.3.1 具苞铃子香 *Chelonopsis bracteata* W. W. Smith

小灌木。小枝密被平展刺毛及腺柔毛。叶片坚纸质，卵状圆形至披针状卵状圆形，通常长7~10 cm，宽3.5~6 cm；先端渐尖，基部浅心形；边缘有圆齿状锯齿；上面疏生刺毛，下面有极稀疏的刺毛；侧脉5~6对；叶柄上方常有1~3对细小的羽片。聚伞花序腋生，**具3朵花**；总梗长3~5 cm，花梗极

短；**苞片显著，披针形，叶状，长可达2.5 cm，有刺毛，绿色，有时变红色，贴近于花萼，花时几乎将花萼包被。**花萼连齿长约2 cm，外密被腺毛，间夹有疏生的刺毛。**花冠深玫瑰红色，长2.5~3 cm，**喉部宽达1.2 cm，冠檐二唇形，下唇3裂。花期10—11月。

中国特有，产于云南及四川，生于海拔2 000~2 400 m的干热河谷的坡地灌丛中。凉山州的木里等县有分布。

59.3.2　大萼铃子香 *Chelonopsis forrestii* Anthony

小灌木。叶卵圆状披针形，长4~7 cm，宽2~2.5 cm；先端渐尖，基部稍不相等，近圆形至浅心形；边缘疏生极浅且有尖突的锯齿至近全缘，具纤毛，极薄；两面疏被白柔毛；叶柄短，长约5 mm。**聚伞花序仅具1朵花；**总花梗纤细，线形，长1~2.5 cm，花梗短小，长约3 mm；**小苞片线形，长5 mm，成对着生于花梗上部。花萼钟形，大，连齿长约2.3 cm。**花冠大，长3 cm，**乳白色且外面具紫晕，或红色且筒中有紫纹，**花冠筒长2.2 cm，逐渐膨大，冠檐二唇形，上唇扁圆形，长5 mm，下唇伸长，3裂。花期7月。

四川特有，生于海拔2 800~3 100 m的林下及水沟旁的灌丛中。凉山州的木里等县有分布。

59.4　米团花属 *Leucosceptrum* Sm.

米团花 *Leucosceptrum canum* Smith

别名：白杖木、明堂花、蜜蜂树花、渍糖花、羊巴巴、渍糖树、山蜂蜜

大灌木至小乔木。新枝被灰白色至淡黄色的浓密的绒毛。叶片纸质或坚纸质，椭圆状披针形，长10~23 cm或以上，宽5~9 cm或以上；先端渐尖，基部楔形；边缘具浅锯齿或锯齿；幼时两面密被灰白或淡黄色的星状绒毛及丛卷毛；叶柄长1.5~4.5 cm。**花序为由轮伞花序排列成长10~13 cm或以上的顶生的稠密的圆柱状的穗状花序；**花梗短，长约1 mm，密被星状绒毛。花萼钟形，萼齿5（7）个。**花冠白色或粉**

红至紫红，**筒状**，长8~9 mm，外面簇生星状绒毛，冠筒内藏，冠檐二唇形，上唇顶端微凹，下唇3裂，中裂片较大。小坚果长圆状三棱形。花期11月至次年3月，果期3—5月。

　　国内产于云南及四川，生于海拔1 000~2 600 m的干燥开阔荒地上、路边及谷地溪边、林缘、小乔木灌丛中及石灰岩上。凉山州的西昌、雷波、木里、德昌、金阳、布拖等县市有分布。本种旱季开花，花期甚长，为很好的蜜源植物。

59.5 香茶菜属 *Isodon* (Benth.) Kudo

叶穗香茶菜 *sodon phyllostachys* (Diels) Kudo

别名：薄叶香茶菜

灌木或半灌木。分枝四棱形，幼时密被平展疏柔毛。**叶对生，卵形，有时心形，长1.5~5 cm，宽0.8~4.5 cm**；先端钝，有时急尖，基部心形；**边缘具圆齿；两面具皱纹，上面被短柔毛或疏柔毛，网脉凹陷，下面灰白色，被绒毛，网脉隆起；叶柄短，长1~6 mm**。聚伞花序具4~15朵花，具长1~10 mm的梗，通常生于主茎及分枝下部的具较长的梗，而生于分枝上部的具较短的梗；苞叶叶状或苞片状；**花梗与花萼等长或近无梗。花萼钟形，具相同的5齿，果时增大直立。花冠淡黄色或白色，具紫斑**，冠筒占花冠全长之半，基部具浅囊状突起，冠檐二唇形，上唇具4圆裂。小坚果圆状卵形，小，栗色。花期8—10月，果期10月。

　　中国特有，产于云南、四川，生于海拔1 600~3 000 m的灌丛中或路边草坡上。凉山州的木里等县有分布。

60　山柑科 Capparaceae

山柑属 *Capparis* Tourn. ex L.

野香橼花 *Capparis bodinieri* Lévl.

别名：小毛毛花、猫胡子花

灌木或小乔木。**小枝具刺，刺长达5 mm，强壮且外弯**。叶卵形或披针形，长4~18 cm，宽2~6.5 cm；基部圆形或急尖，顶端短渐尖或渐尖；侧脉7~10对。**花1~7朵排成一列，生于腋上**；花梗长5~15 mm；萼片4片，长5~7 mm，近轴萼片舟形，背面近基部向外作龙骨状突起，向内凹入成浅囊状；花瓣白色，长10~11 mm，上面2个狭倒卵形，相邻一侧中部以下彼此贴合，基部向外反折，包着花盘；**雄蕊（18）20~37枚，长2~4 cm**。果球形，直径7~12 mm，成熟时黑色；种子1至数粒，直径5~6 mm。花期3—4月，果期8—10月。

国内产于四川、贵州及云南，生于海拔2 500 m以下的灌丛中、次生森林中、石灰岩山坡道旁或平地上，不丹、印度东北部、缅甸北部也分布有。凉山州的会理、盐源、雷波、会东、布拖、普格等县市有分布。本种全株药用，有止血、消炎、收敛之效，主治各种痔疮，还可治慢性风湿疼痛和跌打损伤。

61　菝葜科 Smilacaceae

61.1　菝葜属 *Smilax* L.

61.1.1　红果菝葜 *Smilax polycolea* Warb.

落叶攀缘灌木。枝条略具纵棱，疏生刺或近无刺。**叶草质**，干后膜质或薄纸质，椭圆形、矩圆形至卵形，长4~12 cm，宽2.5~6 cm；先端渐尖，基部楔形或近截形，**下面苍白色**；叶柄长5~20 mm，基部至中部具宽1~2 mm的鞘，部分有卷须，**脱落点位于近中部**。伞形花序生于叶尚幼嫩的小枝上，具数朵花；总花梗长5~30 mm；花序托常稍膨大，有时延长；花黄绿色；雄花外花被片长3.5~4.5 mm；雌花与雄花大小相似，有6枚退化雄蕊。**浆果直径7~8 mm，熟时红色，有粉霜**。花期4—5月，果期9—10月。

中国特有，产于湖北、四川、贵州、广西、云南及重庆，生于海拔900~2 200 m的林下、灌丛中。凉山州的西昌、盐源、雷波、木里、越西、甘洛、喜德、宁南、德昌、金阳、美姑、普格等县市有分布。

61.1.2　菝葜 *Smilax china* L.

别名：金刚兜、大菝葜、金刚刺、金刚藤

攀缘灌木。茎上疏生刺。叶薄革质或坚纸质，干后通常红褐色或近古铜色；圆形、卵形或其他形状，长3~10 cm，宽1.5~10 cm；**下面通常淡绿色，较少苍白色**；叶柄长5~15 mm，鞘占全长的1/2~2/3，宽0.5~1 mm，**几乎都有卷须，脱落点位于靠近卷须处**。伞形花序生于叶尚幼嫩的小枝上，具十几朵或更多的花，常呈球形；总花梗长1~2 cm；花序托稍膨大，近球形；花黄绿色，外花被片长3.5~4.5 mm，内花被片稍狭；雌花与雄花大小相似。浆果直径6~15 mm，熟时红色，有粉霜。花期2—5月，果期9—11月。

国内分布广泛，生于海拔2 400 m以下的林下、灌丛中、路旁、河谷中或山坡上。凉山州各县市均有分布。本种根状茎可以提取淀粉和栲胶，也可用来酿酒；根状茎药用，有祛风活血作用；嫩芽可作野生蔬菜，可食。

61.1.3　长托菝葜 *Smilax ferox* Wall. ex Kunth

别名：刺萆薢

攀缘灌木。枝上疏生刺。叶厚革质至坚纸质，椭圆形、卵状椭圆形至矩圆形，变化较大，长

3~16 cm，宽1.5~9 cm；**下面通常苍白色**；主脉一般3条，很少5条；叶柄长5~25 mm，**鞘占全长的1/2~3/4，通常只有少数叶柄具卷须，脱落点位于鞘上方。**伞形花序生于叶尚幼嫩的小枝上，具数朵花；总花梗长1~2.5 cm，偶尔有关节；花序托常延长而使花序略呈总状，具多枚宿存小苞片；花黄绿色或白色；雄花外花被片长4~8 mm，内花被片稍狭；雌花比雄花小。浆果直径8~15 mm，熟时红色。花期3—4月，果期10—11月。

国内产于四川、湖北、湖南、广东、广西、贵州、云南、重庆及甘肃，生于海拔1 000~2 900 m的林下、灌丛中或山坡荫蔽处。凉山州的会理、盐源、雷波、木里、冕宁、美姑、甘洛、普格等县市有分布。

61.1.4　土茯苓 *Smilax glabra* Roxb.

别名：光叶菝葜

攀缘灌木。**枝无刺。叶薄革质，狭椭圆状披针形至狭卵状披针形，长6~12（15）cm，宽1~4（7）cm**，先端渐尖，下面通常绿色，有时带苍白色；叶柄长5~15（20）mm，具狭鞘，鞘占全长的1/4~3/5，**有卷须，脱落点位于近顶端。**伞形花序通常具10余朵花；**总花梗长1~5（8）mm，通常明显短于叶柄**；在总花梗与叶柄之间有一芽；花序托膨大，连同多数宿存的小苞片略呈莲座状，宽2~5 mm；花绿白色，直径约3 mm；雄花外花被片近扁圆形；内花被片近圆形；雌花外形与雄花相似，但内花被片边缘无齿。**浆果直径7~10 mm，熟时紫黑色，具粉霜**。花期7—11月，果期11月至次年4月。

国内分布广泛，生于海拔300~1 800 m的林中、灌丛下、河岸边或山谷中，也见于林缘与疏林中。凉山州的西昌、会理、雷波、越西、德昌、冕宁、昭觉等县市有分布。本种的根状茎可入药，性平，利除湿解毒，健脾胃，其富含淀粉，还可用来制作糕点或酿酒。

61.1.5　短梗菝葜 *Smilax scobinicaulis* C. H. Wright

别名：威灵仙、金刚刺

多年生攀缘灌木。茎和枝条通常疏生刺或近无刺，稀密生刺，刺针状，长4~5 mm，稍黑色，茎上的刺有时较粗短。**叶片草质，卵形或椭圆状卵形**，干后有时变为黑褐色，**长4~12 cm，宽2.5~8 cm**；先端渐尖，基部截形或心形；**主脉5~7条，中脉十分突起，支脉斜伸，形成网状**；叶柄长5~15 mm，脱落点位于中部，下部1/2处具狭鞘，鞘上方有卷须。**伞形花序单生于叶腋，总花梗很短，一般不及叶柄长度的1/2**；花序托几乎不膨大；花黄绿色；雄花花被片卵形，内轮花被片较外轮的稍狭；雌花小于雄花，具3枚退化雄蕊。浆果球形，直径6~9 mm。花期4—5月，果期9—10月。

中国特有，产于甘肃、贵州、四川、河南、河北、湖北、江西、陕西、山西及云南等省，生于海拔1 600~2 100 m的林下、灌丛中。凉山州的雷波、德昌、冕宁、美姑、布拖、普格等县有分布。本种根茎药用，有祛风湿等功效。

61.1.6　防己叶菝葜 *Smilax menispermoidea* A. DC.

攀缘灌木。**枝条无刺。叶纸质，卵形或宽卵形，长2~6（10）cm，宽2~5（7）cm**，先端急尖并具尖凸，基部浅心形至近圆形；下面苍白色；叶柄长5~12 mm，具狭鞘，鞘占全长的2/3~3/4，通常有卷须，脱落点位于近顶端。伞形花序具数朵花；**总花梗纤细，比叶柄长2~4倍**；花序托稍膨大，有宿存小苞片；**花紫红色**；雄花外花被片长约2.5 mm，内花被片稍狭；雄蕊较短，长0.6~1 mm；雌花稍小或与雄花近等大。浆果直径7~10 mm，熟时紫黑色。花期5—6月，果期10—11月。

国内产于甘肃、陕西、四川、湖北、贵州、云南、西藏及重庆，生于海拔1 000~3 700 m的林下、

灌丛中或山坡阴处。凉山州的西昌、盐源、雷波、木里、越西、甘洛、喜德、德昌、会东、美姑、布拖、普格、昭觉等县市有分布。

61.1.7　无刺拔葜 *Smilax mairei* Lévl.

别名：红萆薢

攀缘灌木。**茎无刺。叶**纸质或薄革质，通常卵形、矩圆状卵形或三角状披针形，长3.5~9 cm，宽1~5 cm；先端急尖并具尖凸，基部钝或浅心形；下面苍白色；叶柄长0.5~1.5（2）cm，具狭鞘，鞘占全长的1/2~2/3，**脱落点位于近顶端，一般有卷须。**伞形花序具几朵或更多的花；**总花梗略扁平，一般短于叶柄；**花序托膨大，连同多枚宿存的小苞片略呈莲座状；花淡绿色或红色；雄花外花被片长2~2.5 mm，内花被片稍狭而短；雌花与雄花大小相似。浆果直径5~7 mm，熟时蓝黑色。花期5—6月，果期12月。

中国特有，产于四川、贵州、云南、西藏及广西，生于海拔1 000~3 000 m的林下、灌丛中或山谷沟边。凉山州的西昌、会理、盐源、木里、越西、喜德、德昌、冕宁、会东、美姑、布拖、普格等县市有分布。本种的地下部分在云南作草药用，有祛风除湿、利水消炎的功效。

61.1.8　鞘柄拔葜 *Smilax stans* Maxim.

落叶灌木或半灌木。**茎无刺。**叶纸质，卵形、卵状披针形或近圆形，长1.5~4（6）cm，宽1.2~3.5（5）cm；下面稍苍白色，有时有粉尘状物；**叶柄长5~12 mm，向基部渐宽成鞘状，背面有多条纵槽，无卷须，脱落点位于近顶端。**花序具1~3朵或更多的花；**总花梗纤细，比叶柄长3~5倍；**花序托不膨大；花黄绿色，有时淡红色；雄花外花被片长2.5~3 mm，宽约1 mm，内花被片稍狭；雌花比雄花略

小，具6枚退化雄蕊，退化雄蕊有时具不育花药。浆果直径6~10 mm，熟时黑色，具粉霜。花期5—6月，果期10月。

　　国内分布广泛，生于海拔400~3 200 m的林下、灌丛中或山坡阴处。凉山州的西昌、盐源、木里、甘洛、喜德、德昌、金阳、美姑、布拖、昭觉等县市有分布。

61.1.9　肖菝葜 *smilax japonica* (Kunth) P. Li & C. X. Fu

　　攀缘灌木，无毛。叶纸质，卵形、卵状披针形或近心形，长6~20 cm，宽2.5~12 cm；先端渐尖或短渐尖，有短尖头，基部近心形；主脉5~7条，边缘2条到顶端与叶缘汇合，支脉网状，在两面明显；叶柄长1~3 cm，下部1/4~1/3处有卷须和狭鞘。伞形花序有20~50朵花，生于叶腋或生于褐色的苞片内；**总花梗扁**，长1~3 cm；花序托球形，直径2~4 mm；花梗纤细，长2~7 mm。雄花：花被长3.5~4.5 mm，顶端有3枚钝齿，**雄蕊3枚**。雌花：花被筒卵形，长2.5~3 mm，具3枚退化雄蕊。**浆果球形，稍扁，熟时黑色，长5~10 mm**。花期6—8月，果期7—11月。

　　中国特有，分布广泛，生于海拔500~2 000 m的山坡密林中或路边杂木林下。凉山州的西昌、盐源、雷波、德昌、金阳等县市有分布。

62　天南星科Araceae

龟背竹属 *Monstera* Adans.

龟背竹 *Monstera deliciosa* Liebm.

　　攀缘灌木。茎绿色，粗壮，有苍白色的半月形叶迹，边缘为环状，具气生根。叶柄绿色，长常达1 m；叶片大，心状卵形，宽40~60 cm，厚革质，边缘羽状分裂，侧脉间有1~2个较大的空洞，靠近中肋者多为横圆形。花序梗长15~30 cm，径1~3 cm，绿色，粗糙。佛焰苞厚革质，宽卵形，舟状，近直立，先端具

喙，长20~25 cm。肉穗花序近圆柱形，长17.5~20 cm。浆果淡黄色，柱头周围有青紫色斑点，长1 cm，径7.5 mm。花期8—9月，果于次年花期之后成熟。

原产墨西哥，各热带地区多引种栽培供观赏。凉山州各县市常有栽培。本种果序味美可食，但常具麻味。

63　龙舌兰科 Agavaceae

63.1　龙舌兰属 *Agave* L.

63.1.1　剑麻 *Agave sisalana* Perr. ex Engelm.

别名：凤尾兰、菠萝麻

多年生植物。**叶呈莲座式排列，**开花之前，一株剑麻通常可产生叶200~250片。叶刚直，肉质，剑形，初被白霜，后渐脱落而呈深蓝绿色；通常长1~1.5 m，最长可达2 m，**中部最宽10~15 cm**；表面凹，背面凸；**叶缘无刺**，偶而具刺，顶端有1处硬尖刺，刺红褐

色，长2~3 cm。**圆锥花序粗壮，高可达6 m**；花黄绿色，有浓烈的气味；花梗长5~10 mm；花被管长1.5~2.5 cm，花被裂片卵状披针形，长1.2~2 cm；雄蕊6枚。蒴果长圆形，长约6 cm。一般6~7年生的剑麻植株便可开花，其花期多在秋冬间，**花后一般不结实**，靠珠芽进行繁殖，开花和长出珠芽后植株便死亡。

原产墨西哥。凉山州的西昌、会理、德昌等县市有栽培。剑麻为世界有名的纤维植物，可作海上舰船绳缆、机器皮带、各种帆布、人造丝、高级纸、鱼网、麻袋、绳索等原料；植株含甾体皂苷元，是医药制造业的重要原料。

63.1.2　龙舌兰 *Agave americana* L.

多年生植物。**叶呈莲座式排列**，通常30~40片，有时50~60片。叶大型，肉质，倒披针状线形，长l~2 m，**中部宽15~20 cm**，基部宽10~12 cm，**叶缘具有疏刺**，顶端有1个硬尖刺，刺暗褐色，长1.5~2.5 cm。**圆锥花序大型，长6~12 m**，多分枝；花黄绿色；花被管长约1.2 cm，花被裂片长2.5~3 cm；雄蕊长约为花被的2倍。蒴果长圆形，长约5 cm。开花后花序上生成的珠芽极少。

原产美洲的热带地区，我国华南及西南地区常引种栽培，在云南已逸生多年。凉山州的西昌等县市有栽培。本种的叶纤维可供制船缆、绳索、麻袋等，但其纤维的产量和质量均不及剑麻；植株含甾体皂苷元，是生产甾体激素药物的重要原料；在温室，其常盆栽供观赏。

63.2　朱蕉属 *Cordyline* Comm. ex Juss.

63.2.1　朱蕉 *Cordyline fruticosa* (Linn) A. Chevalier

别名：红铁树、红叶铁树、铁莲草、朱竹、铁树、也门铁

灌木状，直立，高1~3 m。茎粗1~3 cm，有时稍分枝。叶聚生于茎或枝的上端，矩圆形至矩圆状披针形，长25~50 cm，宽5~10 cm，**绿色或带紫红色**；叶柄有槽，长10~30 cm，基部变宽，抱茎。圆锥花序长30~60 cm，侧枝基部有大的苞片，每朵花有3枚苞片；花淡红色、青紫色至黄色，长约1 cm；花梗通常很短，较少长

达3 mm；外轮花被片下半部紧贴内轮而形成花被筒，上半部在盛开时外弯或反折；雄蕊生于筒的喉部，稍短于花被；花柱细长。花期11月至次年3月。

本种国内广东、广西、福建、台湾等地常见栽培，可供观赏。原产地不详，今广泛栽种于亚洲温暖地区。凉山州的西昌等县市有栽培。我国广西民间曾用其来治咯血、尿血等症。

63.2.2　澳洲朱蕉 *Cordyline australis* Hook. f.

乔木状或灌木状植物。茎略木质，常稍有分枝，上部有环状叶痕。**叶细长，剑形**，长30~90 cm，常聚生于枝的上部或顶端，**深红色或绿色并带金色斑锦**，有柄或无柄，基部抱茎。圆锥花序生于上部叶腋处，大型，多分枝；花梗短或近于无，关节位于顶端；花被圆筒状或狭钟状；花被片6片，下部合生而形成短筒；雄蕊6枚，着生于花被上，花药背着，内向或侧向开裂；子房3室，每室具4枚至多数胚珠；花柱丝状，柱头小。浆果具1至几粒种子。

原产澳洲，我国园林上将其引入栽培。凉山州的西昌等县市有栽培。本种叶色鲜艳，为彩色观赏植物。

63.3　丝兰属 *Yucca* L.

63.3.1　象腿丝兰 *Yucca gigantea* Lem.

别名：银线象脚丝兰、巨丝兰、无刺丝兰、象脚丝兰

常绿小乔木或灌木。株高可达10 m。茎干粗壮直立，棕褐色，具有明显的叶痕。**叶数10片集生于茎顶，排列成莲座状**。叶片绿色，**叶革质，坚韧，窄披针形**，长可达100 cm，宽8~10 cm，先端急尖、锋利，**全缘，无柄**。大型圆锥花序顶生，花冠钟形，白色，径6~8 cm。蒴果，肉质。花期9—10月。

象腿丝兰原产北美洲温暖地区，世界各地都有栽培，我国华南地区栽培较多。凉山州西昌市有栽培。本种株形规整，适应性强，是室内外绿化装饰的理想材料，适盆栽，可用于会议室、厅堂、走道等处的装饰。

63.3.2　凤尾丝兰 *Yucca gloriosa* L.

别名：凤尾兰

常绿灌木。短茎明显，有时高达3 m。叶剑状，长60~80 cm，宽6~4 cm，硬直，先端具短尖头，光滑，近扁平，幼时常具脱落的齿状结构，老时叶缘有少量丝状纤维，**全缘。花多数，下垂，白色或淡黄白色**，顶端常带紫红色；花被片6片，卵状菱形，长4~5.5 cm，宽1.5~2 cm；柱头3裂。果下垂，6棱，不开裂，直径5~6.5 cm。

原产北美洲东部和东南部，世界各地多有栽培。凉山州的西昌、会理及会东有栽培。本种常年浓绿，花、叶皆美，是良好的庭园观赏植物；叶纤维洁白、强韧，耐水湿，被称为"白麻棕"，可制作缆绳。

64 棕榈科Arecaceae

64.1 假槟榔属 *Archontophoenix* H. Wendl. & Drude

假槟榔 *Archontophoenix alexandrae* (F. Muell.) H. Wendl. et Drude

别名：亚力山大椰子

乔木状。叶羽状全裂，生于茎顶，长**2~3 m**；羽片呈2列排列，**线状披针形，长达45 cm**，宽1.2~2.5 cm，先端渐尖，全缘或有缺刻，叶腹面绿色，叶背面被灰白色鳞秕状物，中脉明显；叶鞘绿色，膨大而包茎，形成明显的冠茎。**花序生于叶鞘下，呈圆锥花序式，下垂，长30~40 cm，多分枝**；花序轴略具棱和弯曲，具2个鞘状佛焰苞，长45 cm；花雌雄同株，白色；雄花萼片3片，花瓣3片，雄蕊通常9~10枚；雌花萼片和花瓣各3片。果实卵球形，红色，长12~14 mm。花期4月，果期4—7月。

原产澳大利亚东部，我国南方各地区有引种栽培。凉山州的西昌、宁南、德昌、普格等县市有引种栽培。本种为一种树形优美的绿化树种。

64.2 果冻椰子属 *Butia* Becc.

果冻椰子 *Butia capitata* (Mart.) Becc.

别名：冻子椰子、冻椰、弓葵、布迪椰子

常绿乔木。单干型，高7 ~ 8 m，直径可达50 cm。茎干灰色，粗壮，有老叶痕。**叶羽状，长约2 m，蓝绿色，叶柄明显弯曲下垂**，具刺。花序生于叶腋。果实椭圆形，长2.5 ~ 3.5 cm，橙黄色至红色，肉甜。种子长约18 mm，椭圆形，一端有3个芽孔。

　　原产巴西和乌拉圭。凉山州西昌市有栽培。果冻椰子株形优美，叶片柔软、弓形弯曲，可广泛种植于热带、亚热带，是理想的行道树及庭园树；果实可食，在原产地常将其加工成果冻食用。

64.3　海枣属 *Phoenix* L.

64.3.1　加拿利海枣 *Phoenix canariensis* Chabaud

别名：加纳利海枣

　　乔木状，株高10~15 m，**茎秆粗壮**。叶具波状叶痕，为羽状复叶，顶生丛出，较密集，长可达6 m，每叶有100多对小叶。小叶狭条形，长100 cm左右，宽2~3 cm，**近基部小叶呈针刺状**，基部由黄褐色网状纤维包裹。肉穗花序腋生，长可超1 m；花小，黄褐色；**浆果，卵状球形至长椭圆形，熟时黄色至淡红色**。种子椭圆形，中央具深沟，灰褐色，长0.9~1.5 cm。每年3—4月抽生花序，5上月旬开花，9—10月果实成熟。

　　原产非洲加拿利群岛，我国南方多引种栽培。凉山州的西昌、盐源、越西、宁南、冕宁、会东、普格等县市有栽培。加拿利海枣树干粗壮、直立雄伟和树形优美，是一种优良的园林绿化景观树种；加拿利海枣适应性强，耐霜冻，耐海风侵袭，抗台风能力强，常常种于海边用来防风。

64.3.2　江边刺葵 *Phoenix roebelenii* O'Brien

别名：软叶刺葵

　　茎丛生，栽培时常为单生，高1~3 m，稀更高，直径达10 cm。叶长1~1.5（2）m；**羽片线形，较**

柔软，长20~30（40）cm，背面沿叶脉被灰白色的糠秕状鳞秕，羽片呈2列排列，**下部羽片变成细长软刺**。佛焰苞长30~50 cm，仅上部裂成2瓣；雄花序与佛焰苞近等长，雌花序短于佛焰苞；分枝花序长而纤细，长达20 cm；雄花花萼长约1 mm，顶端具三角状齿，花瓣3片，针形，长约9 mm，雄蕊6枚；雌花近卵形，长约6 mm，花萼顶端具明显的短尖头。果实长圆形，长1.4~1.8 cm，直径6~8 mm，顶端具短尖头，成熟时枣红色或近黑色，果肉薄，有枣味。花期4—5月，果期6—9月。

国内产于云南，常见于海拔480~900 m的江岸边。凉山州的西昌、会理、会东、普格等县市有栽培。本种可作庭园观赏植物。

64.3.3　林刺葵 *Phoenix sylvestris* Roxb.

乔木状。**叶密集成半球形树冠；茎具宿存的叶柄基部**。叶长3~5 m；叶柄短；叶鞘具纤维；羽片剑形，长15~45 cm，宽1.7~2.5 cm，顶端尾状渐尖，互生或对生，呈2~4列排列，下部羽片较小，后变为针刺。佛焰苞近革质，长30~40 cm，开裂为2片舟状瓣，表面被糠秕状褐色鳞秕；**花序长60~100 cm，直立，分枝花序纤细**；花序梗长30~40 cm，明显压扁；花小；雄花长6~9 mm，白色，花萼杯状，顶端具3圆钝齿，花瓣3片；雌花近球形，花萼杯状，顶端具3短齿，花瓣3片。果序长约1 m，具节，密集，

橙黄色；果实长圆状椭圆形或卵球形，橙黄色，长2~2.5（3）cm，顶端具短尖头。果期9—10月。

原产印度、缅甸，福建、广东、广西、云南等地有引种栽培。凉山州的西昌、德昌、普格等县市有引种栽培。林刺葵可孤植作景观树，或列植为行道树，也可三五群植造景，其应用于住宅小区、道路绿化，庭园、公园造景等效果极佳，为优美的热带风光树。

64.4　鱼尾葵属 *Caryota* L.

64.4.1　短穗鱼尾葵 *Caryota mitis* Lour.

别名：酒椰子

丛生，小乔木状。茎绿色，表面被微白色的毡状绒毛。叶长3~4 m，下部羽片小于上部羽片；羽片呈楔形或斜楔形，外缘笔直，内缘1/2以上弧曲成不规则的齿缺，且延伸成尾尖或短尖；老叶近革质；叶柄被褐黑色的毡状绒毛；叶鞘边缘具网状的棕黑色纤维。佛焰苞与花序被糠秕状鳞秕；**花序短，长25~40 cm，具密集穗状的分枝花序；**雄花萼片宽倒卵形，长约2.5 mm，花瓣狭长圆形，长约11 mm，**雄蕊15~20（25）枚，**几乎无花丝；雌花萼片宽倒卵形，长约为花瓣的1/3倍，顶端钝圆，花瓣卵状三角形，长3~4 mm。果球形，直径1.2~1.5 cm，成熟时紫红色，具1粒种子。花期4—6月，果期8—11月。

国内产于海南、广西等地，生于山谷林中或植于庭园内。凉山州的西昌等县市有栽培。本种茎的髓心含淀粉，可供食用；花序液汁中含糖分，可供制糖或酿酒。

64.4.2　鱼尾葵 *Caryota maxima* Blume ex Martius

别名：青棕、假桃榔、果株

单生，乔木状。茎绿色，被白色的毡状绒毛，具环状叶痕。叶长3~4 m，幼叶近革质，老叶厚革质；羽片长15~60 cm，宽3~10 cm，互生，罕见顶部的近对生，最上部的1羽片大，楔形，先端2~3裂，侧边的羽片小，菱形，外缘笔直。佛焰苞与花序无糠秕状的鳞秕；**花序长3~3.5（5）m，**具多数穗状的分枝花序，其长1.5~2.5 m；雄花花萼与花瓣不被脱落性的毡状绒毛，萼片宽圆形，长约5 mm，花瓣椭圆形，长约2 cm，黄色，**雄蕊（31）50~111枚，**花丝近白色；雌花花萼长约3 mm，顶端全缘，花瓣长约5 mm。果实球形，成熟时红色，直径1.5~2 cm。种子1粒，罕为2粒。花期5—7月，果期8—11月。

国内产于福建、广东、海南、广西、云南等地，生于海拔450~700 m的山坡上或沟谷林中。凉山州的西昌、会理、宁南、德昌、会东、普格等县市有栽培。本种树形美丽，可作庭园绿化植物；茎髓中含淀粉。

64.4.3　董棕 *Caryota obtusa* Griffith

别名：酒假桃榔、果榜

单生，乔木状。**茎黑褐色，膨大，或不膨大成花瓶状，表面具明显的环状叶痕。**叶长5~7 m，宽3~5 m，弓状下弯；羽片宽楔形或狭的斜楔形，长15~29 cm，宽5~20 cm；**幼叶近革质，老叶厚革质；最下部的羽片紧贴于分枝叶轴的基部；边缘具规则的齿缺，基部以上的羽片渐成狭楔形，外缘笔直，内缘斜伸或弧曲成不规则的齿缺，且延伸成尾状渐尖；**叶柄长1.3~2 m；叶鞘边缘具网状的棕黑色纤维。佛焰苞长30~45 cm；密集的穗状分枝花序长1.5~2.5 m；雄花花萼与花瓣被脱落性的黑褐色毡状绒毛，萼片近圆形，盖萼片大于被盖的侧萼片；雌花与雄花相似。果实球形至扁球形，直径1.5~2.4 cm，成熟时红色。花期6—10月，果期5—10月。

国内产于广西、云南等地，生于海拔370~2 450 m的石灰岩山地区或沟谷林中。凉山州西昌、会理、德昌等县市有栽培。本种木质坚硬，可用来制作水槽与水车；髓心含淀粉；叶鞘纤维坚韧，可制棕绳；幼树的茎尖可作蔬菜；树形美丽，常作绿化观赏树种。

64.5　马岛椰属 *Dypsis* Noronha ex Mart.

散尾葵 *Dypsis lutescens* (H. Wendl.) Beentje et Dransf.

别名：黄椰子、凤凰尾、印度尼西亚散尾葵

丛生灌木。株高2~5 m；茎径4~7 cm，基部略膨大；叶羽状全裂，长约1.5 m，具羽片40~60对。羽片2列，黄绿色，有蜡质白粉，披针形，长35~50 cm，宽1.2~2 cm，2短裂，上部羽片长约10 cm；**叶柄及叶轴光滑，叶鞘长而略膨大，黄绿色，初被蜡质白粉，有纵沟。圆锥花序生于叶鞘之下，长约80 cm，2~3次分枝**；分枝花序长20~30 cm，穗状花序8~10个，长12~18 cm；花卵球形，金黄色，螺旋状着生；雄花萼片和花瓣均3片；雌花的萼片和花瓣与雄花略同。果略陀螺形或倒卵形，长1.5~1.8 cm，径0.8~1 cm，鲜时土黄色，干时紫黑色，外果皮光滑。

原产马达加斯加，喜温暖、潮湿、半阴的环境，耐寒性不强。凉山州西昌市有引种栽培。本种株型优美，常作园林绿化观赏树种。

64.6　蒲葵属 *Livistona* R. Br.

蒲葵 *Livistona chinensis* (Jacq.) R. Br.

乔木状。**叶阔肾状扇形，直径达1 m，掌状深裂至中部**，裂片线状披针形，基部宽4~4.5 cm，顶部长渐尖，2深裂成长达50 cm的丝状下垂的小裂片；**叶柄长1~2 m，下部两侧有黄绿色下弯的短刺**。花序呈圆锥状，粗壮，长约1 m，总梗上有6~7个佛焰苞；约有6个分枝花序，长达35 cm，每分枝花序基部有1个佛焰苞，分枝花序具2次或3次分枝，小花枝长

10~20 cm。花小，两性，长约2 mm。果实椭圆形（如橄榄状），长1.8~2.2 cm，直径1~1.2 cm，黑褐色。花果期4月。

国内产于南部地区。凉山州的西昌、会理、雷波、越西、甘洛、喜德、宁南、德昌、会东等多县市有栽培。本种的嫩叶可编制葵扇，老叶可制作蓑衣等，叶裂片的肋脉可制牙签；果实及根可入药。

64.7 丝葵属 *Washingtonia* H. Wendl.

丝葵 *Washingtonia filifera* (Lind. ex André) H. Wendl

别名：华棕、老人葵、加州蒲葵、华盛顿棕、华盛顿棕榈、壮裙棕

乔木状。叶大型，叶片直径达1.8 m，约分裂至中部而有50~80片裂片，**每裂片先端再分裂，裂片之间及边缘具灰白色的丝状纤维，**中央的裂片宽4~4.5 cm，两侧的裂片较狭和较短且更深裂；叶柄约与叶片等长，基部扩大成革质的鞘，老树的叶柄下半部一边缘具小刺；叶轴三棱形。花序大型，弓状下垂，长于叶，从管状的一级佛焰苞内抽出几个大的分枝花序，小分枝花序上又着生许多丝状的长6~8 cm的小花枝。果实卵球形，长约9.5 mm，直径约6 mm，亮黑色，顶端具刚毛状的长5~6 mm的宿存花柱。花期7月。

原产美国及墨西哥。凉山州的西昌、会理、德昌、普格等县市有栽培。本种树形美丽，常作绿化观赏树种。

64.8　棕竹属 *Rhapis* L. f. ex Aiton

64.8.1　矮棕竹 *Rhapis humilis* Bl.

别名：意大利棕榈、竹棕、棕榈竹、樱榈竹、欧洲矮棕、丛桐、欧洲扇棕

丛生灌木，高1 m或更高些。茎圆柱形，有节，上部被紧密的网状纤维的叶鞘，纤维毛发状或丝状。**叶掌状深裂，裂片7~20片，裂片线形**，长15~25 cm，宽0.8~2 cm，**具1~2（3）条肋脉**，边缘及肋脉上具细锯齿，先端短，具2~3裂；叶柄约与叶片等长。花雌雄异株，雄花序长25~30 cm，具3~4个分枝花序，花序梗及每个分枝基部为一个佛焰苞包着；雄花不是很紧密地互生或螺旋状着生于小花枝上；花萼杯状钟形，具不整齐的3裂，花冠4~5倍长于花萼，具短3裂，雄蕊6枚。果实为球形，直径约7 mm，宿存花冠为实心柱状体。花期7—8月。

中国特有，产于南部至西南部。凉山州的西昌、会东等县市有栽培。本种树形优美，可作庭园绿化观赏树种。

64.8.2　棕竹 *Rhapis excelsa* (Thunb.) Henry ex Rehd.

别名：裂叶棕竹

丛生灌木，高2~3 m。茎圆柱形，有节，直径1.5~3 cm，上部被叶鞘，但分解成稍松散的马尾状的淡黑色的粗糙而硬的网状纤维。**叶掌状深裂，裂片4~10片；裂片不均等，宽线形或线状椭圆形，具2~5条肋脉**，在基部1~4 cm处连合，长20~32 cm或更长，宽1.5~5 cm；叶柄两面突起或上面稍平坦；边缘

微粗糙，宽约4 mm；顶端的小戟突略呈半圆形或钝三角形，被毛。花序长约30 cm，总花序梗及分枝花序基部各被1个佛焰苞包着；有2~3个分枝花序，其上有1~2次分枝小花穗，花枝近无毛。果实球状倒卵形，直径8~10 mm。花期6—7月。

国内产于南部至西南部。凉山州的西昌、宁南、德昌、金阳、冕宁、美姑等多县市有栽培。本种树形优美，是庭园绿化的好材料；根及叶鞘纤维可入药。

64.9　棕榈属 *Trachycarpus* H. Wendl.

棕榈 *Trachycarpus fortunei* (Hook.) H. Wendl.

别名：棕树

乔木状。**树干单生**，被不易脱落的老叶柄基部和密集的网状纤维。叶片呈3/4圆形或者近圆形，**深裂成30~50片具皱折的线状剑形裂片**，裂片宽2.5~4 cm，长60~70 cm，裂片先端具短2裂或2齿；叶柄长75~80 cm或更长，两侧具细圆齿，顶端有明显的戟突。**花序粗壮，多次分枝，从叶腋抽出**，通常是雌雄异株。雄花序长约40 cm，具有2~3个分枝花序；雄花黄绿色，无梗，常每2~3朵密集着生于小穗轴上；雌花淡绿色，通常2~3朵聚生。果实阔肾形。花期4月，果期12月。

国内产于长江以南各地区，通常栽培于四旁。凉山州各县市有栽培。本种的叶鞘纤维可用来制作绳索、蓑衣、棕绷、地毡、刷子，还可作沙发的填充料等；未开放的花苞又称"棕鱼"，可供食用；棕皮及叶柄煅炭入药后有止血作用，果实、叶、花、根等亦可入药。棕榈树形优美，是庭园绿化的优良树种。

64.10　女王椰子属 *Syagrus* Mart.

女王椰子 *Syagrus romanzoffiana* (Cham.) Glassm.

别名：皇后葵、金山葵

乔木状。叶羽状全裂，长4~5 m，羽片多，**每2~5片靠近成组，排列成几列，每组之间稍有间隔**，**羽片线状披针形**，最大的羽片长95~100 cm，宽约4 cm，顶端的羽片稍疏离，较短，狭成线形，具1条明显的中脉；叶柄及叶轴被易脱落的褐色鳞秕状绒毛。花序生于叶腋间，长达1 m，一回分枝，分枝多达80个，每分枝长30~50 cm，"之"字形弯曲，基部至中部着生雌花，顶部着生雄花；花序梗上的大佛焰苞舟状，木质化，长达150 cm，宽达14 cm，顶端呈长喙状；花雌雄同株。果实近球形或倒卵球形，长3 cm，直径2.7 cm，稍具喙，外果皮光滑，新鲜时橙黄色。花期2月，果期11月至次年3月。

原产巴西，广泛栽培于热带和亚热带地区。凉山州的西昌等县市有栽培。本种多栽培于庭园和园林观赏；果实可食。

65　禾本科 Poaceae

65.1　箣竹属 *Bambusa* Schreb.

65.1.1　慈竹 *Bambusa emeiensis* L. C. Chia & H. L. Fung

别名：丛竹、绵竹、甜慈、酒米慈、钓鱼慈

竿高5~10 m。竿壁薄；节间圆筒形，长15~30（60）cm，径粗3~6 cm，表面贴生灰白色或褐色的疣基小刺毛；竿环平坦；箨环显著；节内长约1 cm；竿基部数节有时在箨环的上、下方均有贴生的银白色绒毛环，环宽5~8 mm。箨鞘革质，背部密生白色短柔毛和棕黑色刺毛，鞘口宽广而下凹；箨舌

呈流苏状，连同繸毛高约1 cm；箨片两面均被白色小刺毛，具多脉。竿每节有20条以上的分枝，呈半轮生状簇聚；叶片窄披针形，大都长10~30 cm，宽1~3 cm。花枝束生，长20~60 cm或更长。果实纺锤形，长7.5 mm。笋期6—9月。

本种广泛分布在我国西南各地区，野生者似已绝迹，现多为栽培。凉山州各县市有栽培。本种用途广泛，竿可劈篾后编结成竹器；笋味较苦，但水煮后仍可供蔬食。

65.1.2　小琴丝竹 *Bambusa multiplex* ´Alphonse-Karr´ R. A. Young

别名：花孝顺竹

竿黄色，高4~7 m，**直径1.5~2.5 cm**，节间长30~50 cm，**具不同宽度的绿色纵条纹**，竿壁稍薄；分枝自竿基部第二或第三节即开始，数枝乃至多枝簇生。竿箨幼时薄被白蜡粉，**具白色条纹**，早落；箨鞘呈梯形，背面无毛，先端稍向外缘一侧倾斜，呈不对称的拱形；箨耳极微小以至不明显；箨舌高1~1.5 mm；箨片直立，易脱落。末级小枝具5~12片叶；叶鞘纵肋稍隆起，背部具脊；叶耳肾形；叶舌圆拱形，高0.5 mm；叶片线形，长5~16 cm，宽7~16 mm，下表面粉绿而密被短柔毛。假小穗单生或以数枝簇生于花枝各节，并且基部托有鞘状苞片，鞘状苞片线形至线状披针形，长3~6 cm；先出叶长3.5 mm；小穗含小花（3）5~13朵，中间小花为两性。

四川、广东和台湾等省于庭园中栽培本种。凉山州的西昌、宁南、德昌、冕宁、普格等县市有栽培。本种竿和分枝的色泽鲜明，在庭园种植以供观赏。

65.1.3　黄金间碧竹 *Bambusa vulgaris* f. *vittata* (Riviere & C. Riviere) T. P. Yi

别名：玉韵竹

竿黄色，高8~15 m，直径5~9 cm，节间长20~30 cm，**具宽窄不等的绿色纵条纹**，竿壁稍厚；节处稍隆起；分枝常自竿下部节开始，每节数枝至多枝簇生，主枝较粗长。**箨鞘在新鲜时为绿色而具宽窄不等的黄色纵条纹**，早落；箨耳甚发达，彼此近等大而近同形，箨耳长圆形或肾形，斜升，宽8~10 mm；箨舌高3~4 mm；箨片直

立或外展，易脱落。叶鞘初时疏生棕色糙硬毛，后变无毛；叶耳常不发达；叶舌高1 mm或更低；叶片窄被针形，一般长10~30 cm，宽13~25 mm。数个假小穗簇生于花枝各节；小穗含小花5~10朵。

国内产于云南，多生于河边或疏林中。凉山州的西昌、甘洛等县市有栽培。本种的竿为建筑、造纸用材；很有观赏价值，宜选作我国南方园林的观赏竹种。

65.1.4　佛肚竹 *Bambusa ventricosa* McClure

别名：小佛肚竹

竿二型。正常竿高8~10 m，直径3~5 cm，**下部稍呈"之"字形曲折；节间圆柱形，长30~35 cm，下部略微肿胀；**竿下部各节于箨环之上、下方各环生一圈灰白色绢毛，基部第一、二节上还生有短气根；分枝常自竿基部第三、四节开始，各节具1~3枝，其枝上的小枝有时短缩为软刺，竿中上部各节为数枝簇生，其中有3枝较为粗长。**畸形竿通常高25~50 cm，直径1~2 cm；节间短缩，其基部肿胀，呈瓶状，**长2~3 cm；叶片线状披针形至披针形，长9~18 cm，宽1~2 cm，上表面无毛，下表面密生短柔毛。假小穗单生或数个簇生于花枝各节，线状披针形，稍扁，长3~4 cm。

中国特有，产于广东，现我国南方各地引种栽培。凉山州的西昌、会理、德昌等县市有栽培。本种常作盆栽，常施以人工截顶培植，形成畸形植株以供观赏。本种在地上种植时则形成高大竹丛，偶尔在正常竿中也长出少数畸形竿。

65.2　寒竹属 *Chimonobambusa* Makino

刺竹子 *Chimonobambusa pachystachys* T. R. Xue & T. P. Yi

竿高3~7 m，粗1~3 cm，中部以下**各节环列一圈刺状气生根**；节间圆筒形或近基部数节略呈四方形，长15~22 cm，幼时密被黄褐色绒毛；竿环平坦或在有分枝之节上稍隆起；箨环初具黄褐色小刺毛。箨鞘纸质或厚纸质，背面具有灰白色斑状及黄褐色小刺毛；箨舌截形，高约1 mm；箨耳无；箨片呈锥状，长3~4 mm。末级小枝具1~3片叶；叶鞘鞘口繸毛仅数条，易脱落；叶舌截形；叶片纸质，披针形，长6~18 cm，宽11~21 mm。花枝常单生于顶端具叶的分枝的各节上，基部托以3~4枚向上逐渐增大的苞片，或反复分枝呈圆锥状排列；花枝的每节有假小穗1（3）个。颖果倒卵状椭圆形，果皮厚。

中国特有，产于四川和贵州，生于海拔1 000~2 600 m的常绿阔叶林下。凉山州的西昌、会理、盐源、雷波、昭觉等县市有分布。本种竿可供农用，幼竿加工后可制纸；笋可食。

65.3　箭竹属 *Fargesia* Franch.

少花箭竹 *Fargesia pauciflora* (Keng) T. P. Yi

别名：箭竹

竿高（2）4~6 m，粗1~3（4）cm；节间长35~40（60）cm，竿基部节间长约10 cm，圆筒形或分枝一侧的基部微扁，竿壁厚2~4（6）mm，幼时密被白粉，纵向细肋明显；箨环隆起，初时密被黄褐色刺毛，以后脱落变为无毛；竿环平坦或在分枝的节处微隆起；节内长4~12 mm，幼时有白粉。**竿每节分6~10枝**，枝与竿以30°~35°之夹角开展。箨鞘宿存或迟落，短于其节间，背部无毛或被有极稀的黄褐色

刺毛，**边缘密生黄褐色刺毛；箨片线状披针形，外翻，无毛，边缘常具小锯齿**。小枝具2叶或3叶；叶鞘长（1.5）3~4.5 cm；叶片狭披针形，纸质，长（6.5）9~14 cm，叶缘具小锯齿。总状花序常仅含3小穗。笋期5月下旬至7月，花期4月。

中国特有，产于四川及云南，生于海拔2 000~3 200 m的荒山灌丛中或林下。凉山州的西昌、冕宁、雷波、木里、喜德、布拖、普格等县市有分布。本种笋可食；竿材可供编织成笆箕、撮箕或刷把；本种亦为大熊猫主要食用竹种之一。

65.4　刚竹属 *Phyllostachys* Siebold & Zucc.

紫竹 *Phyllostachys nigra* (Lodd.) Munro

竿高4~8 m，稀可高达10 m，**直径可达5 cm**。幼竿绿色，密被细柔毛及白粉，箨环有毛，一年生以后的竿逐渐出现紫斑，其最后全部变为紫黑色；中部节间长25~30 cm，壁厚约3 mm；**竿环与箨环均隆起，且竿环高于箨环或两环等高**。箨鞘背面红褐或带绿色，被微量白粉及较密的淡褐色刺毛；箨耳长圆形至镰形，紫黑色，边缘生有紫黑色繸毛；箨舌拱形至尖拱形，紫色。末级小枝具2片或3片叶；叶耳不明显，有脱落性鞘口繸毛；叶舌稍伸出；叶片质薄，长7~10 cm，宽约1.2 cm。花枝呈短穗状，长3.5~5 cm。笋期4月下旬。

原产于我国，南北各地多有栽培，在湖南南部与广西交界处尚可见有野生者。凉山州的西昌、盐源、会东、美姑等县市有栽培。本种为观赏植物；竹材较坚韧，可供制作小型家具、手杖、伞柄、乐器及工艺品。

参考文献

［1］耿玉英.中国杜鹃花属植物［M］.上海：上海科学技术出版社，2014.

［2］刘建林，孟秀祥，冯金昭，等.四川攀西种子植物［M］.北京：清华大学出版社，2007.

［3］刘建林，罗强，赵丽华，等.四川攀西种子植物：第2卷［M］.北京：清华大学出版社，2010.

［4］罗强，郑晓慧.四川螺髻山杜鹃花［M］.北京：科学出版社，2019.

［5］潘天春，罗强.攀西野生果树［M］.成都：四川大学出版社，2021.

［6］谢开明，孙芝和，肖千文.凉山州经济树木图志［M］.成都：成都科技大学出版社，1998.

［7］袁颖，罗强，李晓江.植物学实验实习实训教程［M］.北京：北京理工大学出版社，2014.

［8］《四川植物志》编辑委员会.四川植物志：第一卷［M］.成都：四川人民出版社，1981.

［9］《四川植物志》编辑委员会.四川植物志：第三卷［M］.成都：四川科学技术出版社，1985.

［10］《四川植物志》编辑委员会.四川植物志：第四卷［M］.成都：四川科学技术出版社，1988.

［11］《四川植物志》编辑委员会.四川植物志：第八卷［M］.成都：四川民族出版社，1990.

［12］《四川植物志》编辑委员会.四川植物志：第九卷［M］.成都：四川民族出版社，1989.

［13］《四川植物志》编辑委员会.四川植物志：第十卷［M］.成都：四川民族出版社，1992.

［14］《四川植物志》编辑委员会.四川植物志：第十一卷［M］.成都：四川科学技术出版社，1994.

［15］《四川植物志》编辑委员会.四川植物志：第十二卷［M］.成都：四川科学技术出版社，1998.

［16］《四川植物志》编辑委员会.四川植物志：第十六卷［M］.成都：四川民族出版社，2005.

［17］《四川植物志》编辑委员会.四川植物志：第十七卷［M］.成都：四川民族出版社，2007.

［18］《四川植物志》编辑委员会.四川植物志：第二十一卷［M］.成都：四川科学技术出版社，2012.

［19］云南省植物研究所.云南植物志：第一卷［M］.北京：科学出版社，1977.

［20］中国科学院昆明植物研究所.云南植物志：第二卷［M］.北京：科学出版社，1979.

［21］中国科学院昆明植物研究所.云南植物志：第三卷［M］.北京：科学出版社，1983.

［22］中国科学院昆明植物研究所.云南植物志：第四卷［M］.北京：科学出版社，1986.

［23］中国科学院昆明植物研究所.云南植物志：第五卷［M］.北京：科学出版社，1991.

［24］中国科学院昆明植物研究所.云南植物志：第六卷［M］.北京：科学出版社，1995.

［25］中国科学院昆明植物研究所.云南植物志：第七卷［M］.北京：科学出版社，1997.

［26］中国科学院昆明植物研究所.云南植物志：第八卷［M］.北京：科学出版社，1997.

［27］中国科学院昆明植物研究所.云南植物志：第十二卷（种子植物）［M］.北京：科学出版社，2006.

［28］中国科学院昆明植物研究所.云南植物志：第十三卷（种子植物）［M］.北京：科学出版社，2016.

［29］中国科学院昆明植物研究所.云南植物志：第十四卷（种子植物）［M］.北京：科学出版社，2016.

［30］中国科学院昆明植物研究所.云南植物志：第十五卷（种子植物）［M］.北京：科学出版社，2016.

［31］中国科学院昆明植物研究所.云南植物志：第十六卷（种子植物）［M］.北京：科学出版社，2006.

［32］中国科学院中国植物志编委会.中国植物志：第十三卷第一分册［M］.北京：科学出版社，1991.

［33］中国科学院中国植物志编委会.中国植物志：第十四卷［M］.北京：科学出版社，1980.

［34］中国科学院中国植物志编委会.中国植物志：第二十卷第一分册［M］.北京：科学出版社，1982.

［35］中国科学院中国植物志编委会.中国植物志：第二十卷第二分册［M］.北京：科学出版社，1984.

［36］中国科学院中国植物志编委会.中国植物志：第二十一卷［M］.北京：科学出版社，1979.

［37］中国科学院中国植物志编委会.中国植物志：第二十二卷［M］.北京：科学出版社，1998.

［38］中国科学院中国植物志编委会.中国植物志：第二十三卷第一分册［M］.北京：科学出版社，1998.

［39］中国科学院中国植物志编委会.中国植物志：第二十四卷［M］.北京：科学出版社，1988.

［40］中国科学院中国植物志编委会.中国植物志：第二十八卷［M］.北京：科学出版社，1979.

［41］中国科学院中国植物志编委会.中国植物志：第三十二卷［M］.北京：科学出版社，1999.

［42］中国科学院中国植物志编委会.中国植物志：第四十三卷第二分册［M］.北京：科学出版社，1997.

［43］中国科学院中国植物志编委会.中国植物志：第四十三卷第三分册［M］.北京：科学出版社，1997.

［44］中国科学院中国植物志编委会.中国植物志：第四十五卷第二分册［M］.北京：科学出版社，1999.

［45］中国科学院中国植物志编委会.中国植物志：第四十五卷第三分册［M］.北京：科学出版社，1999.

［46］中国科学院中国植物志编委会.中国植物志：第四十六卷［M］.北京：科学出版社，1981.

［47］中国科学院中国植物志编委会.中国植物志：第四十七卷第一分册［M］.北京：科学出版社，1985.

［48］中国科学院中国植物志编委会.中国植物志：第四十八卷第一分册［M］.北京：科学出版社，1982.

［49］中国科学院中国植物志编委会.中国植物志：第四十八卷第二分册［M］.北京：科学出版社，1998.

［50］中国科学院中国植物志编委会.中国植物志：第五十二卷第一分册［M］.北京：科学出版社，1994.

［51］中国科学院中国植物志编委会.中国植物志：第五十二卷第二分册［M］.北京：科学出版社，1983.

［52］中国科学院中国植物志编委会.中国植物志：第五十四卷［M］.北京：科学出版社，1978.

［53］中国科学院中国植物志编委会.中国植物志：第五十六卷［M］.北京：科学出版社，1990.

［54］中国科学院中国植物志编委会.中国植物志：第五十七卷第一分册［M］.北京：科学出版社，1999.

［55］中国科学院中国植物志编委会.中国植物志：第五十七卷第三分册［M］.北京：科学出版社，1999.

［56］中国科学院中国植物志编委会.中国植物志：第五十八卷［M］.北京：科学出版社，1979.

［57］中国科学院中国植物志编委会.中国植物志：第六十卷第一分册［M］.北京：科学出版社，1987.

［58］中国科学院中国植物志编委会.中国植物志：第六十卷第二分册［M］.北京：科学出版社，1987.

［59］中国科学院中国植物志编委会.中国植物志：第六十一卷［M］.北京：科学出版社，1992.

［60］中国科学院中国植物志编委会.中国植物志：第六十三卷［M］.北京：科学出版社，1977.

［61］中国科学院中国植物志编委会.中国植物志：第六十四卷第二分册［M］.北京：科学出版社，1989.

［62］中国科学院中国植物志编委会.中国植物志：第六十五卷第一分册［M］.北京：科学出版社，1982.

［63］中国科学院中国植物志编委会.中国植物志：第六十七卷第一分册［M］.北京：科学出版社，1978.

［64］中国科学院中国植物志编委会.中国植物志：第六十七卷第二分册［M］.北京：科学出版社，1979.

［65］中国科学院中国植物志编委会.中国植物志：第六十九卷［M］.北京：科学出版社，1990.

［66］中国科学院中国植物志编委会.中国植物志：第七十一卷第一分册［M］.北京：科学出版社，1999.

［67］中国科学院中国植物志编委会.中国植物志：第七十一卷第二分册［M］.北京：科学出版社，1999.

［68］中国科学院中国植物志编委会.中国植物志：第七十二卷［M］.北京：科学出版社，1988.

［69］中国科学院中国植物志编委会.中国植物志：第七十四卷［M］.北京：科学出版社，1985.

［70］陈艳，罗强.盐源县杜鹃花属植物资源调查初报［J］.南方农业，2021，15（19）：86-89.

［71］陈艳，罗强.四川樟科2新记录种［J］.四川林业科技，2022，43（1）：130-132.

［72］罗强，刘建林，蔡光泽，等.中国移校属（*Docynia* Dcne.）一新种——长爪移校［J］.植物研究，2011，31（4）：389-391.

［73］罗强，刘建林，蔡光泽，等.金沙江中游地区山茶组4居群植物形态及花粉特征观察及其分类讨论［J］.广西植物，2012，32（3）：285-292.

［74］罗强.木荷属（山茶科）一新变种——扁果银木荷［J］.热带亚热带植物学报，2011，19（3）：228-229.

［75］罗强，刘建林.攀西地区野生水果资源研究［J］.西昌学院学报（自然科学版），2009，23（3）：6-12.

［76］罗强，刘建林，袁颖，等.攀西野生山茶属植物资源调查及保护［J］.中国林副特产，2008，94（3）：67–69.

［77］罗强，刘建林.攀西地区野生猕猴桃资源及分布概况［J］.江苏农业科学，2009（4）：373–375.

［78］罗强，涂勇，姚昕，等.攀西地区胡颓子属植物资源及其开发利用价值［J］.南方农业，2012（10）：67–69.

［79］罗强，姚昕，涂勇，等.攀西地区蔷薇属植物资源及其开发利用价值［J］.西昌学院学报（自然科学版），2012，26（3）：1–4.

［80］罗强.四川猕猴桃属（猕猴桃科）一新变种——凉山猕猴桃［J］.西昌学院学报（自然科学版），2010，24（2）：1–2.

［81］罗强，刘建林.雷波县猕猴桃属植物资源调查与开发利用［J］.资源开发与市场，2009，25（9）：829–830.

［82］罗强，刘建林，袁颖，等.攀西野生山茶属植物资源调查及保护［J］.中国林副特产，2008（3）：67–69.

［83］罗强，刘建林，袁颖.四川白珠树属（*Gaultheria*）一新变种［J］.植物研究，2006（1）：11–12.

［84］潘天春，李佩华，梁剑，等.攀西地区野生果树资源调查［J］.黑龙江农业科学，2013（3）：65–70.

［85］潘天春，李佩华，梁剑，等.攀西地区荚蒾属植物资源［J］.南方农业，2013（3）：1–5.

［86］潘天春，罗强，罗献清.四川苹果属一新变种——大花丽江山荆子［J］.西昌学院学报（自然科学版），2013，27（2）：5–6.

［87］潘天春，罗强.三种猕猴桃属植物形态特征补充［J］.西昌学院学报（自然科学版），2013，27（1）：5–6.

［88］沈红，罗强.西昌市杜鹃花属植物资源调查初报［J］.南方农业，2020，14（31）：65–68.

［89］王萍，沈红，袁颖，等.四川木本植物6新记录种及1新记录属［J］.四川林业科技，2023，44（1）：120–123.

［90］易同培.四川鹅耳枥属一新种［J］.植物研究，1992，12（4）：335–337.

［91］张旭东，罗强，刘建林.攀西杜鹃花属植物资源调查及开发利用［J］.中国林副特产，2007（3）：64–66.